AF325990

# HISTOIRE DU CIEL

HISTOIRE DU CIEL
PAR
C. FLAMMARION

NOUVELLE ÉDITION

# HISTOIRE DU CIEL

PAR

## CAMILLE FLAMMARION

DESSINS PAR BENETT

BIBLIOTHÈQUE
D'ÉDUCATION ET DE RÉCRÉATION
J. HETZEL ET C^{ie}, 18, RUE JACOB
PARIS

# CAUSERIE PRÉLIMINAIRE

Il y a quelques années, plusieurs personnes remarquables
par leur science et leur érudition se trouvèrent fortuitement
réunies au bord de la mer, et passèrent ensemble la fin de la
saison d'été. C'était au cap de Flamanville, qui s'avance dans
la mer au milieu d'une vaste baie et forme, dans l'anse de Diélette, le seul port de refuge qui existe entre Cherbourg et Granville. Elevé au sommet septentrional de la chaîne de granit qui
traverse la Manche et compose, émergés des ondes, les massifs de Jersey et les côtes de Bretagne, Flamanville domine la
mer sur une immense étendue, et la vue, qui distingue à l'ouest
les îles anglo-françaises posées sur la surface des flots, n'est
bornée qu'au loin par la pointe de Jobourg, au pied de laquelle

roulent les flots terribles du ras Blanchard. Dans cette immense
nappe liquide, mille variations se succèdent d'une journée
à l'autre. Tantôt l'onde calmée sommeille dans le repos le plus
absolu ; aussi bleue que l'azur céleste, elle s'étend comme une
glace transparente jusqu'aux collines rougies, qui se reflètent
à ses bords ; le port de Diélette ressemble alors au golfe de
Venise : des barques reposent sur l'eau tiède, des pêcheurs
sont étendus sur la jetée, des groupes d'enfants blancs se bai-
gnent ou se sèchent au soleil. Tantôt les flots agités font tres-
saillir du dessus de leur surface une multitude de crêtes blan-
ches qui, de nuit et au clair de lune, font songer aux voiles
neigeuses des Williz poursuivies. Tantôt, et c'est le cas le
plus général, l'Océan remué jusqu'en ses profondeurs par le
flux des marées, troublé par les aspérités de son lit, soulevé
par les vents impétueux et exaspéré par les obstacles de ce rivage aux dents de roche, précipite en tourbillons les vagues
amoncelées, couvre les falaises d'une écume voltigeante, roule
un poids gigantesque d'énormes galets sur les grèves, brise
avec fracas ses flots amers contre les anfractuosités des rochers géants ou dans les sillons des cavernes ; et soulève dans
les airs ses montagnes liquides avec des gémissements et des
plaintes sans fin. Le spectacle change d'un jour à l'autre, d'une
heure à l'autre, selon la hauteur de l'eau soulevée par la lune ;
et le rivage plus ou moins étendu, plus ou moins sablonneux,
semble changer lui-même d'aspect et de caractère avec l'état
de la mer et l'état du ciel.

Le château de Flamanville offrait sa gracieuse hospitalité aux
personnes dont j'ai parlé en commençant cette causerie. La
marquise et ses fils avaient renouvelé, dans cette habitation
féodale et dans le parc immense qui l'entoure, toutes ces pré-

venances inaugurées par le siècle de Louis XIV, en vertu desquelles le temps se métamorphose et disparaît. Les semaines passaient comme des jours, et l'année entière, sans doute, aurait passé comme une semaine. Les promenades, le yacht, l'équitation, la botanique ou la géologie prenaient une bonne partie de la journée. Le soir après dîner, on avait l'habitude de se réunir soit au salon, où presque toujours une excellente musique se faisait entendre, soit plutôt au bord de la mer près d'un chalet encadré d'un parterre de roses, et l'on discourait à sa fantaisie sur mille sujets, parmi lesquels l'un surtout prédomina bientôt.

Quels étaient les personnages ainsi réunis par le hasard? Mentionnons d'abord un astronome de l'Observatoire de Paris, M. E. L..., qui avait passé ces dernières années à visiter les principaux observatoires du monde. Après être resté quelque temps en Chine, à l'Observatoire de Pékin, il avait traversé les deux Amériques et avait aidé à l'installation de l'Observatoire de Rio-de-Janeiro. Il arrivait de celui de Greenwich et revenait en France pour y séjourner désormais. Par ses longs travaux (son âge était d'environ 50 ans), il avait acquis une science générale extraordinaire sur tous les sujets qui de près ou de loin touchent à l'Astronomie. Et quelle est la branche des connaissances humaines qui n'ait aucun point de contact avec la science de l'univers, avec la science fondamentale par excellence?

Parmi les hôtes du château, je présenterai ensuite un savant historien, très-célèbre, non seulement en France, mais encore dans l'Europe entière, et partout estimé autant pour son noble et généreux caractère que pour sa haute valeur intellectuelle. C'était M. H. M..., qui visitait alors au point de vue archéologique les rives de la basse Normandie et de la Bretagne. Sa conversation était à la fois profonde et agréable, hardie et tempérée. Lorsqu'il exposait les enseignements de l'histoire, on croyait entendre un druide revenu sur cette terre pour nous faire assister de nouveau aux œuvres des anciens jours. Il y avait, il y a, précisément sur le cap de Flamanville, un dolmen élevé par les druides, et souvent c'était là que commençaient les conversations relatives à l'histoire de l'humanité, de la planète et de l'univers.

Un député, M. G. B...., faisait également partie de ce groupe momentané d'hommes éminents à différents titres. D'un caractère bien différent de celui de l'historien et de l'astronome, il n'aimait pas traiter longuement et techniquement les questions même les plus instructives, mais préférait glisser d'un sujet à un autre. Fin et nerveux autant que spirituel, il se plaçait dans la conversation comme tout exprès pour arrêter par une remarque ingénieuse la monotonie d'un long discours, ou pour mettre en doute les assertions posées. Comme l'historien, d'ailleurs, il avait une prédilection marquée pour l'astronomie, et fréquentait ponctuellement, lorsqu'il était à Paris, les soirées de l'Observatoire.

Il y avait encore là un pasteur de l'Église réformée, M. D..., arrivé récemment du comté de Kerry et des lacs de Killarney, l'esprit meublé de toutes les interprétations faites sur la Bible et des mille tentatives d'accord essayées entre son texte et la parole de la science moderne. D'une tendance systématique bien différente était un capitaine de frégate de Cherbourg, M. F..., alors également à Flamanville. en même temps qu'un érudit professeur de philosophie de la même ville, M. D. L. C.... Le commandant était parfaitement rationaliste, et le philósophe ne s'éloignait pas à une trop grande distance de la sphère catholique. Les dames étaient d'un sentiment tout à fait orthodoxe.

Tels sont les personnages en scène ici. Je pourrais m'y ajouter moi-même, si j'y avais été à d'autres titres que comme simple auditeur, et si je n'étais autre chose qu'un narrateur. Par la tendance intellectuelle de la plupart d'entre eux, par le site, la saison, l'heure, l'astronomie ne tarda pas à devenir le sujet dominant des conversations. Les astres qui s'allumaient dans le ciel, le souvenir de leur rôle dans l'histoire de l'humanité, la figure des constellations, qui se réflétaient parfois dans l'onde aussi pure qu'un miroir, le lever de la lune et le coucher du soleil, une éclipse dont nous fûmes témoins, les marées et le mouvement de la terre, que sais-je encore? mille points d'interrogation se posèrent devant les pensées contemplatives, et l'on en vint à causer chaque soir des mystères du ciel.

Dès les premières causeries, on prit plaisir à ces entretiens dont la forme antique offrait un charme fort particulier; et pour ne pas en laisser tout à fait la conduite au hasard, il fut convenu que l'on dresserait d'avance la liste des sujets susceptibles d'être traités, et que dans ses pérégrinations du jour chacun songerait à recueillir des souvenirs et à les apporter le soir. Ainsi se formèrent insensiblement ces divers entretiens. On me chargea, comme étant le plus jeune de la société, du rôle de secrétaire, et je fis consciencieusement mes efforts (dans mon intérêt personnel, je l'avoue) pour conserver les discussions si instructives émises de part et d'autre sur les plus grands problèmes de la nature.

C'est cette rédaction, c'est cette série de Soirées, que je me permets de publier aujourd'hui, en répondant, avec trop de confiance peut-être, à l'invitation sympathique d'un éditeur ami des lettres. Je crains en effet de n'avoir pas rendu exactement l'exposition variée et savante de l'*Histoire du Ciel*. Je crains que la forme d'entretiens que j'ai dû laisser dans son état primitif ne paraisse surannée. Plusieurs des questions traitées dans ces conversations ne sont pas encore absolument résolues pour cela, et peuvent donner cours à de nouvelles discussions, à de nouvelles critiques. Malgré ces imperfections, je me suis décidé néanmoins à livrer au public ces études, dont le principal avantage est de faire passer en revue presque tous les systèmes imaginés par les hommes sur l'univers, sur sa forme, sa construction, son état, ses origines et ses destinées futures.

En effet, les pages qui vont suivre dérouleront l'histoire populaire de l'Astronomie, depuis l'époque antique où les hiérophantes chaldéens observaient les astres du haut de la tour de Babel, jusqu'aux temps modernes où le génie humain a su pénétrer les secrets du Créateur et découvrir le véritable système du monde. L'antiquité primordiale de l'Astronomie, l'origine de la sphère et des constellations, les idées des anciens sur l'univers, l'astrologie, le ciel du paganisme et du christianisme, les formes supposées à la terre jusqu'à Christophe Colomb, l'arrangement religieux et astronomique du ciel jusqu'à Copernic, les voyages imaginaires faits dans le ciel et sur la terre, et même dans les régions mystérieuses de l'autre monde, etc., etc., tous ces panoramas de la science et de l'érudition constituent un spectacle immense, dans lequel on verra se révéler pour ainsi dire toute l'âme de l'Humanité, avec ses aspirations et ses défaillances, ses inquiètes curiosités et ses angoisses, avec son suprême désir, jamais satisfait, de connaître, de savoir, et de régner.

Un dernier mot au lecteur. Les entretiens qui suivent étant à peu près la reproduction de ces soirées, et ce livre se trouvant ainsi par son mode de rédaction particulièrement approprié au ton des lectures en famille, j'oserai terminer cette causerie préliminaire en conseillant à mes lecteurs de ne lire cet ouvrage qu'en raison d'un chapitre par jour. Tel est en effet le nombre des documents rassemblés dans chacune de ces XVI soirées, que très certainement ce sera pour le lecteur le plus assidu et le plus avide un travail déjà suffisant d'absorber successivement chacune de ces études, et d'y réfléchir ensuite à son aise sans se fatiguer par une trop rapide lecture.

Puisse cette histoire populaire de l'Astronomie faire connaître et admirer la grandeur des travaux pacifiques de l'esprit humain, dont le génie persévérant est parvenu à découvrir la merveilleuse construction de l'univers! Puisse cet écho de nos causeries des bords de la mer susciter des goûts élevés et des entretiens instructifs, et faire aimer la science sublime qui, en nous affranchissant, nous a initiés aux mystérieuses splendeurs de la nature!


Paris, septembre 1872.

[illegible]

[illegible]

# PREMIÈRE SOIRÉE

QUE NOUS SOMMES ACTUELLEMENT DANS LE CIEL

ET QUE LA TERRE EST UN ASTRE.

Les apparences : la Terre paraît former la partie inférieure du monde ; les astres et le Ciel paraissent former la partie supérieure. — La réalité : position de la Terre dans l'espace et son mouvement autour du Soleil. Les autres mondes planétaires. Les étoiles. — Phénomènes célestes causés par le mouvement de la Terre autour du Soleil. Translations apparentes du Soleil, de la Lune et des planètes le long du Zodiaque. — Perspectives célestes. — Idées primitives, astronomiques et religieuses, engendrées par l'observation de ces mouvements.

Les circonstances qui nous avaient réunis au bord de la mer et qui ont donné lieu aux entretiens suivants, ont été rapportées dans notre causerie préliminaire. A l'heure où ces entretiens commencent, l'*astronome*, assis dans son vieux fauteuil de chêne, contemplait d'un air pensif le reflet rougeâtre des eaux lointaines, et laissait ses regards errer vaguement à l'horizon. Nous étions assis assez irrégulièrement, de petites tables sur lesquelles le thé devait être servi avaient été disposées devant la façade du chalet. Un grand silence planait sur la montagne, et loin de le troubler, le bruit montant de la mer semblait plutôt l'augmenter encore. Comme la réunion était au complet, et que les conversations particulières s'évanouissaient pour faire place à l'entretien scientifique, l'astronome commença à peu près dans les termes suivants :

Le Soleil vient de descendre sous l'océan, dit-il, sans détacher ses yeux de l'horizon rouge et en indiquant de la main le point où l'astre avait disparu ; son passage reste encore tracé dans le ciel du couchant par des lignes de feu qui en rougissent les nuées ; le dieu du jour trône maintenant sur le méridien d'autres peuples, et le crépuscule, qui vient à sa suite, répand déjà ses voiles à travers notre atmosphère. Le croissant de la Lune devient plus vif et verse une clarté argentée dans l'air tranquille. On distingue les plus brillantes étoiles, Arcturus, Véga, Capella, les sept de la Grande-Ourse, et même déjà l'étoile polaire et Cassiopée. La mer ne mugit pas ce soir, et semble apaisée, comme si le recueillement de la nature en cette heure silencieuse l'invitait à être attentive avec nous au spectacle du ciel étoilé ; ses lames viennent doucement s'éteindre sur le rivage, et l'on n'entend que le bruit cadencé du flot qui arrive et se retire. Ne croirait-on pas que cette scène a été préparée exprès pour nous ce soir? L'air, d'une transparence limpide, est illuminé de tièdes clartés et parfumé de la senteur sauvage des petites plantes dont les falaises sont tapissées. Depuis bien longtemps le Soleil, la Lune, les étoiles, le Ciel et tous ses mondes, semblent ainsi se lever, briller et se coucher...; depuis bien longtemps les constellations s'allument le soir sur la tête des humains, et s'avancent en silence de l'orient à l'occident...; depuis longtemps les vagues de la mer viennent caresser le dur granit de ce rivage...; et depuis longtemps aussi des hommes ont élevé, comme nous le faisons ce soir, leurs yeux interrogateurs vers la voûte mystérieuse du ciel, se demandant en quoi consiste ce firmament étoilé, et quelle est la condition de la Terre au milieu de ces mouvements universels.... l!

LES FALAISES DE FLAMANVILLE.

(P. 2.)

leur a semblé, à ces hommes, premiers investigateurs des secrets
de la nature, il leur a semblé, comme il nous le paraît à nos yeux
aujourd'hui, que le Ciel était une voûte haute et vaste, constellée
d'étoiles, et que la Terre était une immense surface plane, base solide du monde, sur laquelle réside l'homme, la tête élevée vers le
haut de l'univers. Deux régions bien distinctes parurent ainsi composer l'univers : *le haut*, ou l'air, l'espace céleste, les divers astres
mobiles, les étoiles fixes, et par-dessus tout, le Ciel éternel ; puis *le
bas*, ou la terre et les mers, le monde matériel dont la surface est
parée des ornements de la vie végétale, dont les profondeurs solides
se composent des minéraux, des métaux, des pierres, des substances
lourdes capables d'assujettir les fondations du monde.

En effet, continua l'astronome, nous aurons bien souvent, sans
doute, lieu de constater dans nos conversations suivantes, que parmi
les curieuses hypothèses imaginées par l'esprit humain pour se
rendre compte de l'état de la création, cette dualité de la *Terre* et du
*Ciel* domine comme une *charpente toute faite par la nature*, sur laquelle on s'est contenté de varier les formes secondaires, l'ornementation superficielle, les sculptures et broderies de la fantaisie,
sans modifier l'architecture générale de l'édifice. Cette conception
naturelle d'un système du monde aussi simple que celui-là, qui se
borne à supposer la Terre au bas du monde, comme un soutien solide et inébranlable, et le Ciel posé comme un dôme sur la surface
terrestre, cette conception, dis-je, forme en même temps *la base de
tous les systèmes religieux*, nécessairement édifiés sur la structure
astronomique, et qui depuis l'origine de l'humanité ont essayé
de nous représenter nos destinées présentes et futures et notre
condition spirituelle. Il semble en effet que le témoignage de nos
sens soit ici l'expression simple et manifeste de la réalité.

— C'est sans doute au point de vue historique, fit observer la marquise, que nous devons entendre cette exposition ; car il est bien
certain que, maintenant, on ne croit plus à cette opposition du Ciel
et de la Terre. Tout le monde sait que la Terre est une planète.

— Je me permettrai de ne point partager une opinion aussi favorable, répondit l'astronome. Aujourd'hui encore (peut-être tout le monde
ici ne me croira-t-il pas, mais je puis vous l'affirmer comme un fait

d'observation), aujourd'hui encore un *grand nombre* de personnes, féminines et masculines, n'ont qu'une idée très-vague et souverainement fausse de la forme et de la situation de la Terre, et s'imaginent, sans trop s'en rendre compte, il est vrai, que le Ciel est une voûte bleue, d'une substance mystérieuse, posée comme un dôme sur la surface de la Terre. D'autres, sachant avec plus ou moins d'exactitude que la Terre est une sphère isolée, suspendue dans le vide, supposent qu'elle se tient dans l'air, et considèrent le Ciel comme une sphère beaucoup plus grande, enveloppant notre globe à une grande distance. Lorsqu'on leur demande ce qui, dans leur hypothèse, soutient la Terre au milieu du Ciel, elles témoignent par leur étonnement qu'une telle question leur a toujours paru insoluble, etc. Cette ignorance, plus générale que certains esprits ne sont portés à le croire, a d'abord pour cause l'insuffisance de l'éducation première, surtout (pourquoi ne pas l'avouer?) chez les femmes; et ensuite la forme abstraite et sèchement mathématique sous laquelle on avait cru pouvoir enseigner l'astronomie jusqu'ici.

— Pardon, monsieur! interrompit avec ingénuité la fille du capitaine, mais est-ce que le Ciel n'est pas une voûte bleue?

— Une voûte bleue? Et comment vous la représentez-vous?

— Mais.... reprit avec hésitation la jeune fille ... je me la représente comme une voûte.... je ne sais pas trop....

— Matérielle?... solide?

— Pas tout à fait.

— Comment, pas tout à fait?

— Non, pas solide, mais pourtant assez solide.... enfin, vous allez vous moquer de moi, ajouta-t-elle en riant, mais j'avais toujours cru qu'elle était faite avec une substance dans le genre de.... l'amidon.

Nous ne pûmes nous empêcher d'éclater de rire à cette révélation inattendue, et la conversation allait se diviser sur mille sujets, tels que l'enseignement de la cosmographie dans les pensionnats, la bizarrerie des illusions, lorsque l'astronome reprit son sujet interrompu :

Cependant l'Histoire du Ciel ne saurait laisser en notre esprit des résultats positifs et utiles, ajouta-t-il, si nous ne consentions, dès cette première soirée, à *nous affranchir immédiatement* de cette antique conception qui divise l'univers en deux parties : le Ciel et la Terre. Il faut que nous ayons le courage d'abandonner sans regrets et sans inquiétudes la croyance que nos sens, faibles et trompeurs, nous ont imposée ; et que dès ce moment nous nous servions des lumières dont la science nous a gratifiés depuis trois siècles, pour dissiper les ténèbres qui favorisaient notre ignorance cosmographique. En effet, malgré la simplicité de notre représentation vulgaire, malgré le charme même que nous éprouvons à contempler sans fatigue ces beaux couchers de soleil, à rêver que tout est fait pour nous en ce monde, à nous sentir les rois, ou, sous une image plus orientale, les pachas de la création : malgré les respects dus à des opinions séculaires et illustres, je crois qu'il sera très-bon pour nous d'ouvrir carrément nos entretiens par la proposition suivante : La Terre n'est pas au-dessous du Ciel ; le Ciel n'est pas étranger à la Terre ; la Terre vogue à travers le Ciel, et *nous vivons actuellement dans le Ciel.*

— Je crois que cette idée fera plaisir à bien du monde, fit le député.

— Si on pouvait la démontrer ! répliqua le pasteur.

— Rien n'est si facile, reprit l'astronome. Oui, nous vivons actuellement dans le Ciel, aussi bien que si nous habitions Jupiter ou Vénus. La Terre est un *astre* du Ciel, et ne diffère point, par sa position ni par sa nature, des autres terres célestes qui se balancent comme elle dans l'espace sous l'impulsion des forces cosmiques. Cette proposition peut paraître à première vue téméraire ou même paradoxale. Mais elle n'est que l'expression de la vérité. Nous sommes aujourd'hui dans le Ciel même, nous y avons toujours été et nous y demeurerons toujours. Quelque étonnant que ceci puisse vous paraître, Messieurs, il est incontestable qu'en cette année 1867, sous le pontificat de Pie IX, et sous le règne de Napoléon III, nous sommes dans le Ciel.

— Je m'aperçois avec plaisir, interrompit le député de l'opposition, que les paradoxes sont aussi brillamment cultivés à l'Observatoire qu'au Corps législatif.

— Mais ce n'est pas un paradoxe, continua l'astronome. La seule méthode que nous puissions employer pour apprécier exactement la condition cosmographique de la Terre, c'est de nous supposer placés non plus sur elle, mais à côté, dans l'espace, et immobiles; au lieu d'être, comme nous le sommes, entraînés par son propre mouvement. Ainsi isolés de ce globe, nous pourrons l'observer sans parti pris, sans idée préconçue, sans patriotisme, et constater son mouvement astronomique. Nous savons, en effet, que pour juger du mouvement d'un corps, il ne faut pas appartenir à ce mouvement. Lorsque nous sommes sous le pont d'un navire, nous ne pouvons juger de la marche du navire. Lorsque nous voyageons, tranquillement assis, dans la nacelle d'un ballon, soit que nous voguions au-dessus ou au-dessous des nuages, ou dans leur sein, ou dans un air pur, nous n'avons aucune idée de la vitesse qui nous emporte, et nous nous sentons au contraire absolument immobiles, quoique nous soyons parfois (comme je m'y suis vu personnellement) emportés avec une rapidité supérieure à celle d'un train express. Pour connaître notre cours, nous devons observer avec soin les paysages qui passent au-dessous de nous, et noter des points de repère lorsque notre perpendiculaire aboutit à quelque signe susceptible d'être marqué sur nos cartes, comme un clocher, une gare, un lac, la traversée d'une rivière ou d'une route, etc. Tel est le cas de la translation de la Terre, qui nous emporte à notre insu dans l'espace avec une gigantesque rapidité. Pour l'apprécier, nous devons nous supposer placés en dehors de son mouvement, dans la situation de celui qui reste sur le rivage au moment du départ d'un navire, ou qui voit passer devant lui un train rapide sur une voie ferrée.

Ainsi placés dans l'espace, non loin de la route céleste suivie par le globe terrestre dans son cours, nous verrions d'abord ce globe *venir de loin, sous l'aspect d'une étoile grandissante.* Le volume apparent du globe s'accroissant à mesure qu'il approche, nous le verrions ensuite avec le diamètre de la Lune dans son plein. Alors déjà nous pourrions distinguer sa surface, les continents et les mers, le pôle éclatant de blancheur, l'atmosphère marbrée de nuages. Bientôt le globe s'enflant davantage nous apparaîtrait grandissant toujours. Son mouvement de rotation sur lui-même commencerait à se manifester par le mouvement général de sa surface d'ouest en est. Nous reconnaîtrions les diverses parties du monde, les deux vastes triangles de l'Amérique, l'Europe déchiquetée dans ses rivages; l'Afrique ocrée, les bandes équatoriales, les zones météoriques. Notre attention chercherait à distinguer les plus petits détails de sa surface, entre autres, sans doute, une région verdoyante qui n'en occupe que la millième partie et qu'on appelle la France.... Mais quoi! voilà ce boulet tourbillonnant qui grossit, qui grossit encore! soudain il occupe la moitié du Ciel, *se dresse, monstre colossal, devant notre vision effrayée*; nous percevons un instant le vague tumulte des bêtes féroces des tropiques et des hommes des régions tempérées; mais déjà l'immense boulet, continuant son cours, *passe et s'enfonce lourdement dans les profondeurs béantes de l'espace*. Puis, se rapetissant à mesure qu'il s'éloigne, il disparaît de notre examen, laissant notre âme confondue dans la contemplation d'un pareil spectacle....

— Et nous sommes si tranquillement assis au bord de la mer! interrompit la marquise. Mais si l'on songeait à cela, on ne dormirait plus.

—C'est sur ce boulet que nous rampons tous, disséminés autour de sa surface, comme d'imperceptibles fourmis, continua l'astronome, et emportés dans l'espace insondable par une force vertigineuse que l'imagination la plus puissante ne saurait suivre elle-même.

La vitesse qui emporte notre planète dans le vide sans bornes est de 27 500 lieues par heure, ou de 660 000 lieues par jour!...

Voilà comment nous voyageons sans cesse dans le Ciel, avec une rapidité qui dépasse autant la marche d'un train express, que celle-ci dépasse le pas tardif d'une tortue!

— C'est la première fois que cette vérité me frappe aussi fort, fit le professeur de philosophie.

— La Terre où nous sommes est donc un astre, continua le premier orateur, c'est là la vérité fondamentale dont nous devons bien nous pénétrer une fois pour toutes. Et comme notre globe, tous les astres innombrables, qui brillent soit de leur propre lumière soit d'une lumière empruntée, cette armée d'étoiles et de planètes, ces myriades de myriades de mondes se meuvent dans tous les sens, dans toutes les directions, avec des vitesses analogues à celle que nous venons de constater pour la Terre, et souvent incomparablement supérieures encore; et dans le sein de l'infini ces millions de globes circulent comme des géants rapides à travers les immensités de l'espace, de telle sorte que pour l'œil qui saurait l'embrasser dans sa grandeur, l'étendue infinie serait sillonnée dans tous les sens par la multitude de ces corps formidables tombant les uns les autres dans l'abîme sans fond du vide éternel !...

La ligne idéale parcourue en une heure par notre monde errant, est une ligne droite de 27 500 lieues. Celle qu'il parcourt en un jour est encore presque une ligne droite. Mais le cours entier de la Terre est une ellipse, presque une circonférence, qui est accomplie en 365 jours 6 heures, et qui mesure 241 millions de lieues, cercle d'une telle étendue, qu'une longueur de cent mille lieues prise sur lui n'en manifeste pas la courbure !

Au centre de ce cercle gigantesque décrit par l'astre-Terre dans son cours formidable, réside le Soleil, globe immense relativement à celui que nous habitons, car si nous comparons les dimensions de la Terre à celles d'un boulet de canon, celles du Soleil seront représentées par un boulet de la grosseur du dôme du Panthéon. Le globe solaire est *un million quatre cent mille fois* plus gros que le nôtre et *trois cent cinquante mille fois* plus lourd. La distance qui nous sépare de cet astre central est de 38 *millions* 230 *mille lieues*. Cette distance est de l'ordre des grandeurs qui surpassent de trop haut nos conceptions habituelles pour être justement appréciées par notre trop fragile cerveau. En y réfléchissant longuement même, nous ne pouvons certainement pas arriver à nous représenter une ligne de 38 millions de fois quatre kilomètres. Aussi la jugerons-nous moins difficilement si nous nous figurons qu'un boulet de canon de 24, chassé par 6 kilogrammes de poudre, et qui marcherait avec une vitesse constante de 400 mètres par seconde, soit lancé pour traverser ce vide immense qui nous sépare du Soleil. Dès la première minute, il aura parcouru 24 kilomètres; dès la première heure, il aura franchi 360 lieues; après un jour de marche, il sera déjà éloigné de 8640 lieues. Or il lui faudra continuer son vol pendant des mois et des années; à la fin de la première année, son cours mesurera une ligne de 3 155 760 lieues. Pour atteindre l'éloignement où réside le Soleil, pour mesurer notre ligne, ce projectile infatigable, gardant

avec lui sa force vive, devra voyager pendant *douze ans* et six semaines !... Si nous essayons de suivre un tel voyage par la pensée,
nous nous formerons une idée moins vague de l'énorme vide qui
sépare le globule terrestre du monde solaire.

C'est à cette distance que la Terre gravite autour du Soleil, avec la
prodigieuse vitesse que nous avons appréciée tout à l'heure. On peut
juger par là de quelle puissance est cette mystérieuse force d'attraction universelle, qui relie ainsi, à travers l'immensité, deux globes
l'un à l'autre.

— Je crois vraiment, dit l'historien, que dans toute l'histoire des
civilisations et des progrès de l'esprit humain, il n'y a pas un ordre
de faits capable de rivaliser avec la simple vérité astronomique pour
l'éloquence.

— Pour juger exactement les phénomènes célestes, reprit l'astronome, il est nécessaire que nous nous représentions bien clairement le
Soleil, vaste globe immobile, et la Terre tournant en un an autour de
lui, au sein d'un immense espace vide. Supposons donc que nous
ayons sous les yeux la circonférence décrite par notre planète autour
de son point central qui est le Soleil. Sachons maintenant que cette
circonférence est isolée au milieu d'un vaste désert. Sur les confins de
ce désert, au loin dans l'espace, trônent d'autres soleils, disséminés
dans toutes les profondeurs, mais si éloignés de nous qu'ils nous
apparaissent seulement sous la forme de petites étoiles. Ces étoiles,
par leurs positions réciproques et permanentes aux mêmes points
de l'espace, dessinent certaines figures géométriques plus ou moins
régulières, des triangles de différentes formes, des rectangles, des
lignes courbes, droites ou brisées, etc., que les habitants de la Terre
n'ont pu s'empêcher de remarquer, et qu'ils ont désignés sous le nom
de constellations. Or, comme la Terre décrit en un an une circonférence autour du Soleil, elle interpose tour à tour cet astre le long
de la circonférence entière de constellations qui se trouvent sur le
plan de l'orbite terrestre, c'est-à-dire sur le prolongement des
rayons successifs qui vont au Soleil de chaque point occupé par la
Terre dans son mouvement. Ces constellations forment une bande
céleste qu'on appelle, comme nous le verrons plus loin, le *zodiaque*.
Une comparaison fera du reste clairement saisir cet effet.

Supposons-nous sur la place de la Concorde, près de l'obélisque, et tournant autour de cette magnifique aiguille de pierre. Nous connaissons tous la place de la Concorde qui, il y a cent ans, se nommait place Louis XV, puis fut trop justement nommée place de la Révolution, et porta en 93 l'échafaud sur lequel tomba la tête de Louis XVI. Au centre de cette place, Louis-Philippe I<sup>er</sup>, roi des Français,— comme c'est sculpté en lettres d'or sur le granit du piédestal, —fit ériger l'obélisque amené de Louqsor, lequel obélisque, habitué jadis aux graves mystères de l'antique patrie des sphinx, ne cesse pas, depuis trente ans qu'il est là, de s'étonner du caractère frivole des Parisiens qui pullulent à ses pieds. Du côté du couchant, à l'extrémité de la splendide avenue des Champs-Élysées, on voit posé dans sa grandeur et dans sa majesté, l'Arc de Triomphe de l'Étoile, le plus beau monument des temps modernes s'il ne représentait une gloire trop chèrement achetée.— Au sud, le Corps législatif veille sur les destinées de la France, et se raconte à lui-même des histoires pour occuper ses loisirs. — A l'est, le pavillon des Tuileries hisse son drapeau derrière le bois sombre et luxuriant. — Au nord, la Madeleine, monument élevé à Mars et surpris par un culte plus pur, élève son portique corinthien au delà de l'avenue ouverte par les deux édifices grecs de Louis XIV. Notre orientation faite, et étant convenu d'ailleurs que nous marchons autour de l'obélisque en décrivant un cercle, la place de la Concorde représente pour nous l'espace planétaire, l'obélisque sera le Soleil, nous sommes la Terre, et l'horizon parisien sur lequel nous venons de prendre quatre points principaux sera le cercle de constellations situé dans le prolongement du plan de l'orbite terrestre.

Nous arrivons, je suppose, du faubourg Saint-Germain ou du quartier Latin par le pont de la Concorde, et nous commençons notre marche circulaire de droite à gauche, comme si nous allions aux Champs-Élysées, mais *en regardant toujours l'obélisque*. Or voici les remarques importantes qui vont nous établir en petit la marche du Soleil suivant les signes du zodiaque, ou celle de l'obélisque se projetant par suite de notre translation sur les objets, les arbres et les édifices situés de l'autre côté de lui en face de nous.

Dans notre première position, nous sommes placés entre le Corps

législatif et l'obélisque : celui-ci se projette sur la Madeleine — premier signe du zodiaque. Nous marchons comme nous l'avons dit. En
arrivant à l'avenue des Champs-Élysées, nous avons l'Arc de
Triomphe derrière nous, puisqu'il est convenu que nous regardons
toujours l'obélisque, et nous voyons celui-ci, qui a décrit un quart
de cercle en sens inverse de notre mouvement, se placer maintenant devant la façade du pavillon des Tuileries (V. la fig.). Nous
continuons toujours notre cercle, et nous arrivons bientôt entre
l'obélisque et la Madeleine, c'est-à-dire à 180 degrés, ou juste à l'op-

posé du point par lequel nous avons commencé. Alors l'obélisque
éclipse le milieu de la façade du Corps législatif. Continuons notre
petit voyage. En arrivant du côté des Tuileries, sur la ligne menée
de la grille du jardin à l'obélisque, nous voyons celui-ci se dresser
au beau milieu de l'Arc de l'Étoile. Enfin si nous achevons notre
cercle en le continuant jusqu'à notre point de départ, nous arriverons à voir de nouveau l'obélisque s'avancer en apparence jusqu'au
fronton de la Madeleine.

Eh bien ! c'est exactement là le voyage que fait la Terre en circulant en un an autour du Soleil. Les édifices du Ciel sont les constellations, et le Soleil passe devant elles suivant les positions prises
par la Terre.

— On peut même, interrompit avec finesse le député de la gauche, montrer de suite la correspondance entre nos quatre édifices et les constellations du zodiaque. Nous nous voyons forcés de convenir que la *Madeleine* représente dans votre description le premier signe, ou l'animal irrévérencieux qui s'appelle le *Bélier*; que les *Tuileries* se trouvent par un hasard inexplicable correspondre à l'*Écrevisse*; que le *Corps législatif* est désigné avec justice et légalité par la *Balance*; et que l'*Arc de Triomphe* est un monument élevé au titre du *Capricorne*, chèvre sauvage originaire de certaines îles arides et dont l'ambition est de monter toujours. Eh! qu'en dites-vous?

— *Si non vere, e bene trovato!* s'écria le professeur....

— Ce que c'est que le hasard! fit doucement la marquise.... Enfin! nous connaissons déjà quatre signes du zodiaque.

— La circonférence du Ciel, reprit l'astronome, sur laquelle le Soleil paraît successivement se projeter en vertu du mouvement annuel de la Terre autour de cet astre, a été partagée en douze parties, dont chacune est traversée en un mois. On voit que ce mouvement du Soleil à travers les signes du zodiaque *n'est qu'un effet de perspective*. Ceux qui, par exception, comme mademoiselle, n'auraient pas encore vu Paris et la place de la Concorde, se formeront de notre perspective céleste une idée aussi exacte, s'ils se figurent tourner autour d'un peuplier dans une prairie. La comparaison est champêtre, mais puisqu'il s'agit d'un mouvement céleste dont peu de personnes se font une idée parfaite, j'espère qu'on me la pardonnera. Eh bien! tandis qu'une personne fera le tour de l'arbre, à quelques mètres de distance, elle verra successivement le peuplier paraître tourner aussi, mais en sens contraire, et cacher successivement les bouquets d'arbres, les buissons, les monticules, ou les fermes disséminées dans la campagne. C'est le mouvement apparent du Soleil le long du cercle zodiacal.

Le passage mensuel du Soleil dans chaque signe du zodiaque désignant la succession des mois et des saisons, fixant le calendrier et les époques importantes de l'année au point de vue de l'agriculture et des fêtes publiques, on comprend qu'il ait été remarqué et ait joué le plus grand rôle dans les origines de l'histoire de l'astronomie.

Je nommerai de suite ces signes, dont nous aurons beaucoup à parler dans la suite, et que tout le monde doit savoir « par cœur » comme on dit ici :

L'un de ces groupes prit le nom de *Bélier* ♈ ; son voisin, en marchant de l'occident à l'orient, s'appela le *Taureau* ♉ ; le troisième prit le nom de *Gémeaux* ♊ ; le quatrième, celui de *Cancer* ♋. Viennent ensuite, en suivant l'ordre de leur succession : le *Lion* ♌, la *Vierge* ♍, la *Balance* ♎, le *Scorpion* ♏, le *Sagittaire* ♐, le *Capricorne* ♑, le *Verseau* ♒ et les *Poissons* ♓.

Les deux vers latins suivants du poëte Ausone donnent ces douze noms dans le même ordre :

> Sunt : Aries, Taurus, Gemini, Cancer, Leo, Virgo,
> Libraque, Scorpius, Arcitenens, Caper, Amphora, Pisces.

Les signes, placés à côté de ces douze noms, sont ceux par lesquels on désigne ces constellations dans les ouvrages d'astronomie et dans les calendriers. Quelques-uns de ces signes sont faciles à expliquer. Ainsi, le premier ♈ indique les cornes du Bélier, le second ♉ la tête du Taureau. Le dard, ajouté à une sorte de lettre *m*, distingue le Scorpion ♏ ; la flèche ne peut laisser aucun doute sur le mot *Sagittaire* ♐ ; ♑ est formé de la réunion des deux lettres τ et ρ qui commencent le mot grec τράγος, c'est-à-dire bouc. Remarquons, entre parenthèses, que le mot *tragédie* vient des deux mots grecs *bouc* et *chant*.

— Oui · τράγος ῳδή, s'écria le professeur de philosophie. Si on ne connaissait pas le sens du mot tragédie, on serait longtemps à le deviner par son étymologie !

— Il en est ainsi de bien d'autres mots, répliqua l'astronome, comme nous ne manquerons pas de le voir en cherchant l'origine des constellations et des dénominations célestes. Le signe de la Balance, ajouta-t-il, et celui des Poissons se reconnaissent facilement à leurs marques ♎, ♓. Enfin le Verseau est marqué par un courant d'eau ♒.

La constellation du Bélier, actuellement très-voisine de l'équateur, est celle qu'au temps d'Hipparque le Soleil traversait à l'équinoxe de printemps.

Nous verrons plus tard qu'en vertu du mouvement de précession l'équinoxe, qui, du temps d'Hipparque, arrivait dans le Bélier, a lieu maintenant dans les Poissons, malgré les almanachs et les calendriers, qui continuent à faire entrer le Soleil le 21 mars dans le Bélier.

On a bien compris que si le Soleil paraît parcourir en un an ces douze signes, c'est parce que la Terre, en tournant autour de lui, le place successivement devant chacun d'eux.

Nous discuterons et nous exposerons plus loin l'origine des noms donnés à ces signes, ainsi qu'aux autres constellations. Le point important, dont il importe que nous soyons pénétrés dès cette première soirée, c'est de savoir que ces apparences sont dues au mouvement de la Terre autour du Soleil.

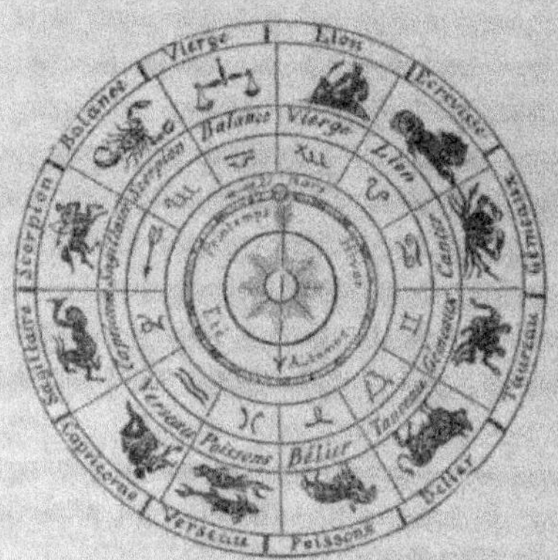

Ici l'astronome dessina la marche de la Terre autour du Soleil. Au delà de l'orbite de la Terre il décrivit un cercle concentrique dans lequel il traça les signes du Zodiaque, au-dessus de chacun desquels il inscrivit le nom du signe — et au-dessus de chaque nom il dessina le signe zodiacal lui-même. Enfin, dans un dernier cercle il inscrivit les positions des *constellations*, qui ne correspondent plus aux *signes*, comme on le reverra dans un entretien suivant. Le Soleil est immobile au centre, comme l'obélisque, dont il a été parlé tout à l'heure. La Terre marche dans le sens indiqué par la flèche. Au 21 mars (équinoxe de printemps) le Soleil se projette sur le commencement du *signe du Bélier* et sur la *constellation des Poissons*. De mois en mois, il se projette sur chaque signe successif.

Maintenant que nous nous représentons clairement le mouvement annuel de notre planète, continua l'astronome, nous pouvons aller un peu plus loin, et savoir qu'elle n'est pas le seul globe tournant ainsi autour de l'astre lumineux. Nous avons vu qu'elle en est distante de 38 millions de lieues environ. Entre elle et le Soleil existent deux globes analogues à elle: Mercure, plus petit qu'elle, tournant autour du Soleil en 88 jours, et Vénus, de même volume que notre globe, tournant autour du soleil en 224 jours. La distance de Mercure au Soleil, ou le rayon de son orbite, est de 15 millions de lieues: celle de Vénus est de 22 millions de lieues.

Continuons. *Au delà* de la Terre, en dehors de son orbite, c'est-à-dire à une distance du Soleil plus grande que la sienne, circulent: Mars, un peu plus petit que notre globe, à 58 millions de lieues, et en 11 mois environ; — Jupiter, 1400 fois plus gros que la Terre, situé à près de 200 millions de lieues du Soleil, et mettant près de 12 ans à accomplir son mouvement de translation; — Saturne, 734 fois plus gros que notre globe, éloigné à 364 millions de lieues du Soleil, et tournant en 29 ans et demi autour de lui; — Uranus, 82 fois plus gros que la sphère terrestre, suivant, à 733 millions de lieues du Soleil, l'orbite immense qu'il met 84 ans à décrire; — enfin Neptune, 105 fois plus volumineux que la Terre, effectuant, à la distance de 1 milliard 147 millions de lieues de notre Soleil, son cours qu'il n'accomplit qu'en une marche de 164 ans.

Toutes ces planètes circulent autour du Soleil, presque dans le même plan que la Terre. C'est comme si tout à l'heure, pendant que nous tournions autour de l'obélisque, d'autres personnes avaient tourné également, à diverses distances et avec diverses vitesses, autour du même monument. Suivant la combinaison de notre mouvement et du leur, elles nous paraîtront passer tour à tour aussi devant les points qui dessinent notre horizon, devant les Champs-Élysées, le Corps législatif, les Tuileries, etc. Le rapprochement serait encore plus exact si, au lieu d'être parcourus pendant le jour, ces mouvements étaient accomplis pendant la nuit par des personnes portant sur la tête des lumières qui se déplaceraient ainsi parmi les becs de gaz.

C'est précisément la remarque que les anciens ont faite dès la plus haute antiquité. Ils ont observé que les planètes suivaient dans le Ciel la même route que le Soleil, c'est-à-dire le zodiaque, et se mouvaient dans un même plan, au lieu de courir au-dessus ou au-dessous de la bande zodiacale. L'étymologie de *planète* est le participe πλανητός du verbe *errer*, parce qu'en raison des combinaisons variées qui se produisent, comme on s'en aperçoit facilement, entre leurs positions respectives et celle de la Terre, elles paraissent marcher plus ou moins vite, et parfois même stationner et reculer (rétrograder), tandis que les étoiles en général sont fixes et immobiles.

Parmi les planètes signalées plus haut, cinq étaient connues des anciens, parce qu'elles se trouvent en condition d'être visibles à l'œil nu. Mercure et Vénus, situées entre le Soleil et la Terre et ne s'écartant jamais beaucoup de l'astre lumineux, étaient considérées comme suivant cet astre dans son cours zodiacal. Mars, Jupiter et Saturne étaient considérées comme plus éloignées en raison de la lenteur de leurs mouvements.

L'exposition qui précède nous donne une première et juste idée des *éléments du système du monde*. Comme les aspects, dont nous aurons à nous entretenir pendant les soirées prochaines, sont causés par le mouvement de la Terre autour du Soleil, il importait essentiellement de bien savoir d'abord que la Terre est un astre, et que les observations faites sur les configurations célestes, d'où tant de fables sont sorties, proviennent de la *perspective* où nous place l'observatoire mobile que nous habitons. A cette exposition spéciale du système du monde, nous devons ajouter maintenant le mouvement de la Lune.

Tournant autour de la Terre en 29 jours et demi, la Lune trace, comme le Soleil et les planètes, sa route éthérée à travers les signes du zodiaque. Dans notre exemple, c'est comme si l'un de nos amis tournait autour de nous, à la distance de quelques mètres seulement, tandis que nous faisons lentement et à une certaine distance le tour de l'obélisque. Notre ami passerait successivement, et plus rapidement qu'aucun autre, devant les divers points que nous avons marqués, il passerait même entre nous et l'obélisque et nous l'éclipserait. Ce mouvement de la Lune sur les signes du zodiaque a été le premier remarqué, parce qu'il est le plus visible. Celui des planètes et celui du Soleil n'ont été constatés que plus tard, parce que les planètes ne se différencient pas des étoiles d'une manière éclatante, et parce que le Soleil, éclipsant le Ciel étoilé par son éblouissante lumière, n'a permis de reconnaître sa situation zodiacale que par des comparaisons faites à l'aide des étoiles qui suivent son coucher. Nous verrons même que c'est à l'observation du mouvement mensuel de la Lune que l'on doit le premier tracé du zodiaque.

Il nous reste à observer maintenant que le mouvement de *translation* de la Terre autour du Soleil n'est pas le mouvement unique qui l'entraîne ni même le plus sensible pour nous, malgré son énorme vitesse. Son mouvement de *rotation* sur son axe, qui cause le jour et la nuit, en vertu duquel le Soleil paraît suivre une ligne oblique dans le Ciel et les étoiles tourner ensemble autour de l'étoile polaire, ce mouvement diurne est le plus apparent dans ses effets immédiats.

Si l'on tient délicatement une orange entre le pouce et le doigt du milieu, par ses deux extrémités opposées, et qu'on la fasse tourner sur elle-même, on a là une image fort simple et bien exacte du globe terrestre. Les deux points opposés (la tête et la queue de l'orange) se nomment *les pôles*. La ligne du milieu, qui comme une aiguille idéale traverse le fruit d'un pôle à l'autre, et autour de laquelle s'effectue le mouvement, se nomme l'*axe*. L'axe même et les pôles sont immobiles, on le voit facilement avec un moment d'attention.

Les points voisins du pôle tournent, mais avec une extrême lenteur, puisqu'ils emploient 24 heures à parcourir un petit cercle. Plus on s'éloigne du pôle, plus la distance à l'axe est grande, et plus le cercle à parcourir en 24 heures est vaste, par conséquent plus la vitesse augmente. Elle est à son maximum à l'équateur, c'est-à-dire au grand cercle de la sphère qui se trouvant à égale distance des deux pôles donne la circonférence exacte du globe.

Ces vitesses sont : 205 mètres par seconde à la latitude de Paris, ou 1098 kilomètres (275 lieues) à l'heure ; 464 mètres par seconde pour la ville de l'équateur, *Quito*, ou 1670 kilomètres (418 lieues) à l'heure. Ainsi, en France, par exemple, nous sommes emportés par deux mouvements principaux : le premier nous fait parcourir 27 500 lieues à l'heure à travers l'espace céleste ; le second ajoute 275 lieues à ce premier nombre pour notre déplacement résultant du mouvement diurne.

— Le mouvement de *translation* de la Terre, interrompit la marquise, nous donne l'année ?...

— Grâce encore à l'inclinaison de son axe, ajouta le capitaine de frégate, car sans cette inclinaison nous n'aurions pas les saisons, le Soleil devant s'élever alors aussi haut et aussi longtemps en hiver qu'en été.

— Mais nous aurions toujours l'année, répliqua l'astronome, dans une succession moins frappante, comme l'ont par exemple les habitants de Jupiter.

— La belle planète au printemps perpétuel! fit la marquise. Mais je reviens à mon idée. Le mouvement de *rotation* de la Terre nous donne les heures du jour ?...

— Précisément.

— Et c'est par lui que nous sommes en retard ici d'un quart d'heure sur Paris, parce que Paris passe directement sous le Soleil quinze minutes avant que Flamanville y arrive. Lorsqu'il est midi à Paris, il n'est encore que midi moins le quart ici, n'est-ce pas ?

— On ne saurait être meilleur astronome, répliqua le capitaine de frégate. Et voilà aussi, ajouta-t-il, ce qui fait que pendant la dernière moitié de ma vie vécue, ma femme dormait à l'heure où je dînais (ma femme étant à Cherbourg et moi à New-York ou à la Nouvelle-Orléans). Je dirai même que c'est aussi pour cela que j'ai 24 heures de moins que tous ceux qui sont nés le même jour et la même heure que moi.

— Tiens, fit le député, ceci est assez rare.

— Vous avez donc fait le tour entier du globe en sens inverse du mouvement du Soleil? demanda l'astronome.

— Précisément ; de sorte que le Soleil est passé une fois de moins sur ma tête que sur celle de tous ceux qui sont nés le même jour que moi.

— C'est fort curieux.

— Mais, ajouta la marquise, si quelqu'un faisait le tour du globe en 24 heures avec la vitesse apparente du Soleil et en sens inverse du mouvement de la Terre, en partant, par exemple, un jour à midi, il aurait toujours le Soleil au-dessus de sa tête, et ce serait toujours midi pour lui…. et il n'arriverait jamais au lendemain.

— Et ce serait, madame, comme si la Terre ne tournait pas ; il n'y aurait plus de temps.

— Plus de temps !

— Plus de jours, ni d'heures, de minutes, de secondes, répondit l'astronome. Absolument parlant, *le temps n'existe pas* ; il n'est qu'une mesure transitoire créée par le mouvement. Au delà de la Terre, dans l'espace pur, il n'y a plus de temps, mais l'immobile éternité.

— Voilà de quoi réfléchir, fit le pasteur.

— Mais revenons à notre sujet, reprit l'astronome. Des deux mouvements que j'ai traduits tout à l'heure résulte la presque totalité des phénomènes célestes dont nous avons à nous entretenir; d'eux résultent les opinions humaines imaginées pour expliquer les aspects de l'univers, les systèmes créés par la raison observatrice ou par l'imagination téméraire, les théories enfantées par l'esprit humain pour se rendre compte de la nature du monde, de son histoire et de sa destinée.

Ces mouvements de la Terre ne pouvant être observés directement, la Terre fut naturellement considérée comme immobile. Ce seul état la séparait radicalement du reste de l'univers et créait cette antique dualité : le Ciel et la Terre.

Les hommes, n'ayant encore pu s'élever à la connaissance astronomique des autres mondes et à la conception philosophique de l'univers, n'avaient pu admettre comme une vérité fondamentale la doctrine de la Pluralité des mondes habités, qui devait être inébranlablement fondée au dix-neuvième siècle sur les découvertes de la science moderne; elle n'était pour eux qu'une intuition vague et insuffisante. Bornant à la Terre le royaume de la vie, la Terre devenait par là même le centre de l'action divine. Sur cette erreur longuement accréditée s'est édifié l'antique système cosmo-théologique du monde, soutenu pendant des siècles par la vanité humaine, qui n'a pas de plus ferme soutien que l'ignorance.

— L'Histoire du Ciel, dit le député, pourrait être appelée, sous un certain point de vue, « l'histoire de la vanité humaine se contemplant dans ses œuvres. » L'homme s'est si naïvement et si sincèrement admiré, qu'il s'est considéré comme le centre de la création, a écrit son histoire dans la configuration des astres, les a de plus supposés créés et mis au monde exprès pour agir sur sa propre existence, et, pour combler la mesure, a fini par créer Dieu lui-même selon son image et ressemblance.

— Aussi, reprit l'astronome, pouvons-nous déclarer hautement, avec Laplace, que l'astronomie, par la dignité de son objet et la perfection de ses théories, est le plus beau mouvement de l'esprit humain, le titre le plus noble de son intelligence. Séduit par les illusions des sens et de l'amour-propre, l'homme s'est regardé longtemps comme le centre du mouvement des astres ; et son vain orgueil a été puni par les frayeurs qu'ils lui ont inspirées. Enfin, plusieurs siècles de travaux ont fait tomber le voile qui lui cachait le système du monde. Alors il s'est vu sur une planète presque imperceptible dans le système solaire, dont la vaste étendue n'est elle-même qu'un point insensible dans l'immensité de l'espace. Les résultats sublimes auxquels cette découverte l'a conduit, sont bien propres à le consoler du rang qu'elle assigne à la Terre, en lui montrant sa propre grandeur, dans l'extrême petitesse de la base qui lui a servi pour mesurer les cieux. Conservons avec soin, augmentons le dépôt de ces hautes connaissances, les délices des êtres pensants. Elles ont rendu d'importants services à la navigation et à la géographie, mais leur plus grand bienfait est d'avoir dissipé les craintes occasionnées par les phénomènes célestes, et détruit les erreurs nées de l'ignorance de nos vrais rapports avec la nature, erreurs d'autant plus funestes, que l'ordre social doit reposer uniquement sur ces rapports.

— Je crois au surplus, fit observer l'historien, que l'utilité de la connaissance populaire de l'astronomie a été reconnue dès les temps anciens et n'a été niée qu'au moyen âge, au temps où le concile de Tours, par exemple (1169), et celui de Paris (1209), interdirent la coupable lecture des ouvrages de science physique. La géographie, disait Strabon, « nous paraît être autant qu'aucune autre science du domaine des philosophes; et plus d'un fait nous autorise à penser de la sorte; celui-ci d'abord, que les premiers auteurs qui osèrent traiter de la géographie étaient précisément des philosophes (Homère, Anaximandre, Hécatès, Démocrite, Eudoxe, Ératosthènes, Polype, Posidonius). En second lieu, la multiplicité des connaissances indispensables à qui veut mener à bien une pareille œuvre, est le partage uniquement de celui qui embrasse dans sa contemplation les choses divines et humaines. Enfin, la variété d'application dont est susceptible la géographie, qui peut servir à la fois aux besoins des peuples et aux intérêts des chefs, et qui tient à nous faire mieux connaître le Ciel et la Terre, cette variété, disons-nous, implique encore dans le géographe ce même esprit philosophique, habitué à méditer sur le grand art de vivre et d'être heureux. »

Ce jugement du géographe Strabon est sans contredit plus applicable encore à l'astronomie qu'à la géographie, car plus que celle-ci, la science du Ciel embrasse dans sa grandeur l'histoire de la nature et celle de l'homme.

Outre la description des phénomènes célestes, l'*Histoire du Ciel* comporte une double histoire: celle des idées humaines sur la nature du Ciel et sur le système du monde; celle du Ciel lui-même, car les mondes éthérés ne sont pas plus immuables que la Terre, et la science a déjà constaté de curieux changements opérés dans les étoiles depuis l'origine des observations astronomiques.

— Aussi pouvons-nous tracer dès ce soir la marche probable de nos causeries, reprit l'astronome. Interrogeant d'abord les anciens peuples, nous leur demanderons ce qu'ils ont pensé sur ce grand problème de la construction de l'univers, comment ils se sont figuré la Terre, l'Océan, l'atmosphère, le Ciel, quelles craintes les dominaient à l'époque primitive où, se voyant la proie des éléments, ils n'avaient pas encore acquis les premières notions des sciences. Nous verrons l'homme mêler sa propre histoire aux apparences de l'univers, et se supposer au centre de la création. La mythologie et la théologie seront les deux compagnes inséparables de l'astronomie naissante, et dans leurs jeux comme dans leurs travaux, il nous sera parfois difficile de les isoler. L'idée du monde s'agrandira avec les conquêtes et avec les voyages. Les observations deviendront plus positives. Bientôt des philosophes clairvoyants, devançant leur époque, devineront le véritable système du monde. Chaque peuple aura coloré son système de son caractère et de ses tendances. Mais le jour vient où toutes les erreurs tombent devant la réalité reconnue, et où l'astronomie étudie enfin le véritable Ciel. En arrivant historiquement au véritable système du monde, nous apprenons ce système lui-même, car l'histoire de l'astronomie moderne n'est autre chose que la description du Ciel même, tel que nous le connaissons aujourd'hui. Or, cette description nous montre dans l'univers céleste une véritable histoire, établissant le rôle de la Terre parmi les autres planètes, et développant sous les yeux de notre esprit une image du passé et une vue anticipée de l'avenir.

Lorsque nous aurons revu les âges disparus de l'ancienne astronomie, l'aînée des sciences, je tracerais notre programme comme ceci : nous chercherions à connaître l'origine des constellations et l'explication de ces figures singulières dont on a couvert la sphère céleste. Les signes du zodiaque viendraient ensuite nous dessiner dans leurs hiéroglyphes les premières conceptions humaines, les migrations des peuples, les histoires. Dès lors, nous pourrions aborder les opinions variées de l'antiquité sur la nature et la structure du Ciel, qui fut supposé solide pendant tant de siècles. Rien n'est plus curieux que ces conceptions des philosophes. Nous apprécierions en passant leurs idées sur l'harmonie dans le Ciel et sur la musique des sphères. Les systèmes astronomiques se succéderaient ensuite sous nos yeux, et nous amèneraient au véritable système du monde, que déjà nous avons esquissé ce soir.

— Ne pourrions-nous donc, s'écria le navigateur, revoir les opinions des anciens sur le monde terrestre, la forme de la Terre, sa situation, la géographie et la cosmographie de Moïse, d'Homère, d'Aristote ? C'est une mine de surprises. Et le monde des premiers chrétiens avec ses sphères ! — et celui du moyen âge avec son paradis terrestre et son purgatoire ! — et les cartes géographiques avant Christophe Colomb !... Enfin, viendrait l'histoire des comètes, des éclipses, des astres de terreur, de l'astrologie et de la fin du monde...

— Mais nous n'aurons jamais le temps de voir tout cela, s'écria le pasteur.

— Quant à moi, répliqua la marquise, je trouve ce programme plein de promesses, et je propose de l'adopter.

— A l'unanimité ! s'écria-t-on de toutes parts.

— Voyons, reprit l'astronome en se recueillant, que disions-nous tout à l'heure? que l'Astronomie avait joué le premier rôle dans l'histoire. Dès son origine, en effet, elle est théologique, et, à ce titre, domine les commencements de toutes les genèses. E le fonde le calendrier, ordonne les travaux de l'agriculture, dirige le navire sur les flots mystérieux, établit l'histoire, fixe les fêtes des peuples et ouvre les annales des nations. C'est à l'Astronomie que nous devons de pouvoir porter un flambeau sur les ténèbres des époques barbares ; c'est elle qui nous délivra naguère des chaînes sous lesquelles succombait l'Europe superstitieuse et ignorante. Fille du Ciel comme la lumière, elle demeure suspendue inattaquable au-dessus des abîmes des révolutions humaines, et lorsque, dans l'avenir, nos descendants, cherchant la place où Paris resplendissait, ne trouveront dans le désert de France que des lambeaux déchirés de notre grande histoire, c'est encore à l'Astronomie qu'ils s'adresseront pour rétablir le méridien et la latitude de Paris, et fixer les dates mémorables de la vie de notre nation !...

— On voit que vous aimez votre science ! s'écria l'historien, et que vous savez faire passer vos convictions dans l'âme de ceux qui vous entendent. Je suis heureux de confirmer de mon côté vos paroles, et de déclarer que les études historiques mènent à la même glorification de l'astronomie. J'ajouterai même à votre discours, en manière de péroraison, que tous les peuples n'ont pas également compris le spectacle de l'univers. Pour les uns, ils n'y prêtèrent pas une attention plus grande qu'au tableau d'une lanterne magique. Pour les autres, il semble que l'univers ne soit qu'un immense catafalque, un éternel séjour de deuil et de contrition. Pour d'autres, c'est un théâtre dont les acteurs automates sont mus par des ficelles invisibles. Pour quelques-uns au génie plus clairvoyant, l'univers est un ensemble harmonieux de mondes arrivés à divers degrés de conditions d'existence, et sur lesquels la vie rayonne comme dans la nature terrestre. Eh bien! permettez-moi de vous avouer ici mon sujet de prédilection : j'ai le légitime orgueil de revendiquer pour *nos aïeux* la plus haute conception du monde que l'antiquité puisse nous offrir. Mieux que tous les autres peuples, les Gaulois ont su comprendre la grandeur de l'univers, et lui faire correspondre la mesure de nos destinées. A mon avis, il serait logique, et de plus fort agréable, pour le but que nous nous sommes proposé, de ressusciter ici l'astronomie des Druides avant de nous occuper d'aucun autre peuple.

— Voilà une thèse nouvelle, qui nous charme particulièrement, répondîmes-nous d'un commun accord, et nous serions curieux de savoir à quoi nous en tenir sur un point discuté depuis si longtemps.

— Si j'étais sûr que cette question vous intéressât, j'aurais le plaisir....

— Tout le plaisir sera pour vos auditeurs....

— Eh bien, soit! Mais vous me permettrez de ne point entreprendre un tel sujet ce soir, après la victorieuse exposition de notre cher astronome, à la suite de laquelle nul ne doutera plus que nous ne soyons actuellement dans le Ciel. Restons sur cette agréable certitude! Je rêverai cette nuit à ma promesse, et demain soir je vous entretiendrai de nos ancêtres.

L'attention commune ainsi diversifiée par ces réflexions nouvelles laissa s'éteindre par ces dernières paroles notre premier entretien astronomique, et voltigea dès lors sur d'autres sujets plus frivoles. Le croissant lunaire venait de s'éteindre derrière la nappe sombre des mers, et malgré la douceur de la température et la commodité de la situation, lorsque le thé fut achevé, on se sentit la velléité de se relever et de marcher un peu. On se promit d'un commun accord de se retrouver le lendemain sous les mêmes sapins, dont les branches étendues servaient d'écran au rayonnement terrestre, — comme on dit en physique, — et protégeaient la tiédeur de l'atmosphère. Groupe par groupe, on s'éloigna bientôt, suivant l'avenue spacieuse qui conduit des falaises aux bosquets du parc.

# DEUXIÈME SOIRÉE



La conversation autour du dolmen. Revendication de la science antique des Druides. Théologie astronomique des Gaulois. Doctrine de la pluralité des mondes. Les cercles de la vie immortelle. Chants des bardes. Mort et transmigration ; les existences dans le Ciel. — Les Gaulois ont imprimé leur astronomie sur leurs pièces de monnaie. Anciennes médailles de la Gaule. Culte de la nature et respect envers les astres. Anciennes monnaies astronomiques de la Chine et des autres peuples.

L'*Historien* fut l'un des premiers au rendez-vous. Il avait déposé sur la table rustique quelques notes résumant ses travaux d'érudition, et quoique nos entretiens dussent avant tout garder la forme d'improvisations simples et spontanées, nous nous aperçûmes néanmoins qu'il avait scrupuleusement préparé son sujet. Tout en attendant le moment où la fantaisie nous prendrait de commencer la conférence, nous nous demandions si les ombres des bardes ne seraient pas quelque peu surprises de voir leur science antique mise au premier rang des éléments d'une Histoire du Ciel. Nous discourions sur la vieille institution des druides, dont on retrouve encore les derniers débris dans la Bretagne française et surtout dans la Grande-Bretagne ; nous causions les uns les autres, chacun selon notre inspiration immédiate, comme il arrive dans toute conversation non organisée et naturellement décousue, lorsque l'historien nous dit, en nous indiquant de la main une énorme pierre noire, en forme d'œuf, posée sur trois autres non moins colossales, et formant presque un petit monticule, tout au bord du plateau, sur le sommet du cap :

Ce monument druidique, l'un des plus anciens de la Gaule, que nos paysans appellent encore aujourd'hui *le tombeau d'Oscar*, sera, si vous le permettez, le lieu de notre réunion pour ce soir. Chacun de vous pourra prendre sa chaise avec soi — à la campagne comme à la campagne ! — Quant à moi, je réclame l'honneur de m'asseoir sur le granit même de l'une des trois pierres qui soutiennent le dolmen.

La proposition fut adoptée à l'unanimité, et nous fûmes nous installer d'un commun accord à cinquante pas du chalet, autour du vieux dolmen, contre la terrasse du sémaphore ; car cet antique dolmen, posé là depuis plusieurs milliers d'ans par nos ancêtres, est maintenant englobé dans la grossière muraille de terre qui entoure le terrain d'un petit observatoire de marine.

Nous étions à peine installés, que l'historien ouvrait sa thèse comme il suit :


Je ne sais en vérité pourquoi l'antiquité classique a si complétement usurpé les plus beaux titres de gloire de notre propre patrie. Grâce aux soldats de César qui firent la conquête du sol gaulois, grâce aux soldats du Christ qui firent la conquête des intelligences, nous avons oublié nos origines. Je n'attache certes pas une valeur exagérée ni un sens militaire au mot de *patrie* ; et j'ai l'espérance, au contraire, que le jour viendra où les patries nationales s'effaceront devant le sentiment sublime de la fraternité universelle, où les peuples cesseront de s'entr'égorger comme des esclaves de l'ambition dynastique, où la guerre et les haines se seront évanouies devant le soleil de l'humanité.... Mais en attendant qu'il n'y ait plus qu'un peuple sur la terre — ce que notre génération n'aura pas le bonheur de voir — je veux revendiquer pour notre beau pays de France la grandeur que nos études universitaires ont reportée à la Grèce et à l'Italie ! Autour de moi s'élèvent encore les vénérables monuments du culte astronomique de nos pères ; la pierre où je suis assis est elle-même un vieux dolmen, les flots qui mugissent à mes pieds ont bercé les rêves des druides et des prêtresses du Gui ; là-bas, dans ces fles de Jersey et de Guernesey, jadis réunies à la terre de Gaule, veillent encore les vestiges du même culte, et jusqu'au fond de la Bretagne l'esprit studieux découvre les restes sacrés de la science de nos pères. Apprenons donc à lire l'Histoire du Ciel dans les annales de pierre et d'airain de notre antique famille, et cherchons à reconnaître, parmi les rares débris de ce passé glorieux, la grande et immortelle idée qui faisait palpiter le cœur de nos aïeux, et les éleva à ce degré d'héroïsme que leurs conquérants eux-mêmes envièrent sans pouvoir y atteindre!

Il est incontestable, dirai-je avec mon ami regretté Jean Reynaud, il est incontestable que, jusqu'ici, nous ne nous sommes pas fait suffisamment honneur de nos pères. Il semble qu'éblouis par les prestiges de l'antiquité hébraïque, et de l'histoire classique grecque et romaine, nous nous soyons empressés, par une sorte de honte, de faire bon marché de la nôtre et de la glisser sous le voile. On croirait, à lire nos propres historiens, que nos druides n'étaient que des espèces de sauvages, ensevelis, à la façon des bêtes fauves, dans les tanières de leurs bois. Sanguinaires, bruts, superstitieux, on ne voit d'eux que leurs sacrifices humains, leur culte du chêne, leurs pierres levées; sans rechercher si ces traits, dont se scandalise notre goût, ne sont pas simplement le legs d'une ère primitive, dont, à côté des religions délabrées du vieux paganisme, le druidisme était demeuré le continuateur fidèle. Cependant nos druides méritent dans l'ordre de la pensée un rang éminent.

Pour les Gaulois, comme pour tous les peuples primitifs, l'astronomie et la religion étaient étroitement enchaînées. Pour eux, plus que pour aucun peuple, l'âme était éternelle, et les astres étaient des mondes successivement habités par les migrations spirituelles. Pour nos aïeux, la vie humaine réside dans les astres au même titre que sur notre planète, et c'est cette image de la vie future qui constitue leur force et leur grandeur. Ils repoussaient toute idée de l'anéantissement de la vie, et préféraient voir sous les phénomènes du trépas, un voyage pour une région déjà peuplée d'amis.

C'est la doctrine que nous partageons aujourd'hui, depuis que nous avons su rejeter la prétendue fin du monde qui devait clore les temps dans le règne éternel de l'immobilité. Nous sentons en nous-mêmes une force secrète, nous avertissant que, non-seulement rien ne peut anéantir le principe de notre existence, mais que rien ne peut imposer l'inactivité à cette force, ni arrêter notre âme dans sa poursuite incessante de la perfection. L'univers matériel, lien physique de nos destinées spirituelles, loin d'être condamné à s'évanouir un jour, est fait pour nous offrir à jamais des mondes proportionnés à nos variations ; de sorte qu'en définitive, reconnaissant que toute créature vit toujours d'une vie véritable, et que tout le mystère de la mort se réduit à un déplacement, nous revenons de nous-mêmes aujourd'hui à l'ancienne cosmogonie de nos pères.

Sous quelle forme la science druidique se représentait-elle l'univers ? — Leur contemplation scientifique du Ciel est en même temps une contemplation religieuse. Il nous est donc impossible de séparer dans notre histoire leur ciel astronomique de leur ciel théologique. Et au surplus, n'est-ce pas encore faire « l'Histoire du Ciel » que de saisir en passant les idées de l'humanité sur ce ciel théologique, plus ondoyant et moins solide, sans doute, que le premier, mais qui ne peut être réel qu'à condition d'être fondé sur la vérité de la nature ?

Pour la théologie astronomique — ou pour l'astronomie théologique — des druides, la totalité des vivants se divisait en trois cercles. Le premier de ces cercles, cercle de l'immensité, *ceugant*, correspondant aux attributs incommunicables, infinis, n'appartient qu'à Dieu : c'était proprement l'absolu, et nul, sauf l'être ineffable, n'y avait droit. Le second cercle, cercle de la béatitude, *gwyn-fyd*, réunissait les êtres parvenus aux degrés supérieurs de l'existence : c'était le ciel. Le troisième, cercle des voyages, *abred*, comprenait tout le noviciat : c'est là, au fond des abîmes, dans les grands océans, comme dit Taliesin, que commençait le premier soupir de l'homme. Le but proposé à sa persévérance et à son courage était d'atteindre à ce que les Triades bardiques appellent le point de liberté, vraisemblablement le point où, s'étant convenablement fortifié contre les assauts des passions inférieures, il n'était plus exposé à être troublé, malgré lui, dans ses aspirations célestes, et, arrivé à ce

point si digne de l'ambition de toute âme jalouse de se posséder
elle-même, il quittait enfin le cercle d'Abred pour celui de Gwyn-
fyd : l'heure de la récompense était enfin venue.

Démétrius, cité par Plutarque, raconte que les druides croyaient
ces âmes d'élite tellement liées à notre cercle, qu'elles ne pouvaient
en sortir sans en rompre l'équilibre. Cet écrivain rapporte que, se
trouvant à la suite de l'empereur Claude, dans une des îles de la
Grande-Bretagne, il y éclata tout à coup un ouragan terrible, et que
les prêtres, seuls habitants de ces îles sacrées, expliquèrent aussitôt
le phénomène, en assurant qu'un vide venait de se produire sur la
Terre, par le départ de quelque âme considérable : « Les grands
hommes, tant qu'ils vivent, disait-il, sont comme des flambeaux
dont la lumière est toute bienfaisante et ne cause jamais de mal à
personne ; mais quand ils viennent à s'éteindre, leur mort excite
d'ordinaire, ainsi que vous le voyez, des vents, des orages et des
troubles dans l'air. »

— Voilà une singulière météorologie ! fit le capitaine de frégate.

— Cette superstition n'était pas dépourvue d'une certaine majesté,
répondit l'historien, et nous rappelle la légende suivant laquelle
le monde serait entré dans les ténèbres au dernier soupir du Christ.
C'est une image populaire de ce que pèsent les grandes âmes dans
la balance de l'univers.

Le système palingénésique des Gaulois est complet en lui-même,
et prend l'être à son origine, pour le conduire jusqu'au dernier cercle céleste. Au moment de sa création, comme le fait remarquer
Henri Martin dans son commentaire, l'être n'a pas conscience de ces
dons qu'il porte en lui à l'état latent. Il est créé au moindre degré de
toute vie, dans *Annwfn (annoufen)*, l'abîme ténébreux, le fond d'*A-
bred*. Là, enveloppé dans la Nature, soumis à la nécessité, il monte
obscurément les degrés successifs de la matière inorganique, puis
organisée. Sa conscience s'éveille enfin. Il est homme ! « Trois choses sont primitivement contemporaines : l'homme, la liberté et la lumière. » Avant l'homme, il n'y avait dans la création que la fatalité
des lois physiques : avec l'homme commence le grand combat de la
liberté contre la nécessité, du bien contre le mal. Le bien et le mal

s'offrent à l'homme en équilibre : « et l'homme peut, à sa volonté, s'attacher à l'une ou à l'autre alternative. »

Il peut paraître, au premier abord, que ce soit porter les choses à l'excès que d'attribuer aux druides la connaissance, non pas sans doute du vrai système du monde, mais de l'idée générale qui y conduit. Cependant, considérée de plus près, cette opinion ne laisse pas de prendre une certaine consistance. Si c'est aux druides que Pythagore avait emprunté le fond de sa théologie, comment ne serait-ce point à eux qu'il aurait emprunté aussi celui de son astronomie ? Pourquoi, s'il n'y a pas de difficulté à ce que le principe de la subordination de la terre ait pu sortir des méditations d'un esprit isolé, en trouverait-on à ce qu'il eût pris jour au sein d'une corporation de théologiens imbus des mêmes croyances que le philosophe sur la circulation de la vie, et appliqués, avec une assiduité séculaire, à l'étude des phénomènes célestes ? La Gaule, n'ayant pu, comme la Grèce, se bercer des erreurs mythologiques, était entraînée par là même à imaginer dans l'espace d'autres mondes du même genre que le nôtre.

Indépendamment de sa valeur intrinsèque, cet aperçu est appuyé de plus par le témoignage des historiens. Un détail singulier consigné par Hécatée, à propos des usages religieux de la Grande-Bretagne, s'y adapte d'une manière frappante. Cet historien rapporte que la Lune, vue de cette île, paraît beaucoup plus grande que de partout ailleurs, et que l'on va même jusqu'à distinguer à sa surface, des montagnes comme sur la terre. Comment les druides avaient-ils réussi à faire une observation de ce genre ? Peu importe qu'ils aient réellement vu les montagnes lunaires, ou qu'ils les aient seulement imaginées, tout ce qui compte ici, c'est qu'ils se soient persuadés que cet astre portait, comme la Terre, des montagnes et une surface de quelque ressemblance avec la nôtre. Plutarque, dans son traité *De Facie in orbe Lunæ*, nous dit que d'après les Gaulois et conformément à une idée qui s'est longtemps maintenue dans la science, la surface de la Lune serait parsemée de plusieurs Méditerranées, que le philosophe grec compare à la Caspienne et à la mer Rouge. On y avait également cru voir d'immenses abîmes, dont deux principaux que l'on supposait en communication avec l'hémisphère opposé à la Terre. Enfin, l'on se faisait des dimensions de cette contrée flottante, des idées tout à fait différentes de celles qui avaient cours chez les Grecs. « Sa grandeur et sa largeur, dit le voyageur mis en scène par l'écrivain, ne sont point telles que le disent les géomètres, mais de beaucoup supérieures. »

C'est par le même auteur, d'accord à cet égard avec tous les bardes, que nous savons aussi que cette terre céleste était considérée, par les théologiens de l'Occident, comme la résidence des âmes heureuses. Elles montaient et s'en rapprochaient à mesure que leur préparation était arrivée à son terme; mais dans l'agitation du tourbillon, beaucoup arrivaient au contact de l'astre, que l'astre ne recevait point encore. « La Lune en repousse un grand nombre et les rejette par ses fluctuations, au moment où ils la touchent déjà ; mais ceux qui ont meilleur succès s'y fixent d'une manière définitive, leur âme est comme la flamme, car s'élevant dans l'éther de la Lune, comme le feu s'élève de lui-même sur cette Terre, ils en reçoivent force et solidité de la même manière que le fer ardent quand on le plonge dans l'eau. »

— A s'en rapporter à ce document, dit le pasteur, la Lune n'aurait été qu'un paradis intermédiaire. Les âmes auraient continué à s'y épurer sans doute, et, parvenues au degré convenable de spiritualité, elles en seraient sorties par une seconde mort pour s'élever, cette fois, vers le Soleil. C'est donc à l'astre radieux qu'auraient tendu finalement tous les êtres?

— Au sein de leurs forêts solitaires, sur leurs falaises, ici peut-être, répondit l'historien, nos ancêtres en contemplant l'astre mélancolique des nuits, y voyaient de préférence leur paradis prochain. Plus on apercevait d'analogie entre la Lune et la Terre, plus les imaginations devaient s'y sentir à l'aise, tandis que dans le Soleil la nature se montre véritablement inabordable; et la poésie, d'accord à cet égard avec nos instincts les plus naïfs, préférera toujours l'image d'un monde futur analogue au nôtre, où nous ayons encore nos paysages, nos bois, nos fontaines, nos brises et nos parfums. Voilà précisément ce que peignent les bardes. C'est toujours, au fond, de la nature terrestre qu'ils s'inspirent. Quel charme devait donner au ciel de la nuit une telle croyance! La Lune était le lieu, et par là même le gage visible de l'immortalité. Aussi jouissait-elle de toutes les faveurs de la religion; on réglait l'ordre de toutes les fêtes d'après le sien, on recherchait sa présence dans les cérémonies, on invoquait, on aspirait ses rayons. Ce n'est pas sans raison que les druides avaient le croissant à la main.

L'astronomie et la théologie étant liées dans l'esprit des druides par de si intimes connexions, on comprend sans peine que les deux études aient été menées de front dans leurs colléges. A certains égards, on peut dire que les druides n'étaient que des astronomes; cette qualité n'avait pas moins frappé les anciens chez eux que chez les Chaldéens. L'observation des astres était une de leurs fonctions officielles. César nous apprend, sans entrer dans plus de développements, qu'ils enseignaient beaucoup de choses touchant *la forme et la dimension de la Terre, la grandeur et les dispositions des diverses parties du Ciel, le mouvement des astres;* il y a là tous les problèmes essentiels de la géométrie céleste, et c'était déjà beaucoup que de les avoir posés. Que l'on réfléchisse seulement à ce que suppose de vrai savoir ce simple passage de Taliesin : « J'interrogerai les bardes, dit-il, dans son Chant du Monde, j'interrogerai les bardes, et pourquoi les bardes ne me répondraient-ils pas? Je leur demanderai ce qui soutient le monde, pour que, privé de support, le monde ne tombe pas; et s'il tombe, quel est le chemin qu'il suit? — Mais qui pourrait servir de support? Grand voyageur est le monde? Tandis qu'il glisse sans repos, il demeure tranquille dans sa voie; et combien la forme de cette voie est admirable, pour que le monde n'en sorte dans aucune direction [1] »

1. Ce magnifique passage du barde antique suffit pour attester que les données des druides sur les phénomènes matériels des cieux n'étaient point inférieures à leurs conceptions des destinées de l'âme, et qu'ils avaient des vues scientifiques d'une tout autre portée que les Grecs alexandrins, que les Latins, disciples des Grecs, et que le moyen âge. Une anecdote du huitième siècle fournit une preuve de plus en faveur de la science druidique. Tout le monde sait que Virgile, évêque de Salzbourg, fut accusé d'hérésie par saint Boniface, auprès du pape Zacharie, pour avoir avancé qu'il existe des antipodes. Virgile était sorti de ces savants monastères d'Irlande, peuplés de bardes chrétiens, qui avaient conservé les traditions scientifiques du druidisme. Un personnage historique, qu'une tradition matériellement erronée fait disciple de Pythagore, Numa Pompilius, pourrait être relié avec plus de vraisemblance aux druides qu'à Pythagore, non plus sous le rapport scientifique, mais sous le rapport religieux. A partir de Numa,

CÉRÉMONIE ASTRONOMIQUE CHEZ LES DRUIDES.

(P. 32.)

Qui ne sent frémir dans ces paroles, s'écrie à ce propos l'auteur de l'*Esprit de la Gaule* dans un magnifique langage, « qui ne sent frémir dans ces paroles le même courant d'où était sorti Pythagore, et qui, se ranimant à la Renaissance, devait produire Copernic, Galilée, Kepler et tous les explorateurs modernes du monde sidéral! Flammes sacrées, qui enleviez nos pères au sein des contrées mystérieuses qu'ils voyaient flotter dans l'espace, et qu'a sitôt abattues la main fatale de Rome : notre race, en reprenant possession d'elle-même, ne vous verra-t-elle point reparaître, et nos poètes ne sauront-ils pas retrouver, à vos rayons, la puissance de nous faire voyager encore au delà des horizons de cette terre, qui, à mesure qu'ils se définissent, deviennent si pauvres et si bornés? Espérons-le! bien que les trésors de cette antique poésie aient disparu dans le silence des voix qui les chantaient, il nous reste pour ranimer les déserts du Ciel, avec les secrètes impulsions du sang de nos aïeux, le souvenir de leur foi dans l'infinité de la vie. »

L'alliance fondamentale de la doctrine de la pluralité des mondes avec celle de l'éternité des âmes doit être pour nous le caractère le plus mémorable de la pensée de nos ancêtres. La mort terrestre n'était pour eux qu'un fait psychologique et astronomique, pas plus grave pour celui qui le subissait qu'une éclipse de lune pour l'astre des nuits, ou que la chute de l'habit verdoyant du chêne sous le souffle du vent d'automne. On voit ces conceptions et ces mœurs, au premier abord si extraordinaires, se revêtir d'un aspect simple et naturel. Les Gaulois étaient tellement convaincus de la vie future dans les astres, qu'ils allaient jusqu'à *se prêter de l'argent à rembourser dans l'autre monde!*

— Tiens! exclama le député, voilà une coutume qui ne prendrait pas chez les Gaulois d'aujourd'hui!

— Aussi, reprit l'historien, avait-elle singulièrement frappé les

Plutarque rapporte que, durant cent soixante-dix ans, il n'y eut point d'images dans les temples de Rome. Cette absence d'idoles, et les doctrines *pythagoriciennes* attribuées à Numa, ont une explication fort plausible : c'est que Numa représente dans la Rome primitive un élément demi-gaulois, comme Romulus et Tullus représentent l'élément latin, comme les Tarquins représentent l'élément étrusque. Les montagnards de la Sabine, patrie de Numa, étaient en voisinage et en rapports continuels avec les Gaulois ombriens (HENRI MARTIN, *Histoire de France*.)

autres peuples, et sans doute elle devait causer sur ceux qui la pra-
tiquaient journellement une impression bien plus profonde encore.
« Le règlement des affaires, nous dit brièvement Pomponius Mela,
et même le remboursement des créances, était remis aux enfers. »
Valère Maxime nous rapporte le même témoignage. « Après avoir
quitté Marseille, nous dit-il, je trouvai en vigueur cette ancienne
coutume des Gaulois, qui ont institué, comme on le sait, de se
prêter mutuellement de l'argent à se restituer dans les enfers, car
ils sont persuadés que les âmes des hommes sont immortelles. »

En passant dans l'autre monde, on ne perdait ni sa personnalité,
ni sa mémoire, ni ses amis ; on y retrouvait des affaires, des lois,
des magistrats : on y faisait usage de capitaux, et c'est dire toute l'é-
conomie de nos sociétés. On se donnait rendez-vous, comme des
émigrants peuvent, aujourd'hui, se donner rendez-vous en Amérique. Cette même superstition, si louable quant à la manière dont elle
imprimait dans les âmes le ferme sentiment de l'immortalité, conduisait à brûler, avec le mort, tous les objets qui lui avaient été
chers et dont on pouvait supposer qu'il lui plairait encore de se
servir. « Les Gaulois, dit Pomponius Mela, brûlent et ensevelissent,
avec les morts, ce qui était propre aux vivants. »

Ils avaient une autre coutume, inspirée par le même esprit, mais
plus touchante encore : lorsque quelqu'un prenait ainsi congé de la
Terre, chacun s'empressait de lui apporter *des lettres pour les amis*
absents qui allaient le recevoir à l'arrivée, et sans doute l'accabler
de questions sur les choses d'ici-bas. C'est Diodore qui nous a conservé ce trait précieux. « Dans les funérailles, dit-il, ils déposent
des lettres écrites aux morts par leurs parents, afin qu'elles soient
lues par les défunts. » Ils suivaient du regard de la pensée l'âme
du mort en voyage pour d'autres planètes, et l'on voit même que
souvent les survivants regrettaient avec douleur de ne pouvoir accomplir le voyage de compagnie! J'ajouterai même que plusieurs ne
pouvaient résister à la tentation. « Il y en a, dit Mela, qui se font
brûler avec leurs amis, pour continuer à vivre ensemble. »

—Décidément, interrompit de nouveau le député, les Gaulois étaient
des hommes tout à fait curieux, et je ne regrette qu'une chose, c'est
de n'avoir pas vécu de leur temps.

— Mais rien ne prouve, répondit l'historien, que vous n'avez pas vécu déjà sur la terre il y a trois ou quatre mille ans ; peut-être même avez-vous été l'un des héros chantés par Ossian. Mac Pherson saurait nous renseigner. Quoi qu'il en soit, et pour rester dans la sphère de vos attributions, je puis ajouter que le tirage au sort qui fait passer au hasard (en apparence) les hommes de cette vie dans l'autre, la mort, autrement dit, s'offrait aussi à l'esprit des Gaulois comme une sorte de recrutement commandé par les lois de l'univers pour l'entretien de l'armée des existences. Dans certains cas on se faisait même remplacer. Posidonius, qui avait visité la Gaule à une époque où elle était encore solide, et qui la connaissait bien mieux que César, nous a laissé à cet égard des informations curieuses. Qu'un homme se sentît sérieusement averti par la maladie de se tenir prêt pour un prochain départ, mais que cependant il eût, pour le moment, des affaires importantes ; que les besoins de sa famille l'enchaînassent à la vie ; que la mort enfin lui fût désagréable ; si aucun membre de sa famille ou de ses clients n'était en mesure de s'offrir pour lui, il faisait chercher un remplaçant : celui-ci arrivait bientôt, accompagné d'une troupe d'amis ; et, stipulant pour prix de sa peine une certaine somme d'argent, il la distribuait lui-même en souvenir d'adieux à ses compagnons. Souvent même, il s'agissait tout simplement d'un tonneau de vin : on dressait une estrade, on improvisait une sorte de fête, puis, le banquet terminé, notre héros se couchait sur son bouclier ; et, se faisant plonger un glaive à travers la poitrine, partait....

— Pour l'autre monde !... fit la marquise avec un geste d'effroi. Et l'on trouvait des sacrificateurs pour accomplir de telles horreurs !

— Ce n'était pas une affaire, reprit l'historien ; devant l'abîme de la mort, qui effraye tant d'imaginations timides, le Gaulois, sachant qu'il ne s'agissait que d'un fossé, s'élançait en souriant sur l'autre bord.

— Vous en parlez à votre aise, monsieur l'historien, répliqua la marquise, mais en y réfléchissant, avouez qu'il n'est pas difficile d'apercevoir les inconvénients de cette facilité à distribuer et à recevoir la mort : les suicides, les immolations volontaires, l'abus des duels et des guerres civiles....

—Il faut avouer, fit observer le capitaine de frégate, que ces mœurs offrent un étrange contraste avec l'état de civilisation que vous dépeigniez tout à l'heure, et qu'à ce titre nos pères ressemblaient passablement à certaines peuplades sauvages que j'ai eu l'occasion de visiter en Afrique, où la vie humaine est loin d'être appréciée à sa légitime valeur.

—Mais il y a cette grande différence, ajouta le ministre, que le mépris de la mort avait pour cause, chez les Gaulois, leur croyance à l'immortalité. Est-ce qu'ils n'avaient pas même, si j'ai bonne mémoire, une habitude annuelle de célébrer le symbole et la renaissance du monde, dans la nuit du 1er novembre, nuit pleine de mystères, que le druidisme a léguée au christianisme et que le glas des morts annonce encore aujourd'hui?

— Chacune des grandes régions du monde gallo-kimrique, répondit l'historien, avait un antre, un *milieu* sacré, auquel ressortissaient toutes les parties du territoire considéré, et dans lequel on a cru reconnaître le symbole du Soleil au centre du système planétaire. Dans ce centre brûlait un feu perpétuel qu'on nommait le *père-feu*. Les traditions irlandaises rapportent que, dans la nuit du 1er novembre, les druides se rassemblaient alentour et l'éteignaient : à ce signal, de proche en proche s'éteignaient tous les feux de l'île; partout régnait un silence de mort; la nature entière semblait replongée dans une nuit primitive.

A la même doctrine se rapporte évidemment un rite terrible, particulier aux druidesses de la Loire. Les druidesses nunnettes (nantaises) devaient chaque année, dans l'intervalle d'une nuit à l'autre, abattre et reconstruire le toit de leur temple rustique, emblème en action de la destruction et du renouvellement du monde. Après avoir abattu la charpente et dispersé le chaume de l'ancien toit, elles se hâtaient d'apporter les matériaux du nouveau. Si l'une d'elles laissait tomber ce fardeau sacré, elle était perdue; les dieux la réclamaient pour hostie. Ses compagnes, saisies d'un transport frénétique, se précipitaient sur elle et la mettaient en pièces. On prétend que jamais une année ne se passait sans victimes.

En cette même nuit, toutes les âmes trépassées dans l'année se dirigeaient vers l'occident. Dépassant la Bretagne, ces fantômes se

LA LÉGENDE DES DRUIDESSES DE BRETAGNE.

(P. 38.)

faisaient transporter en barque par les nautoniers jusqu'à l'ouest, où le Dieu des morts les jugeait.

En résumé, ajouta l'historien, astronomie et religion ne faisaient qu'un chez nos ancêtres. La seconde est entée sur la première. Teutatès habite le haut firmament. La Voie lactée s'appelle *la ville de Gwyon* (*Caër* ou *Ker-Gwydion*; *Ker* en breton; *Caär* en gallois; *Kathair* en gaélique). Certaines légendes bardiques donnent à Gwyon pour père un génie appelé Don, qui réside dans la constellation de Cassiopée, et qui figure comme le « roi des fées » dans les croyances populaires de l'Irlande. L'empyrée est ainsi partagé entre divers esprits célestes. Arthur ou Arzur a pour résidence la Grande-Ourse, appelée par les Gallois le « Chariot d'Arthur. »

— Comme ces coïncidences entre l'astronomie primitive et la mythologie primitive sont remarquables chez tous les peuples! s'écria l'astronome, qui avait écouté avec la plus vive attention le récit de l'historien. Mais mon cher celtique, vous nous aviez annoncé hier des monnaies astronomiques dues à nos pères?

— J'allais y arriver, répondit l'historien, et je vous confirmerai de suite que très-certainement *les Gaulois ont imprimé leur astronomie sur leurs pièces de monnaie.*

— En ce cas, interrompit le député de la gauche, elles étaient moins banales que les nôtres, et les lauriers de la flatterie....

— La politique, monsieur le grand interrupteur, dit en riant la marquise, ne doit-elle pas, par convention, rester étrangère à nos causeries?

— Sans doute, madame, car celle de notre époque est certes bien indigne de prendre le moindre instant réservé à la dive science du Ciel.

— J'en reviens à ma proposition, reprit l'astronome.

— Si vous m'en croyez, messieurs, répliqua la marquise, nous retournerons d'abord au chalet, où le thé nous attend, et tout en prenant l'infusion chinoise, notre cher historien terminera la séance d'aujourd'hui par sa description numismatique de l'astronomie gauloise.


La nuit était venue. La tiède chaleur du thé et des lampes changea un instant le cours des esprits. Lorsque le calme fut un peu rétabli, et tandis que nous faisions de nouveau remplir nos Sèvres, l'orateur reprit la parole :

Les opinions dont nous venons de nous entretenir sur les doctrines cosmogoniques de nos pères, dit-il, sont basées sur les témoignages historiques parvenus jusqu'à nous, et sur la discussion des monuments de pierre qui servaient au culte druidique. Mais dans le sol même de notre patrie, d'heureuses découvertes ont rendu à la lumière certains trésors enfouis pendant les révolutions antiques, en ces jours sanguinaires où la liberté gauloise fut déchirée par le fer de Rome. Le soc de la charrue, labourant la terre où fleurirent autrefois des cités inconnues, se heurte à des casques remplis d'or; la pluie et l'eau du torrent déblayant des ravins, découvrent des coupes et des sacs de monnaie jetés dans le fossé depuis 2000 ans; des fouilles faites au fond des fleuves ramènent des médailles et des vestiges de l'âge de bronze; et ainsi, par le cercle des transformations de la nature, nous revivons aujourd'hui au milieu des souvenirs ressuscités, nos musées s'enrichissent des pièces frappées jadis pour le commerce et les voyages, et à défaut de manuscrits ou de livres, nous lisons aujourd'hui sur l'airain l'histoire des idées et des coutumes de nos ancêtres. Ainsi, dans quelques dizaines de siècles, nos descendants cherchant la place où fut Paris, trouveront à côté des ossements blanchis que la dent carnivore ou la consomption du temps n'auront pas tout à fait détruits, — nos descendants, dis-je, trouveront les vestiges de la civilisation actuelle, — les chapiteaux de nos palais, — les marbres de nos portiques, — les locomotives couchées sur le flanc, — les bibliothèques rongées, — les statues mutilées, — le grand désordre de la mort! Certaines découvertes, et des plus merveilleuses, n'auront même laissé aucune trace. Les poteaux et les fils du télégraphe ne seront-ils pas perdus dans les herbes? La sphère magique de nos aérostats, égarée dans les nuages, ne flottera-t-elle pas comme une méduse solitaire au sein des vagues océaniques? On rassemblera à grand'peine quelque monnaie au millésime de 1867, jetées pêle-mêle avec 1848, 1815 et 1793; on nettoyera quelques squelettes que l'on placera comme types sous une vitrine, vous peut-être à côté de moi,... Garibaldi à côté de Pie IX,...

Ninon de Lenclos à côté de sainte Thérèse,... Louis XVI à côté de Marat,... et autres rapprochements aussi mystérieusement bizarres; et l'on vivra d'une autre vie au milieu de notre poussière, en dissertant sur l'état de civilisation de nos peuples contemporains, dont les rapports réciproques, comme la plus haute puissance peuvent être actuellement symbolisés par une balle de fusil!

— C'est brutalement vrai, interrompit le député; n'est-ce pas une honte pour notre époque?...

— Permettez! fit le capitaine.

— Mais n'anticipons pas trop sur les événements, continua l'historien comme s'il n'eût pas entendu l'interruption, et au lieu de suivre nos générations descendantes, revenons à nos ascendants de l'Aquitaine, de la Narbonnaise, de la Lyonnaise et de la Belgique.

La conversation précédente nous a montré que l'astronomie, l'astrologie, la cosmologie jouaient le premier rôle dans le culte druidique et dans les mœurs gauloises. Nous allons trouver ce rôle inscrit sur les monnaies elles-mêmes, sur ce moyen d'échange établi conventionnellement pour les transactions commerciales, pour tous les besoins de la vie.

La collection du cabinet national de Paris offre tout un ensemble curieux, fournissant des explications acceptables des principales constellations de notre hémisphère.

Si l'on examine, d'un point de vue général ou synthétique, une grande collection de médailles gauloises, on y observe, au premier abord, parmi les symboles essentiels qui occupent le champ des revers, les types du *Cheval*, du *Taureau*, du *Sanglier*, de l'*Aigle*, du *Lion*, du *Cavalier* et de l'*Ours*.

On remarque ensuite un grand nombre de signes, le plus souvent astronomiques, ordinairement accessoires et exceptionnellement essentiels, qui sont le signe $\backsim$, les globules entourés de cercles concentriques, les étoiles à cinq, six ou huit pointes, les astres rayonnés ou flamboyants, les croissants, le triangle, la roue à quatre rayons, la trisquèle, le $\infty$, le croissant lunaire, le zigzag, etc.

Enfin on remarque d'autres types accessoires représentés par des images d'objets réels ou des figures d'animaux, tels que : la *Lyre*, le *Diota*, le *Serpent*, la *Hache*, l'*Œil humain*, le *Glaive*, le *Rameau*, la *Lampe*, le *Fleuron*, l'*Oiseau*, la *Flèche*, l'*Épi*, les *Poissons*, etc.

Sur un grand nombre de médailles, sur les statères de Vercingétorix, sur les revers de monnaies de diverses époques, on reconnaît principalement le signe du *Verseau* qui paraît avoir symbolisé pour une partie de l'antiquité, la connaissance de la sphère céleste. Sur les types gaulois, ce signe (amphore à 2 anses) porte le nom de Diota, et représentait chez les druides comme chez les mages la science astronomique et astrologique. — Mais examinez plutôt, ajouta-t-il, en tirant de sa poche les six monnaies suivantes et en les alignant sur la table.

La première, dit-il, représente le cours du Cheval-Soleil arrivant au tropique du cancer (solstice d'été) et ramené au solstice d'hiver (tropique du capricorne). — On voit dans la seconde le symbole de l'année entre le sud (représenté par le Soleil ⊙) et le nord (représenté par le sanglier boréal) ; — dans la troisième, le calendrier (ou le cours de l'année) entre le Soleil ⊙ et la Lune ☾ . — Le Temps, le Soleil et le Sanglier sont visibles sur la quatrième. — Le mouvement diurne du ciel est représenté sur la cinquième monnaie. — Enfin, voici le Verseau, le Cheval-Soleil, et le signe du Cours des astres sur ma sixième pièce.

Sur d'autres groupes de monnaie on a pu constater la présence du zodiaque ; ce qui me confirme dans mon opinion que les peuples de la Gaule nous ont bien réellement transmis sur leurs monnaies leurs croyances cosmogoniques.

— Est-ce que l'interprétation de ces signes monétaires, dit l'astronome, n'est pas due à notre ancien ami, ce laborieux Duchalais?...

— Mais surtout, répondit l'historien, à notre savant conservateur du musée du Guéret, M. Fillioux, qui a consacré de longues recherches à une discussion systématique des monnaies gauloises. Ses études l'ont amené à constater que les propensions astronomiques de nos pères se sont reflétées jusque sur leurs disques monnayés. « Après avoir fixé, me disait-il cet été, le caractère symbolique propre à chaque signe monétaire, je recherchai ses divers emplois et ses combinaisons variées, tant avec d'autres emblèmes qu'avec le type principal de la médaille sur laquelle il figurait; en procédant ainsi, je ne tardai pas à reconnaître que, dans la plupart des cas, ces concordances de signes et d'emblèmes constituaient de véritables aspects célestes; et, dès lors, il me fut possible de poser les premières bases d'une sorte de langage hiératique, se rapportant à la divinisation des phénomènes du ciel et des forces de la nature. »

Il est permis, dès à présent, de reconnaître que cette branche de la science, si négligée, peut nous fournir un grand nombre de données positives qui nous manquaient sur la religion, les sciences, les mœurs, la langue, les relations commerciales, enfin sur tout ce qui constituait la vieille civilisation celtique. Elle était loin d'être aussi barbare qu'on s'est plu à le supposer, et nous en serons plus fiers quand nous l'aurons mieux connue, quand la science moderne aura restitué les chaînons qui la rattachent, d'une part, aux époques les plus reculées, de l'autre, aux origines du moyen âge.

Après avoir cherché longtemps une formule claire et concise pour déterminer exactement le caractère symbolique et religieux du monnayage gaulois, notre ingénieux numismate s'est arrêté à la suivante :

Les monnaies de la Gaule ont pour champ ordinaire le ciel;

Au droit elles représentent presque constamment des têtes idéales de dieux ou de déesses, ou, à leur défaut, des symboles qui leur sont consacrés;

Au revers, pour le plus grand nombre des cas, elles reproduisent, soit par des types directs, soit par des emblèmes combinés avec l'art, les principaux corps célestes, les divers aspects des constellations et probablement les lois qui, selon la science antique, présidaient à leur cours; dans une proportion plus restreinte, elles rappellent les mythes religieux qui formaient la base des croyances nationales de la Gaule. Nous l'avons vu plus haut; pour le Gaulois, la vie présente n'était qu'un état transitoire de l'âme, qu'un prodrome à la vie future qui devait se développer dans le ciel et les mondes astronomiques dont il est peuplé.

Empreintes d'un spiritualisme élevé, incessamment tendues vers les mondes célestes, ces idées convenaient singulièrement à une nation à la fois guerrière et marchande, ayant le goût des voyages et des expéditions aventureuses, à cette Gaule riche et toujours remuante qui avait porté au loin ses armes et son nom. Ces circonstances expliquent la raison d'être de ces types bizarres, à la fois entés sur ceux des autres peuples et empreints de ce symbolisme religieux qui était l'âme du druidisme. C'est bien, en effet, à cette caste sacerdotale qu'il faut reporter l'honneur de cette conception aussi ingénieuse qu'originale, consistant à transformer les revers des médailles gauloises en une véritable carte céleste ; pouvait-elle imaginer rien de plus capable d'inspirer le respect et la confiance aux populations que ces types monétaires, mystérieux et savants, représentant les phénomènes des cieux !

Ne faisant pas usage de l'écriture pour l'enseignement de leurs dogmes qu'ils voulaient maintenir dans les mystères de l'initiation, les druides imaginèrent de placer sur leurs monnaies ce symbolisme céleste dont eux seuls avaient la clef.

Déjà plusieurs historiens avaient conclu de l'observation de ce fait primordial, que les diverses religions qui se succédèrent dans le monde antique dérivaient toutes d'une même source, l'adoration des grands phénomènes de la nature. Ce culte était celui des nations de l'Indo-Perse ; et la science actuelle, grâce aux merveilleux progrès de la philologie, n'a plus à se demander maintenant quels sont ces peuples, qui nous ont tout appris, comme le disait d'Alembert, excepté leur nom et leur existence.

Les plus antiques idées religieuses se rapportent à un culte des phénomènes naturels et des puissances physiques dont l'astronomie était la plus saisissante expression ; ces idées n'étaient donc point particulières à la Gaule, mais elle les avait adoptées en les revêtant de formes spéciales à son propre génie, et elle sut les garder presque intactes jusqu'au jour où elle perdit son indépendance.

Venues de l'Orient, ces idées religieuses dominèrent d'abord dans la Perse et l'Égypte, où deux puissantes théocraties les érigèrent en dogmes mystérieux dont elles conservèrent longtemps le dépôt sacré ; puis elles envahirent la Grèce, où elles disparurent devant les nouvelles créations de l'anthropomorphisme : cependant elles n'étaient pas encore oubliées au temps du poëte Anacréon, puisqu'il s'exprime ainsi à propos de la ciselure d'un vase d'argent :

« Ne représente pour moi, autour de ce vase, ni les astres, ni le Chariot, ni le triste Orion ; je n'ai que faire des Pléiades et du Bouvier. » Le chantre lyrique de Téos ne veut voir sur ce vase qu'il commande à un artiste que des sujets mythologiques.... de son goût.

— On connaît Anacréon, interrompit le député.

— Est-ce un des auteurs classiques des pensionnats? demanda ingénument la jeune fille.

— Non, mademoiselle, répondit le député, car on ne peut le lire qu'en grec.

— Les mêmes tendances à reproduire des mythes astronomiques, reprit l'historien, nous sont révélées par les vases peints, et un grand nombre de types monétaires qu'adopta le monde grec, sans parler des plus connus : ceux d'Athènes, de la Crète, de Rhodes, de la Thessalie, de Chypre, d'Argos, de la Sicile, etc.

Ces mêmes idées religieuses, nées de l'observation du Ciel, furent de bonne heure familières également aux peuples de l'Italie et de la Gaule ; mais, dans ce dernier pays, comme en Égypte et comme en Perse, elles devinrent l'apanage d'une théocratie qui, après en avoir fait un culte, s'en réserva l'enseignement et les traditions. C'est par ce lien étroit et direct que la Gaule demeura si longtemps rattachée aux plus anciennes civilisations qui avaient d'abord éclairé le monde.

Ce furent donc les druides qui firent frapper les monnaies et imaginèrent ces types bizarres combinés avec des symboles, à la fois religieux et astronomiques; seuls, ils eurent le droit de changer quelque chose aux mystérieux caractères de cette langue sacrée et d'en communiquer la clef explicative, soit à leurs disciples, soit à un petit nombre d'initiés.

— D'où pensez-vous que proviennent ces signes et ces caractères? demanda le député.

— Des époques les plus anciennes; ils se retrouvent presque tous sur les armes et ustensiles de l'âge de bronze : les uns, comme les cercles concentriques ponctués, le croissant avec un globule ou une étoile, la ligne en zigzag, furent usités en Égypte où ils servaient à désigner le *Soleil, le mois, l'année, l'élément fluide;* ils paraissent avoir eu en Gaule la même signification. Les autres signes comme le ∽, et ses combinaisons multiples, les cercles centrés, groupés, deux et un; les anelets, les caractères alphabétiques rappelant la forme d'un astérisme, la rouelle à quatre rayons, les trisquèles, les disques rayonnés, etc., sont tous représentés à leur tour, sur les armes de bronze trouvées dans les pays celtes, germains, bretons, scandinaves, etc.

Ce serait donc jusqu'à cette période reculée et fortement empreinte du génie oriental qu'il conviendrait de faire remonter les origines du symbolisme celtique. On a pu prétendre, non sans motifs raisonnables, que cette époque, d'ailleurs contemporaine des établissements phéniciens sur les côtes de l'Océan, fut pour la Gaule un âge de civilisation et de progrès; ses idées religieuses se modifièrent en même temps qu'elle acquérait de justes notions en astronomie et dans l'art de fondre les métaux. Beaucoup plus tard, la théocratie druidique ayant, avec un soin religieux, conservé les symboles de ses plus anciennes traditions, voulut les produire comme type sur les monnaies qu'elle fit frapper.

Ce fait capital se manifeste d'une manière incontestable sur les grossiers essais du monnayage gaulois, et cet état de choses se perpétue même à travers l'époque la plus florissante de l'art, sur les statères imités de la Macédoine, où l'on voit les vieux symboles celtiques associés à quelques emblèmes d'origine grecque.

En Italie, les choses durent se passer autrement, parce que l'élément guerrier des castes nobles y domina bientôt l'élément religieux; cependant, les plus anciennes monnaies de Rome, celles qui nous sont connues sous le nom de médailles consulaires, n'échappent point à la loi commune qui semble avoir présidé, chez tous les peuples, aux origines monétaires. Les deux types les plus usités, l'un pour le bronze, *Janus Bifrons*, avec le *palus*; l'autre pour l'argent, les *Dioscures*, avec leurs étoiles, ont un caractère éminemment astronomique.

La plus ancienne médaille dentelée connue est une incertaine au type des *Dioscures* et au symbole de la roue solaire.

On peut suivre dans l'examen comparé des monnaies gauloises et romaines une série d'analogies fort remarquables au point de vue astronomique. Pour n'en citer que quelques exemples, on peut observer que sur un grand nombre de deniers de diverses familles on voit Auriga, « le cocher, » conduisant un quadrige, soit le soleil sous une autre forme (tête radiée et de profil), soit Diane avec ses attributs lunaires, soit les cinq planètes bien caractérisées, par exemple Vénus par une étoile double : du matin et du soir; soit enfin des constellations comme le Chien, Hercule, la Chèvre, la Lyre, presque tout le zodiaque, les circompolaires, les sept bœufs (*septem triones*). Plus tard, sous les Césars, on trouve à la villa Borghèse un calendrier dont la disposition fait songer aux monnaies gauloises. Les têtes des douze grands dieux et les douze signes du zodiaque sont représentés, et le dessin des constellations établit une correspondance entre leur lever et la position du Soleil dans le zodiaque. On peut donc affirmer que dans le monnayage et dans les œuvres d'art de l'Italie et de la Grèce on retrouve comme en Gaule l'influence caractéristique des vieux cultes astronomiques.

— Comme Platon le fait dire à Socrate dans son dialogue le *Cratyle*, remarqua le professeur de philosophie, les anciens peuples de la Grèce paraissent s'être représenté pour premiers dieux les astres qui étincellent sous la voûte céleste, le *Soleil*, la *Lune*, la *Terre*, les

*Étoiles* et le *Ciel*, et comme ils avaient remarqué la course perpétuelle de ces objets de leur culte, ils tirèrent de ce mouvement général de la matière exprimé par le verbe θεῖν, courir, le nom de θεοῖ, qu'ils donnèrent à leurs dieux. Tout nous porte à croire qu'il y a une vérité historique dans cette opinion du grand dialecticien et certainement quelque chose de plus qu'une étymologie ingénieuse.

— Ce sont là de curieuses questions d'origines sur lesquelles nous nous entretiendrons dès notre prochaine soirée, dit l'astronome. Nous aurons peut-être une autre étymologie de Θεός.

— En effet, reprit l'historien, nous voyons cette idée de mouvement se manifester avec constance dans le plus grand nombre des vieux types solaires imprimés sur les monnaies ; le Cheval au galop, le Lion qui court, le Taureau qui bondit, le Bige, le Cavalier, le ᔕ qui n'est que le développement du tercle centré ou du soleil ⊙, la Roue, la Trisquèle qui tournait, etc.

Ce symbolisme y occupe une place importante, car il s'étend à tout un ensemble de lois astronomiques ; les notions embrassent la marche du Soleil à travers les douze signes du zodiaque, la constatation des équinoxes et des solstices, les aspects des constellations boréales et australes tels qu'ils se produisent aux diverses époques de l'année, les phases lunaires ; enfin, le cours des cinq planètes. A cet exposé, il faut encore joindre quelques signes spéciaux qui ont paru se rapporter à des méthodes d'uranographie et de gnomonique.

Concluons donc que la cosmographie a construit les véritables dogmes de la religion gauloise qui, au fond, était la même que celle des vieilles théocraties orientales. Les pratiques extérieures du culte s'adressaient au Soleil, à la Lune, aux astres et aux phénomènes du monde visible ; mais, au-dessus de la nature, il y avait le grand principe générateur et moteur, que les Celtes placèrent probablement plus tard dans les attributions de leurs dieux suprêmes.

J'espère, messieurs, ajouta l'historien en se levant, avoir suffisamment satisfait à mon mandat, et vous avoir convaincus que nos ancêtres méritaient une place d'honneur dans l'Histoire du Ciel.

— Vous avez bien mérité de la patrie! fit la marquise en lui tendant la main.

— Est-ce que vous êtes convaincue de ce roman? dit en souriant le député. Quant à moi, je ne le suis guère, et je ne me mets encore à genoux ni devant les druides, ni même aux pieds des druidesses.

— Pour ma part, je pense, dit de son côté le ministre anglais, qu'avant d'ajouter une foi absolue à l'ingénieuse interprétation qui vient de nous être développée, il serait bon de savoir si dans toute l'histoire de l'humanité il n'y a pas un seul autre peuple qui ait eu cette même idée de fabriquer des monnaies astronomiques.

— Certes oui! fit le professeur de philosophie, car enfin si les Gaulois sont seuls et uniques, on conviendra qu'une interprétation isolée a infiniment moins de valeur.

— Ne vous ai-je pas cité tout à l'heure les monnaies consulaires de la république romaine? répliqua l'historien.

— Par exemple!... la coïncidence est vraiment curieuse, s'écria le capitaine de frégate.

— Quelle coïncidence?

— Ah! c'est vraiment incroyable, continua le capitaine sans s'occuper de notre question. Aurait-on jamais cru que vingt ans après....

— Mais de quoi s'agit-il donc? cria le professeur.

— .... Car enfin, il y a vingt ans jour pour jour.... c'est bien cela, septembre 1847, nous avons acheté ensemble, à Péking, l'histoire des anciennes monnaies chinoises, et j'ai rapporté moi-même d'anciennes pièces.

— Voyons, commandant, fit la marquise, est-ce que vous tenez à votre style apocalyptique?

— Moi? madame, mais en aucune façon. Je me faisais simplement la réflexion que les Gaulois ne sont pas le seul peuple dont les monnaies aient eu un caractère astronomique, car les anciennes monnaies chinoises sont dans le même cas.

— Il était dit, fit le député, que la Chine et la Gaule devaient se donner la main ce soir ici, car après le thé chinois voici maintenant les monnaies chinoises.

La révélation du capitaine de frégate avait produit un autre effet sur l'historien. Il s'était approché, d'un seul trait, du voyageur et le questionnait à brûle-pourpoint.

— Vous avez bien connu, lui disait celui-ci, mon ancien compagnon de voyage, M. Marchal de Lunéville ?

— L'ancien président, celui qui a rapporté la fameuse coupe d'onyx sur laquelle la Grande-Ourse est gravée, laquelle coupe appartenait jadis au patrimoine des empereurs?

— Précisément. Eh bien, je lui dois mon exclamation de tout à l'heure. C'est lui qui m'a fait connaître les anciennes monnaies chinoises. Or j'ai trouvé sur ces monnaies, non-seulement la plupart des constellations de l'hémisphère nord, et fréquemment la Grande-Ourse dessinée avec toutes les déformations imaginables, mais encore, et c'est ce qu'il y a de plus curieux, *tous les signes du zodiaque.*

— Je serai content de voir ces monnaies, s'écria l'astronome. Mais avez-vous pu exactement distinguer les figures de ce zodiaque, et sont-ce les mêmes que les nôtres ?

— Nullement. Ce sont — ne riez pas — ce sont : la Souris, le Taureau, le Tigre, le Lièvre, le Dragon, le Serpent, le Cheval, le Mouton (ou le Bélier), le Singe, le Coq, le Chien et le Porc.

— Dieu ! quel zodiaque, fit la marquise.

— J'en ai pris une copie que je vous présenterai demain, ajouta le capitaine. Vous aurez là deux spécimens authentiques des *anciennes monnaies astronomiques de la Chine.* Sur l'une d'elles j'ai inscrit les signes correspondants du Japon.

— Et ces monnaies astronomiques ne sont pas les seules, reprit l'historien. J'ai vu et examiné au cabinet des médailles de la bibliothèque de Paris, ainsi que dans celui de Vienne, de très-riches collections de monnaies zodiacales.

— De sorte, fit le député, qu'il est entendu que les premiers livres d'astronomie furent de populaires pièces de monnaies. Je suis fort heureux d'avoir appris cela ce soir.

— Je pourrais, si le temps me le permettait, vous citer de plus longs exemples, continua l'historien. Le Mongol a possédé une série de monnaies zodiacales du règne du Jehanjir Shah (1014). Il fit frapper des pièces en or, représentant le Soleil dans la constellation du Lion. Quelques années après, on exécuta une série de coins nommés rouples zodiacales. Les monnaies d'or étaient frappées d'un côté avec le signe du zodiaque, dans lequel se trouvait le Soleil à l'époque de la fabrication de la monnaie. On rencontre une série de douze pièces, contenant ces empreintes.

L'origine de ces médailles serait assez curieuse, si l'on en croit Tavernier. Une des femmes du sultan voulant éterniser sa mémoire,

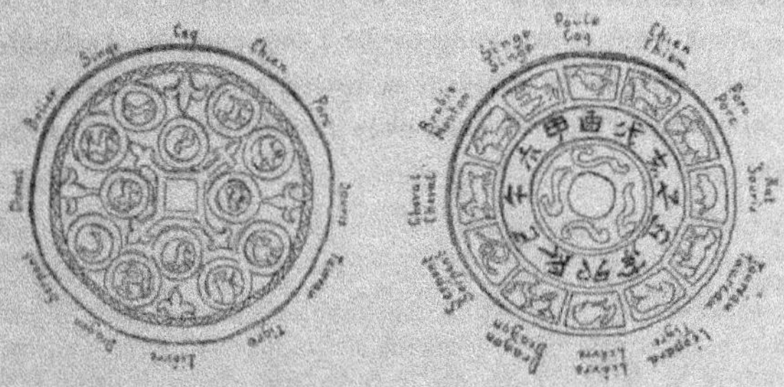

Monnaies astronomiques de la Chine et du Japon.

sollicita avec instance de Jehanjir le pouvoir de régner pendant vingt-quatre heures. Le jour de sa souveraineté arrivé, elle donna ordre de frapper, à l'aide de coins zodiacaux fabriqués d'avance par sa fantaisie, et elle fut si promptement obéie qu'elle put, dans la même journée, distribuer au peuple une immense quantité de pièces nouvelles d'or et d'argent.

— C'était un moyen très-fin et très-spirituel de passer à la postérité, fit le capitaine. Mais je reviens à mon zodiaque chinois monnayé. Que dites-vous de sa composition ?

— Pourquoi ces noms-là ont-ils été choisis de préférence aux nôtres ? demanda la fille du capitaine.

— Pourquoi cette ménagerie céleste ne correspond-elle pas avec notre Zodiaque ? fit le député.

— Dans quel but ces anciens peuples ont-ils gravé les choses du Ciel sur leurs monnaies ? ajouta la marquise.

— N'y a-t-il pas eu contact entre les Gaulois et les Chinois à une époque primitive? répliqua le ministre.

— Pourquoi a-t-on mis tous ces animaux-là dans le Ciel, dit à son tour le comte.

— Si vous m'en croyez, messieurs, répondit l'historien, nous laisserons à notre astronome le soin d'éclaircir ces différents points (et bien d'autres sans doute) dans la suite de nos soirées; et nous constaterons par nos montres que le temps, pour s'être écoulé bien vite ce soir, n'en est pas moins assez avancé dans la nuit. A demain, si vous le voulez.

— Nous nous entretiendrons de l'ancienneté de l'astronomie, ajouta l'astronome en achevant sa quatrième tasse de thé, et si vous n'y voyez pas d'inconvénient, nous remettrons la partie à demain soir.

# TROISIÈME SOIRÉE

## ANCIENNETÉ DE L'ASTRONOMIE.

Naissance de l'astronomie. Peuples pasteurs. Époques primitives de l'humanité. — Mystères des premiers âges. Les Aryas. Premier système du monde imaginé par les hommes. Curiosités étymologiques; sens primitif des mots: *Dieu — Ciel — Terre — Soleil — Lune*, etc. Discussion sur l'antiquité réciproque des deux races sémitique et japétique. — Les hiérophantes de la vieille Égypte et les astronomes de la Chaldée. Culte de la nature. Le dieu Soleil. Astronomie dite antédiluvienne. L'Inde, la Chine et les plus anciens peuples.

Les jours se suivent et ne se ressemblent pas…. Le beau soleil de septembre, qui depuis plusieurs semaines rayonnait dans un ciel sans nuage, fut voilé, le lendemain de la conversation précédente, par des nuées lourdes venant de Jersey et de l'Océan. Une petite pluie fine assombrit la matinée, et, le soir venu, les hôtes du château se sentirent fort peu disposés à affronter l'humidité trop sensible de l'atmosphère. Après dîner, on passa à la bibliothèque, vaste pièce boisée de vieux chêne aux antiques sculptures, où dorment sous de riches reliures les chefs-d'œuvre du dix-septième siècle. Cette pièce antique, faisant face à la chapelle du château, donnait d'une part sur la cour d'honneur, et d'autre part sur le parterre fleuri. Un religieux silence semblait planer dans cette pièce solitaire, et lorsqu'on la choisissait pour un lieu de réunion on eût pu croire que les vieux auteurs du grand siècle écartaient les rideaux verts des hautes vitrines pour assister aux discussions de notre âge et imposer le respect à l'assemblée vivante.

Lorsqu'on fut réuni autour de la table ronde, dont trois dragons forment le pied grimaçant, le comte plaça, sur la demande de l'astronome, plusieurs in-folios sur la table massive. C'étaient : L'*Histoire de l'Astronomie ancienne*, de Bailly, cet homme savant, judicieux et sage, qui par le triste jeu des passions populaires, ne se vit à la tête du peuple de Paris que pour tomber, bientôt après, sur le parvis de l'échafaud ; l'*Exposition du système du monde*, de Laplace, le Newton français ; l'*Origine des Cultes*, de Dupuis ; l'*Astronomie indienne et chinoise*, de Biot, et deux livres d'Arago et de Humboldt. On remarquait aussi la Bible des Aryas : le *Rig-Véda*.

Avec de tels maîtres et de tels amis, dit l'astronome, nous ne nous égarerons pas dans nos recherches. Ils ne s'accordent pas toujours, il est vrai, les uns les autres ; mais, en examinant les questions sans idée préconçue, nous saurons sans doute faire, parmi ces ténèbres des origines, une lumière satisfaisante pour notre curiosité.

L'astronomie, ajoute-t-il en s'installant comme pour un discours de quelque longueur tandis que nous prenions place autour de la table, l'astronomie est la plus ancienne des sciences, et c'est elle qui remplit le rôle le plus important dans toute l'histoire de l'antiquité. A quel mortel privilégié doit-on sa création et son établissement ? Il semble que, dès le jour où les yeux d'un être terrestre furent animés par la pensée, la contemplation du Ciel s'imposa par son charme, par sa grandeur et aussi par son utilité. Elle est antérieure à la fondation des cités et des luxueuses capitales.

Tandis que les autres sciences ont pris naissance au milieu du tumulte des villes, la nôtre est née au sein des campagnes. C'est la science du repos, de la solitude et de la jouissance de soi-même. Des hommes troublés, agités par les passions, ne l'auraient pas devinée, ou l'auraient dédaignée comme inutile. Il lui fallait des hommes simples, dont l'âme libre, sans désirs, sans ambition, pût se livrer en silence à la douce contemplation des cieux. Ces pasteurs nomades, en veillant sur leurs troupeaux, ont fondé celle de toutes les sciences que l'esprit humain devait un jour étendre davantage.

On peut dire que, dès que le Ciel a eu des témoins, il a eu des admirateurs. Si l'on accordait le titre d'inventeurs à ceux des hommes qui les premiers ont été frappés de ce spectacle, ils auraient tous le même droit, et l'astronomie serait aussi ancienne que l'homme lui-même. Le véritable inventeur de la science est celui qui, en découvrant la première vérité, a posé la base de nos connaissances astronomiques.

— Cet inventeur est-il unique? demanda le capitaine de frégate. La science, également antique chez différents peuples, a-t-elle plusieurs inventeurs?

— La question serait décidée, répondit l'historien, si l'on pouvait s'en rapporter aux traditions; chaque nation nomme ses premiers guides : Uranus et Atlas chez les Grecs primitifs; Fohi à la Chine; Thaut ou Mercure en Égypte; Zoroastre et Bélus dans la Perse et dans la Babylonie.

— Ceci peut suffire à ceux qui ne cherchent que des noms, et qui, dans ces récits de la tradition nationale, veulent bien en croire la vanité sur sa parole, répliqua le navigateur.

— Sans avoir approfondi l'histoire des sciences, reprit l'astronome, on voit que leur lumière, née dans l'Orient, comme celle du Soleil, s'avance ainsi que cet astre vers l'Occident, et, dans une révolution très-lente, semble, comme lui, devoir faire le tour du monde. Il est sans doute des connaissances premières et simples, qui ont pu s'offrir d'elles-mêmes et qu'on doit s'attendre à retrouver partout. Mais celles qui sont le fruit de la méditation, d'une observation longue et des moyens combinés des arts appliqués à la science, ne peuvent être établies que chez des nations anciennement policées, lesquelles, ayant existé longtemps sur la Terre, ont eu le temps nécessaire au développement de l'industrie humaine.

— Uranus, Atlas, Fohi, Thaut, Zoroastre, Bélus, demanda la marquise, sont-ils les premiers astronomes? sont-ils, au moins, les plus anciens dont les noms nous soient parvenus, et à notre égard les véritables instituteurs de la science?

— Mais, interrompit le capitaine, est-il certain même que ces hommes aient vraiment existé?

— Nous sommes fort indécis sur l'identité historique des noms anciennement célébrés, répondit l'astronome; les actions et les ouvrages des premiers chercheurs sont enveloppés d'obscurité, tout est mêlé de fables dans la tradition, de sorte que l'on peut soutenir que ces personnages, ainsi que le plus grand nombre de ceux dont il est question dans la mythologie grecque, ne sont que des emblèmes.

— C'est ce que soutiennent entre autres, reprit l'historien, Pluche, Warburton, et quelques modernes dont les ouvrages sont remplis de recherches profondes et de vues ingénieuses.

— Les explications de Pluche, observa l'astronome, m'ont toujours paru si générales, que, par cette seule raison, je les juge suspectes. On est étonné de le voir marcher si librement dans les ténèbres des antiquités égyptiennes. Un ancien prêtre d'Héliopolis, revenu exprès sur la Terre, ne nous guiderait pas plus facilement dans ce labyrinthe. On croit voir un homme qui, du haut d'une montagne, dessine pendant la nuit le paysage dont il est environné, et qui y place au hasard des plaines, des champs cultivés, des ruisseaux, des arbres et des maisons, parce qu'il sait que ces différents objets se rencontrent dans un paysage.

On doit respecter la tradition, sans l'adopter tout entière; elle grossit en roulant à travers les siècles, elle se charge et s'enveloppe de fables; mais toute enveloppe a un noyau qui lui sert d'attache, et ce noyau, c'est la vérité historique.

— Alors, vous admettez, reprit le capitaine, qu'Uranus, Atlas, Saturne et ses enfants sont des personnages réels; leur existence vous paraît vraisemblable, parce qu'elle est attestée par un certain nombre d'écrivains?

— Que tous ces noms soient historiques (comme on l'a supposé jusqu'à notre époque), c'est ce que je n'admets pas, reprit l'astronome; mais, symboliques ou historiques, ils représentent pour nous les origines de l'astronomie. Plusieurs, comme Uranus, sont certainement symboliques.

— C'est dans les temps obscurs, qui ont précédé les temps historiques de l'Égypte, que nous devons chercher l'époque mystérieuse où rêva le vieil Atlas dit l'historien. Les fables et les contradictions, que présente d'abord l'ancienne chronologie égyptienne, nous voilent ces origines que Bailly a cherché à ressusciter.

La difficulté de remonter à ces origines, continua-t-il, provient surtout de la diversité des révolutions, par lesquelles les hommes, les mêmes peuples, ont, à différentes époques, mesuré le temps : employant tantôt la révolution apparente du Soleil en 24 heures, tantôt celle de la Lune en un mois, tantôt la durée de la saison ou l'intervalle d'un solstice à l'autre, et donnant, à ces différentes révolutions, le même nom d'année, parce que ce mot signifiait primitivement révolution [1]. Les historiens, ou mal instruits ou peu soigneux de nous instruire, adoptant différentes manières de compter sans les spécifier, ont jeté la confusion dans la chronologie ; et les modernes ont accusé tous les anciens peuples de vanité et de mensonge.

Par des computations et des comparaisons faites précisément sur différentes sortes d'années, Bailly est arrivé à découvrir que les chronologies de tous les anciens peuples peuvent être accordées, et place l'origine de l'astronomie pratique « 1500 ans avant le déluge, de sorte qu'elle aurait aujourd'hui plus de 7000 ans d'existence. »

— Cette conclusion m'est d'autant plus suspecte, répliqua l'astronome, qu'elle est due à l'esprit systématique de l'auteur, qui tenait avant tout à établir l'existence de son peuple des Atlantes, et qui était fort heureux de trouver un prétexte à le rendre nécessaire à l'explication de l'origine commune apparente des sciences.

L'astronomie est plus ancienne que ces dates, dirai-je en renchérissant sur les conclusions de notre savant compatriote. Avant les observations assidues, il faut des connaissances astronomiques établies et cultivées. Il est nécessaire d'avoir réfléchi sur le spectacle du Ciel, longtemps suivi les phénomènes du mouvement diurne, distingué les planètes et reconnu le mouvement qui leur est propre. Quoique ces remarques semblent se suivre assez naturellement dans

---

1. *Annus* signifie si évidemment cycle, révolution, cercle, qu'*Annulus*, son diminutif, veut dire petit cercle. Ces deux mots ont le même rapport entre eux que *Circus* et *Circulus*.

l'ordre des idées, la nature des progrès de l'esprit humain sépare ces remarques par de longs intervalles. Les laboureurs, les bergers d'aujourd'hui sont eux-mêmes supérieurs aux premiers hommes; que de temps ne faudrait-il pas pour qu'il se formât parmi eux un astronome qui tentât des observations, et des astronomes qui se succédassent? Mais combien n'a-t-il pas fallu de siècles pour soupçonner seulement que le Soleil se mouvait d'occident en orient? Quand ce mouvement a été découvert, combien de siècles pour le mesurer? Que de difficultés, quand on pense que ces premiers hommes n'étaient aidés d'aucun instrument; que ces peuples étaient nomades, les familles isolées, qu'il y avait peu de commerce pour les besoins, et par conséquent pour les idées; que les dépôts, les registres étaient des *pierres*, livres assez durables sans doute, mais qu'on n'emporte pas sous son bras dans les courses d'une vie errante!

La profonde obscurité qui voile d'un brouillard impénétrable les origines de l'humanité sur la Terre, continua l'astronome sur un ton quelque peu mélancolique, nous interdit sans doute la découverte de l'explication absolue des premiers systèmes astronomiques, des figures imaginées dans le Ciel, des commencements de la science. Vivant aujourd'hui d'une tout autre vie, nous ne saurions juger par les mêmes raisons et sentir par les mêmes impressions. Savons-nous quelle était cette humanité primitive, essayant pour la première fois sur ce globe les forces de la pensée et les velléités de l'imagination?... Habitant la lisière des vastes forêts, dressant leurs tentes sur les rives des larges fleuves, subissant directement les influences de la nature, ignorant d'ailleurs et la forme de la Terre et l'état du Ciel, ils ne pouvaient que transporter à l'univers extérieur les impressions natives de leur âme, *incorporer en des mots l'expression de leur pensée*, personnifier l'orage, le vent, la pluie, les météores, les astres, et, s'enveloppant à leur insu d'une vie qui répondît à la leur, commencer l'histoire de l'astronomie par la représentation extérieure de leurs propres impressions.

C'est là, en effet, le *premier système du monde*, si l'on peut décorer de ce titre la première œuvre de l'imagination naissante. Nous le trouvons dans le plus ancien livre que la vieille antiquité nous ait légué, dans le Rig-Véda, dont les premiers hymnes remontent à un âge devant lequel s'évanouit la petite histoire de notre civilisation hébraïco-chrétienne et gréco romaine. Le Rig-Véda! antique épopée de la vieille humanité, écrit dans la langue aryenne, sur les bords de l'Oxus, d'où descendirent les Gaulois nos ancêtres.

Système primitif du monde, chez les Aryas, les Grecs et les Latins

L'humanité enfant a fait ce que nous faisions nous-mêmes étant enfants : elle s'est représenté le Ciel comme une voûte posée sur une plaine indéfinie.

Nos grands-oncles les Aryas de l'Inde et nos grands-pères les

Aryas de l'Europe ont tracé dans leur « Livre des Hymnes » la première esquisse de la nature extérieure contemplée par l'homme. Ils vivaient avec cette nature dans une intimité dont nos mœurs modernes nous ont entièrement éloignés, et que nous ne savons plus comprendre. Quelle simplicité! quelle enfantine naïveté dans la première traduction de leur pensée observatrice! Sous quel aspect l'univers extérieur nous apparaît-il tout d'abord? La Terre, surface plane indéfinie, être passif formant la base du monde; le Ciel, voûte lumineuse et variable sous laquelle la lumière rayonne et féconde. Aussi, voyez; ils appellent P'RTHOVI « *la vaste étendue*, » la surface de la Terre; ils nomment VARUNA « *la voûte*, » le Ciel étoilé ou azuré; ils placent, sous cette voûte, la région des nuages, où trône la lumière DYAUS, c'est-à-dire l'*air lumineux*.

Rien au monde n'est si simple que ce système primitif, ajouta l'astronome; le voici tout entier en trois traits, fit-il en traçant sur un cahier une ligne horizontale représentant la Terre plane indéfinie, et une voûte figurant l' Ciel.

C'est là, continua-t-il, *la première idée que tous les peuples se sont formée de l'univers*. Chez les Grecs, nous voyons le nom du Ciel exprimant la même supposition d'une voûte : c'est κοῖλος, creux, concave. La Terre est γη, c'est-à-dire la mère, la génératrice. Chez les Latins, le nom du Ciel, *Cœlum*, a la même signification que chez les Grecs. La Terre, *Terra*, vient du participe passé *Tersa* (l'élément *sec*), par opposition à *mare*, l'élément humide. Ainsi se révèlent dans les significations des mots l'idée, l'*impression qui les a formés*.

— Ah! dit l'historien, je reconnais là le grand système étymologique de mon ami Chavée. Mais je n'y crois pas fort. Vous serez peut-être bien étonnée, madame la marquise, si l'on vous assure que l'origine du nom de Jupiter et du nom de *Dieu* est déjà dans cette figure élémentaire.

— Comment cela? fit la marquise.

— Mais, en effet, répliqua l'astronome, ne voyez-vous pas :

Que de : *Dyaus* (l'air lumineux)

on a fait : Ζεύς, c'est-à-dire : *Zeus*,

et ensuite : *Dios*.... — Θεός.... — *Deus*.... — DIEU

et, en ajoutant Père : *Dios-pater*, — *Zeus-pater*, — *Jupiter*.

— Vous me permettrez, mon cher astronome, dit le pasteur, de me souvenir que le premier nom de Dieu est *Jehovah*, que le mot *Jehov* signifie le père de la vie, que les Grecs l'ont traduit par *Zeus* ou *Dios*, qui a le même sens, dérivant de Ζαω, vivre, et que les Romains en ont fait *Deus*. J'avoue que je préfère garder cette simple étymologie plutôt que de remonter à vos Aryas.

— Pour moi, répliqua le professeur de philosophie, j'ai une troisième étymologie, bien préférable aux deux précédentes, attendu qu'en hébreu, c'est-à-dire dans l'un des dialectes de la langue commune à la basse Asie, *Yahouh* est le participe du verbe *hîh*, *exister*, *être*, et signifie l'*existant*, c'est-à-dire le *principe de vie*, le moteur ou même le mouvement (l'âme universelle des êtres). Or, qu'est-ce que Jupiter? Écoutons les Latins et les Grecs expliquant leur théologie : « Les Égyptiens, dit Diodore, d'après Manéthon, prêtre de Memphis, les Égyptiens, donnant des noms aux cinq éléments, ont appelé l'esprit ou éther, *Youpiter*, à raison du *sens propre* de ce *mot* : car l'esprit est la source de la vie, l'auteur du principe vital dans les animaux; et c'est par cette raison qu'ils le regardèrent comme le père, le générateur des êtres. » Voilà pourquoi Homère dit *père* et *roi* des hommes et des dieux. La secte des orphiques chantait déjà que Youpiter, peint la foudre à la main, est le commencement, l'origine, la fin et le milieu de toutes choses : puissance une et universelle, gouvernant tout, le Ciel, la Terre, le Feu, l'Eau, les éléments, le Jour, la Nuit. Porphyre rapporte que comme les philosophes dissertaient sur la nature et les parties constituantes de ce Dieu, et qu'ils n'imaginaient aucune figure qui représentât tous ses attributs, ils le peignirent sous l'apparence d'un homme.... *assis* pour faire allusion à son essence immuable; il est découvert dans la partie supérieure du corps, parce que c'est dans les parties supérieures de l'univers (les astres) qu'il s'offre le plus à découvert et vêtu depuis la ceinture, parce qu'il est plus voilé dans les choses terrestres; enfin tenant un sceptre de la main gauche, parce que le cœur règle toutes les actions.

— Et moi, répliqua à son tour le capitaine de frégate, qui était resté versé dans la littérature latine, je préfère encore mon étymologie.

— Numéro quatre ! interrompit l'historien.

— Oui. Aulugelle m'a prouvé incontestablement que les premiers Latins appelèrent *Jupiter* le souverain des dieux et des hommes, du mot *juvare*, *aider*; et, en y joignant le mot *pater*, *père*, ils en formèrent celui de *Jupiter*, *père qui aide*. Par la même méthode, on composa les noms de Neptunus pater, père Neptune; Saturnus pater, père Saturne; Janus pater, père Janus; et Mars pater ou Marspiter, père Mars. De même Jupiter fut appelé Dies pater et Dijovis, Dieu du jour, et encore Lucetius, source de la lumière, parce que c'est ce Dieu qui répand la lumière du même bras dont il soutient nos jours....

— Oh ! oh ! s'écria la marquise, quelle érudition ! Mais où est le vrai dans tout cela ?

— Au fait, répliqua le député, j'ai aussi une étymologie à proposer. Voyons ! faisons un peu de littérature....

— Ah ! si nous continuons, interrompit l'astronome, je crois que nous laisserons la proie pour courir après l'ombre, et que notre Histoire du Ciel restera en arrière. Convenons de suite, si vous voulez, avec Voltaire, que les étymologies sont vraiment un thème inépuisable. Quand on songe, par exemple, que *cheval* vient d'*equus*.

— En changeant *e* en *che* et *quus* en *val*, fit le capitaine de frégate. Voilà un mot convenablement métamorphosé !

— En effet, ajouta le député, il faut convenir

> Que, pour arriver jusqu'ici,
> Il a bien changé sur la route.

— Non-seulement *Jupiter* est dans notre tracé, reprit l'astronome, mais encore *Uranus*, ancien nom classique du Ciel. Et, en effet, madame la marquise, vous suivez sans peine la similitude des mots:

Varuna,

Ouranos,

Uranus.

— Cette succession de mots, répliqua le pasteur, paraît assez naturelle.

—Dans cette conception primitive des Aryas, continua l'astronome, le Soleil est le mari de la Terre qu'il féconde et embellit. Son nom est Savitr' et Surya, dont le radical signifie à la fois verser et féconder. De Surya, Sauil (gothique) est frère en étymologie. Descendent également de là le lithuanien Saule, et le kymrique Haul, et le grec Helios, et le latin Sol, et le français *Soleil*.

A l'opposé, la nuit signifia la destructive : **Nakt**, d'où sont venus nux, nacht, night, etc.

— Et la Lune? demanda la marquise.

— Elle tire son étymologie, répondit l'astronome, du verbe sanscrit *Glu*, qui veut dire briller. *Glucina* est le participe de Gluc; sont venus ensuite Lucina — Lucna — Luna — *Lune*. Séléné vient de Swel — qui n'est que le féminin de Soleil.

Dans la poésie védique, le Soleil devient l'œil de Varouna personnifié. Les étoiles sont les sbires clairvoyants du même dieu, qui inspecte éternellement les actions des hommes.

Ces premiers penseurs ne se demandèrent pas d'abord comment ce monde se tenait suspendu dans l'espace. La Terre était censée plonger dans l'infini des fondations inébranlables; le Ciel était une voûte posée sur elle.

Plus tard les philosophes, se croyant plus avancés, assurèrent que la terre était finie, limitée de toutes parts, et qu'elle était soutenue sur douze colonnes.

— Mais les colonnes?

— Les prêtres qui se formèrent en caste enseignèrent que ces colonnes de la Terre étaient soutenues à leur tour sur…. sur les sacrifices. Le peuple devait donc offrir des sacrifices, des bœufs et des moutons, sans quoi toute la mécanique de l'univers se serait effondrée!

Un second système du monde apparut à côté de cette cosmogonie primitive, qui la modifiait et la complétait. Accumulés en masses plus ou moins épaisses, les nuages furent considérés comme les ramifications touffues d'un arbre immense. Cet arbre du monde, tantôt figuier, tantôt frêne, on le retrouve depuis le Rig-Véda jusqu'au Zend Avesta, jusqu'aux chants scandinaves, jusqu'à la mythologie grecque, où le frêne (Mélia) est pris pour une nymphe. Les dieux habitent dans les branches de cet arbre gigantesque. C'est là que perchent les deux oiseaux divins : Agni (d'où Ignis), dieu du feu, et Indra (d'où Udôr), dieu des eaux.

Une autre image de la même époque, et qui peint bien les idées de la vie pastorale, c'est celle qui représente les nuages comme des troupeaux, qui tantôt se précipitent tous ensemble vers l'horizon, tantôt se suivent lentement, et sont appelés moutons, vaches, chevaux. Dans les jours d'orage et de tempête, la nuée noire est caractérisée sous le nom détesté d'une louve dévorante accourant pour ravager le troupeau que le soleil fait paître dans les vastes plaines des cieux ; le pasteur se fait loup lui-même pour séduire la terrible louve ; c'est alors que naît l'éclair ou Agni lui-même. Issu du mariage du soleil et de la nuée, cet éclair produisit jadis le premier homme.

— Je vois que nos pères n'avaient pas l'imagination stérile, dit la marquise. Mais dans tout cela, un détail me préoccupe particulièrement : c'est de savoir si cette cosmogonie a été faite avant ou après le déluge....

— Toujours des dates ? s'écria le comte.

— Quel déluge ? dit en souriant le député.

— Le déluge de Moïse.

— Oh ! madame, reprit l'astronome, vous savez que le déluge de Moïse n'est pas bien ancien, puisque la Bible le place moins de quatre mille ans avant l'ère chrétienne. La géologie en constate un grand nombre incomparablement plus antiques. Paris a été quatre fois recouvert par les eaux depuis que les ptérodactyles venaient y pêcher des étoiles de mer.... Flamanville touchait jadis les îles anglo-françaises, et l'évêque de Coutances allait en litière à Jersey, il y a tout au plus mille ans. La mer anglaise mange chaque jour un peu nos rivages, et le temps viendra où nous serons de nouveau dans l'Océan. Mais ces mouvements généraux ne s'accomplissent qu'avec une grande lenteur. Nous ne savons pas apprécier la durée des âges. Un siècle n'est rien. Quatre mille ans, c'est fort peu important, même dans l'histoire de l'humanité. Les systèmes cosmogoniques dont nous venons de parler doivent, si l'on en croit nos linguistes contemporains, avoir été construits entre l'an 19337 et l'an 13900 avant notre ère.

— Alors c'était bien avant le déluge asiatique, répliqua la marquise.

— Et avant la grande émigration de la Bactriane, fit l'astronome.

— De sorte que c'est de l'*astronomie antédiluvienne!* s'écria le député.

— N'en déplaise aux théories précédentes, dit à son tour l'historien, je garde la persuasion que la vieille civilisation égyptienne, l'antique Chaldée et l'Asie centrale sont antérieures aux Aryas tant vantés. Je ne donne pas dix mille ans aux Aryas. J'en donne le double aux Chaldéens. Les Sémites sont la plus ancienne race de l'histoire humaine.

— Mais comment ces assertions peuvent-elles être démontrées? répliqua l'astronome.

— Infiniment mieux que les hypothèses aryennes. Les traditions, les monuments, les vestiges de ces âges disparus parlent avec éloquence !

Ne vous souvenez-vous pas de ce que les prêtres égyptiens racontèrent à Hérodote, au père de l'histoire? Ils gardaient la tradition fabuleuse, mais significative, que dans l'espace de 11340 ans on avait vu changer quatre fois le cours du soleil, et l'écliptique se placer perpendiculairement à l'équateur: ils avaient donc pu apprécier la variation de l'obliquité de l'écliptique.

Ne vous souvenez-vous pas, pour remonter moins haut, qu'au moment de l'expédition d'Égypte les savants de la commission découvrirent une allée conduisant de Karnak à Louqsor, qu'ils comparent, pour l'étendue et pour l'effet, à l'avenue des Champs-Élysées, depuis l'arc de triomphe de l'Étoile jusqu'à la place Louis XV! Cette avenue était décorée de chaque côté de la route d'une rangée de 1800 sphinx à corps de lion et à têtes de bélier.

Or dans l'architecture égyptienne, les ornements ne sont jamais le résultat du caprice ou du hasard. Au contraire, tout y est motivé, et souvent ce qui paraît bizarre au premier abord finit, après avoir été étudié et examiné avec soin, par présenter des allégories pleines de sens et de raison, fondées sur une connaissance approfondie des phénomènes de la nature. Ce n'est certainement pas par l'effet du hasard que des têtes de bélier et des têtes de femme étaient ainsi ajustées sur des corps de lion, et qu'une avenue tout entière était formée de béliers. Les sphinx et les béliers des avenues étaient probablement des emblèmes ayant pour objet de rappeler les divers

signes du zodiaque placés sur la route du soleil. Quelle haute antiquité ne devons-nous donc pas supposer à la science de ce peuple !
D'ailleurs toute la religion et la théogonie des Égyptiens sont fondées sur l'astronomie.

Il n'y a peut-être pas de pays, écrit Diodore, où les positions et les
mouvements des astres aient été observés avec plus d'exactitude qu'en
Égypte. « Ils conservent, depuis un nombre incroyable d'années, des
registres où ces observations sont consignées. On y trouve des renseignements sur les mouvements des planètes, sur leurs révolutions
et leurs stations ; de plus, sur le rapport de chaque planète avec la
naissance des animaux, enfin sur les astres dont l'influence est
bonne ou mauvaise. En prédisant aux hommes l'avenir, ces astrologues ont souvent rencontré juste ; ils prédisent aussi fréquemment
l'abondance et la disette, les épidémies et les maladies des troupeaux. Les tremblements de terre, les inondations, l'apparition des
comètes et beaucoup d'autres phénomènes qu'il est impossible au
vulgaire de connaître d'avance, ils les prévoient d'après des observations faites depuis un long espace de temps. On prétend même
que les Chaldéens de Babylone, si renommés dans l'astrologie, étaient
une colonie égyptienne et qu'ils furent instruits dans cette science
par les prêtres d'Égypte. »

Sémiramis avait élevé, au milieu de Babylone, un temple consacré
à Jupiter que les Babyloniens nommaient Bélus. Il était extraor-
dinairement élevé, et servait d'observatoire. Tout l'édifice était
construit avec beaucoup d'art, en asphalte et en brique. Sur son
sommet trônaient les statues de Jupiter, de Junon et de Rhéa, re-
couvertes de lames d'or.

Autour du monument d'Osymandias, à Thèbes, étaient bâties,
toujours d'après Diodore, un grand nombre de galeries ornées de
la peinture de tous les animaux de l'Égypte. On montait sur des
marches au sommet du tombeau, où il y avait un cercle d'or de 365
coudées de circonférence et de l'épaisseur d'une coudée. Ce cercle
était divisé en autant de parties qu'il comprenait de coudées ; chacune indiquait un jour de l'année ; et on avait écrit à côté les levers
et les couchers naturels des astres, avec les pronostics que fon-
daient là-dessus les astrologues égyptiens. Le cercle fut, dit-on, dé-

LES ASTRONOMES CHALDÉENS SUR LA TOUR DE BABEL.

(P. 65.)

robé par Cambyse dans les temps où les Perses conquirent l'É-
gypte.

Les Thébains d'Égypte se disaient les plus anciens des hommes,
et prétendaient que la philosophie et l'astrologie avaient été inventées chez eux, leur pays étant très-favorable pour observer,
sur un ciel pur, le lever et le coucher des astres. Ils avaient aussi
distribué les mois et les années d'après une méthode qui leur fut
longtemps particulière, comptant les jours, non d'après la Lune,
mais d'après le Soleil; chaque mois de trente jours, et ajoutant cinq
jours et 1/4 aux 12 mois pour compléter ainsi le cycle annuel. Ils
n'avaient pas recours, comme les Grecs, aux mois intercalaires ou à
des soustractions de jours. Ils paraissent aussi avoir su calculer les
éclipses de Soleil et de Lune de manière à pouvoir en prédire avec
certitude les différentes phases.

En suivant le récit de Diodore de Sicile, continua l'historien, nous
voyons que « les Chaldéens étaient les plus anciens des Babyloniens, et
formaient, dans l'État, une classe semblable à celle des prêtres en
Égypte. Institués pour exercer le culte des dieux, dit-il, ils passent
toute leur vie à méditer les questions philosophiques, et se sont acquis
une grande réputation dans l'astrologie. La philosophie des Chaldéens est une tradition de famille; le fils qui en hérite de son père
est exempt de toute charge publique. Ayant pour précepteurs leurs
parents, ils ont le double avantage d'apprendre toutes ces connaissances sans réserve, et d'ajouter plus de foi aux paroles de leurs
maîtres. »

Pendant les nuits tièdes de leurs chaudes latitudes, ils se réunissaient au sommet de ces pyramides en gradins dont « la Tour de
Babel » est restée un exemple, et au lever de la Lune derrière les
noirs obélisques, étudiaient les positions des constellations zodiacales, le Lion, les Gémeaux, le Taureau, les étoiles d'Orion dominant le Ciel pur.

Ce que l'on ne sait pas assez, c'est que l'*astrologie*, c'est-à-dire la
recherche de l'influence apparente des astres sur les saisons, sur
les animaux et sur les hommes, constituait à vrai dire toute l'*astronomie* primitive et l'absorbait. Les choses ont bien changé depuis! Les Chaldéens étudiaient à ce point de vue les étoiles de l'été

et celles de l'hiver, les coïncidences des planètes avec certains phénomènes. Ils appelaient les cinq planètes *interprètes*, « parce que, dit Diodore, douées d'un mouvement particulier déterminé que n'ont pas les autres astres (étoiles) qui sont fixes et assujettis à une marche régulière, elles annoncent les événements futurs et interprètent aux hommes les desseins bienveillants des dieux. »

En dehors du cercle zodiacal, ils avaient déterminé la position de 24 étoiles dont une moitié au nord et l'autre au sud ; ils les appelaient juges de l'univers ; les étoiles visibles étaient affectées aux êtres vivants, les étoiles invisibles aux morts. « La Lune se meut, ajoutent les Chaldéens, au-dessous de tous les autres astres ; elle est la plus voisine de la Terre en raison de sa pesanteur ; elle exécute sa révolution dans le plus court espace de temps, non pas par la vitesse de son mouvement, mais parce que le cercle qu'elle parcourt est très-petit ; sa lumière est empruntée, et ses éclipses proviennent de l'ombre de la Terre. » Quant aux éclipses de Soleil, ils n'en ont jamais donné que des explications très-vagues, n'osant ni les prédire, ni en déterminer les époques. Ils professaient des opinions tout à fait particulières à l'égard de la Terre : ils la représentaient comme étant creuse, sous forme de nacelle. Diodore ajoute que depuis leurs premières observations astronomiques jusqu'à l'invasion d'Alexandre, ils ne comptaient pas moins de 473 000 ans. Bérose dit 490 000 ; Épigènes 720 000.

Ces années ne sont que des jours. Épigènes nous apprend que leurs observations étaient gravées sur des briques. Il y en eut peut-être d'abord une pour chaque jour. On compta le temps écoulé par le nombre de ces briques. Les 720 000 années d'Épigènes étant supposées des jours, ne font plus qu'environ 1971 années solaires : ce qui est d'accord avec le rapport de Simplicius, qui dit que Callisthènes envoya à Aristote leur série d'observations embrassant 1903 années.

Les Assyriens, les Chaldéens et les Perses habitaient l'Asie depuis le fleuve Indus jusque vers la Méditerranée. On ne compte ordinairement dans cette partie de l'Asie que deux anciens empires, ceux de Ninive et de Babylone. Mais il semble qu'on peut en ajouter un troisième, celui des Perses, dont le siége fut établi à Persépolis, qui

même doit être plus ancien. Leur année était de 365 jours. Diemschid
régla qu'on n'y aurait point égard au quart de jour pendant 120 ans,
au bout desquels on intercalerait un mois, d'abord à la fin du premier mois, qui de cette manière était doublé. Au bout de 120 autres
années, c'était à la fin du second mois, et ainsi de suite ; de sorte
que le mois intercalaire tombait, après 1440 ans révolus, à la fin du
douzième mois. Ces 1440 ans s'appelaient la période de l'intercalation.

On commença à compter par des années solaires à Babylone l'an
2473 avant notre ère. Cette date est celle du règne d'Evechous premier, roi de Babylone, qui porta le nom de Chaldéen.

— En somme, s'écria le député, il résulte de tout ce que nous
venons de dire que, si l'on est assuré de la haute et vénérable antiquité de l'Astronomie, on ne peut assigner à aucun peuple ni à
aucun siècle des droits exclusifs à la fondation de cette science.

— Nous avons salué hier les Gaulois anciens et les Chinois, répliqua la marquise. Aujourd'hui nous avons reconnu les Aryas de
15 000 ans de date, et les Égyptiens étudiant l'astronomie 2000 ans
avant les Grecs. Sans doute aurons-nous tout à l'heure d'autres peuples sous la main. J'aime assez cette richesse et cet embarras. Un
peu de mystère en toutes choses ne nuit point.

— D'autant plus, observa le professeur de philosophie, que ces
origines n'intéressent pas seulement l'histoire de l'Astronomie, mais
encore celle des religions.

— Comment cela ? fit le pasteur.

— Mais, répondit le professeur, nous avons déjà vu le nom de
*Dieu* lui-même en sortir, avec celui d'Uranus, celui de Jupiter, celui
du *Ciel*, celui de la *Terre*. La dualité du Ciel et de la Terre forme surtout, selon moi, la charpente principale des religions. Deux aspects
ont, en effet, frappé les hommes dans la contemplation du monde :
ce qui semble y demeurer toujours, et ce qui ne fait que passer : les causes et les effets. Le Ciel et la Terre présentent l'image
de ce contraste frappant de l'Être éternel et de l'être passager.
Dans le Ciel, rien ne semble naître, croître, décroître et mourir
lorsqu'on s'élève au-dessus de la sphère de la Lune. Elle seule
paraît offrir des traces d'altération de formes dans ses phases, tan-

dis que d'un autre côté elle présente une image de perpétuité dans sa propre substance, dans son mouvement et dans la succession invariable de ces mêmes phases. Elle est comme le terme le plus élevé de la sphère des êtres sujets à altération. Au-dessus d'elle, tout marche dans un ordre constant et régulier, et conserve des formes éternelles.

A la surface de la Terre, on voit la matière subir mille formes diverses, suivant les variations incessantes de la vie et des métamorphoses.

Cette distinction dut donner lieu à des comparaisons avec les générations d'ici-bas, où deux causes concourent à la formation des êtres vivants : l'une activement, l'autre passivement; l'une comme père et l'autre comme mère. La Terre fut regardée comme le réceptacle des germes et la nourrice des êtres produits dans son sein; le Ciel, comme le principe de la semence et de la fécondité. Le Ciel, dit Plutarque, parut aux hommes faire la fonction de père, et la Terre celle de mère. « Le Ciel était le père, parce qu'il versait la semence dans le sein de la Terre par le moyen de ses pluies; celle-ci, en les recevant, devenait féconde et paraissait être la mère. » L'amour, suivant Hésiode, présida au débrouillement du chaos. C'est là ce chaste mariage de la nature avec elle-même, que Virgile a chanté dans ses beaux vers du second livre des *Géorgiques*. « La Terre, dit ce poète, s'entr'ouvre au printemps pour demander au Ciel le germe de la fécondité. Alors l'éther, ce dieu puissant, descend au sein de son épouse, joyeuse de sa présence. Au moment où il fait couler sa semence dans les pluies qui l'arrosent, l'union de leurs deux immenses corps donne la vie et la nourriture à tous les êtres. »

De là sont nées les fictions que l'on rencontre à la tête de toutes les théogonies. Uranus épousa Ghé, ou le Ciel eut pour femme la Terre. Ce sont là les deux êtres physiques dont parle Sanchoniaton lorsqu'il nous dit qu'Uranus et Ghé étaient deux époux qui donnèrent leur nom, l'un au Ciel, l'autre à la Terre, et du mariage desquels naquit le dieu du temps Kronos ou Saturne.

—Mon cher professeur, s'écria le pasteur, vous nous rappelez que l'auteur de l'*Origine des Cultes* s'est appuyé sur cette explication pour donner à toutes les religions une origine purement symbolique.

— Quoiqu'il se soit égaré parfois en de colossales exagérations, répliqua le professeur, il donne au moins pour les divinités du ciel astronomique une origine naturelle. Il exila de l'histoire les illustres princes Uranus, Saturne, Jupiter, Hélios, etc., et la blanche princesse Séléné ou Lune, etc. Le sort des pères décidant de celui de leurs enfants et de leurs neveux, une grande partie de la famille des dieux, demi-dieux, quarts de dieux, héros et héroïnes a pu être rapportée ainsi à de pures dénominations des faits de la nature.

A cette première division de l'univers en cause active et en cause passive s'en joint une seconde : c'est celle des principes, dont l'un est principe de lumière et de bien, l'autre principe de ténèbres et de mal. Ce dogme fait la base de toutes les théologies, comme l'a très-bien observé Plutarque.

L'amour de la lumière et son assimilation avec le bien, la crainte des ténèbres, sont nés sans doute de la contemplation même de la nature. Le tableau suivant, tracé par Dupuis, nous montre l'homme saluant dans le Soleil l'auteur de la lumière, de la vie, de la joie, du bien ! « Au sein des ombres d'une nuit obscure et profonde, dit-il, quand tous les corps ont disparu à nos yeux et que nous semblons habiter seuls avec nous-mêmes et avec l'ombre noire, quelle est alors la mesure de notre existence? Combien peu elle diffère d'un entier néant, surtout quand la mémoire et la pensée ne nous entourent pas de l'image des objets que nous avait montrés le jour ! Tout est mort pour nous, et nous-mêmes le sommes en quelque sorte pour la nature. Le Soleil seul peut nous donner la vie et tirer notre âme de ce mortel assoupissement. Un seul rayon de sa lumière peut nous rendre à nous-mêmes et à la nature entière, qui semble s'être éloignée de nous. C'est ce besoin de la lumière, c'est son énergie créatrice qui a été sentie par tous les hommes. Voilà leur première divinité, dont l'éclat brillant, jaillissant du sein du chaos, en fit sortir l'homme et tout l'univers, suivant les principes de la théologie d'Orphée et de Moïse. Voilà le dieu Bel des Chaldéens, l'Oromaze des Perses, qu'ils invoquent comme source de tout le bien de la nature, tandis qu'ils placent dans les ténèbres et dans Ahriman leur chef, l'origine de tous les maux. Grande vénération pour la lumière ! Grande horreur pour les ténèbres. Avec quels transports ces premiers hommes saluaient le lever du Soleil ! L'or mêlant son éclat à l'azur, forme l'arc de triomphe sous lequel doit passer le vainqueur de la nuit et des ténèbres. La troupe des étoiles a disparu devant lui, et lui a laissé libres les champs de l'Olympe, dont il va seul tenir le sceptre. La nature entière l'attend ; les oiseaux célèbrent son approche et font retentir de leurs concerts les plaines de l'air, au dessus desquelles va voler son char, et qu'agite déjà la douce haleine de ses chevaux : la cime des arbres est mollement balancée par le vent frais qui s'élève de l'orient ; les animaux que n'effraye point l'approche de l'homme, s'éveillent avec lui, et reçoivent de l'aurore le signal de s'élancer dans les prairies et dans les champs, dont une tendre rosée a abreuvé les plantes, les herbes et les fleurs. »

« Environné de toute sa gloire, ce dieu bienfaisant dont l'empire va s'exercer sur toute la Terre, élève son disque majestueux, versant à grands flots la lumière et la chaleur. A mesure qu'il s'avance dans sa carrière, l'ombre, sa rivale éternelle, comme Typhon et Ahriman, s'attachant à la matière grossière et aux corps qui la produisent, fuit devant lui, marchant toujours en sens opposé, décroissant à mesure qu'il s'élève, et attendant sa retraite pour se réunir à la sombre nuit à l'heure où s'évanouit le dieu du jour.... »

— Le dyaus salué par les Aryas, ajouta l'astronome.

— Dupuis se trouve en effet d'accord avec les résultats de la linguistique actuelle, reprit le professeur. Le Soleil : voilà le premier dieu qu'ont adoré tous les hommes, qu'ont chanté tous les poètes, qu'ont peint et représenté sous divers emblèmes et sous une foule de noms différents les peintres et les sculpteurs dans les temples élevés à la grande cause ou à la nature.

Cette division des deux grands pouvoirs qui règlent les destinées de l'univers et qui y versent les biens et les maux qui se succèdent dans toute la nature, est exprimée, dans la théologie des Mages, par l'emblème ingénieux d'un œuf mystérieux qui représente la forme sphérique du monde. Les Perses disent qu'Oromaze, né de la lumière la plus pure, et Ahriman, né des ténèbres, se font mutuellement la guerre.

— Mais, monsieur le professeur, dit la marquise, je crois que le Soleil vous écarte un peu de notre sujet, et que nous penchons maintenant vers la théologie. Ne revenons-nous pas à notre astronomie antédiluvienne? J'aime beaucoup les antiques.

— On ne peut regarder le tronc d'un vieux chêne, répondit l'historien, sans voir en même temps l'origine des différentes branches qui en émanent; on ne peut regarder l'*astronomie* primitive sans y voir en même temps les origines de la *religion*, de la *politique*, de l'*histoire*.

— Tout est dans tout! dit le capitaine.

— On disait tout à l'heure, fit le député, que l'astronomie la plus ancienne avait laissé d'autres témoignages que ceux de la race aryenne primitive.

— Justement, répondit le pasteur, et j'approuve l'opinion de notre historien sur l'antiquité de la race sémitique. Nos ancêtres classiques nous parlent eux-mêmes d'une astronomie antédiluvienne Si l'on en croit Josèphe, l'astronomie était cultivée avant le déluge par les enfants de Seth. Selon lui, « on doit à leur esprit et à leur travail la science de l'astrologie; et parce qu'ils avaient appris d'Adam, que le monde périrait par l'eau et par le feu, la crainte qu'ils eurent que cette science ne se perdît les porta à bâtir deux colonnes, l'une de brique, l'autre de pierre, sur lesquelles ils gravèrent les connaissances qu'ils avaient acquises, afin que s'il arrivait qu'un déluge ruinât la colonne de brique, celle de pierre demeurât pour conserver à la postérité la mémoire de ce qu'ils y avaient écrit. Leur prévoyance réussit, et on assure que cette colonne de pierre se voit encore aujourd'hui dans la Syrie. »

— Et vous croyez cela? dit le député.

— Je remarquerai avec Lalande, reprit le pasteur, que cette tradition indique tout au moins le goût des anciens patriarches pour l'astronomie. — Au surplus, Josèphe n'est pas le seul qui ait rapporté cette tradition.

Sanchoniaton, dont parlait tout à l'heure notre grave professeur, dit, dans Eusèbe, avoir composé son histoire d'après ces colonnes conservées dans les temples. Cassien, Ammien Marcellin et quelques autres écrivains ont paru croire à cette tradition. Parmi les modernes, personne ne s'en montre mieux persuadé que Bailly. Ricard croit pouvoir résumer après lui cette astronomie dans les éléments suivants :

La connaissance des sept planètes ; la manière de compter d'abord par des jours, ensuite par des mois, lorsque les révolutions de la Lune furent découvertes ; une année lunaire de 354 jours, et une année solaire de 360 : la première sans doute civile et chronologique, la seconde rurale ; la période, nommée depuis chaldaïque, due à l'observation des mouvements de la Lune et peut-être à celle des éclipses : période qui est de 223 mois lunaires, qui ramène les conjonctions du Soleil et de la Lune à la même distance de l'apogée et du nœud de cette planète ; une autre période de 18 ans et 11 jours qui servait pour les éclipses ; celle de 19 ans qui rendit dans la suite Méton si célèbre en Grèce, et que ces premiers astronomes employèrent pour indiquer les fêtes ; la fameuse période de 600 ans attribuée par Josèphe aux plus anciens patriarches ; l'intercalation de cinq jours à la fin du dernier mois, pour égaler au cours du Soleil l'année qui n'était que de 360 jours ; celle d'un jour tous les quatre ans comme dans l'année bissextile, jour supprimé tous les 150 ans pour faire concorder les 600 ans de la période avec le mouvement du Soleil ; l'usage du nombre sexagésimal, si commode pour le calcul et si général en astronomie ; la division du zodiaque d'abord en 27 ou 28 constellations, et ensuite en 12 signes ; le mouvement des étoiles le long de l'écliptique ; la mesure de la Terre peu différente de celle des modernes ; la connaissance de la boussole très-ancienne dans l'Asie ; celle du gnomon et des instruments astronomiques, et même du télescope ; le calcul du retour des comètes ; enfin le véritable système du monde, qui place le Soleil au centre des mouvements célestes.

— Cette astronomie, dit le député, me paraît bien avancée pour un tel temps, et m'est avis que la critique moderne ne lui fait pas l'honneur de l'admettre.

— La critique moderne, répondit le pasteur, est souvent plus prétentieuse que savante. Quand je vois la période de 600 ans en usage avant le déluge, je ne puis croire que l'astronomie n'ait pas été fort avancée à cette époque.

— La période de 600 ans? fit la marquise d'un air interrogateur.

— C'est Josèphe (*Antiquités judaïques*) qui nous l'a conservée, répondit le pasteur, et voici son texte : « Dieu prolongeait la vie des patriarches qui ont précédé le déluge, tant à cause de leurs vertus que pour leur donner le moyen de perfectionner les sciences de la géométrie et de l'astronomie qu'ils avaient trouvées; ce qu'ils n'auraient pu faire s'ils avaient vécu moins de 600 ans, parce que ce n'est qu'après la révolution de six siècles que s'accomplit la *grande année*. »

— Le premier directeur de l'Observatoire de Paris, fit remarquer l'astronome, J. D. Cassini, a discuté astronomiquement cette période. Elle est pour lui le témoignage de la haute antiquité de l'astronomie. « Cette période, dit-il, est l'une des plus belles que l'on ait inventées; car, supposant le mois lunaire de $29^j$ $12^h$ $44^m$ $3^s$, on trouve que 219 146 jours et demi font 7421 mois lunaires; et ce même nombre de jours donne 600 années solaires de $365^j$ $5^h$ $51^m$ $36^s$. Si cette année est celle qui était en usage avant le déluge, comme il y a beaucoup d'apparence, il faut avouer que les anciens patriarches connaissaient déjà, avec beaucoup de précision, le mouvement des astres, car ce mois lunaire s'accorde à une seconde près avec celui qui a été déterminé par les astronomes modernes. »

— Ainsi, dit la marquise, nous avons des témoignages qu'il y avait déjà des astronomes avant le déluge asiatique. Votre ambition doit être satisfaite, ajouta-t-elle en s'inclinant devant l'astronome. Votre caste peut revendiquer une noblesse autrement ancienne que nous autres, pauvres marquis des croisades. Mais voyons! ne nous entendrons-nous pas sur la détermination d'un peuple antérieur à tout autre dans l'Histoire du Ciel?

— Je croirais volontiers pour ma part, dit le capitaine de frégate, que l'astronomie a été cultivée dans la haute antiquité par des méthodes inconnues. J'ai eu l'occasion d'être frappé parfois par des rapports singuliers. Ainsi, les livres des Indiens nous apprennent qu'ils voyaient au Ciel deux étoiles diamétralement opposées, qui parcourent le zodiaque en 144 ans. Ces étoiles opposées paraissent être celles que l'on nomme l'OEil du Taureau et le Cœur du Scorpion, et montrent quelque analogie entre cette tradition et celle des Perses, de quatre étoiles placées primitivement aux quatre points cardinaux. A cette révolution bizarre de 144 ans, s'en ajoute une autre non moins problématique de 180. Mais le point curieux est que 144 fois 180 ans font 25 920 ans, ce qui est à peu près la durée de la précession des équinoxes.

— Voilà une coïncidence intéressante, répondit l'astronome.

— Au surplus, les Indiens, ajouta le commandant, ont bien des droits à notre respect. C'est de l'Inde que nous vient l'ingénieuse méthode d'exprimer tous les nombres avec dix caractères, en leur donnant à la fois une valeur absolue et une valeur de position; l'extrême facilité qui en résulte pour tous les calculs, placent notre système d'arithmétique au premier rang des inventions utiles; et l'on appréciera la difficulté d'y parvenir, si l'on considère qu'il a échappé au génie d'Archimède et d'Apollonius, deux des plus grands hommes dont l'antiquité s'honore. Pour ma part donc mon opinion est que l'astronomie est très-ancienne chez les Indiens.

— Et moi, répliqua l'historien, je dirai maintenant que les Chinois me paraissent beaucoup plus anciens encore dans la culture des sciences. Un grand nombre des méthodes de l'Inde sont visiblement empruntées à la Chine. Ici, l'astronomie forme la base de la nation et du gouvernement. Les annales chinoises sont au surplus nos plus anciens témoignages d'observations astronomiques. Sous le règne d'Hoang-ti, il y a 4564 ans, Yu-chi remarqua l'étoile polaire et les constellations qui l'environnent. Le pôle de la Terre, dans sa révolution, rencontre successivement différentes étoiles. Celle qu'aujourd'hui nous nommons polaire, était alors fort loin du pôle. Ce fait de l'histoire chinoise est pleinement confirmé par l'astronomie. L'an 2850 avant J. C., il y avait précisément au pôle une étoile de seconde grandeur, très-propre à se faire remarquer ; c'est celle qui est désignée dans nos catalogues sous le nom de $\alpha$ du Dragon. En 2697 elle n'était éloignée du pôle que de 2 degrés; on devait donc la regarder comme immobile.

Sous le règne de Chou-kang, 2169 ans avant J. C., arriva une éclipse fameuse, parce qu'elle est la plus ancienne dont les hommes aient conservé le souvenir, et qu'elle sert à prouver l'authenticité de la chronologie chinoise. Cette éclipse, qui n'avait pas été annoncée, ou qui ne l'avait pas été précisément pour le temps où elle fut observée, coûta la vie à plusieurs astronomes. On félicitait les princes, lorsque les éclipses avaient été plus petites qu'on ne les avait annoncées ; c'était leur présager un règne heureux que de déclarer qu'il n'y aurait point d'éclipse totale de Soleil. Les exposer au danger des éclipses, sans les prévenir, devenait un crime de lèse-majesté.

Les sénateurs-directeurs d'observatoires impériaux de l'époque, fit le député, devaient être d'assez plats courtisans.

— Comme de nos jours, répondit l'astronome ; ils étaient aussi payés pour cela, recevant la bastonnade lorsqu'ils déplaisaient ou lorsqu'ils se trompaient. Quant aux observations des anciennes éclipses, il est remarquable que, tandis qu'en Chaldée les éclipses de Soleil étaient négligées, au point que la mémoire d'aucune ne s'est conservée, en Chine, au contraire, on a tenu très-peu de compte des éclipses de Lune, pour s'occuper surtout des éclipses de Soleil qui étaient plus liées à la superstition.

Les éclipses, ajouta l'astronome, forment comme un trait d'union entre l'astronomie et l'histoire des anciens peuples ; elles servent, d'une part aux historiens, pour fixer la date d'un événement qui fut marqué par un de ces phénomènes, mais dont l'époque précise n'a pas été relatée, d'autre part aux astronomes, pour établir la solidité des observations des anciens.

Si l'histoire mentionne une éclipse totale de Soleil observée en un lieu déterminé de la Terre, sans indiquer la date de cette observation, la détermination de cette date pourra résulter de la connaissance précise que l'on possède maintenant des diverses particularités du mouvement de la Lune. Pour cela, remontant à l'époque à laquelle le phénomène observé se rapporte, on passe en revue successivement les diverses éclipses de Soleil qui ont dû se produire pendant un nombre d'années tel, que l'on soit certain qu'il comprenne l'année où l'éclipse dont il s'agit a été observée ; en opérant ainsi, on trouve en général que, de toutes les éclipses, il n'y en a qu'une seule qui puisse s'identifier avec celle que l'histoire mentionne, parce que seule elle a pu être totale dans le lieu où l'observation a été faite. Dès lors on obtint non-seulement l'année, mais le jour et même l'heure de cette observation.

Citons-en deux exemples :

On lit dans Hérodote, liv. I$^{er}$, § 74 : « Les Lydiens et les Mèdes furent en guerre pendant cinq années consécutives. Or, comme la guerre se soutenait avec des chances égales des deux côtés, la sixième année, un jour que les armées étaient aux prises, il arriva qu'au milieu du combat le jour se changea subitement en nuit; Thalès de Milet avait prédit ce phénomène aux Ioniens, en indiquant précisément cette même année dans laquelle il eut lieu en effet. Les Lydiens et les Mèdes voyant que la nuit succédait subitement au jour, mirent fin au combat et ne s'occupèrent plus que du soin d'établir la paix entre eux. » L'éclipse dont il est ici question est connue sous le nom d'*éclipse de Thalès*. Les différents auteurs qui en ont parlé lui assignent des dates très-diverses, depuis le 1$^{er}$ octobre 583 avant notre ère (Scaliger) jusqu'au 3 février 626 avant notre ère (Volney). Le directeur actuel de l'Observatoire royal d'Angleterre a récemment fixé cette éclipse au 28 mai de l'année 585 avant notre ère.

On lit encore dans Diodore de Sicile (liv. XX, § 5) le passage suivant relatif à une éclipse totale de Soleil, qui eut lieu pendant qu'Agathocle, fuyant du port de Syracuse où il était bloqué par les Carthaginois, se hâtait de gagner la côte d'Afrique : « Comme Agathocle était déjà enveloppé par l'ennemi, la nuit étant survenue, il s'échappa contre toute espérance. Le jour suivant, il se produisit une telle éclipse de Soleil, que l'on pouvait croire qu'il était tout à fait nuit, car les étoiles apparaissaient de toutes parts. De sorte que les soldats d'Agathocle, persuadés que les dieux leur présageaient quelque malheur, étaient dans la plus vive inquiétude sur l'avenir. » En étudiant les éclipses de Soleil qui ont eu lieu à l'époque d'Agathocle et dans le voisinage de Syracuse, je vois par le dernier travail de M. Delaunay qu'on a reconnu que l'éclipse dont il s'agit ici doit être fixée au 15 août de l'année 310 avant notre ère.

— Enfin! dit la marquise, messieurs les cosmologues, le thé refroidit, et je vois avec regret que malgré les différents jets de lumière projetés ce soir sur les origines mystérieuses de l'astronomie, nous allons nous séparer sans savoir bien au juste à quoi nous en tenir sur la date de sa fondation.

— Bornons-nous, madame, à avoir ressuscité de ses cendres le premier système du monde, dû aux Aryas, il y a une quinzaine de mille ans, répondit l'astronome ; à savoir que *les Chinois sont le plus ancien peuple dont les observations précises nous sont parvenues*, et à garder une idée générale de l'*ancienneté* de notre science sublime. Je suis obligé de vous avouer que malgré mes longues recherches et les travaux spéciaux auxquels je me suis livré pendant plusieurs années sur ce point curieux des origines de l'astronomie, je ne suis pas parvenu à retrouver l'extrait de naissance de Jupiter, de Saturne, ni de Vénus, et j'ose même penser que nul n'y parviendra. Tout système exclusif conduit ici à de colossales erreurs. Nous ne possédons aujourd'hui que des feuillets isolés d'un livre immense consumé par les siècles. Plusieurs peuples, divers génies, différents caractères ont présidé à la confection de ce livre. Le génie français n'est pas en correspondance avec ces origines si dissemblables et ne saurait les comprendre toutes. Qui pourrait dire aujourd'hui quelles tendances guidaient les historiens primitifs, quelles passions les dominaient, à quelles lois ils devaient obéir ? Qui pourrait ressusciter les doctrines mystérieuses de ces premiers âges, les opinions bizarres des philosophes, les discussions incomplètes sur lesquelles ils bâtissaient leurs systèmes ? Pour se rendre compte de cet état social disparu depuis tant de siècles, il faudrait pouvoir y revivre par la pensée. Mais de ce monde éteint il ne reste plus que les cendres, et le vent muet du désert souffle depuis trop longtemps sur les plaines solitaires où florissaient les antiques capitales....

Les anciens eux-mêmes étaient tout aussi partagés et incertains que nous le sommes aujourd'hui. Pour les uns, tout est fabuleux ; pour d'autres, les dieux eux-mêmes ont existé. Diodore de Sicile, parlant des Atlantes, dit : « Leur premier roi fut Uranus. Ce prince rassembla dans les villes les hommes qui avant lui étaient répandus dans les campagnes. Comme il était soigneux observateur des astres, il détermina plusieurs circonstances de leur révolution. Il mesura l'année par le cours du Soleil, et les mois par celui de la Lune ; et il désigna le commencement et la fin des saisons. Les peuples, qui ne savaient pas encore combien le mouvement des astres est égal et constant, étonnés de la justesse de ses prédictions, crurent qu'il était d'une nature plus qu'humaine, et après sa mort ils lui décernèrent les honneurs divins. Ils donnèrent son nom à la partie supérieure de l'univers, c'est-à-dire au Ciel, tant parce qu'ils jugèrent qu'il connaissait particulièrement tout ce qui arrive dans le Ciel, que pour marquer la grandeur de leur vénération pour cet honneur extraordinaire qu'ils lui rendaient. »

Atlas et Saturne auraient été les deux plus célèbres des enfants d'Uranus; Pline est ici du même avis que Diodore. Celui-ci assure en particulier qu'ils excellèrent dans l'astrologie, que ce fut Atlas qui représenta le monde par une sphère, et que c'est pour cette raison qu'on a prétendu qu'il portait le monde sur ses épaules. Il ajoute que Hespérus, son fils, recommandable par sa piété, étant monté au plus haut du mont Atlas pour observer les astres, fut subitement emporté dans le Ciel par un vent impétueux, et que le peuple, touché de son sort, lui décerna les honneurs divins, et donna son nom à la plus brillante des planètes. Atlas aurait été père de sept filles, appelées Atlantides : Maïa, Électre, Taygète, Astérope, Mérope, Alcyone et Celœno. Maïa, l'aînée, aurait eu de Jupiter un fils : Mercure, qui fut l'inventeur de plusieurs arts. Pline ajoute qu'elles étaient très-spirituelles, et que c'est pour cette raison que les hommes les regardèrent comme des déesses après leur mort, et les placèrent dans le Ciel sous le nom de Pléiades.

Ces récits présentent tout à fait le caractère de la fable, et nous sommes maintenant portés à croire que ces noms étaient d'abord purement symboliques et furent individualisés par les légendes. Et pourtant, il se mêle parfois à ces récits des faits qui coïncident évidemment avec certains fastes de l'histoire. Cette obscurité n'a rien qui doive nous surprendre. Il n'en pouvait être autrement à une époque où l'on n'écrivait pas, et où les crimes nationaux des conquérants, d'une part, les phénomènes imposants de la nature de l'autre, passaient de génération en génération sur l'aile fantastique des hymnes populaires.

Ces opinions diverses nous engagent à observer que les fables ne peuvent être expliquées qu'au moyen de plusieurs clefs. L'allégorie est la première; l'allégorie employée par les philosophes et par les poètes qui ont parlé d'une manière figurée. Leurs discours pris à la lettre ont été entièrement dénaturés : aussi beaucoup de fables ne sont que la description ou l'explication des faits physiques. Les hiéroglyphes fournissent une autre clef. Devenus obscurs par la suite des temps, ils ont présenté des idées différentes de celles qu'ils exprimaient. Il ne paraît pas douteux que les hiéroglyphes ne soient la source des hommes à tête de chien, de taureau, à pied de chèvre, etc. Les fables naquirent encore de l'*adoption des mots étrangers*. S'il y avait des mots semblables par le *son*, ou avec peu de différence chez le peuple qui les adoptait, les deux significations se sont confondues, et il en résulte un mélange de fables et de vérités, comme nous le verrons à l'une de nos prochaines soirées. Les Grecs, qui ont voulu placer leur ancienne histoire dans le Ciel, y ont cherché des rapports, les ont historiquement interprétés. On peut conclure que de tous les systèmes qui ont été faits pour rendre raison à la mythologie, il n'y en a aucun dont on ne puisse tirer quelque chose de vrai; mais qu'on ne doit pas tenter de renfermer toutes les fables dans une explication générale : elles sont l'ouvrage de plusieurs siècles, créées et augmentées par différentes causes et dans différents pays.

En résumé, continua l'astronome en terminant, l'astronomie est la plus ancienne des sciences, et dès que l'homme eut conscience de sa raison, nous constatons qu'il sut élever au Ciel ses regards interrogateurs et se construire aussitôt des systèmes élémentaires destinés à satisfaire son besoin de connaître. Nous aurons lieu d'observer dans la suite de notre Histoire du Ciel quelle fut la nature et la succession de ces curieux systèmes, et d'assister à l'élaboration lente des sciences d'observation. Ainsi se révéleront successivement à nous le caractère des peuples et la diversité des temps. Ce soir, nous devions nous en tenir aux généralités, et indiquer seulement l'esquisse du tableau. L'important pour nous est d'arriver maintenant à la pratique, à la substance même des opinions primitives, et en premier lieu à l'explication de *l'origine de la sphère céleste*. Au milieu de cette multitude d'astres dont la voûte céleste est parsemée, le regard s'arrête spontanément sur des groupes d'étoiles brillantes, associées en apparence par une proximité frappante, ou bien sur des étoiles remarquables par leur éclat et par un certain isolement dans la région qu'elles occupent. Ces groupes naturels font pressentir obscurément un lien, une dépendance quelconque entre les parties et l'ensemble. Ils ont été remarqués à toutes les époques, même par les races d'hommes les plus grossières. Les langues de plusieurs tribus dites sauvages montrent presque toujours, d'une race à l'autre, des groupes identiques sous des noms différents; et ces noms, empruntés d'ordinaire au règne organique, donnent une vie fantastique à la solitude et au silence des cieux. A quel mortel, à quel peuple sommes-nous redevables de l'idée première des constellations? A quelle cause est dû ce peuplement du Ciel étoilé par des figures animales ou humaines? Quelle langue nomma les étoiles pour la première fois, et pourquoi chaque étoile, chaque planète ont-elles reçu les noms qu'elles portent encore? Pour qui ignorerait la coutume séculaire de l'astronomie, l'aspect bizarre d'une carte céleste offrirait le panorama incompréhensible d'une ménagerie singulière, riche en monstres de toutes formes, placés là-haut par la fantaisie audacieuse de quelque Prométhée. Sans contredit, c'est une des questions les plus intéressantes à résoudre, de chercher, à l'aide de la linguistique et de l'histoire comparée, quelle est l'origine des constellations et celle des signes du zodiaque. Nous commencerons par les premières, par les constellations qui caractérisent notre hémisphère boréal, et lorsque nous serons orientés sur l'histoire de la sphère céleste, nous trouverons plus facilement sans doute l'explication du zodiaque.

# QUATRIÈME SOIRÉE

## L'ORIGINE DES CONSTELLATIONS.

La sphère céleste et ses figures. Constellations de notre hémisphère, — zodiacales, — australes. Constellations modernes ajoutées à celles de l'antiquité. Leur époque et leur histoire. Circulation apparente des astres. Le dessous de la Terre. Premières idées sur la route des étoiles. — Origine des figures célestes et des noms donnés aux constellations. La Grande-Ourse. Le pôle du monde et sa marche. Les constellations boréales. Histoire de la sphère grecque et des cartes astronomiques actuellement en usage.

Les derniers rayons empourprés du Soleil couchant flottaient sur la moire chatoyante de l'Océan, et leurs reflets rougeâtres coloriaient d'une douce nuance l'azur céleste; une table avait été dressée en face du chalet, au bord du versant de la falaise; l'astronome déploya le rouleau d'une immense carte représentant les deux hémisphères du ciel, de sorte qu'en nous plaçant autour de la table nous pûmes examiner facilement et l'aspect général de la carte et la forme de chaque constellation. C'était une carte tracée au trait par l'astronome anglais Flamsteed, et qui depuis plus d'un siècle dormait au rayon supérieur de la bibliothèque. Ayant pu rapporter cette belle carte à Paris, je l'ai fait réduire et graver pour accompagner ce récit; en la consultant, mes lecteurs auront l'illustration directe de la thèse soutenue pendant cette quatrième soirée, suivront facilement les discussions que nous eûmes alors à propos de l'origine des constellations, et apprendront en même temps sans peine à connaître les étoiles et à s'orienter. On remarquera au centre de la carte de l'hémisphère boréal le pôle et notre étoile polaire, un peu au-dessus le pôle de l'écliptique, autour duquel le pôle du monde tourne en 25 870 ans. La circonférence extérieure de cette carte est l'équateur, sur lequel on a inscrit les heures d'ascension droite, c'est-à-dire la distance des étoiles à la ligne de l'équinoxe du printemps. Six signes du zodiaque se succèdent à la zone inférieure de la carte : d'abord les Poissons, constellation à travers laquelle passe maintenant la ligne de l'équinoxe du printemps, qui rétrograde d'un peu plus de 50 secondes d'arc par an, de 80 minutes d'arc ou de 1° 20' par siècle, et entraîne avec elle l'équateur et sa ligne d'intersection avec l'écliptique ; puis le Bélier, le Taureau (où brille *Aldébaran*), les Gémeaux, l'Écrevisse et le Lion. La Vierge, où brille l'*Épi*, apparaît ; mais pour la voir entièrement il faut traverser l'équateur, et par conséquent chercher la suite des signes sur la carte de l'hémisphère austral, où nous trouvons la Vierge, la Balance, le Scorpion (où brille *Antarès*), le Sagittaire, le Capricorne et le Verseau. Nous avons déjà dès notre première soirée fait connaissance avec ces signes célèbres.

Cette sphère dont nous nous servons aujourd'hui, dit l'astronome, est la sphère grecque, qui n'a pas été inventée par les Grecs, mais corrigée et augmentée, et vient de peuples plus anciens. Cette même sphère servait à Hipparque il y a deux mille ans. Ptolémée nous en a donné la description. Il comptait 48 constellations, 21 au nord, 15 au sud, et, le long de l'écliptique, les 12 du zodiaque.

Les constellations qui nous ont été conservées par Ptolémée contiennent dans leur ensemble 1026 étoiles dont les positions relatives avaient été déterminées par Hipparque ; c'est à l'occasion de ce travail que Pline s'écriait : « Hipparque osa, et c'eût été le comble de l'audace même chez un dieu, transmettre le dénombrement des étoiles à la postérité. »

Le catalogue de Ptolémée contient :

| | |
|---|---|
| Pour les 21 constellations boréales. . . . . | 361 étoiles. |
| Pour les 12 constellations du zodiaque. . . . | 350 |
| Pour les 15 constellations australes. . . . . | 318 |
| Ou pour les 48 constellations. . . . . | 1029 étoiles. |

ASTRONOME EN OBSERVATION.

(P. 83.)

LES CONSTELLATIONS DU BORD DE LA MER. (P. 83.)

Cygne — Lyre — Hercule — Couronne — Bouvier — Aigle
Serpentaire — Balance — Scorpion — Sagittaire

LES CONSTELLATIONS DU NORD. (P. 83.)

Lyre — Cassiopée — Petite Ourse — Dragon — Andromède
Grande Ourse — Capella — Algol ou la Tête de Méduse

Mais en défalquant trois doubles emplois, on trouve 1026 étoiles.

— La science a fait bien des progrès depuis? demanda la marquise.

—Certes, madame, répondit l'astronome, ce millier d'étoiles ne représente même pas toutes les étoiles visibles à l'œil nu pendant l'année sur notre horizon; sur la sphère entière on en compte environ cinq mille depuis les plus brillantes jusqu'aux plus faibles, *visibles à l'œil nu*. A l'invention du télescope on ne tarda pas à en découvrir de nouvelles, que l'œil mortel n'avait jamais contemplées; à mesure que le pouvoir amplificateur des lunettes s'est augmenté et que les observations méridiennes sont devenues plus régulières, on en a enregistré un nombre de plus en plus grand; le catalogue de Lalande en a cinquante mille de numérotées; on travaille maintenant à construire un catalogue de 300 000. Quant au nombre total des étoiles perceptibles au grand télescope, on peut évaluer à 77 millions la quantité d'astres compris de la première à la quatorzième grandeur.... Mais revenons aux constellations.

Tout en déployant la carte céleste, l'astronome eut soin de désigner d'abord les constellations principales, décrites par Ptolémée. Il les nomma dans l'ordre suivant en indiquant les étoiles de première grandeur :

La Grande-Ourse, ou le Chariot de David, vers le centre;
La Petite-Ourse, dont la queue aboutit à la polaire;
Le Dragon;
Céphée, assis à droite du pôle;
Le Bouvier ou le Gardien de l'Ourse, avec l'étoile *Arcturus*;
La Couronne boréale, à sa droite;
Hercule ou l'Homme à genoux;
La Lyre ou le Vautour tombant, avec la belle étoile *Véga*;
Le Cygne, ou l'Oiseau, ou la Croix;
Cassiopée, ou la Chaise, ou le Trône;
Persée;
Le Cocher, ou le Charretier, avec *Capella* ou la Chèvre·
Ophiuchus, ou le Serpentaire, ou Esculape;

Le Serpent;

La Flèche et son Arc, ou le Dard;

L'Aigle ou le Vautour volant, avec *Ataïr*;

Le Dauphin;

Le Petit-Cheval ou le Buste du Cheval;

Pégase, ou le Cheval ailé, ou la Grande-Croix;

Andromède ou la Femme enchaînée;

Le Triangle boréal ou le Delta.

Il nomma ensuite les 15 constellations situées au sud de l'écliptique :

La Baleine;

Orion, avec ses belles étoiles *Rigel* et *Betelgeuse*;

Le Fleuve Éridan ou le Fleuve d'Orion, avec la brillante *Achernar*;

Le Lièvre;

Le Grand-Chien, avec la magnifique étoile *Sirius*;

Le Petit-Chien ou le Chien précurseur, avec *Procyon*;

Le Navire Argo, avec ses belles étoiles Alpha (*Canopus*) et Éta;

L'Hydre femelle ou la Couleuvre;

La Coupe, ou l'Urne, ou le Vase;

Le Corbeau;

L'Autel ou la Cassolette;

Le Centaure, dont l'étoile Alpha est la plus proche de la Terre;

Le Loup, ou la Lance du Centaure, ou la Panthère, ou la Bête;

La Couronne australe, ou le Caducée, ou Uraniscus;

Le Poisson austral, avec *Fomalhaut*.

Vous avez remarqué, ajouta l'astronome, que j'ai nommé les dix-huit étoiles de première grandeur, en vous présentant les constellations soit zodiacales, soit boréales, soit australes. De la sorte nous savons maintenant où elles se trouvent.

A ces constellations connues des Grecs, j'ajouterai maintenant la Chevelure de Bérénice, quoique Ptolémée ne la nomme pas. Elle me paraît devoir en faire partie, car elle a pour auteur l'astronome Conon. Vous savez, madame la marquise, que Bérénice était l'épouse et la sœur du roi Ptolémée Évergète et qu'elle avait fait vœu de se couper les cheveux et de les consacrer à Vénus si son époux revenait vainqueur. Ce vœu et surtout son accomplissement ne plut que médiocrement à son mari, d'autant plus qu'un voleur déroba la nuit suivante cette belle chevelure, et que les dames n'avaient pas encore adopté la mode.... ridicule.... de porter des cheveux étrangers. C'est pour consoler le roi que l'astronome plaça la belle chevelure parmi les étoiles.

Arago me paraît s'être trompé, en disant qu'elle ne fut créée qu'en 1603 par Tycho-Brahé.

Tycho-Brahé ajouta aux constellations anciennes celle d'Antinoüs, formée d'étoiles vagues, près de l'Aigle.

A la même époque, Jean Bayer, d'après Améric Vespuce et les navigateurs, ajouta 12 constellations nouvelles aux constellations australes de Ptolémée, savoir :

Le Paon, le Toucan, la Grue, le Phénix, la Dorade, le Poisson volant, l'Hydre mâle ou le Serpent austral , le Caméléon, l'Abeille ou la Mouche, l'Oiseau de paradis, le Triangle austral, l'Indien.

Augustin Royer, en 1679, et Hévélius en 1690, formèrent de nouveaux groupes stellaires, parmi lesquels il y en a quelques-uns de communs. En défalquant les doubles emplois on trouve 16 nouvelles constellations aujourd'hui admises, ce sont :

11 pour Hévélius : la Girafe ou le Caméléopard, la Licorne ou le Monocéros, le Fleuve Jourdain ou les Chiens de chasse, le Fleuve du Tigre ou le Renard et l'Oie, le Lézard ou le Sceptre et la Main de Justice, le Sextant d'Uranie, le Petit-Lion, le Lynx, l'Écu ou le Bouclier de Sobieski, le Petit-Triangle, le Rameau et Cerbère;

5 pour Augustin Royer : la Colombe de Noé, la Croix du Sud ou le Trône de César, le Petit-Nuage, le Grand-Nuage, la Fleur de lis ou la Mouche.

—Ah! vous venez de nommer Augustin Royer comme le premier parrain de la Croix du Sud, fit le professeur à l'astronome; mais il me semble que le Dante la signale déjà dans son *Purgatoire*.

— L'un des passages les plus controversés de la *Divina Commedia*, répondit l'astronome, est précisément celui où il est question de ces quatre étoiles antarctiques, que les Européens furent tout étonnés de voir lorsque longtemps après ils s'avancèrent vers les régions équinoxiales. Cette espèce de divination a donné lieu à bien des commentaires; on a commencé d'abord par dire que ces quatre étoiles n'étaient que les quatre vertus théologales, et cette opinion s'appuyait surtout sur l'impossibilité où était le poète de connaître une constellation, que ni lui, ni aucun Européen n'avait jamais pu voir; mais Fracastor assura plus tard, et cela est prouvé maintenant, que Dante devait avoir eu connaissance de ces quatre étoiles par le moyen des Arabes, qui, ayant formé des établissements sur toute la côte orientale de l'Afrique, avaient dû observer les étoiles australes et les faire connaître aux Européens.

Les anachorètes chrétiens du quatrième siècle pouvaient voir encore la croix au-dessus de leur horizon dans les déserts de la Thébaïde; mais ils ne l'ont pas nommée; Dante ne la *nomme* pas non plus dans le passage célèbre du *Purgatoire*.

Et de même, Améric Vespuce, qui dans son troisième voyage se reportait à ces vers en contemplant le Ciel étoilé des régions du sud, et se vantait d'avoir vu « les quatre étoiles que le premier couple humain avait pu seul apercevoir, » ne connaît pas la dénomination de Croix du Sud. Améric dit simplement : les quatre étoiles forment une figure rhomboïdale (*una mandorla*), et cette remarque est de l'an 1501. Lorsque les voyages maritimes se multiplièrent autour du cap de Bonne-Espérance et dans la mer du Sud, à travers les voies frayées par Vasco de Gama et Magellan, à mesure que les missionnaires purent pénétrer, par suite des découvertes nouvelles, dans les contrées tropicales de l'Amérique, cette constellation devint de plus en plus célèbre. Humboldt la trouve mentionnée, pour la première fois, comme une croix merveilleuse (*croce maravighcsa*), « plus belle que toutes les constellations qui brillent dans la voûte du Ciel, » par le Florentin Andrea Corsali en 1517, et un peu plus tard vers 1520, par Pigafetta.

Voilà l'histoire de la Croix du Sud. Mais revenons à nos constellations.

Lacaille (*Mémoires de l'Académie des sciences* pour 1752) a cherché à combler les vides laissés par les anciennes constellations dans l'hémisphère austral, en créant 14 constellations nouvelles: l'Atelier du sculpteur, le Fourneau chimique, l'Horloge, le Réticule, le Burin, le Chevalet, la Boussole, la Machine pneumatique, l'Octant, le Compas, l'Équerre, le Télescope, le Microscope, enfin, au-dessous du Grand-Nuage, la Montagne de la Table.

En 1776, Lemonnier fit, entre Cassiopée et l'étoile polaire, une constellation nommée le Renne, et il ajouta la constellation du Solitaire, Oiseau des Indes, au-dessous du Scorpion.

Lalande a ajouté le Messier à côté du Renne, dans son *Globe céleste*.

Poczobut, en 1777, a mis le Taureau royal de Poniatowski entre l'Aigle et le Serpentaire.

Le P. Hell a formé dans l'Éridan un groupe nouveau, qu'il a appelé la Harpe de Georges.

Enfin, dans les cartes de Bode se trouvent les constellations suivantes :

Les Honneurs de Frédéric, le Sceptre de Brandebourg, le Télescope d'Herschel, l'Aérostat, le Quart de cercle mural, le Loch, la Machine électrique, et l'Atelier de typographie.

A propos de la discussion que Lalande soutint très sérieusement contre Bode, pour défendre ses constellations du Chat domestique et du Custos Segetum (*le Messier!*), Olbers fait remarquer que, pour faire une place dans le ciel aux *Honneurs de Frédéric* (constellation imaginée par Bode), Andromède avait dû retirer son bras du lieu qu'il occupait depuis 3000 ans !

Nous arrivons déjà ainsi à un total de 108 constellations. J'ajouterai, pour finir, que l'on est dans l'habitude de distinguer encore : la Tête de Méduse, près de Persée ; les Pléiades sur le dos[1] et les Hyades sur le front du Taureau ; la Massue d'Hercule ; le Baudrier d'Orion, nommé quelquefois le Râteau, les trois Rois, ou le Bâton de saint Jacques ; l'Épée d'Orion ; les deux Anes dans le Cancer, ayant entre eux l'amas stellaire nommé l'Étable ou la Crèche ou Praesepe ; enfin les Chevreaux ou les Boucs, placés tout près de la Chèvre, dans la constellation du Cocher.

Il était nécessaire de connaître ces subdivisions, qui portent à 117

---

1. Le planisphère que le P. Kircher a donné dans son Œdipe égyptien, et dont l'astronome Pétosiris paraît être l'auteur, nous montre au-dessus des Pléiades une poule dont cet amas d'étoiles représente la couvée. Nos paysans, conduits par le même esprit d'analogie ou par quelque tradition, le nomment la *Poussinière*.

le nombre des astérismes que l'on est à peu près convenu d'admettre.

— Ainsi voilà *toutes* les constellations dont se compose le Ciel entier? demanda la marquise.

— Oui, madame, répondit l'astronome. J'aurais maintenant un épisode assez singulier à ajouter à cet historique de la formation du Ciel constellé, c'est un projet assez curieux, quoique avorté, dû à l'esprit du moyen âge, et je dois l'indiquer en passant.

Dès le huitième siècle, Bède et ensuite quelques théologiens et astronomes, ses successeurs, voulurent déposséder les dieux de l'Olympe. Ainsi, ils proposèrent de changer les noms et les dessins des constellations. Il existe des calendriers où saint Pierre tient la place du Bélier, saint André celle du Taureau, etc.; dans d'autres, d'une date plus récente, on trouve à la place des noms mythologiques : David, Salomon, les Rois Mages, en un mot, des souvenirs empruntés à l'Ancien ou au Nouveau Testament. Mais ces changements dans les noms des astérismes n'ont pas été adoptés.

J'ai vu, ajouta-t-il, ces différents essais. Le cabinet des cartes possède entre autres une magnifique gravure, dont les dessins cachent même la plupart des étoiles, qui a pour titre : *Cœli stellati christiani hœmisphærium prius.* La Grande-Ourse y est remplacée par la Barque de saint Pierre, la Petite-Ourse par saint Michel, le Dragon par les saints Innocents, le Bouvier par saint Silvestre, la Chevelure de Bérénice par le Flagellum.

Les signes du zodiaque sont :

Saint Pierre, saint André, saint Jacques Majeur, saint Jean, saint Thomas, saint Jacques Mineur, saint Philippe, saint Barthélemy, saint Mathieu, saint Simon, saint Jude, et saint Mathias.

Marie-Madeleine a pris la place de Cassiopée, Andromède est transformée en Saint-Sépulcre, Persée en saint Paul, Céphée en saint Étienne, le Cocher en saint Jérôme, Orion en saint Joseph, etc., etc.

Dans le dix-septième siècle, un professeur de l'université d'Iéna, Weigel, proposa de former un ensemble de constellations héraldiques.

Les figures des douze constellations zodiacales auraient été les représentations des écussons appartenant aux douze plus illustres maisons de l'Europe.... Malgré ces tentatives, l'antiquité a gardé ses trônes.

Mais revenons à nos constellations. Elles ne servent plus aujourd'hui qu'à désigner d'une manière générale et en quelque sorte géographique, la position des astres. C'est par les degrés d'ascension

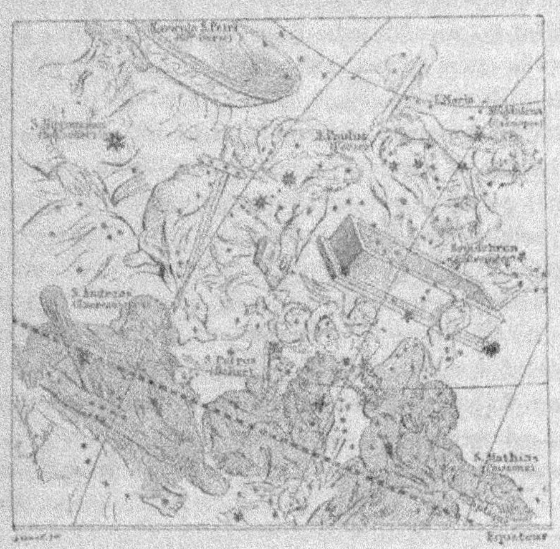

droite et de déclinaison que l'on marque la situation précise, de sorte que le ciel des astronomes ne connaît plus réellement que ces divisions, comme l'avait désiré sir John Herschel dans son projet de substituer des carrés aux constellations.

Sur les 117 constellations nommées tout à l'heure, 48 seulement datent donc de l'ancienne astronomie grecque, les 69 autres ont été formées successivement, comme nous l'avons vu, par divers astronomes modernes.

— Très-bien! fit la marquise. J'aime la clarté. Nous venons de voir l'origine des constellations modernes; mais les anciennes, les principales, il faut que vous nous appreniez aussi d'où elles viennent.

— L'origine qui nous reste mystérieuse, répondit l'astronome, est, par conséquent, seulement celle des 21 constellations boréales, des 15 australes, et des 12 zodiacales qui ornaient la sphère grecque. Ces constellations sont historiquement les plus importantes; elles sont les derniers vestiges de l'ère théocratique qui ouvrit les premières civilisations humaines sur la Terre; elles nous transportent aux âges primordiaux de notre race, où des empires inconnus florissaient à l'orient de notre France actuelle, alors que d'épaisses forêts et de vastes solitudes s'étendaient sur le sol où brille aujourd'hui la capitale du monde.

Quelle est l'origine, quelle est la cause des noms donnés aux constellations, et comment les hommes ont-ils été successivement conduits à couvrir la sphère céleste de figures d'hommes, d'animaux, d'instruments divers? Orion, Hercule, Castor et Pollux, les Pléiades, le Serpentaire et leurs collègues de la voûte étoilée, sont-ils des héros historiques, que la reconnaissance humaine aurait canonisés dans le ciel païen pour leurs bienfaits, ou dont le souvenir aurait immortalisé des conquêtes trop souvent tyranniques et sanguinaires? — La Grande-Ourse, le Taureau, le Chien Sirius, l'Épi de la Vierge, le Verseau, se rapportaient-ils à certains phénomènes terrestres en correspondance avec la position de ces groupes d'étoiles au-dessus de l'horizon? — Le Bélier, la Balance, le Scorpion, auraient-ils été ainsi nommés pour désigner la marche du Soleil et le cours des saisons? — Quelques-unes de ces figures, enfin, comme la Couronne, le Serpent, le Dragon, et même le Taureau, ont-elles été dessinées simplement parce que la disposition des astres qui les composent esquisse la forme approchée de ces figures? — De toutes ces hypothèses, aucune ne nous satisfait d'une manière absolue, quoique chacune d'elles soit vraie sans doute pour les cas particuliers qui la caractérisent.

Il est naturel de penser que l'on commença par observer les phénomènes les plus faciles et les plus simples. Il est probable que les premières observations se réduisirent simplement à noter l'heure du lever et du coucher du Soleil et ses changements de hauteur;

les phases de la Lune, ses retours, et les mouvements des planètes visibles à l'œil nu; ensuite la détermination des groupes d'étoiles qui se couchent immédiatement après le Soleil et que la première obscurité permet d'apercevoir.

Il est certain que les constellations les plus anciennes sont celles qui sont composées des étoiles les plus brillantes, et qui attirent le plus l'attention des regards. Ainsi nous pouvons affirmer que les sept étoiles de la Grande-Ourse forment l'une des premières figures célestes que les hommes aient tracées comme points de repère. Le quadrilatère d'Orion avec ses trois perles obliques partage le même titre d'ancienneté. Le groupe des Pléiades et d'Aldébaran a également frappé les premiers pasteurs. Procyon, Castor et Pollux vinrent ensuite. Sirius fut remarqué comme le soleil le plus brillant de la voûte éthérée. Le quadrilatère du Lion, l'étoile de la Vierge, le Cœur du Scorpion ou Antarès, Capella ou la Chèvre, Arcturus, Véga, Canopus, et $\alpha$ du Centaure pour le sud, la variable $\eta$ d'Argo, Achernar, furent les yeux célestes que consultèrent les yeux mortels pour se diriger dans les migrations nocturnes à travers les déserts ou les mers.

Bien des siècles s'écoulèrent avant que les hommes eussent réuni par des lignes idéales, les étoiles voisines semblant former des groupes, et surtout avant qu'ils eussent désigné ces groupes et ces étoiles par des noms caractéristiques. L'existence de ces premières peuplades, quoique en communication plus intime et plus constante que nous avec la nature, ne se passait pas néanmoins à regarder les étoiles et à faire des conjectures sur leurs réunions dans l'espace. Mais où le temps nous semble avoir été une condition nécessaire des progrès de cette astronomie d'observation, c'est dans la découverte du zodiaque et du passage du Soleil à travers ses signes suivant le cours de l'année.

Que l'on songe en effet au temps qu'il a fallu pour arriver à cette constatation. Le zodiaque, comme nous l'avons vu dans notre première soirée, est une zone, ou une bande de la sphère céleste, traversant la voûte étoilée dans le sens du mouvement apparent du Soleil, c'est-à-dire de l'est à l'ouest.

Voyons un instant la série d'observations et de réflexions qui a été nécessaire pour arriver à tracer cette zone comme étant le chemin du Soleil.

On aura d'abord remarqué le mouvement diurne du Ciel entier pendant la nuit, tournant tout d'une pièce d'orient en occident. Puis, au nord, on aura remarqué un certain nombre d'étoiles qui ne se couchent jamais quoique tournant comme le reste du Ciel autour d'un point fixe.

Que devenaient les étoiles qui descendent au-dessous de l'horizon? Lorsqu'on eut constaté que c'étaient bien les mêmes qui reparaissaient au levant après avoir disparu au couchant, on fut conduit à penser qu'elles ne s'éteignaient pas dans l'Océan ou n'étaient pas détruites dans les abîmes d'outre-terre, mais accomplissaient sous l'horizon, *sous la Terre*, l'arc de circonférence reliant le point de leur coucher au point de leur lever.

*Sous la Terre!* Et comment? C'était là un grand mystère, un problème presque insoluble. Pour nous, qui sommes si savants (!) au dix-neuvième siècle, nous jugeons la chose très-facile. Mais pour nos bons aïeux, c'était bien différent. Rien n'est si facile que ce qui s'est fait hier; rien n'est si difficile que ce qui se fera demain. Pour admettre que les étoiles pussent passer sous la Terre, il fallut d'abord admettre que cette Terre eût un espace vide au-dessous d'elle. Mais si le monde que nous habitons avait un espace vide au-dessous de lui, il était donc suspendu, isolé dans l'immensité? Car enfin, le Soleil, la Lune et les étoiles se couchent et se lèvent à tous les points de l'horizon. Existait-il donc aux deux pôles du Ciel deux pivots soutenant l'axe du monde? Des piliers supportaient-ils la Terre? Mais ces piliers, à leur tour, sur quoi étaient-ils supportés?

On en vint fatalement, et à la longue, à admettre que la Terre est un globe suspendu dans le vide. Ce fut le seul moyen d'expliquer le cours inférieur des astres. Mais quel mystère! Si ce globe n'est soutenu par aucun corps, pourquoi ne tombe-t-il pas?

Non, ce n'est pas en cent ans, ni en mille ans peut-être, que les anciens ont pu parvenir à construire la sphère céleste et à représenter par elle les mouvements des astres fixes et errants, les saisons, les mois et les jours. Clio seule saurait dire combien de siècles se succédèrent avant que sa jeune sœur Uranie pût apparaître toute formée aux yeux des générations futures.

Mais lorsqu'on eut reconnu la révolution totale apparente du Ciel autour de l'axe du globe, on n'avait pas suivi encore le cours du Soleil à travers les constellations. Par suite de quels besoins ou de quelle curiosité aura-t-on été conduit à deviner cette marche? Par quel procédé aura-t-on découvert que le Soleil suivait toujours la même zone de la sphère céleste en passant successivement sous les étoiles qui la constituent? Il nous est difficile de nous en souvenir.

Évidemment, ce n'est pas dans le cours visible du Soleil, dans sa marche pendant le jour, qu'on aura pu tracer sa route parmi les étoiles qu'il éclipse. Ce ne peut être que dans son cours invisible supposé sous la Terre.

Il aura donc encore fallu, pour arriver à connaître et à dessiner les époques successives des passages de l'astre du jour à travers tels et tels signes du zodiaque, il aura encore fallu, dis-je, observer que les constellations zodiacales visibles pendant les nuits d'hiver ne sont pas les mêmes que celles qui scintillent pendant les nuits d'été, que tel groupe d'astres qui passe au méridien à minuit à telle époque, y passe à midi six mois plus tard, et que nous voyons pendant la nuit la portion du Ciel opposée à celle qui est passée sur nos têtes pendant le jour. Pendant les longues et froides nuits d'hiver qui semblaient faire oublier l'astre radieux, la curiosité inquiète s'est posé cette interrogation : Où est le Soleil? La réponse ne peut être conclue que d'une série de comparaisons et de souvenirs. « En cette heure de la nuit, cet astre accomplit son cycle sous la Terre, illuminant d'autres peuples peut-être qui auraient leurs pieds contre les nôtres, séparés par l'épaisseur du globe; il se trouve à peu près là, en bas. Quel signe du zodiaque occupe cette direction? C'est la Vierge. Donc le Soleil est actuellement dans la Vierge. »

Ainsi se sera formée la connaissance des positions successivement occupées par le Soleil sur la zone zodiacale; elle aura été aidée par les comparaisons faites le soir et le matin sur les constellations visibles au couchant ou au levant, et qui suivaient ou précédaient celle habitée par le Soleil. Mais quelle longue série d'observations n'a-t-il pas fallu pour constater seulement l'élévation du cours du Soleil, de la Lune et des planètes au-dessus de l'horizon, — élévation changeant avec les saisons, — et pour construire ainsi la bande de groupes d'étoiles formant cette ligne oblique? Combien de temps n'a-t-il pas fallu pour apprendre à mesurer les déclinaisons ou les distances polaires des étoiles, leurs ascensions droites ou leurs distances à un premier méridien céleste, et construire une sphère céleste offrant la représentation de la voûte étoilée?

Nous avons émis l'opinion tout à l'heure que les premières constellations remarquées et nommées par les hommes ont dû être la Grande-Ourse, Orion, le Grand-Chien, et les plus évidentes du zodiaque, telles que le Taureau (Pléiades, Hyades), les Gémeaux, le Lion, la Vierge. Maintenant nous nous demanderons quelle est l'*origine* des noms donnés à ces divers astérismes.

— J'entrevois d'ici, s'écria l'historien, que nous allons avoir quelques nouvelles petites querelles d'étymologies.

— La variété ne manque pas d'intérêt, répondit l'astronome. Commençons. Je prends d'abord la *Grande-Ourse*. La voici, ajouta-t-il en se levant de la table et se tournant du côté du nord, où il montra de la main la belle constellation aux sept étoiles, alors à gauche du pôle et un peu au-dessous. Elle est bien près de l'horizon, vous voyez. Mais, comme Homère le disait déjà, elle ne se baignera point dans l'océan.

Tout le monde connaît ces sept étoiles du nord qui tournent éternellement autour du pôle silencieux. Le rectangle et les trois étoiles forment une figure qui rappelle sans contredit la forme d'un char, et surtout celle d'un char antique. L'idée du mouvement qui s'y ajoute confirme encore le rapprochement. Aussi s'explique-t-on facilement que différents peuples lui aient donné le nom de *Char* ou de *Chariot*. Nous avons vu que nos ancêtres les Gaulois l'appelaient le *Chariot d'Arthur*. On l'appelle généralement en France et dans divers pays de l'Europe le *Chariot de David*. Dans la Grande-Bretagne, son nom populaire est *the Plough* (la charrue). Les Latins lui ont d'abord donné le même nom (*Plaustrum*) avec trois bœufs, au lieu les trois chevaux que l'on met de nos jours au timon, puis ils ont étendu la signification des bœufs, et, par une dégénérescence de langage, ont à la fin désigné cette figure sous le nom des sept bœufs, *septem triones*, d'où est venu le mot septentrion, qui actuellement signifie simplement le nord. Les Grecs lui ont donné le même nom de chariot ('Αμαξα, qui, comme *plaustrum*, signifie quelquefois charrue), et ce même mot signifie septentrion et septentrional. Cette dénomination générale est justifiée par la forme même de la figure, et il est probable que si les habitants de Vénus et de Jupiter se servent de chars pour leurs travaux de la campagne ou leurs fêtes de la ville, ils doivent donner comme nous ce nom à cette constellation, qui a la même figure pour eux que pour nous, quoique leurs pôles diffèrent du nôtre.

— Quoique cette appellation me paraisse fort simple et aussi facile à expliquer que vous venez de le faire, interrompit l'historien, je me souviens cependant que les Latins eux-mêmes doutaient de cette origine. L'antiquité grecque et latine s'est exercée souvent stérilement à la recherche des étymologies. Le Gaulois Romain Aulu-Gelle raconte dans ses *Nuits attiques* que, selon les grammairiens, *septentriones* signifie tout simplement 7, comme *quinquatrus* signifie 5. Varron pense cependant que *triones* signifie quelque chose et vient de *terriones*, qualificatif d'animaux cultivant la Terre.

Je passe sur votre observation érudite, continua l'astronome, et je poursuis mon thème. Si l'on considère ces sept étoiles comme dessinant les points caractéristiques d'un char, les quatre étoiles du quadrilatère forment les roues; les trois autres qui tracent une ligne oblique à l'un des angles sont trois chevaux. Au-dessus du cheval du milieu les bonnes vues aperçoivent une petite étoile de cinquième à sixième grandeur, que l'on a nommée le *Cavalier*. Cela posé, il nous sera facile de reconnaître chacune de ces étoiles par son nom, ou par une lettre de l'alphabet grec — désignation habituelle en astronomie. En commençant par les deux roues de derrière, on désigne les sept étoiles par les sept premières lettres de l'alphabet grec: α, β, γ, δ désignent donc les quatre roues; ε, ζ, η désignent les trois chevaux. Ces mêmes étoiles ont également reçu des noms arabes, qui, dans le même ordre, sont les suivants : Dubhé et Mérak sont les étoiles de derrière ou les gardes ; Phegda et Mégrez sont celles de

devant; Alioth, Mizar et Ackaïr sont celles du timon. La petite qui
brille au-dessus de Mizar se nomme Alcor. Les Arabes l'appellent
aussi Saïdak, c'est-à-dire l'épreuve, parce qu'ils s'en servent pour
éprouver la portée de la vue.

—Ah! j'aperçois le cavalier en question, s'écria la marquise. Mais,
monsieur l'astronome, ajouta-t-elle, dites-moi donc : le Chariot n'est
pas juste sous le pôle?

— Puisqu'il tourne avec le Ciel entier autour du pôle en vingt-quatre heures, répliqua la fille du capitaine, il ne peut pas être toujours dessous....

— Ma foi! ma fille, observa le commandant, tu n'es pas si ignorante que ta mère le prétend. Sais-tu bien que tu viens de faire une
découverte?

— Laquelle donc?...

— Eh oui! j'y ai bien souvent pensé sur la mer. Les étoiles de la
Grande-Ourse ne se couchant jamais (puisque leur distance au pôle
est moins grande que la hauteur du pôle au-dessus de l'horizon) et
tournant régulièrement autour de l'étoile polaire, elles passent deux
fois par jour au méridien (au-dessus et au-dessous du pôle). De
plus, on peut trouver l'heure en observant l'angle qu'elles font
avec la verticale. Ainsi, nous sommes au commencement de septembre, il est 9 heures environ : ne voyez-vous pas que la ligne
de $\beta$-$\alpha$ à la polaire est au milieu chemin entre l'horizontale et
la verticale? A 10 heures elle approchera davantage de la verticale; à 11 heures encore plus; à minuit elle y sera, je crois, tout
à fait.

— En effet, dit l'astronome, l'étoile $\alpha$ de la Grande-Ourse est à une
distance de 10$^h$55$^m$ de la ligne de l'équinoxe du printemps. Son passage supérieur au méridien a donc lieu le 21 mars à 10$^h$55$^m$ du soir.
Dès le lendemain, l'étoile avance de 4 minutes sur le Soleil; le passage a lieu à 10$^h$51$^m$. En trois mois l'avance est de 6 heures, et le
passage s'effectue à 4$^h$55$^m$ du soir. En six mois l'avance est de 12
heures, et le passage au point culminant a lieu à 10$^h$55$^m$ du matin,
le 22 septembre. Passant à son point culminant le 22 septembre à
10$^h$55$^m$ du matin, le 1$^{er}$ de ce mois, le même passage a lieu à midi 20.
Son passage inférieur s'effectuant à douze heures de différence, nous

voyons en définitive qu'en ce moment de l'année α de la Grande-
Ourse est directement au-dessous de l'étoile polaire à minuit
20 minutes.

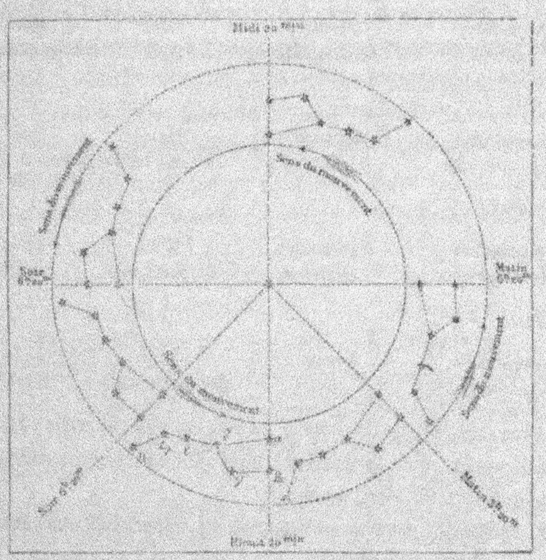

β passe 2 minutes avant, γ 52 minutes après, δ 64, ε 1ʰ 53ᵐ, et η
2ʰ 47ᵐ après.

— À 3 heures du matin, ajouta le navigateur, la ligne β-α fera le
même angle à droite que maintenant à gauche; à 6 heures, ce sera
l'opposé de 6 heures du soir. Vous voyez donc bien que voilà un cadran sidéral d'inventé!

— De plus, reprit l'astronome, la figure que nous pouvons tracer
des différentes positions de la Grande-Ourse autour du pôle est applicable au mouvement apparent de la sphère pendant toute l'année.
Ainsi, aujourd'hui 4 septembre 1867, cette constellation s'est trouvée
à midi 20 exactement au-dessus de la position qu'elle va occuper à
minuit 20. Or cette position de midi est précisément celle qu'elle
aura à minuit dans six mois, au commencement de mars.



7

Autrement dit, le Ciel est le même :

| Septembre | Décembre | Mars | Juin |
|---|---|---|---|
| midi | 6 heures matin | minuit | 6 heures soir. |

Ou :

| Septembre | Décembre | Mars | Juin |
|---|---|---|---|
| minuit | 6 heures soir | midi | 6 heures matin. |

Ou encore :

| Septembre | Décembre | Mars | Juin |
|---|---|---|---|
| 9 heures soir | 3 heures soir | 9 heures matin | 3 heures matin. |

Ou encore :

| Septembre | Décembre | Mars | Juin |
|---|---|---|---|
| 6 heures matin | 3 heures soir | 6 heures soir | midi. |

Ou enfin :

| Septembre | Décembre | Mars | Juin |
|---|---|---|---|
| 6 heures soir | midi | 6 heures matin | minuit. |

— Avec cela, s'écria le député, le ciel de chaque mois et de l'année entière peut être facilement trouvé. Mais si nous revenions à la *Grande-Ourse?* D'où vient ce *nom?*

— Si le Chariot est son nom populaire, répondit l'astronome, celui-ci est son nom scientifique.

En effet, les Grecs l'ont désignée sous le nom de Ἄρκτος μεγάλη (*Arctos*, d'où est venu le nom d'*arctique*), les Latins sous celui d'*ursa major*; les Anglais l'appellent *the Great Bear*, etc. Les Iroquois la connaissaient au moment de la découverte de l'Amérique, et l'appelaient *Okouari*, l'Ours. Or l'explication que nous venons de donner du nom de Chariot n'est plus applicable à cette dénomination-ci. Cet assemblage d'étoiles, en lui ajoutant même les autres petites étoiles circonvoisines, que l'on fait entrer dans la figure, comme σ, ρ, π, ο, dans la tête, ι et κ au pied droit de devant, λ et μ au pied droit de derrière, ν et ξ au pied gauche de derrière, on ne parvient pas encore, avec la meilleure volonté du monde, à rien dessiner qui ressemble à un ours ou à un animal quelconque — d'autant plus que la partie principale de l'ours en question serait une longue queue, formée par les trois beaux diamants Alioth, Mizar et Ackaïr, et que

les ours n'en ont pas..., ou n'en offrent qu'un appendice rudi-
mentaire.

Devant cette absence de toute similitude entre la figure astronomique et le nom terrestre que les hommes lui ont donné, où cher-
cherons-nous l'explication nouvelle de cette constellation?

Dans Aristote, si vous le voulez bien, ou, pour remonter plus haut
encore, dans cette observation faite par les anciens, que, de tous les
animaux connus, l'*ours* est le seul qui ose affronter les régions du
froid polaire, le seul qui vive au sein des solitudes glacées de ces
zones inconnues.

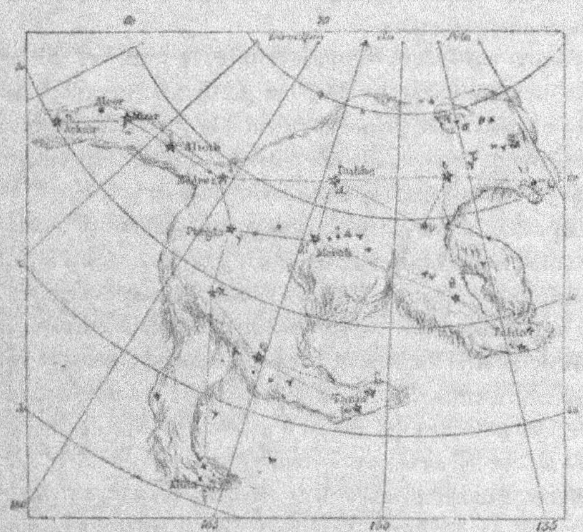

Autant que nous pouvons la conjecturer de nos jours, voilà, à
mon avis, l'explication du nom donné à l'astérisme du nord. L'ours
n'était-il pas en effet considéré comme le seul être qui vivait sous
ces latitudes lointaines?

Une explication analogue à la précédente doit être admise pour le
*Sanglier* des Gaulois, dont nous avons parlé avant-hier, plutôt que
de fantastiques rapports de ressemblance entre notre groupe d'é-
toiles et l'animal privilégié des peuplades de la Gaule.

— C'est très-bien, interrompit le commandant, mais je me souviens avoir vu dans Ideler : « Untersuchungen über den Ursprung und die Bedeutung der Sternnamen.... »

— Si vous parliez français? s'écria la marquise, nous aimerions autant cela!

— Que, continua le commandant, le nom d'*Ourses* vient de ce que ces deux animaux *tournent* autour du pôle.

— On peut remarquer à ce propos, dit l'historien, que la constellation dont nous nous occupons a encore reçu un troisième nom, celui d'Hélice, Ἕλιξ chez les Grecs, *Helix* chez les Latins, dont nous trouvons facilement l'explication en songeant à son mouvement circulaire autour du pôle.

Ne l'a-t-on pas encore nommée Callisto, la nymphe? dit le professeur de philosophie. Ce nom me paraît pour ma part facile à expliquer comme, les précédents l'ont été par vous. Elle était la plus apparente, *la plus belle* des constellations de cet hémisphère : καλλίστη ou *callista!* Cette épithète devint un nom propre.

— Il y a encore une autre dénomination singulière et moins connue, dont le sombre caractère est difficile à justifier, ajouta le pasteur, c'est celle des Arabes, qui ont réfléchi dans la marche lente de cette froide constellation un aspect de leur contemplation rêveuse. La Grande Ourse et la Petite sont pour eux le *Grand-Cercueil* et le *Petit-Cercueil*, représentés chacun par quatre étoiles. Les trois autres étoiles sont *les pleureuses qui suivent le convoi*. Les Arabes chrétiens en ont fait le Cercueil de Lazare. Les trois pleureuses du Grand-Cercueil sont Marie, Marthe, dit-on, et leur servante, qui a dû s'étonner d'un tel honneur. — Pour certains Arabes, l'étoile polaire d'aujourd'hui s'appelle « le Chevreau » et les deux plus belles de la Grande-Ourse « les Veaux. »

— Chacun de vous ayant représenté un système d'interprétation, fit le député, nous avons donc maintenant tout ce que l'on a dit sur sa signification.

— Pas tout! répondit la marquise en ouvrant un volume des *Contemplations*, vous avez oublié Victor Hugo.

— Est-ce qu'il s'est occupé aussi de la Grande-Ourse? fit le commandant.

— Certes oui, répondit la marquise, car voici ce que je lisais ce matin. Le poëte parle de la création, et met en scène Dieu lui-même :

> Quand Il eut terminé, quand les soleils épars,
> Éblouis, du chaos montant de toutes parts,
> Se furent tous rangés à leur place profonde,
> Il sentit le besoin de se nommer au monde ;
> Et l'être formidable et serein se leva ;
> Il se dressa sur l'ombre et cria : « Jéhovah ! »
> *Et dans l'immensité ces sept lettres tombèrent :*
> *Et ce sont,* dans les yeux que nos yeux réverbèrent,
> Au-dessus de nos fronts, tremblant sous leur rayon,
> *Les Sept astres géants du noir septentrion.*

— Cette origine est digne du poëte, s'écria le député.

— J'espère, reprit l'astronome, que cette célèbre constellation nous a fourni une longue histoire. Nous allons maintenant la laisser sur son céleste trône, et nous occuper un peu de ses sœurs.

— Et d'abord de la *Petite-Ourse?* fit la marquise.

— Naturellement, madame. Cette constellation doit évidemment son nom à la similitude de sa forme avec la précédente. On sait, en effet, qu'elle se compose également de sept étoiles, disposées dans le même ordre que les précédentes, mais en sens inverse. Si l'on prolonge du côté de α la ligne β-ɣ des deux dernières étoiles du Grand-Chariot, on trouve, à une distance de cinq fois cette ligne environ, l'étoile la plus brillante du Petit-Chariot, α, ou la *Polaire.* Elle forme le premier cheval du petit Chariot, ou, si l'on veut encore, l'extrémité de la queue de la Petite-Ourse. Tous les noms que nous venons de rappeler à propos de la Grande-Ourse ont été également attribués à celle-ci, postérieure de plusieurs siècles à son aînée, et qui n'a été dénommée qu'à l'époque où les besoins de la navigation conduisirent l'âme inquiète de l'homme à s'orienter sur un point fixe au milieu du mouvement général des cieux.

Les Grecs enrichirent peu à peu leur sphère primitive de constellations nouvelles, bien avant de songer à les coordonner d'une manière quelconque avec l'écliptique. Un long passage de Strabon, souvent mal interprété, établit complètement la thèse capitale dont il s'agit ici. à savoir : l'introduction *successive* des constellations dans la sphère grecque. « C'est à tort, dit Strabon, que l'on accuse Homère d'ignorance, parce qu'il n'a parlé que d'une des deux Ourses célestes. Probablement la seconde constellation n'avait point encore été formée à son époque. Ce sont les Phéniciens qui la formèrent les premiers et s'en servirent pour naviguer ; elle vint plus tard chez les Grecs. » Tous les scoliastes d'Homère, Hygin et Diogène de Laërte, attribuent à Thalès l'introduction de cette constellation. Le Pseudo-Ératosthène nomme la Petite-Ourse Φοινίκη, pour indiquer qu'elle servait de guide aux Phéniciens. Un siècle plus tard, vers la dix-septième Olympiade, Cléostrate de Ténédos enrichit la sphère du Sagittaire, τοξότης, et du Bélier, κριός.

C'est de cette époque que Letronne fait dater l'introduction du Zodiaque dans l'ancienne sphère des Grecs.

Pour celui qui veut se retremper et revivre dans la littérature historique des anciens, la lecture attentive des écrivains des siècles passés est une source féconde d'enseignements curieux et imprévus. A propos de la Petite-Ourse, je trouve par exemple dans Strabon le passage suivant. « La position des peuples placés sous le parallèle de la Cinnamômophore, c'est-à-dire à 3000 stades au sud de Méroé et à 8800 stades au nord de l'équateur, représente à très-peu de chose près le milieu de l'intervalle compris entre l'équateur et le tropique d'été, lequel passe par Syène, puisque cette ville est à 5000 stades de Méroé. Ces mêmes peuples, continue Strabon, sont les premiers pour qui la Petite-Ourse se trouve comprise tout entière dans le cercle arctique et demeure toujours visible, *l'étoile la plus méridionale de la constellation, l'étoile brillante qui termine la queue, étant placée sur la circonférence même du cercle arctique, de manière à raser l'horizon.* A Syène et à Bérénice, ajoute-t-il, on se trouve avoir, lors du solstice d'été, le soleil au zénith ; en outre, le plus long jour y est de treize heures équinoxiales et demie, et la Grande-Ourse elle même s'y montre comprise à peu près tout entière dans le cercle arctique, car il ne reste en dehors que les cuisses, l'extrémité de la queue et l'une des étoiles du carré. Pour les habitants des pays situés à 4000 stades environ au sud du parallèle d'Alexandrie et de Cyrène, le plus long jour est de quatorze heures équinoxiales ; en même temps ils ont Arcturus au zénith, l'étoile seulement dé-

cline un peu au sud. A Apollonie, en Épire et en Italie, dans les lieux
qui se trouvent à la fois plus méridionaux que Rome, et plus sep-
tentrionaux que Néapolis, le plus long jour est de quinze heures
équinoxiales. A Byzance, le plus long jour est de quinze heures équinoxiales un quart. Avançons-nous de 1400 stades dans la direction
du nord, la durée du plus long jour est là de quinze heures équinoxiales et demie, et nous nous trouvons juste à égale distance du
pôle et de l'équateur, avec le cercle arctique au zénith. »

Ce qui m'a le plus frappé dans ce passage, c'est d'y lire qu'à une
époque antérieure à Strabon, l'étoile α de la Petite-Ourse, qui
semble maintenant immobile au pôle même parce qu'elle en est
très-voisine en effet, n'était pas au nord comme aujourd'hui, mais
au contraire *plus méridionale* que les autres étoiles de la calotte polaire, et *tournait* sur la circonférence du cercle arctique, de manière
à raser l'horizon pour les latitudes dont il parle, et à se coucher
pour les latitudes plus voisines de l'équateur.

— Ne serait-ce pas là l'étymologie du nom de *polaire* et de *pôle*, qui
alors représentait un mouvement rotatoire: πολέω, *je tourne?* demanda
l'historien. On aurait donné le nom de polaire à l'étoile α de la Petite-Ourse, non parce qu'elle était immobile comme aujourd'hui,
mais au contraire parce qu'elle tournait. Comme le sens des mots
change avec le temps!

— Ce nom ne viendrait-il pas plutôt, dit le député, de ce que tout
le Ciel paraît tourner autour du pôle?

— On le suppose ainsi, répondit l'astronome. Quoi qu'il en soit,
l'important pour la physiologie du Ciel est de savoir que la polaire
était alors loin du pôle.

Le géographe grec parle ici de l'époque où l'étoile la plus brillante qui marquât le centre des mouvements célestes, le pivot et
l'axe du monde, était l'étoile α du Dragon. Il y a plus de trois
mille ans de cela. Alors, la Petite-Ourse était plus rapprochée du
pôle que la polaire actuelle, et celle-ci était « l'étoile la plus méridionale » de cette constellation, comme nous le verrons en parlant
de la précession des équinoxes.

S'il nous restait des parchemins de quatorze mille ans de date, re-
traçant les mouvements célestes de cette époque, nous y lirions que

l'étoile Véga, ou α de la Lyre, occupait alors le pôle du monde, au lieu de tourner comme elle le fait aujourd'hui à 51 degrés de distance polaire. — C'est ce que nous reverrons du reste, sans nous déranger, dans moins de douze mille ans.

— Dans douze mille ans! s'écria la fille du capitaine de frégate, Dieu! où serons-nous?

— Peut-être précisément sur cette étoile de la Lyre.

— Vous avez terminé, dit le capitaine en s'adressant à l'astronome, l'histoire étymologique de la Grande et de la Petite-Ourse. J'y ajouterai une variante arabe qui ne manque pas d'intérêt.

Dès le temps de la guerre de Troie, les Grecs naviguaient, en observant les étoiles voisines du pôle. Ulysse s'en servit pour gouverner son fameux navire.

Pluche a pensé que cet usage pour la navigation était l'origine du nom d'Ourse donné à cette constellation; et son étymologie, qui peut n'être pas vraie, est assez ingénieuse pour trouver place ici. Il remarque que les Phéniciens nommaient dans leur langue cette constellation qui leur indiquait leur route, *dobebe* ou *doube*, constellation *parlante*. Or ce mot *doubé* signifiait aussi une ourse dans la même langue, et les Grecs dans la leur lui en ont donné le nom. Il est certain qu'en arabe elle s'appelle encore *dubbeh*, l'ourse. Elle s'appelait aussi *callista*, qui en phénicien signifiait *salut*. Tous ces noms, selon lui, étaient relatifs aux services que rendaient aux gens de mer ces étoiles boréales.

— Vous avez dit tout à l'heure que *poléo* veut dire tourner, fit la jeune fille, — alors que veut donc dire na-poléon?

— Cela veut dire, répondit le député que « Napoléon-étant-le-lion-des-peuples, allait-détruisant-les-cités…. » *Napoléón-ôn-oléón-léón, éón-apoléón-poléón….* Il suffit de supprimer succesivement à gauche les lettres dont est composé ce nom pour trouver cette belle phrase….

— A la question! à la question! monsieur l'interrupteur, s'écria la marquise.

— Existe-t-il au monde une recherche plus interminable que celle des étymologies? répliqua l'astronome. J'assure pourtant que j'aime assez l'origine de la nymphe Callisto. La mythologie a pu facilement s'en emparer et enseigner que Jupiter s'étant métamorphosé en

Diane pour séduire la nymphe favorite de cette déesse, Callisto, en eut un fils, Arcas ou le Bouvier. Or, le *Bouvier* doit de son côté son nom à sa position près des *septem triones* ou des sept bœufs. On l'a aussi appelé « le Gardien de l'Ourse. » La mythologie rapporte que si Callisto ne se baigne jamais dans l'Océan, c'est en punition de sa faute et comme conséquence de la colère de Junon, épouse du dieu infidèle. Cette seconde partie de la fable est simplement due à la résidence de l'Ourse dans le cercle de perpétuelle apparition.

Nous venons de parler du Bouvier. Le nom de son étoile caractéristique et son nom à lui-même Arcturus (Αρκτος, ourse, Ουρος, gardien) s'explique sans difficulté par sa position près des Ourses. Cette origine me paraît incontestable.

— A moins pourtant que ce ne soit Αρκτος ουρα : à la queue de l'Ourse, ajouta le professeur.

— Ce qui ne serait pas impossible, fit le capitaine.

— En effet, répliqua l'historien, elle s'explique d'elle-même, en sachant qu'il se compose principalement d'une très-belle étoile de première grandeur, Acturus, et de six étoiles de troisième grandeur disséminées aux environs, et surtout en observant que la brillante Arcturus étincelle sur le prolongement curviligne des trois étoiles de la queue de la Grande-Ourse. Trois étoiles du Bouvier forment un triangle équilatéral.

— C'est au delà de ce triangle, reprit l'astronome, c'est-à-dire dans la direction d'une ligne qui passerait par δ, ε et ζ de la Grande-Ourse, que trône la petite constellation de la *Couronne boréale*. Cette figure doit son nom *à sa forme*. Parmi les étoiles qui la dessinent, l'une est de seconde grandeur, c'est la *Perle* de la Couronne. — C'est en ce point du Ciel qu'une étoile temporaire est récemment apparue (le 12 mai 1866) et a disparu en quelques semaines.

Le Bouvier est encore Atlas, qui porte le monde, parce que, autrefois, sa tête était voisine du pôle.

— Silius Italicus, observa le professeur, l'a chanté dans ces paroles : « Atlas qui ferait crouler le Ciel, s'il retirait sa tête, soutient les astres de son chef nébuleux, et porte le système du monde sur ses épaules infatigables. Sa barbe est hérissée de glaçons; sur son front s'étend une vaste forêt de pins, où règne une nuit effroyable;

les vents déchaînés ravagent sans cesse ses tempes qu'ils creusent par leur fureur; et de sa bouche orageuse se précipitent à gros bouillons plusieurs fleuves impétueux. »

— Quel homme!... s'écria la marquise.

— Je remarque aussi, ajouta l'astronome, qu'il est voisin d'Hercule, dont je parlerai tout à l'heure, et cela me fait souvenir de la naïveté de la légende. Atlas soutenait le Ciel. Prométhée engage Hercule à ne pas aller chercher lui-même les pommes chez les Hespérides, mais à y envoyer Atlas et à soutenir le Ciel à sa place. Atlas alla chercher les pommes; mais étant apparemment fatigué du poids du Ciel, il ne se soucia pas de reprendre sa place, et dit à Hercule qu'il allait lui-même porter les pommes à Eurysthée. Hercule feignit d'accepter et lui demanda seulement de reprendre le Ciel pendant qu'il s'arrangerait un bourrelet pour sa tête. Atlas y consentit, posa les pommes à terre et reprit le Ciel. Mais l'astucieux Hercule s'empressa de prendre les pommes et de se sauver avec....

— Ah! fit la marquise en éclatant de rire, voilà une bonne histoire.

— Sous laquelle, dit l'historien, on trouverait peut-être un mythe profond de l'astronomie ancienne.

— Vous voyez le Bouvier, reprit l'astronome, costumé en vieux paysan. Il est gardien des bœufs du Septentrion aussi bien que des Ourses.

Des commentateurs ont soutenu que c'était l'Orus des Égyptiens, et que la principale étoile était nommée *Arcturos* ou *l'Orus voisin de l'Ourse* pour le distinguer de la constellation méridionale d'Orion. Les anciens Grecs nommaient la constellation de la Petite-Ourse *Kunos-Oura*; selon Freret, il est clair que ce nom signifie le chien d'Orus.

Parmi les constellations circompolaires, nous remarquerons maintenant *Cassiopée*, ou la *Chaise* ou le *Trône*, située de l'autre côté de la Petite-Ourse (relativement à la Grande-Ourse), et que l'on trouve facilement en prolongeant au delà de la Polaire une ligne qui joindrait cette étoile à ε de la Grande Ourse, c'est-à-dire à la première roue du Chariot. La Chaise se compose principalement de cinq étoiles de troisième grandeur disposées comme une M aux jambes écartées. Une petite étoile de quatrième grandeur termine le petit carré commencé par les trois étoiles β, α et γ. Cette figure ainsi composée ressemble assez bien à une chaise ou à un trône, dont δ et ε formeraient le dossier; et sa dénomination populaire est ainsi justifiée. Il est bon d'ajouter, toutefois, que cet astérisme, en tournant autour du pôle, renverse ladite chaise dans tous les sens et rend parfois difficile de se la représenter exactement.

Les Latins donnaient à cette constellation le nom de *Solium*, chaise, trône, mot souvent employé pour désigner aussi leurs « siéges de bains. » Ils l'appelaient aussi *Siliquastrum*, qui a deux significations : l'un désigne un instrument inconnu servant pour le bain; l'autre désigne du piment, ou poivre de Guinée. Coïncidence bizarre, en fouillant mes racines grecques, j'ai trouvé que le radical possible de Cassiopée, le mot Κασσία, désigne aussi une écorce odoriférante de l'espèce de la cannelle.

— Il y avait une chaise là-haut, dit le député, on n'a pu honnêtement la laisser inoccupée.

— C'était un immortel fauteuil à prendre, sans doute, répondit l'astronome; on y a d'abord assis quelqu'un, puis, en copiant les dessins on finit par s'apercevoir qu'on n'y était pas très-commodément et l'on a (voyez la carte) refait le personnage.

Ici les cinq étoiles que nous avons signalées ne forment plus un siége; l'une se trouve dans le cou, une autre sur le côté droit, une troisième vers la ceinture, une quatrième au genou droit et la cinquième sur le mollet de la même jambe. Les cartes dessinent bien un fauteuil, mais à l'aide d'étoiles insignifiantes ou même en s'en passant tout à fait.

C'est ici, sans doute, le lieu d'observer avec Arago, que nul dessin précis des anciennes constellations ne nous est parvenu. Nous ne connaissons leur forme que par des descriptions écrites, souvent d'une manière fort abrégée. Une description en paroles ne saurait remplacer un dessin, surtout quand il s'agit de figures complexes ; par conséquent, il règne quelque incertitude sur la forme, la position, la place véritable des figures d'hommes, d'animaux et d'objets inanimés qui composaient les astérismes des anciens astronomes grecs ; aussi, quand on a voulu les reproduire sur les sphères ou les cartes modernes, a-t-on rencontré des difficultés inattendues. Ajoutons que des altérations avouées ont été introduites par certains astronomes, entre autres par Ptolémée, dans les constellations admises avant lui, et notamment dans celles données par Hipparque. Ptolémée dit qu'il a été déterminé à faire ces changements par le besoin de donner une plus exacte proportion aux figures et de les mieux adapter aux situations réelles des étoiles. Ainsi, dans la constellation de la Vierge, dessinée par Hipparque, certaines étoiles correspondaient aux épaules; Ptolémée les place dans les côtes, afin de dessiner une plus belle figure.

Les dessinateurs ou peintres qui ont voulu reproduire les anciens astérismes se sont livrés à leur imagination sans trop avoir égard aux descriptions des astronomes.

*Cassiopée, Céphée, Andromède, Persée* tenant en main la *tête de Méduse*, paraissent avoir été établies à une même époque, et sans doute postérieurement à la Grande-Ourse et aux constellations remarquées dès l'origine. C'est une même famille installée dans la même région céleste et associée par le même drame, par la même légende : l'ardent Persée délivrant l'infortunée Andromède, fille de Céphée et de Cassiopée. Mais cette fable est-elle le symbole des mouvements célestes et vient-elle simplement de ce que Persée se levant avant Andromède semble la délivrer de la nuit et de la Baleine?

La tête de Méduse, cette tête de femme jadis si belle, que Persée coupa et qu'il tient à la main, n'est, dit Volney, que celle de la Vierge, dont la tête tombe sous l'horizon précisément lorsque Persée se lève; et les serpents qui l'entourent sont *Ophiucus* et le *Dragon* polaire, qui alors occupent le zénith. Les anciens astrologues auraient composé ainsi une partie de leurs fables; ils auraient remarqué les constellations qui se trouvaient en même temps sur la bande de l'horizon, et en assemblant les parties, ils en auraient formé des groupes leur servant d'almanachs en caractères hiéroglyphiques. Tel serait le secret de quelques-uns de leurs tableaux, et la solution des monstres mythologiques.

L'opinion peut soutenir cette hypothèse. Mais les figures assemblées plus haut ne seraient-elles pas au contraire une légende terrestre plus ou moins historique n'offrant qu'une vague correspondance avec ces mouvements? Est-ce une fable dérivée du *sens des noms* primitivement donnés à ces étoiles? Quoi qu'il en soit, il est curieux qu'à la fin du siècle dernier un membre de la société de Calcutta, Wilford (*Asiatic Researches*, III), ait été conduit à établir que les fables des Grecs et des Indiens ont la même source, en questionnant son pandit, astronome, sur les noms indiens des constellations. « Lui demandant, dit-il, de me montrer dans le Ciel la constellation d'*Antarmada*, il m'indiqua à l'instant *Andromède*, constellation dont je lui avais auparavant déclaré n'avoir aucune connaissance. Puis il m'apporta un livre en sanscrit très-rare, et extrêmement curieux, qui contenait un chapitre particulier sur les *Upanaçchatras*, ou constellations extrazodiacales, avec les dessins de *Capuja* (Céphée); de *Casyapi* (Cassiopée), assise, tenant une fleur de lotus dans la main; d'*Antarmada*, enchaînée avec le Poisson auprès d'elle; enfin, de *Parasica* (Persée), qui, suivant l'explication du livre, tenait la tête d'un monstre qu'il avait tué dans un combat; le sang en dégouttait, et elle avait des serpents au lieu de cheveux. »

— Toute espèce de dessins de constellations n'offrant qu'un rapport très-éloigné avec les étoiles composantes, fit remarquer à ce propos le navigateur, deux personnes non prévenues n'auraient jamais pu se rencontrer dans la configuration d'un seul emblème; par conséquent, nous pouvons établir en principe que l'identité dans les noms et dans les dessins des constellations chez deux peuples suppose nécessairement que l'un a copié l'autre, ou que tous deux ont copié le même modèle. C'est ainsi que la connaissance de quelques constellations indiennes chez les Américains, avant l'arrivée des Européens, est regardée comme une des plus fortes preuves de l'antique communication entre les habitants des deux continents. Nous pouvons donc présumer que les planisphères indiens et grecs descendent de la même source. Les Phéniciens, dans leurs relations commerciales, n'auraient-ils pas reçu le planisphère primitif, et n'auraient-ils pu le transmettre aux Grecs dont ils ont été les instituteurs en astronomie?

— Il y a une singulière ressemblance, dit le professeur de philosophie, entre les noms sanscrits *Capeya*, *Casyapy* (Céphée et Cassiopée) et *Chasiapati*, qui signifie roi des *Chasas* ou habitants du Caucase.

Toute cette mythologie n'est peut-être qu'une interprétation de mots, quelque chose comme le Pirée pris pour un homme. Voyez en effet les rapprochements. Dans la sphère asiatique, on voit Phorcus (*Phorcus*, port de mer) et trois filles effroyables appelées Gorgones (*Gorgos*, rapide, terrible) : une porte le nom d'Euryale (*Euryalos*, large, étendue); la seconde, celui de Steno (*Sthenos*, force), et la troisième celui de Méduse (*Medô*, je dirige, j'arrête). De ces trois Gorgones, les deux premières étaient immortelles, ce qui convient aux torrents rapides exprimés par les deux Poissons; mais Méduse était mortelle, ce qui est applicable aux glaçons. Le sang qui coulait de la tête coupée de Méduse n'était que de l'eau naturellement produite par une source appelée Pégase (*Pégè*, source, fontaine), etc.

— Au milieu de ces mystères étymologiques, répliqua l'astronome, comment retrouver l'origine vraie et primitive des noms? Nous avons pu remonter à cette origine pour les deux Ourses, Arcturus ou le Bouvier, et les circompolaires. Nous n'avons pas encore parlé de la *Lyre*, qui étincelle au bord de la Voie lactée et forme un grand triangle isocèle avec Arcturus et la Polaire. Si nous avions des vestiges d'une carte céleste, datant de quatorze mille ans, comme nous en trouvions l'autre soir d'un système cosmographique aryen, peut-être comprendrions nous mieux les désignations qui nous occupent. Il me vient à ce propos une idée singulière. A cette époque, la Lyre était près du pôle, et se mouvait avec la lenteur d'une tortue. N'aurait-on pas donné précisément ce nom significatif de tortue à l'étoile brillante la plus lente du firmament? Si j'émets cette bizarre question, c'est que je remarque que le même mot désigne en grec (Chelys) comme en latin (testudo), une *tortue* et une *lyre*, et que déjà cette équivoque a donné naissance autrefois à la fable qui nous annonce que Mercure construisit une lyre du dos d'une tortue dont l'image fut depuis placée dans le Ciel.

Lucien de Samosate nous dit de son côté que les Grecs ont donné ce nom à cette constellation pour faire honneur à la lyre d'Orphée....

Tandis que l'astronome parlait ainsi, dix heures sonnèrent à la tour du château. L'histoire des constellations était loin d'être épuisée. Il fut convenu qu'on la continuerait le lendemain.

# CINQUIÈME SOIRÉE



## HISTOIRE DES CONSTELLATIONS.

Continuation du sujet de la soirée précédente. Recherches sur l'explication des figures tracées dans le Ciel et des noms donnés aux constellations. — Mythologie; drames et comédies représentés sur la sphère céleste. Analogies et correspondances. Modifications des noms primitifs. Les cartes célestes du moyen âge. — Constellations australes. — Époque de la formation de la sphère *grecque*. Elle descend d'un peuple plus ancien et plus oriental.

L'entretien de la veille sur l'origine des figures et des dénominations célestes se continua le lendemain. L'astronome poursuivit ses explications sur les habitants constellés des régions circompolaires.

Parlons d'abord, dit-il, du fameux Dragon qui règne au pôle. Formé par la ligne sinueuse des étoiles qui s'étendent de la Grande-Ourse au delà de la Petite-Ourse et jusqu'à la Lyre, il doit son nom, non-seulement à cette ligne serpentiforme qui le dessine, mais encore à la position du pôle de l'écliptique, qu'il enserre de ses anneaux. Le pôle de l'écliptique, quoique invisible dans le Ciel et sans caractère distinctif, a cependant été connu et marqué sur les cartes dès la plus haute antiquité, et avant même le pôle du monde, car il est le centre du grand cercle du zodiaque. Or, le zodiaque est, comme nous le verrons dans notre prochaine soirée, dessiné sur les sphères les plus anciennes; le pôle de l'écliptique est le point auquel aboutissent les fuseaux, et le centre autour duquel on décrit l'arc du zodiaque Le Dragon a été généralement employé pour marquer les lieux fixes et les foyers des monuments célestes.

Dans la fable, le Dragon était le gardien du jardin des Hespérides ; c'est sous ce titre que je le vois figurer dans le quatrième chant de l'*Énéide*, v. 485.

— Il me semble me souvenir, interrompit le député, d'avoir vu ce jardin des Hespérides avec ses pommes d'or et le Dragon de l'entrée figurer dans les travaux d'Hercule. Au collège, en septième (vous voyez que cela date de loin !) nous faisions les exercices de l'Enchiridion, tout en commençant la grammaire grecque. J'étais bien âgé d'une dizaine d'années, et pourtant je vois encore la classe, le grand professeur aux manches de percaline noire et mon livre à couverture bleue. Ces souvenirs renaissent en voyant cette carte céleste. Le Lion de la forêt de Némée, l'Hydre de Lerne et le Cancer, je les vois tous trois réunis au bas de la carte, à gauche ; et comme vous me parlez du Dragon et des Hespérides, je remarque dans le haut de cette même carte *Hercule* lui-même, le pied vers la tête du *Dragon*, tenant dans sa main gauche le *Rameau* et *Cerbère*, et devant lui bien des oiseaux : l'Aigle, le Cygne, le Vautour-Lyre, volant au-dessus du lac étoilé de la Voie lactée si large en cette région : ne seraient-ce pas là les oiseaux du lac Stymphale ? Ces astérismes semblent groupés là comme ceux du drame d'Andromède nous l'ont paru hier.

— Les travaux d'Hercule, répondit l'astronome, sont certainement un symbolisme astronomique, car, malgré le temps, nous retrouvons encore aujourd'hui de clairs vestiges de cette correspondance. On les a rattachés au passage du Soleil à travers les douze signes du zodiaque, comme nous le verrons dans notre prochaine soirée, mais ce rapport n'est pas homogène et ne doit renfermer qu'une partie de la vérité.

Les anciens eux-mêmes se sont fort questionnés sur la position d'Hercule dans la sphère céleste. Aratus dit de cette figure qu'il ne lui connaissait point de nom ; et Manilius n'en trouve rien de mieux à dire, sinon qu'*elle sait sans doute elle-même pourquoi elle est dans cette posture !* On serait étrangement induit en erreur si l'on s'en rapportait au nom et à la forme de cette constellation sur nos planisphères; car, selon les poètes, l'*Engonasis*, ou l'homme à genoux, doit être dans une situation embarrassante et triste, au lieu de figurer le héros vaillant dont il porte le nom, d'après les astronomes modernes.

— Strabon, dit l'historien, parlant de la plaine située entre Marseille et l'embouchure du Rhône, appelée le *Champ des Cailloux* (aujourd'hui la *Crau*), dit qu'elle est couverte de cailloux gros comme le poing, au milieu desquels s'amassent des eaux jaunâtres. Il suppose qu'Eschyle a voulu expliquer par la fable la présence de ces cailloux. Hercule étant chez les Liguriens, aurait eu à combattre contre eux; il avait épuisé ses flèches, et n'avait même pas une pierre à lancer contre les Liguriens. Jupiter, touché des dangers de son fils, fit pleuvoir une nuée de pierres rondes, avec lesquelles Hercule repoussa ses ennemis. L'*Engonasis* était donc pour quelques-uns Hercule s'agenouillant pour ramasser ces pierres.

— J'ajouterai avec Posidonius, fit en souriant le professeur, que puisque Jupiter a mis tant de bonté à intervenir dans cette escarmouche, il aurait bien dû faire tomber cette grêle de pierres sur les Liguriens eux-mêmes; Hercule n'aurait pas eu la peine de se baisser.

— Ophiuchus, que nous voyons plus loin, reprit l'astronome, porte tout simplement le nom grec du serpent, de l'animal qu'il tient à la main : « Ὀφιοῦχος — qui tient un serpent. »

Il y a eu évidemment des superpositions faites d'âge en âge sur la sphère céleste, et les mêmes assemblages d'étoiles ont servi à divers usages selon les systèmes. Nous en avons la preuve dans la multitude des noms qu'on a donnés aux principales constellations. Pour en signaler quelques exemples, je dirai que celle d'*Hercule* a été appelée aussi Ὀκλάζων, Ἐγγόνασις, Κορυνήτης, Engonasis, Ingeniculus, Nessus, Thamyris, Desanes, Maceris, Almannus, al Cheti, etc.; celle du *Cygne* : Κύκνος, Ἰκτὶν, Ὄρνις, Olar, Helenæ genitor, Ales Jovis, Ledæus, Milvus, Gallina, Crux, la Croix, etc.; celle du *Cocher* : Ἱππηλάτης, Ἐλάσιππος, Αἰρμηλάτης, Ἡνίοχος; Auriga, Arator, Heniochus, Erichthonius; Mamsek, Ala'nat, Alhaiot, Alatod....

— A la bonne heure! fit la marquise, voilà des étoiles qui ne se plaindront pas d'avoir été délaissées...

— Sans compter, reprit l'astronome, qu'on a greffé sur le Cocher, une Chèvre, Aïg; Alenia, Aglaé, Aega; Ala'nz, al Cabelah, al Cailat al Silat....

— La Chèvre, s'écria une des jeunes filles, *Capella !* c'est la belle étoile où l'astronome si original que nous avons rencontré l'année dernière à Interlaken avait placé son histoire céleste de *Lumen ?*

— Comme tu te souviens ! fit en souriant le capitaine. Oui, c'est là où, ce soir même de l'année 1867, tandis que nous discourons ici sur les étoiles, il y a sans doute des habitants qui de là-haut regardent la Terre, et la voient actuellement, non pas telle qu'elle est aujourd'hui, mais telle qu'elle était en 1795, sous la Révolution française.

— Comment cela ? s'écria la marquise.

— Oui, madame, reprit la jeune fille, c'est prouvé par la vitesse de la lumière. La photographie de la Terre, qui voyage dans l'espace, comme la lumière de tous les astres, avec une vitesse de 77 000 lieues par seconde, n'arrive à Capella qu'après un voyage de 72 ans....

— Je serais charmée d'avoir l'explication de ce mystère, répéta la marquise.

— Nous aurons sans doute lieu de toucher à cette curieuse question dans l'une de nos prochaines causeries, répliqua l'astronome; mais je vous demanderai ce soir la permission de continuer notre examen de la sphère, car il est si complexe, si étendu, que nous aurons de la peine à arriver au zodiaque.... Nous en étions, je crois, au Cocher.

Sur les anciennes cartes françaises il est désigné sous le nom de *Chartier* et tient un fouet dans sa main gauche tournée vers le Chariot. Est-ce par sa proximité du Chariot septentrional qu'il a reçu ce nom de Chartier et de Cocher ? Sans doute. — Il fait à peu près pendant avec le Bouvier qui, sur ces mêmes anciennes cartes, allonge sa main droite vers la première étoile du Chariot. Ces images symbolisent la rentrée des gerbes de blé.

— Sur notre carte de Flamsteed, dit la marquise en reprenant la carte reproduite plus haut, je vois à l'opposé d'Hercule, entre l'écliptique et l'équateur, un héros qui paraît lui ressembler fort : *Orion.*

— En effet, répondit l'astronome, vous le voyez au bas de la carte, coupé à la ceinture par l'équateur. Pour trouver le reste de la figure, il faut le chercher au bas de la carte australe; vous verrez alors Rigel marquant le pied gauche, et le Lièvre servant de marchepied pour la jambe droite du héros. Sirius, la plus éclatante étoile du Ciel, brille plus au sud encore, vers la Voie lactée.

— Orion! c'est cette magnifique constellation qui trône sur nos nuits d'hiver, dit la femme du capitaine.

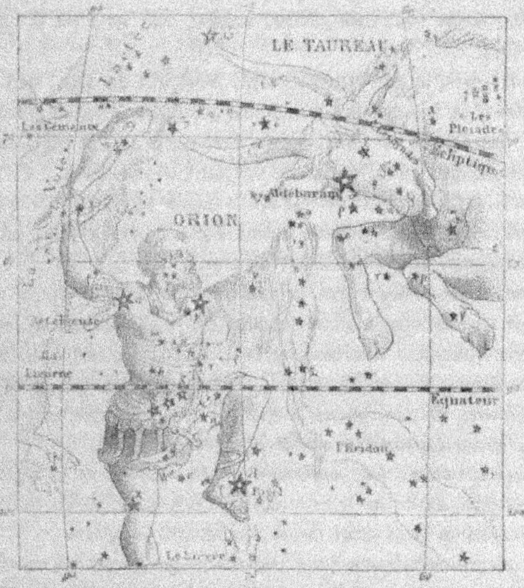


— Et dans laquelle on voit le Râteau, ajouta sa fille.

— Ou les Trois-Rois, dit la marquise.

— Ou le Bâton de Jacob, ajouta le pasteur.

— Ou encore le Baudrier, répliqua le capitaine, car ces quatre désignations s'appliquent l'une et l'autre à la ligne oblique formée par les trois étoiles qui scintillent au milieu du grand quadrilatère.

— L'origine de ces appellations provient d'un rapprochement simple et facile à saisir, fit observer le député; mais l'origine du nom même d'Orion, d'où vient-elle?

—J'ai beaucoup cherché pour être peu satisfait, répondit l'astronome. En grec, puisqu'il s'agit de la sphère grecque, Orion s'écrit Ὠρίων : outre le nom du héros et de la constellation, ce nom désigne encore celui d'un oiseau. Le mot ὥρα signifie le temps, la saison, l'année ; le même mot signifie aussi montagne ; le même mot signifie encore sommeil, nuit ; le même mot signifie enfin Gardien. De ces diverses similitudes, la dernière me paraît la plus approchée ; le verbe ὡράω veut dire garder, veiller, mais ce n'est là qu'une conjecture.

D'autre part, le mot Ὅριος (Orion), diminutif de Ὧρος, veut dire protecteur de limites, et a été donné à Jupiter. Ὅρος signifie frontières, extrémités, et conviendrait également à cette constellation équatoriale, qui garde les limites des deux hémisphères.

Dans la mythologie, Orion est un chasseur intrépide, d'une taille prodigieuse. Il fut aussi Orus, Arion, le Minotaure, enfin le Nembrod des Assyriens, qui depuis devint Saturne.

Herschel fils prétend que la constellation d'Orion, quand on la voit par des latitudes australes modérées, représente passablement une figure humaine, mais inverse de celle que nos cartes attribuent à cet astérisme ; les étoiles qui maintenant sont les épaules d'Orion apparaissent, dit l'astronome anglais, comme les genoux de la figure ; l'étoile qui porte le nom de Rigel forme la tête.

*Orion* est nommé *Tsan*, en chinois, c'est-à-dire *Trois*, et répond à nos *Trois-Rois* ; mais dans la nébuleuse qui forme son glaive, se trouve la constellation *Fa*, formée de *jin*, homme, et *ko*, glaive.

Les peuples de la haute Asie, sans tracer les images des constellations, se bornaient à joindre les étoiles dont elles se composent par de simples lignes droites, et à placer à côté le caractère hiéroglyphique de l'objet dont elles portaient le nom. Ainsi, joignant par cinq lignes les étoiles les plus brillantes d'Orion, ils plaçaient à côté un hiéroglyphe formé de celui de l'*homme* et de celui d'une *épée* ; en sorte que les Grecs dessinant plus tard Orion comme un géant armé d'un glaive, n'ont fait que traduire cet antique hiéroglyphe qu'on mettait en Asie auprès de ces étoiles remarquables.

— Et ce *Sirius* dont on parle si souvent, fit la marquise, d'où vient-il ?

— Certainement d'Égypte, répondit l'astronome. Le débordement du Nil était toujours précédé par un vent Étésien qui soufflant du nord au sud vers le temps du passage du Soleil sous les étoiles de l'Écrevisse, poussait les vapeurs vers le midi et les amassait au cœur du pays d'où provenait le Nil, ce qui y causait des pluies abondantes, grossissait l'eau du fleuve et portait ensuite l'inondation dans toute l'Égypte sans qu'on y eût éprouvé la moindre pluie.

Mais comment reconnaître au juste le moment où il fallait tenir les provisions prêtes et les terrasses élevées? La Lune ne pouvant servir à se régler à cet égard, on s'adressa aux étoiles fixes. L'inondation arrivait lorsque le Soleil se trouvait sous les étoiles du Lion. Le matin les premières étoiles du Cancer commencent à se dégager de ses rayons; mais on ne les distingue qu'avec peine. A côté d'elles, quoique assez loin de la bande du Zodiaque, on voit au matin monter sur l'horizon la plus brillante étoile du Ciel. Les Égyptiens choisirent donc le lever de cette magnifique étoile aux approches du jour, comme la marque certaine du passage du Soleil sous les étoiles du Lion, et des commencements de l'inondation. Cette étoile devint la marque publique, sur laquelle chacun devait avoir les yeux pour préparer ses provisions de vivres, et pour ne pas manquer le moment de se retirer sur des terrains élevés. Comme elle n'était vue que très-peu de temps sur l'horizon vers le lever de l'aurore, cette étoile semblait ne se montrer aux Égyptiens que pour les avertir du débordement qui suivait de près son lever. Elle faisait pour chaque famille ce que fait le chien fidèle qui avertit toute la maison des approches du voleur. Ils lui donnèrent donc deux noms représentant sa fonction. Elle les avertissait du danger : de là vient qu'ils la nommèrent le *Chien* ou l'Aboyeur, le Moniteur, en égyptien *Anubis*, en phénicien *Hannobeach*. Encore aujourd'hui nous nommons cette étoile la *Canicule*, ce qui est toujours le même nom. La liaison infaillible qu'il y avait entre le lever de l'étoile et la sortie du fleuve hors de son lit déterminait le peuple à l'appeler plus ordinairement l'Étoile du Nil, ou simplement *le Nil*, en égyptien et hébreu *Sihor*, en grec Σείος, en latin *Sirius*.

De plus, les Égyptiens avaient caractérisé les différents jours de l'année solaire par les différentes étoiles fixes qu'on voit lever im-

médiatement après le coucher du soleil, de sorte que les principales
étoiles se trouvaient associées dans leur calendrier à la température
et aux travaux de l'agriculture. On prit bientôt pour la cause ce
qui n'avait été donné que pour un signe; on s'imagina qu'il y avait
des astres humides, dont le lever produirait la pluie; d'autres qui
causeraient la sécheresse; quelques-uns qui feraient croître certaines plantes; et d'autres qui auraient un empire particulier sur
certains animaux.

L'année, continua l'astronome, était figurée chez eux par un
homme debout (ou pour mieux dire un dieu), enveloppé si étroitement qu'il ressemble fort à une momie. On distingue à peine le bout
des pieds à cette espèce de statue. Les épaules et la tête sont découvertes. Un serpent contourne en spirale le corps de ce dieu et se termine près des épaules.

— N'est-ce pas cette figure qui est posée en bas-relief sur les
côtés de votre pendule astronomique? demanda l'historien.

— Précisément, répondit l'astronome : des rayons partent de sa
tête, qui porte d'ailleurs un boisseau. Deux divinités, qui paraissent
être des Isis, lui présentent le nilomètre. Les hiéroglyphes des mois
sont gravés au-dessous. La façade de cette pendule, qui vient du
garde-meuble représente, du reste, la naissance de l'astronomie
en Égypte. Mais revenons à Sirius.

L'avis de l'Étoile du Nil étant le plus grand événement de l'année
des Égyptiens, ils comptaient de son lever *le commencement de
leur calendrier*, et toute la suite de leurs fêtes. Au lieu donc de la
peindre sous la forme d'une étoile, ce qui ne l'eût point distinguée
des autres, ils la peignirent sous une figure qui avait rapport à sa
fonction et à son nom. Quand ils voulaient faire entendre le renouvellement de l'année à commencer du lever de la Canicule, ils la
peignaient sous la forme d'un portier reconnaissable à une clef;
ou même, ils lui donnaient deux têtes adossées, l'une d'un vieillard
qui marquait l'année expirante, et l'autre d'un jeune homme qui
marquait le nouvel an. Quand il fallait faire connaître les approches
de l'inondation, on lui donnait une tête de chien. Les attributs
qu'on y ajoutait étaient l'explication de ses avertissements. Pour
faire entendre qu'il fallait faire des provisions, gagner les terrasses,

et y attendre le passage du fleuve, Anubis avait au bras une marmite, des ailes aux pieds, sous son bras une grande plume, et derrière lui deux amphibies : une tortue ou un canard.

—C'est ainsi, fit remarquer l'historien de sa voix grave et lente, que l'astronomie a régné *la première* sur les nations et sur les histoires !

— Je crois, dit la marquise, que voilà une explication suffisante de l'origine du Grand-Chien ; mais à gauche d'Orion et sous les Gémeaux, on remarque un charmant Petit-Chien qui m'intrigue. Pourquoi deux chiens, et d'où peut venir le nom de *Procyon* qui décore ce petit roquet ?

—Oh! l'étymologie est transparente, répondit l'astronome. Procyon, ou Προκύων, signifie tout simplement l'Avant-Chien, et cette constellation est ainsi appelée parce qu'elle se lève avant le Grand-Chien.

— Je me suis parfois amusée, dit la femme du navigateur, à regarder les cartes célestes de plusieurs traités d'astronomie. Je connais maintenant la place des 18 étoiles de première grandeur et celle des 55 étoiles de seconde. Mais j'ai remarqué que les figures dessinées ne sont pas identiques dans toutes les cartes.

— Les constellations ont subi de grands changements depuis les temps reculés jusqu'à nos jours, répondit l'astronome. Je vais tâcher d'énumérer ces causes de changements souvent curieuses. Tenez! par exemple, voici une carte coloriée imprimée à Paris en 1650 chez l'enlumineur Antoine de Fer ; le Chartier y est dessiné dans le costume d'Adam, à genoux sur la Voie lactée et tournant le dos au public, la chèvre paraît lui grimper sur le cou, et l'on y voit encore deux petits chevreaux qui semblent courir vers leur mère. Cassiopée ressemble au roi Salomon et n'a plus rien de la femme. Voici maintenant un exemplaire des *Phénomènes d'Aratus* imprimé en 1559, où l'on voit la même Cassiopée assise sur un fauteuil de chêne au dossier ducal, tenant la sainte palme de la main gauche, et le cocher « Érichthon » costumé en mignon de Henri III.

Tenez! voici la Cassiopée des Grecs, celle du seizième et celle du dix-septième siècle ; et voici également le Cocher des Grecs avec celui du moyen âge et du dix-septième siècle : nous pouvons y constater que la fantaisie des dessinateurs diversement inspirés suivant les époques a été une première cause de changements fort importants.

Mais ne remarquez-vous pas sur ces vieilles cartes une seconde curiosité?

— Eh oui! fit le capitaine de frégate, c'est que toutes les figures sont dessinées *vues de dos:* admirez par exemple, tous ces illustres personnages célestes grossièrement retournés et dessinés comme des sauvages!

Figures célestes arbitrairement modifiées.
Ex. : Cassiopée et le Cocher.

— Pendant plusieurs siècles, dit le pasteur, cette position a été considérée comme plus décente que l'autre.

— Voilà encore une raison qui a fait modifier les figures grecques, fit en riant le député. Allez donc discuter les positions originaires après de telles modifications!

— Notez, ajouta la marquise, que ce changement n'a rien d'intéressant. Voyez par exemple cette Andromède avec sa chaîne sur le dos, dans cette posture lourde et informe : que j'aime mieux les Andromèdes de nos peintres modernes !

— Il n'y a qu'un défaut à ces Andromèdes d'aujourd'hui, répliqua l'astronome en souriant...

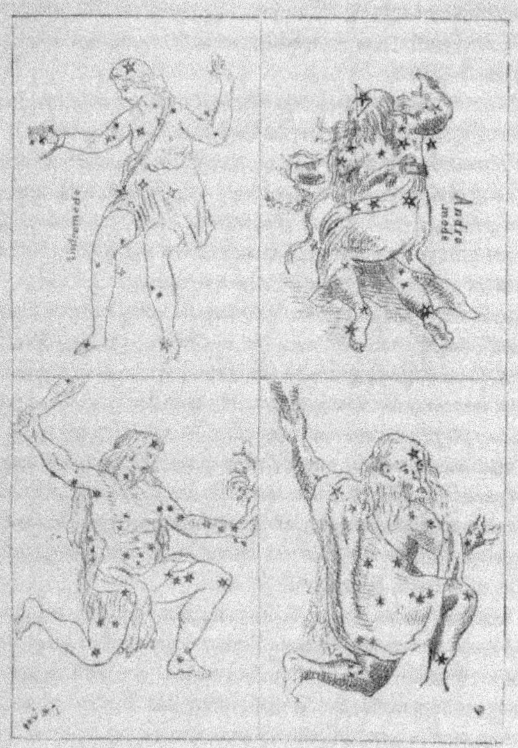


Figures célestes retournées pendant le moyen âge.
Ex. : Andromède et Hercule.

— Et lequel donc ?

— C'est qu'on les fait d'une éclatante blancheur et qu'on les gratifie de formes exquises, tandis que....

— Tandis que ?...

— Andromède était une négresse!...

— Oh! fit la femme du capitaine, monsieur l'astronome, vous n'êtes pas galant.

— Sans doute, madame; mais le moyen de changer l'histoire? Or Andromède étant fille de l'Éthiopien Céphée et de l'Éthiopienne Cassiopée, devait fort peu ressembler à nos femmes caucasiques d'Espagne ou de France.

— C'est ce que je m'étais déjà dit, répliqua le capitaine; j'ajouterai même que de toutes les Andromèdes que j'ai vues, il n'y a qu'au musée de Dijon que j'en ai rencontré une dont le teint fût quelque peu africain. La couleur locale a été gardée. Toutefois encore celle-ci même ouvre-t elle de grands yeux bleus qui veulent dire, si je ne me trompe, qu'elle se plaît assez bien sur son rocher, et que le monstre qui va la dévorer n'est pas méchant.

— Mais, s'écria la marquise, le Cocher de notre carte de Flamsteed a bien l'air d'être une femme.... et la Chèvre, au lieu de grimper sur son dos, est gracieusement soutenue par son bras gauche.

— La fantaisie des dessinateurs, répliqua l'astronome, s'est donné pleine carrière dans tous les temps. Je suis bien persuadé que si pour une cause ou pour une autre ce nom de « Cocher » cessait un jour d'avoir un sens et d'être compris, les commentateurs, examinant la figure ainsi désignée, ne lui donneraient certainement pas le titre de conducteur de char, et chercheraient une désignation en rapport avec ladite figure.

— Voilà un *Orion*, s'écria le député, dont la tête, casquée à la Henri IV, est fort curieuse; mais il nous tourne le dos aussi, de sorte que la belle étoile Rigel, au lieu de marquer son pied gauche, marque son genou gauche, car la disposition des étoiles est en même temps en sens inverse de celle de nos cartes.

— Aussi je propose, répliqua l'astronome, de nous servir uniquement des cartes que nous avons déployées en premier lieu, et qui sont nos cartes usuelles.

Les noms donnés aux étoiles ont dû être parfois créés par des causes arbitraires qu'il serait assurément impossible de retrouver aujourd'hui. Ainsi, si les noms propres donnés aux satellites de Jupiter à l'époque de leur découverte étaient restés dans la science, on ne pourrait les expliquer sans connaître les circonstances qui les ont déterminés. Simon Marius, qui les découvrit le 29 décembre 1609, à Ansbach, neuf jours avant Galilée à Padoue, leur avait décerné le nom de *Sidera Brandenburgica*; Galilée préféra les noms de *Sidera Cosmica* ou *Medicea*, dont le dernier trouva naturellement plus de faveur à la cour de Florence. Mais ce nom collectif ne parut pas encore une assez humble flatterie. Au lieu de désigner chacun des satellites par des chiffres, comme nous le faisons aujourd'hui, Marius les nommait Io, Europe, Ganymède et Callisto. A la place de ces êtres mythologiques figurèrent dans la nomenclature de Galilée les divers membres de la famille des Médicis : Catharina, Maria, Cosimo l'aîné et Cosimo le jeune !

— La difficulté de certaines explications étymologiques provient certainement aussi, dit le professeur, de ce que certains mots ont été traduits d'une langue à l'autre suivant leur *signification*, tandis que d'autres ont été rendus dans un sens purement *euphonique*. Ainsi, par exemple, si nous admettons, comme il est judicieux de le croire, que les Latins ont pris des Grecs la plupart de leurs noms astronomiques, nous observons que, d'un côté, le nom d'Arctos a été traduit par Ursa et par Ourse; et que d'autre part ce même nom d'Arctos a été euphoniquement traduit par *arctique*, qui, comme étymologie française, ne signifierait absolument rien si nous n'en connaissions l'origine étrangère. Le nom arabe de dattier, qui se rapporte à la forme de la main, a été traduit par palmier, etc.

— Les anciens Romains, répliqua le capitaine, entendaient si peu le grec qu'ils ont appelé *suculæ* (petites truies) les étoiles qui sont à la tête du Taureau, parce que les Grecs les appelaient *Hyades*; et qu'ils avaient l'audace de faire dériver ce mot de *hyes !* en latin *sues* (porc). Or le mot vient de ὕειν, pleuvoir ! Ces étoiles ont donc été ainsi nommées parce qu'elles arrivaient à l'époque des pluies et des tempêtes.

— D'après ce même mode d'explication, ajouta le pasteur, M. Max de Ring nous montre, dans ses *Études hagiographiques*, l'étoile *Margarita coronæ* devenant une sainte, sainte Marguerite, et saint Michel remplaçant Mercure, dont il rappelait les attributs.

— On pourrait citer bien d'autres corruptions de langage, répliqua à son tour le professeur de philosophie. Mais il ne faut pas chercher des étymologies latines partout, comme Phèdre, qui appelle les îles Canaries « îles des chiens ».

— Sait-on jamais ce que deviennent les traductions et les commentaires? ajouta de son côté le capitaine de frégate. Si la barbarie détruisait jamais la plupart de nos livres et de nos connaissances, on pourrait supposer également que toute l'histoire des travaux astronomiques de Tycho-Brahé est fondée sur ce qu'il habitait une ville appelée Uranibourg, la ville du ciel.

— D'autres causes encore, reprit l'historien, ont concouru à cette confusion des idées. Premièrement, les expressions figurées, par lesquelles le langage naissant fut contraint de peindre les rapports des objets, expressions qui, passant d'un sens propre à un sens général, ensuite d'un sens physique à un sens moral, causèrent, par leurs équivoques et leurs synonymes, une foule de méprises.

Ayant dit qu'une planète entrait dans un signe, on fit de leurs conjonctions un mariage, un adultère, un inceste; était-elle cachée, ensevelie, revenait-elle à la lumière et remontait-elle en exaltation? on la fit morte, ressuscitée, enlevée au ciel, etc.

Une seconde cause de confusion réside encore dans les figures matérielles par lesquelles on peignit d'abord les pensées et qui, sous le nom d'hiéroglyphes ou caractères sacrés, furent la première invention de l'esprit. Ainsi, pour avertir de l'inondation et du besoin de s'en préserver, on avait peint une nacelle : le navire Argo; pour désigner le vent, l'on avait peint une aile d'oiseau; pour spécifier la saison, le mois, l'on avait peint l'oiseau de passage, l'insecte, l'animal qui apparaissait à cette époque, et la réunion de ces figures avait des sens convenus de phrases et de mots. L'écriture alphabétique fit tomber en désuétude les peintures hiéroglyphiques; et, de jour en jour, leurs significations oubliées donnèrent lieu à une foule d'illusions, d'équivoques et d'erreurs.

Enfin une troisième cause de confusion réside dans l'organisation civile des anciens États. En effet, lorsque les peuples commencèrent à se livrer à l'agriculture, la formation du calendrier rural exigeant des observations astronomiques continues, il fut nécessaire d'y préposer quelques individus chargés de veiller à l'apparition et au coucher de certaines étoiles. Ces premiers astronomes ne tardèrent pas à saisir les grands phénomènes de la nature, à pénétrer même le secret de plusieurs de ses opérations. Voyant des mortels produire certains phénomènes, annoncer les éclipses, guérir des maladies, manier des serpents, on les crut en communication avec les puissances célestes, et pour obtenir les biens ou repousser les maux qu'on en attendait, on les prit pour médiateurs et interprètes, et on en plaça quelques-uns dans le ciel des constellations.

— Voilà donc comment les constellations ont été formées et déformées, baptisées, débaptisées et métamorphosées, s'écria la marquise. J'oserai maintenant vous prier, Messieurs, d'aborder la grande question d'origine : *Où* et *quand* a été créée la sphère céleste ?

— La première sphère, celle que décrit Eudoxe dans les fragments qui nous ont été transmis par Hipparque, répondit l'astronome, est telle qu'elle devait être 1350 ans avant Jésus-Christ. Newton, qui attribue cette sphère à « Musée, contemporain de Chiron, » remarque qu'elle doit avoir été réglée *après* l'expédition des Argonautes et *avant* la destruction de Troie, puisque les Grecs, qui ont donné aux constellations des noms tirés de leur histoire et de leurs fables, et surtout qui ont voulu y consacrer la mémoire de ces fameux aventuriers connus sous le nom d'Argonautes, n'auraient pas manqué d'y placer les héros qui se signalèrent devant Ilion, et de leur donner d'avance l'immortalité qu'ils devaient recevoir d'Homère.

En supposant que Chiron ou Musée, dont l'existence même est douteuse d'ailleurs, eussent contribué à répandre cette description dans la Grèce, elle remonterait certainement plus haut. La position des étoiles dans les cercles de cette sphère est établie avec tant d'exactitude qu'elle ne peut être l'ouvrage d'une astronomie naissante; mais d'une science plus anciennement cultivée, qu'elle n'avait pu l'être alors dans la Grèce.

Laplace suppose que la sphère grecque a été construite par Eudoxe, au treizième ou au quatorzième siècle avant notre ère (*Exposition du système du monde*, liv. V, 1). Eudoxe l'aurait prise d'astronomes étrangers antérieurs à son temps.

D'après Clément d'Alexandrie, suivi en cela par Newton, le partage du ciel étoilé, en diverses figures ou constellations, serait dû à Chiron. Cette opinion dérive de quelques vers d'un ancien poëme grec sur la *Guerre des Géants*, que Clément d'Alexandrie a rapportés. Mais ce n'est là qu'un arrangement, et non une création de la sphère.

Fréret fait naître Chiron vers l'an 1420 avant Jésus-Christ. Précepteur de Jason, il aurait dessiné sa sphère pour l'usage des Argonautes. Dans cette supposition, la sphère céleste actuelle (puisque nous nous servons toujours de celle des Grecs) aurait environ 3250 ans.

Hésiode, qui, suivant l'opinion d'Hérodote, vivait vers l'an 884 avant Jésus-Christ, cite, dans son livre des *Travaux et des Jours*, les Pléiades, Arcturus, Orion et Sirius. Ce monument constitue la relation grecque la plus ancienne qui nous soit parvenue sur les constellations de la sphère et sur les étoiles qu'on y désignait par des noms particuliers.

De même que les constellations modernes dont nous avons fait l'histoire hier, ajouta l'astronome, les anciennes ne sont pas toutes de la même époque. Par exemple, la constellation de la Balance paraît avoir été formée vers le temps d'Auguste aux dépens des serres du Scorpion, constellation qui occupait alors un espace immense : de même aussi le Petit-Cheval est une création d'Hipparque.

— Dans la description du Bouclier d'Achille, dit le professeur, Homère parle des Pléiades, des Hyades, d'Orion, de l'Ourse ou Chariot, « qui seule n'a point sa part des bains de l'Océan. » Si la Petite-Ourse, si le Dragon eussent existé comme constellations dans ces temps reculés, comment Homère aurait-il pu dire que la Grande-Ourse seule ne se baignait pas dans l'Océan, ne se couchait pas?

Dans le livre V de ce poëme, on trouve cependant Ulysse dirigeant la course de son navire d'après l'observation des Pléiades et du Bouvier.

— Arago, reprit l'astronome, paraît admettre sans discussion que les constellations zodiacales renferment les emblèmes des douze divinités égyptiennes qui présidaient aux douze mois de l'année. Ainsi, le Bélier aurait été consacré à Jupiter Hammon; le Taureau aurait servi à représenter le dieu ou le taureau Apis; les Gémeaux auraient correspondu à deux divinités qu'on ne séparait pas, Horus et Harpocrate; l'Écrevisse aurait été consacrée à Anubis; le Lion aurait appartenu au Soleil ou à Osiris; la Vierge, à Isis; la Balance et le Scorpion, à Typhon; le Sagittaire, à Hercule; le Capricorne, à Mendès; les Poissons, à Nephtis; le Verseau aurait rappelé la coutume où l'on était d'aller remplir une cruche d'eau à la mer dans le mois Tibi ou janvier.

— Le *Livre de Job*, qu'il ait été composé par Job lui-même, du temps des patriarches, ou que Moïse en soit l'auteur, remonte au moins à l'année de la mort de Moïse, à 3318 ans, ajouta le pasteur. Or il renferme les noms d'Orion, des Pléiades et des Hyades. Les noms de ces groupes d'étoiles auraient donc 3300 ans d'ancienneté; mais il faut remarquer que les Septante substituèrent des termes comparativement modernes à ce qu'ils crurent être leurs équivalents dans l'hébreu. Le *Livre de Job* prouve irrévocablement que des constellations avaient été tracées et nommées en Arabie avant l'année 1451, mais on ne pourrait pas légitimement en déduire que les noms alors adoptés étaient déjà ceux des constellations grecques, les noms actuellement en usage.

— Nous avons vu dans notre dernière soirée, dit le navigateur, que 2697 ans avant notre ère, il y a par conséquent de cela 4564 ans, les astronomes de l'empereur Hoang-ti constatèrent que l'étoile α du Dragon marquait alors le pôle du monde.

— L'époque de la sphère grecque est facile à déterminer par les figures des constellations qui la décorent, reprit l'astronome. Suivant la remarque de Newton, on ne peut la placer qu'entre l'expédition des Argonautes et la guerre de Troie. Voici ce que dit Newton lui-même sur ce sujet. On voyait, dit-il, « sur la sphère de Musée, le bélier d'or qui était le pavillon du navire de la Colchide; le *Taureau* aux pieds d'airain dompté par Jason; les *Gémeaux* Castor et Pollux, tous deux Argonautes, auprès du *Cygne* de Léda leur mère. Là étaient représentés le *navire Argo* et l'*Hydre*; ensuite la *coupe* de Médée et le *Corbeau* attaché à des cadavres, qui est le symbole de la mort. D'un autre côté on remarquait *Chiron*, le maître de Jason, avec son autel et son sacrifice. *Hercule* l'Argonaute, avec sa *flèche* et avec le *Vautour* tombant; le *Dragon*, le *Cancer* et le *Lion* qu'il tua; la lyre d'*Orphée* l'Argonaute. C'est aux Argonautes que toutes ces figures se rapportent. On y avait encore représenté *Orion*, fils de Neptune, ou, selon d'autres, petit-fils de Minos, avec ses *Chiens*, son *Lièvre*, sa rivière et son *Scorpion*. L'histoire de Persée est désignée par les constellations de *Persée*, d'*Andromède*, de *Céphée*, de *Cassiopée* et de la *Baleine*. Celle de Callisto et de son fils Arcas par la *Grande-Ourse* et par le *Gardien* de l'Ourse. Celle d'Icare et de sa fille Trigone est marquée par le *Bouvier*, le *Chariot* et la *Vierge*. La Petite-Ourse fait allusion à une des nourrices de Jupiter; le *Chartier*, à Érichthonius; le *Serpentaire*, à Phorbos; le *Sagittaire*, à Crolus, fils de la nourrice des Muses; le *Capricorne*, à Pan; le *Verseau*, à Ganimède  On y voyait la *Couronne* d'Ariane, le *Cheval ailé* de Bellérophon; le *Dauphin* de Neptune; l'*Aigle* de Ganimède; la *Chèvre* de Jupiter et ses *Chevreaux!* Les *Anons* de Bacchus, les *Poissons* de Vénus et de Cupidon, et le *Poisson austral* leur parent. Ces constellations et le *Triangle* sont les anciennes dont parle Aratus, et font toutes allusion aux Argonautes, à leurs contemporains et à des Grecs plus anciens d'une ou de deux générations. De tout ce qui était originairement marqué sur cette sphère, il n'y avait rien de plus moderne que cette expédition. » Ainsi parle Newton. Les Grecs, ajoute-t-il, n'auraient pas manqué d'y faire mention des combats de Troie, si cette description de la sphère n'avait pas été entièrement faite lors de ce siége mémorable dans la Grèce.

Autant que les erreurs inévitables dans la détermination ancienne des colures permettent de fixer ces temps antérieurs, on peut dire que leur époque remonte à l'an — 1355. Les anciens chronologues fixaient cette année — 1355 pour l'époque de l'expédition des Argonautes; le temps de la prise de Troie est, selon la chronologie d'Hérodote et de Thucydide, vers l'an—1285. En supposant que Chiron, le précepteur d'Achille, soit l'auteur de cette sphère, il doit être antérieur au siége de Troie au moins de soixante-dix ans, et cette considération donne encore 1355 ans. Ce n'est pas tout : Hipparque cite un passage de la sphère d'Eudoxe : *est vero stella quædam in eodem consistens loco, quæ quidem polus est mundi.* Il est donc certain que du temps où a été réglée la sphère décrite par Eudoxe, il y avait une étoile placée au pôle même, ou du moins très-près du pôle. On n'a jamais pu désigner le pôle par les petites étoiles de la sixième grandeur. Or, celles-là exceptées et l'étoile de l'extrémité de la queue de la Petite-Ourse, l'étoile polaire d'aujourd'hui, qui en était alors très-loin, on ne trouve que l'étoile x du Dragon qui ait pu être regardée comme polaire (voyez p. 145). En vertu de la précession des équinoxes, cette étoile ne s'est trouvée près du pôle que 1326 ans avant notre ère, il y a de cela près de 3290 ans; elle ne s'en est approchée qu'à 4 degrés, mais cette différence n'empêchait pas qu'on ne la regardât comme immobile. Cette époque de la description de la sphère, vers l'an 1326 ou 1355, est d'accord avec Sénèque qui disait vers le milieu du premier siècle de l'ère chrétienne : *Nondum sunt anni mille quingenti, ex quo Græcia stellis numeros et nomina fecit:* Il n'y a pas encore 1500 ans que la Grèce a connu le nombre des étoiles et leur a imposé des noms. 80 ou 90 ans de différence ne doivent faire aucune peine ici; il est évident que Sénèque n'a pu ni voulu donner qu'un à peu près. Peut être même devrions-nous plutôt reporter l'étoile polaire à α du Dragon, plus brillante que x, et située sur la ligne même de l'orbite du pôle.

Il est donc évident que la sphère grecque a été établie dans le milieu ou vers la fin du quatorzième siècle avant l'ère chrétienne. Newton donne Chiron pour l'inventeur de cette sphère. Aratus, qui emploie quinze vers à parler de celui qui a distribué les étoiles en différentes constellations, ne fait aucune mention de Chiron et suppose même que ces constellations avaient été imaginées successivement, et par divers astronomes dont le plus ancien n'était pas connu.

Pour conserver et en même temps concilier ces différentes traditions, je pense avec Bailly que la sphère grecque vient de la Chaldée, et qu'à l'époque où l'on place l'existence de Chiron, ce philosophe (s'il a existé), ou un autre, l'a expliqué le premier aux Grecs. Il est probable que ses constellations représentaient des figures d'hommes sans nom, des animaux, etc., que les Grecs y firent quelques changements pour se les rendre propres, et que Musée imagina de donner aux figures d'hommes et de femmes qui y étaient placées, des noms tirés de l'histoire vraie ou fabuleuse de la Grèce.

Quand il s'agit d'hommes célèbres, morts depuis longtemps, qui ont cessé de payer leur tribut à l'envie, c'est la gloire et l'intérêt de la nation. Le peuple applaudit à l'idée du poëte, elle élève tous les esprits, elle s'y grave et la mémoire s'en conserve jusqu'aux siècles à venir. Concluons que cette apothéose n'a pu être imaginée, exécutée, que sur une sphère toute faite, qui n'attendait que les noms et les événements qu'on y voulait conserver; sphère apportée de l'Asie vers le quatorzième siècle avant l'ère chrétienne. Il n'a pas été difficile d'y trouver toutes les ressemblances qu'on a voulu avec l'histoire grecque. On a vu sur cette sphère un navire, ce ne pouvait être que le navire Argo; le Cygne était Jupiter transformé; la Lyre était celle d'Orphée, l'Aigle était celui qui enleva Ganimède; l'Ourse, la nymphe Callisto, etc.

Cette sphère a eu des variantes, provenant du caractère et du goût des nations. Ainsi nous remarquons dans les constellations chinoises certains hommes célèbres parmi eux, des animaux et des ustensiles d'agriculture ou de ménage, etc. Ils ont surtout transporté en quelque sorte toute la Chine dans le Ciel, en plaçant du côté du nord ce qui a plus de rapport à la cour et à la personne de l'empereur; on y voit l'impératrice, l'héritier présomptif de la couronne, les ministres de l'empereur, ses gardes, etc. En général, ces noms paraissent plutôt donnés à des étoiles seules qu'à des groupes considérables, comme ceux qui forment nos constellations. Les noms des constellations chinoises sont, en général, relatifs aux dignités, aux emplois et aux magistratures de l'empire. Quelques-unes portent les noms des provinces, des montagnes, des rivières, des villes de la Chine; d'autres, mais en petit nombre, portent celui de divers meubles ou instruments des arts. Il y en a fort peu qui aient rapport aux fables des Tao-ssé et des mythologues, parce que la secte dominante a toujours regardé avec mépris ces sortes de fables.

Leur zodiaque est celui que nous avons déjà appris pendant notre seconde soirée, quand nous avons parlé des médailles.

Parmi les curieuses variantes des dessins de la sphère, je ne puis m'empêcher de citer les globes arabes. En voici un fragment copié fidèlement sur le globe arabe koufique du onzième siècle, de la bibliothèque nationale, ajouta l'astronome en tirant une feuille de son carton. Voyez, madame la marquise, les belles figures !

— Comment les trouvez-vous ? fit la marquise en riant aux éclats. A-t-il l'air terrible, ce Persée avec sa triple tête de Méduse !

— Je les trouve suffisamment naïfs, répondit le député en présentant la carte au navigateur.

Constellations arabes.

— Et le Cocher du bas ! Et les Gémeaux ! fit la femme du capitaine.

— Et Andromède appuyée sur la Baleine ! s'écria le comte.

— Toutes ces variantes, reprit l'astronome, confirment l'idée d'une origine unique de la sphère céleste dans l'Orient.

Les régions par lesquelles a dû passer la sphère avant d'arriver à la Grèce, à l'Italie et à la France, nous sont du reste un indice de la marche qu'elle a dû suivre antérieurement à son introduction en Grèce. Deux opinions, dont la seconde me paraît la meilleure, peuvent être mises en présence ici et résultent des recherches que j'ai faites à ce propos. L'une suppose qu'elle est née sous les latitudes tropicales de la haute Égypte, voire même de la haute Éthiopie. Elle a été soutenue par la plupart des rares historiens qui se sont occupés de cette question. L'autre, à laquelle on n'a pas beaucoup songé et qui me paraît cependant la plus probable, serait de continuer de remonter toujours vers l'orient et sous les latitudes tempérées pour trouver l'origine des premières observations astronomiques et de la sphère. Ces deux hypothèses sont bien distinctes puisqu'elles désignent chacune une race différente.

Il existe un vide de près de 90 degrés formé par les dernières constellations du système vers le pôle austral, c'est-à-dire par le Centaure, l'Autel, le Sagittaire, le Poisson austral, la Baleine et le Vaisseau (supposé flottant) ; or dans un plan systématique, aucun vide ne devait avoir lieu d'un pôle à l'autre, si l'auteur avait été placé près de l'équateur ; car alors l'ensemble des étoiles australes se développant à ses regards, elles auraient été comprises dans son système, puisqu'il n'y a pas de raison de croire qu'il n'ait pas fait descendre ses emblèmes jusqu'aux bornes de son horizon. Mais un pays d'une latitude assez élevée pour ne pas voir les étoiles du pôle austral ne peut appartenir ni aux Égyptiens, ni aux Chaldéens. On doit donc chercher la cause de ce vide dans une contrée plus septentrionale.

Et ce vide dans la partie australe du ciel, est resté dans le même état jusqu'à la découverte du cap de Bonne-Espérance, excepté que l'étoile Canopus a été renfermée dans la constellation du navire *Argo* et que le fleuve Éridan a reçu une extension considérable et arbitraire ; car dans l'origine il devait se terminer vers le 40ᵉ degré.

Court de Gebelin, ajouta l'astronome, confirmerait mon opinion par son interprétation de la fable du Phénix. On a donné différentes explications de cette fable, et la plus vraisemblable est celle où le Phénix est l'emblème d'une révolution solaire, qui renaît au moment qu'elle expire. En effet, le Phénix, unique comme le Soleil, brille des couleurs de la lumière. Les anciens Suédois ont dans leur Adda une fable pareille Ils parlent d'un oiseau dont la tête et la poitrine sont couleur de feu, la queue et les ailes bleu céleste. Il vit trois cents jours, après lesquels, suivi de tous les oiseaux de passage, il s'envole en Éthiopie, y fait son nid, s'y brûle avec son œuf, des cendres duquel il sort un nouveau phénix qui revient vers le septentrion. Il est visible que les peuples du Nord et les Égyptiens ont eu les mêmes idées, ont peint le même objet, soit en faisant voyager leur oiseau vers le midi, soit en le recevant du nord, où de longues ténèbres semblent placer l'empire de la nuit. Le Phénix est un emblème de l'année et de la marche du Soleil, qui n'a pu être inventé que par les nations septentrionales.

L'astronomie vient appuyer la tradition par des faits ; Ptolémée rapporte dans ses calendriers des observations du lever et du coucher des étoiles, faites sous le climat de seize heures, c'est-à-dire sous le parallèle de 49°. Le livre de Zoroastre est la loi de l'Asie occidentale. On y lit que le plus long jour d'été est double du plus court jour d'hiver. Ceci détermine le climat où le livre de Zoroastre a été composé, d'où cet ancien philosophe a recueilli les connaissances qu'il nous a transmises. Il n'y a que le climat où le plus long jour est de seize heures, et le plus court de huit, qui puisse satisfaire à cette condition : c'est toujours la latitude de 49°. D'où résulte que ce n'est pas dans l'Égypte, dans la Perse, dans la Chaldée, dans les Indes, à la Chine, mais sous ce parallèle et vers le nord, que l'on doit chercher l'origine de ces anciennes connaissances.

Selon Diodore de Sicile, une nation de cette partie du monde, les hyperboréens, disaient que leur pays est le plus près de la Lune, dans laquelle on découvre clairement des montagnes semblables aux nôtres, et qu'Apollon y descend tous les dix-neuf ans, qui sont la mesure du cycle lunaire. Croira-t-on qu'au siècle de cet historien, la période de Meton était déjà portée dans le nord de l'Asie et avait eu le temps d'y donner naissance à cette fable ? Les fables sont des témoignages d'antiquité. Le cycle de dix-neuf ans était donc connu chez les nations septentrionales.

— J'avoue, dit l'historien, que je préfère pour ma part l'autre hypothèse qui place au sud de l'Égypte l'origine de la sphère et des sciences.

Lorsque Memphis eut été embellie et fut devenue un séjour agréable, les rois abandonnèrent Thèbes pour venir s'y fixer. Thèbes diminua et Memphis s'accrut, jusqu'au temps d'Alexandre, qui, ayant bâti Alexandrie sur le bord de la mer, fit déchoir Memphis à son tour ; en sorte que la prospérité et la puissance ont historiquement descendu d'échelle en échelle le long du Nil. Les témoignages des auteurs sont positifs à cet égard. « Les *Thébains*, dit Diodore, se regardent comme les plus anciens peuples du monde, et ils disent que la philosophie et la science des astres ont pris naissance chez eux. Il est vrai que leur situation est infiniment propre à l'observation des astres : aussi font-ils une distribution des mois et de l'année plus exacte que les autres peuples, etc. »

Ce que Diodore dit expressément des Thébains, tous les auteurs et lui le répètent des Éthiopiens ; et l'identité dont j'ai parlé y trouve de nouvelles preuves. « Les Éthiopiens, reprend-il, se disent les plus anciens de tous les peuples, et il est vraisemblable qu'étant nés dans la route du Soleil, sa chaleur les a fait éclore avant les autres hommes....

— La chaleur du soleil qui fait éclore les hommes? voilà une bonne idée! fit en riant le député interrupteur.

— Hérodote comme Diodore en disent bien d'autres! répliqua l'historien. Mais j'en reviens à mon Égypte : ces Éthiopiens, dit Lucien, ont les premiers inventé la science des astres, et donné aux étoiles des noms tirés des qualités qu'ils croyaient y voir, et non pas des appellations sans objet ; et c'est d'eux que cet art passa, encore imparfait, chez les Égyptiens leurs voisins. »

Il serait facile de multiplier les citations sur ce sujet ; il me semble donc que l'on a les plus fortes raisons d'établir le berceau des sciences dans le pays voisin du Tropique.

— Vous avez, répliqua l'astronome, d'excellents défenseurs de cette hypothèse. Volney, le premier en tête, vient de vous fournir les arguments. Moi, je n'ai pas de moins bonnes raisons pour soutenir mon opinion. Pour vous, la marche des progrès de l'esprit humain va du sud au nord. Pour moi, elle va de l'est à l'ouest. Je vous en ai fourni des preuves de divers ordres et cependant bien concordantes.

— Je suis de l'avis de notre astronome, fit le capitaine de frégate. Mais je lui demande de définir nettement sa conclusion sur le pays originaire de la construction de la sphère céleste.

LE PREMIER TRACÉ DE LA SPHÈRE CÉLESTE.

(p. 135.)

— La Sphère céleste, répondit l'astronome, a dû être formée par un peuple arrivé à un haut degré de civilisation, qui habitait vers l'intersection du 38ᵉ degré de latitude boréale et du 68ᵉ degré de longitude orientale.

Cette région, située au cœur de la vieille Asie, est assise sur le versant septentrional des hautes chaînes qui bordent vers l'ouest les monts Himalaya et sur les sources du fleuve Oxus, au sud-est de Samarcande. C'est de là que tous les peuples descendent. Là s'ouvrent : à l'est la *Chine* immense, au sud-est le Tibet, au sud l'Indoustan, au sud-ouest l'Afghanistan, à l'ouest, d'une part, la *Perse* qui mène à l'*Arabie*, à la *Chaldée* et à l'*Égypte*, et d'autre part la mer Caspienne dont les rives en s'inclinant vers le couchant au sud du Caucase conduisent aux régions de l'Asie Mineure, de la *Grèce*, de l'*Italie*, de la Germanie et de la *Gaule*.

— Je vois, répondit l'historien, que vous tenez à vos opinions, car il me semble que si vous remontez à ces régions pour y voir l'origine de la civilisation, c'est, comme dans notre seconde soirée, pour célébrer en passant la souche des Gaulois.

— Et en effet, répliqua l'astronome, ne convenez-vous pas vous-mêmes que les premiers hommes qui peuplèrent le centre et l'ouest de l'Europe, furent les Gaulois, nos véritables ancêtres ; et que leur sang prédomine de beaucoup dans ce mélange successif de peuples divers qui a formé notre nation? Leur esprit est toujours en nous. Leurs vertus et leurs vices, conservés au cœur du peuple français, et les traits essentiels de leur type physique, reconnaissables sous la dégénération amenée par le changement des mœurs et par le croisement des populations, attestent encore cette antique origine.

Cette brillante race gauloise, qui a sillonné l'ancien monde en tous sens de ses colonies guerrières, qui a écrit partout ses traces dans les nomenclatures géographiques de l'Europe et de l'Asie occidentale, et qui, cédant enfin, pour un temps, au seul génie de Rome, a gardé son indestructible personnalité sous les Romains comme sous les Germains, cette brillante race appartenait à la grande famille indo-européenne ou japétique, dont l'Arie, *terre sainte* des premiers âges, paraît avoir été le berceau. Les langues gauloises, le grec, le latin, le tudesque, les langues slaves, sont liées par une lointaine parenté avec les idiomes sacrés des brahmanes et des mages, le sanscrit et le zend, et semblent dérivées d'une langue mère disparue dans les profondeurs de l'antiquité première. Les Gaëls ou Gaulois primitifs durent quitter les plaines natales de la haute Asie avec les aïeux des Grecs et des Latins. Marchant toujours devant eux vers les lieux où le soleil se couche, franchissant hardiment les fleuves et les bras de mer dans de fragiles esquifs, ils ne s'arrêtèrent que lorsqu'ils eurent rencontré ces abîmes du grand Océan que le seul Colomb devait nous apprendre à franchir. Les traditions les plus reculées nous montrent les tribus des Gaëls couvrant la face de l'Occident, depuis les îles d'Érin et d'Albion jusqu'aux vastes régions transrhénanes et danubiennes. Ils avaient occupé, dans des âges antérieurs à toute histoire, les forêts et les déserts qui devaient être un jour la France.

Des antiques plateaux de l'Asie sont ainsi descendues les connaissances astronomiques puisées sous ces latitudes tempérées; la sphère constellée qui trône encore aujourd'hui dans les salles de nos observatoires d'Europe nous conserve dans son ensemble le globe grossièrement dessiné il y a plus de soixante siècles par nos aïeux. Mais pour venir lentement du fond de l'Asie jusqu'ici, elle a passé par la Perse, la Chaldée, l'Egypte et la Grèce, modifiée çà et là selon le goût des siècles et des hommes. Nous avons déjà conclu dans notre troisième soirée que la Bible des Aryas remonte à 15 000 ans de date; nous avons retrouvé des observations astronomiques chinoises de près de 5000 ans. Nous avons reconnu des traces de l'astronomie égyptienne et chaldéenne de plus de 4000 ans. Que nous faudrait-il de plus pour saluer dans l'astronomie la reine des sciences, la mère de la civilisation, le premier flambeau des progrès de l'humanité? Sans elle nous serions encore à l'état de sauvages, plus misérables que les animaux eux-mêmes. Par elle au contraire l'esprit humain a pris possession du monde, et, se délivrant des terreurs causées par l'ignorance des phénomènes, a relevé vers le ciel sa tête indépendante....

Mais nous allons suivre mieux encore l'histoire de l'astronomie dans la discussion du Zodiaque.

# SIXIÈME SOIRÉE


## LES SIGNES DU ZODIAQUE.

Mystère des origines. Première conception du zodiaque comme une route composée de vingt-huit étapes diurnes. Translation de la Lune. — Passage du Soleil
dans les signes du zodiaque. Quel fut le premier signe du zodiaque? Précession
des équinoxes. Grand cycle de 26 000 ans. — Astronomie symbolique. La cabale
hébraïque. L'Égypte. La Chaldée. Représentation mystique de l'histoire de l'humanité dans le cercle zodiacal. Hiéroglyphes. — Établissement du zodiaque grec.
Son origine asiatique et son antiquité.


— Nous sommes arrivés à conclure hier soir, dit l'astronome aussitôt que nous fûmes installés sur nos siéges rustiques devant le
chalet de la falaise, nous sommes arrivés à conclure que les cartes
célestes et les sphères dont nous nous servons encore aujourd'hui,
nous viennent des Grecs par les Romains; mais que les Grecs n'en
sont pas pour cela les inventeurs, et que les constellations furent
formées dès la plus haute antiquité par un peuple inconnu qui habitait les plateaux de l'Asie orientale. Je n'ai pas voulu entamer les
constellations du Zodiaque, ajouta-t-il, afin de les réserver entièrement pour ce soir. Elles vont nous ouvrir des horizons nouveaux,
et projeter de nouvelles lumières sur ces âges mystérieux qui précédèrent nos histoires. Elles compléteront nos premières inductions
en ajoutant au lieu probable de l'invention de la sphère, la date
de la formation de sa ceinture zodiacale. Dans notre troisième soirée, nous avons reconnu des vestiges aryens de quinze mille ans
de date. Ce serait la limite maximum des ouvrages qui nous sont

parvenus. Ce soir nous remonterons par les signes du Zodiaque jusqu'au soixantième siècle avant notre époque; ce serait la limite minimum de nos antiquités astronomiques. Il y a peut-être dix et quinze mille ans que l'on discute, comme nous le faisons ce soir, sur les mystères de l'océan céleste. Il nous est tout à fait impossible d'arriver à une approximation exacte de ces dates effacées. Si les végétaux de l'époque secondaire qui formèrent la houille ont deux millions d'années d'antiquité; si l'époque glaciaire qui saisit les éléphants de Sibérie dans ses neiges durcies a plus de cinq cent mille ans; la race humaine de l'époque du silex n'aurait-elle pas cent mille ans peut-être?... Qui saurait deviner combien de peuples humains se succédèrent à la surface des continents? Qui saurait ressusciter ces races anéanties, retrouver leurs civilisations étranges, et faire apparaître de nouveau le soleil de ces anciens âges? Frêle atome éphémère, jeté sur ce grain de sable céleste, l'homme jouit à peine du temps nécessaire pour se rendre compte de sa propre existence, et disparaît bientôt dans le fleuve de l'oubli éternel : ainsi des dynasties, ainsi des civilisations, ainsi des races les plus puissantes. Évoquons ces ombres, recueillons les momies et sachons les interroger; essayons de revoir, comme dans un panorama magique, les multitudes qui bâtissaient les pyramides, les vieux astronomes qui observaient du haut de la tour de Babel, les empereurs chinois qui célébraient les éclipses; demandons aux parchemins antiques les méthodes employées autrefois, les besoins auxquels elles répondaient, les tendances qui dominaient alors les savants et les prêtres. Peut-être obtiendrons-nous quelque satisfaction à une curiosité si légitime, et peut-être serons-nous récompensés par le plaisir qu'on éprouve à s'instruire sur les choses mystérieuses et cachées....

Le zodiaque, nous l'avons déjà vu, désigne aujourd'hui la route annuelle apparente du Soleil sur la voûte étoilée. Mais, comme on ne suit pas l'astre lumineux parmi les étoiles puisque sa lumière efface la leur, j'incline à croire qu'on n'a pas tracé d'abord le zodiaque par son cours, mais bien plutôt par celui de l'astre des nuits, qui suit visiblement la même route. Je pense, avec Bailly, que lorsqu'on eut reconnu que la Lune et les autres planètes ne sortent jamais d'une zone assez étroite, que les Grecs ont nommée le zodiaque, et que les Chinois appelaient le chemin jaune, on voulut mesurer le mouvement des astres, et on sentit qu'il serait commode de partager cette zone en intervalles égaux. Le mouvement rapide de la Lune offrit un moyen assez facile de parvenir à cette division. On remarque chaque soir notre pâle satellite à l'est de la position qu'il occupait la veille. Il décrit ainsi le zodiaque de l'ouest à l'est en 27 jours 8 heures environ. Les uns firent 28 divisions, et les autres 27. On donna à ces divisions le nom de maisons, demeures, hôtelleries, parce que, en effet, la Lune habitait, logeait dans chacune de ces divisions pendant 24 heures et que, dans le voyage entier du zodiaque, ces différentes demeures ou hôtelleries étaient ses habitations successives. On les désigna par les belles étoiles qui y brillaient; mais comme il ne s'y en rencontre pas toujours, on choisit les plus voisines pour nommer les divisions qui y répondaient; on alla même quelquefois chercher des étoiles assez loin; ainsi, par exemple, la seizième constellation des Indiens, qu'ils appellent *Vichaou*, est désignée par la Couronne boréale qui a plus de 40° de latitude; cette nécessité provenait d'ailleurs de ce que la clarté lunaire fait disparaître un grand nombre d'étoiles, surtout dans le voisinage de l'écliptique.

Cette division du zodiaque a été très-généralement répandue, et fut commune à presque tous les peuples anciens. Les Chinois ont 28 constellations; mais le mot chinois *Siou* ne présente point l'idée d'un groupe d'étoiles, nous le traduisons par le mot constellation; il ne signifie réellement que *demeure, hôtel*. Dans la langue copte, ou dans l'ancien égyptien altéré, le mot par lequel on désigne les constellations a la même signification. Les Coptes comptaient également 28 constellations : on retrouve la même division chez les Arabes, les Perses et les Indiens. Il ne paraît pas qu'elle ait été admise chez les Chaldéens qui partageaient le zodiaque en 12 signes, et qui avaient d'ailleurs 12 constellations australes et autant de boréales; mais aux Chaldéens près, la division du zodiaque en 27 ou 28 parties semble avoir été connue de tous les peuples de la haute antiquité.

Les Siamois et les Indous n'en comptaient que 27. Cependant quelques-uns ont fait mention d'une 28e nommée *Abigitten* (lune interca-

laire). De plus, ils se servaient des constellations pour connaître
l'heure de la nuit, par leur place dans le Ciel, vers le méridien ou
l'horizon, et leur méthode suppose qu'ils avaient 28 constellations. Ils
divisaient le jour en 60 gurrhées ou heures; la gurrhée, en 60 pulls;
le pull, en 60 mimiets ou clins d'œil.

Les Arabes ont très-anciennement la division du zodiaque en 28
parties. Ils donnaient à chacune de ces divisions des noms relatifs
aux noms des signes du Zodiaque, de manière que le premier s'appelait les Cornes; le second, le Ventre du Bélier.

Les anciens Perses avaient aussi divisé le Zodiaque en 28 constellations; la seconde, appelée *Perviz*, fut formée par les Pléiades.
Les Perses prirent plus tard la division en 12 signes : l'Agneau, le
Taureau, les Gémeaux, le Lion, l'Épi, la Balance, le Scorpion, l'Arc,
le Capricorne, le Seau et les Poissons. Ces déterminations sont consignées dans les ouvrages de Zoroastre, et ne peuvent être, par
conséquent, moins anciennes que lui; elles paraissaient devoir remonter au siècle de Diemschid.

Quoique notre savant capitaine de frégate nous ait offert à notre seconde soirée des monnaies astronomiques de la Chine représentant un Zodiaque divisé en 12 signes, j'ajouterai à l'appui
de ce qui précède que les Chinois ont eu également d'abord la division en 28 constellations. Demandez-en des nouvelles à notre vieil
ami M. Biot ?

Cette division en 28 parties est moins connue et moins déterminée, parce que les Grecs ne l'ont point adoptée; mais on la retrouve
dans l'Inde, et elle est encore usitée chez les Arabes.

A ces 28 constellations, les peuples de la haute Asie faisaient
correspondre une série de 28 animaux, parmi lesquels 12 sont usités
dans tout l'Orient pour compter les années. Le cycle en était tracé
avec une grande exactitude dans les zodiaques apportés d'Égypte
Peut-être ce cycle des animaux est-il l'origine du mot Zodiaque.

—Jusqu'à présent, interrompit le capitaine de frégate, l'habitude de
considérer le Zodiaque comme la route du Soleil nous avait toujours
fait associer ces deux idées, et nous étonnerons bien des personnes,
même savantes, lorsque nous leur dirons que c'est *la Lune* qui, *la
première, traça le Zodiaque en 28 sections.*

— Plus tard, reprit l'astronome, on reconnut que le Soleil suit sensiblement la même route céleste, et cette route fut principalement regardée comme celle de l'astre radieux.

— Je ne sais quel air mystérieux ont ces signes, reprit l'historien, mais c'est peut-être à leur aspect cabalistique qu'ils doivent leur grand succès dans l'ornementation architecturale.

— En effet, on les a mis un peu partout, dit le député, comme les décorations.

— Je les ai vus entre autres, continua le commandant, sur le portique de l'église de la ville de Cognac, qui renferme le Zodiaque chaldéen, dont chaque signe porte un des travaux d'Hercule. Je l'ai remarqué aussi sur le portail nord de Notre-Dame de Paris, sur la basilique de Saint-Denis et la cathédrale de Strasbourg.

La façade du palais du Luxembourg porte, en or, la moitié du Zodiaque, mais renversée.

Cette représentation n'est pas rare, et il serait du reste fort long d'énumérer ici tous les monuments sur lesquels le Zodiaque a été sculpté.

On est même, ajouta encore le capitaine de frégate, précisément occupé à construire en ce moment-ci, à Cherbourg, de nouveaux signes du Zodiaque, appelés au plus grand succès, s'ils correspondent à l'argent qu'ils ont coûté.

— Que voulez-vous dire ?

— Oui : le *Bélier*, le *Taureau* vont être lancés à la mer. Ce sont des frégates cuirassées en forme de cigare, qui perceront les navires anglais comme une motte de beurre....

— Cet antique et illustre Zodiaque, reprit l'astronome, a dû être composé avant que toute la sphère fût établie, parce que l'attention s'est tout d'abord portée sur la route apparente des deux astres principaux. Nous avons déjà vu, hier soir, que le pôle de l'écliptique est marqué sur les anciennes cartes avec un nom particulier. Comment cela s'est-il fait? L'étoile la plus voisine du pôle de l'équateur a dû, en tout temps, attirer l'attention ; car on n'a pu s'empêcher de remarquer qu'elle reste seule immobile, quand le ciel entier semble tourner sur elle comme sur un pivot ; et il était naturel de la regarder comme centre de tous les mouvements de la voûte étoilée. Cependant, en traçant les constellations, on a négligé absolument d'indiquer la place de l'étoile polaire, tandis qu'on a indiqué, avec beaucoup de soin, le pôle de l'écliptique par les replis du Dragon : on ne saurait supposer qu'à cette époque où la science astronomique était encore à son berceau, on eût connu l'instabilité de l'étoile polaire; c'est une découverte qui demande l'observation de plusieurs siècles; il faut donc croire, qu'ayant l'intention de distinguer particulièrement la route annuelle du Soleil, on a jugé convenable de désigner le pôle de l'écliptique comme centre de cette route.

Les Pléiades, le Taureau sont, comme nous l'avons vu, parmi les plus anciennes constellations. On remarque qu'au temps d'Hésiode, les Pléiades divisaient l'année rurale en deux parties. Leur coucher le matin marquait le commencement de l'hiver, leur lever le matin marquait le commencement de l'été. On trouve dans les calendriers que le septième jour après l'équinoxe de l'automne, les Pléiades se montraient le matin et le soir. Ce phénomène a dû arriver vers l'an 2200 avant J. C. Selon Pline, il y avait une ancienne astronomie publiée sous le nom d'Hésiode, dans laquelle le coucher visible des Pléiades, au lever du soleil, était marqué le jour même de l'équinoxe d'automne. Cette coïncidence n'a pu avoir lieu que l'an 2278 avant J. C. Ptolémée dans son calendrier latin marque le lever des Pléiades le soir, sept jours avant l'équinoxe d'automne; il fallait que cette constellation précédât l'équinoxe du printemps d'environ 10°. Comme elle a aujourd'hui 56° de longitude, il faut qu'il se soit écoulé 4870 ans, et par conséquent que cette observation ait été faite 3000 ans avant notre ère.

La date probable du Zodiaque des Perses s'accorde avec les précédentes. Anquetil, dans sa traduction du Zend-Avesta, nous donne quelques détails sur les idées des anciens Perses à l'égard des étoiles. Ils les regardent comme une multitude de soldats, expression qui répond à celle de l'armée céleste, dont il est si souvent mention dans l'Écriture. Ils disent (sans doute pour donner l'idée du grand nombre des petites étoiles) qu'il y en a 486 000. Quatre grandes étoiles sont, selon eux, les surveillantes des autres : ces étoiles sont *Taschter*, qui garde l'est; *Sateris*, l'ouest; *Vénand*, le midi; *Hastorang*, le nord.

Or, il y a 5000 ans, les étoiles étant moins avancées de 60°, Aldébaran était précisément dans l'équinoxe du printemps. Antarès ou le Cœur du Scorpion se trouvait aussi précisément dans l'équinoxe d'automne : voilà le gardien de l'ouest. Regulus n'était qu'à 10° du solstice d'été et Fomalhaut à 6° du solstice d'hiver. Ces quatre étoiles de la première grandeur, toutes très-brillantes et très-remarquables, forment une division du Ciel en quatre parties presque égales, qui a trop de rapport avec celle des Perses pour n'y pas reconnaître une identité parfaite, et pour ne pas déterminer à 5000 ans la date de cette division du Zodiaque au moins en quatre parties. En outre, comme il est question dans le même ouvrage de la division du Zodiaque en 12 et en 28 parties, il y a tout lieu de croire qu'elles sont de la même antiquité. Remarquons que les Chinois ont aussi quatre anges, ou esprits, qui président aux quatre quarts de l'année, c'est-à-dire aux quatre quarts du Zodiaque. Taschter est si bien l'étoile Aldébaran, qu'il est chez les Perses le génie qui préside à la pluie. Nous avons vu que chez les Grecs Aldébaran ou les Hyades étaient des astres pluvieux. Les Perses le représentent avec un corps de taureau et des cornes d'or, comme a fait Virgile.

— Messieurs! s'écria la marquise, je demande à faire une observation. Voilà plusieurs fois que vous parlez du déplacement des étoiles de siècle en siècle en vertu de la précession des équinoxes. Mais vous ne nous avez pas expliqué en quoi consiste ce mouvement ?

— Dans notre première soirée, répondit l'astronome, nous avons vu que la Terre tourne sur elle-même et autour du Soleil. A ce mouvement diurne et à ce mouvement annuel, nous devons ajouter une espèce de seconde rotation du globe sur lui-même, rétrograde et excessivement lente, qui ne demande pas moins de 25 870 ans pour s'accomplir. Outre ses mouvements apparents diurne et annuel, le ciel offre donc une translation séculaire d'ouest en est. En un an ce déplacement n'a pour ainsi dire que l'épaisseur d'un cheveu ; en 72 ans il mesure un degré, c'est-à-dire la 360° partie de la circonférence entière. En 6000 ans le ciel entier a tourné d'un quart environ, en 12 935 ans de la moitié, et en 25 870 ans les étoiles se retrouvent au point qu'elles occupaient 25 870 ans auparavant. Nous avons vu d'ailleurs, dès notre première soirée, que le Soleil décrit en un an les signes du Zodiaque. Au bout d'un an juste il n'arrive pas absolument au point où il était un an auparavant, et l'équinoxe du printemps, par exemple, ne coïncide pas avec la même étoile. Le retour du Soleil à la même étoile (année sidérale) surpasse le retour au même équinoxe (année tropique). Chaque année il y a 50 secondes d'arc de moins pour celle-ci. La rétrogradation d'un signe entier du Zodiaque, ou 30°, exige 2156 ans.

Nous avons vu dans notre première soirée (voyez p. 14) que le 21 mars le Soleil se projette actuellement sur la constellation des Poissons. Il est curieux de voir de siècle en siècle l'équinoxe marcher le long des signes. Voici une figure qui montre comment le

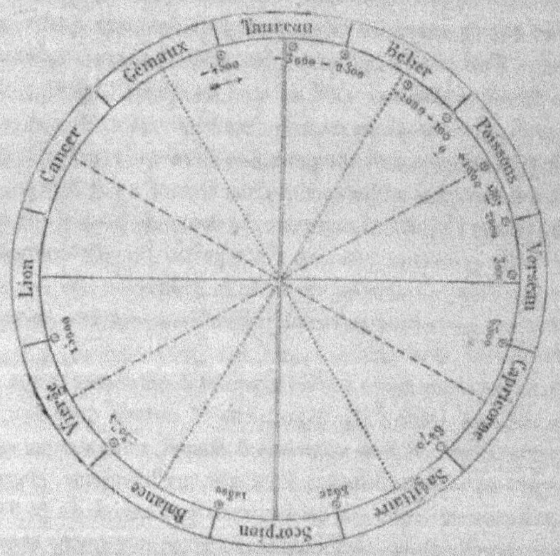

Déplacement séculaire de l'équinoxe de printemps et révolution entière du ciel étoilé en 25 870 ans.

printemps arrive successivement dans chaque constellation pendant la grande révolution de 25 870 ans.

Dans le même temps le pôle se déplace parmi les étoiles; l'étoile polaire est remplacée de siècle en siècle. Dans 12 000 ans nous aurons Véga qui frise maintenant l'horizon. Nous avons déjà vu que × du Dragon était l'étoile polaire 1326 ans avant notre ère, et α 2850 ans. Voici du reste la marche séculaire du pôle. C'est le pendant de la rétrogradation du Zodiaque.

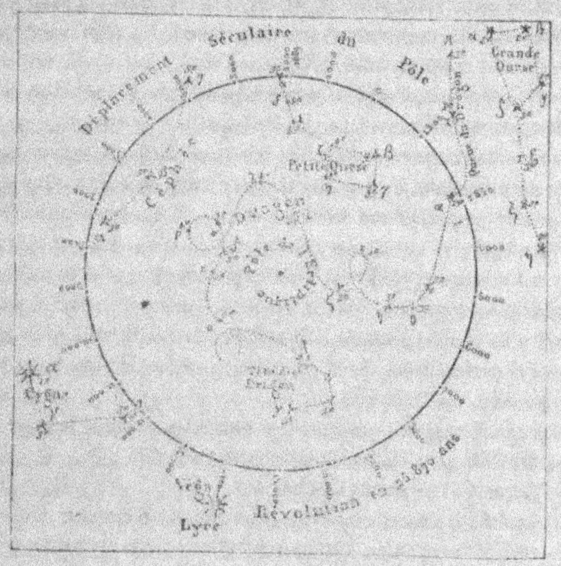


Déplacement séculaire du pôle, étoiles qui ont été et deviendront *polaires* pendant le cours de 25 870 ans.

Ce déplacement séculaire des étoiles en vertu de cette lente rotation du globe (causée par l'attraction du Soleil sur le renflement équatorial de la Terre) présente l'un des éléments fondamentaux de l'*Histoire du Ciel*.

— Nous pouvons maintenant entamer la question de l'antiquité du Zodiaque. Le mouvement du ciel lui-même nous fournira nos dates. Quel fut le premier signe du Zodiaque? ou en d'autres termes, à quelle époque a-t-il été adopté? Du temps d'Hipparque, l'équinoxe du printemps commençait au 1er degré du Bélier, et encore aujourd'hui l'Annuaire du bureau des longitudes, la Connaissance des temps, et tous les almanachs d'Europe annoncent que le Soleil entre le 21 mars dans le Bélier, tandis que la première étoile du Bélier, l'étoile β, est à 1 h. 47 m. de la ligne de l'équinoxe, ou origine des ascensions droites, de sorte que le Soleil n'y arrive plus que le 18 avril. L'équinoxe rétrograde d'un signe en 2156 ans ou de 50″ par an. Hipparque vivait 128 ans avant J. C., c'est-à-dire il y a 1995 ans : mettons 2000. L'équinoxe était donc de son temps de 27° 47′ plus à l'est, c'est-à-dire précisément vers β du Bélier. 2100 ans auparavant, il passait par les Pléiades.

Continuons cette rétrogradation curieuse. 2000 ans encore avant cette dernière date, c'est-à-dire il y a environ 6000 ans, l'équinoxe du printemps passait aux dernières étoiles du Taureau, non loin de la Voie lactée et au-dessus d'Orion. Or, je crois pouvoir affirmer que le Zodiaque existait déjà à cette époque, et que le Taureau fut considéré à cette époque (de l'an —4000 à l'an —2000), par un grand nombre de peuples, comme la première constellation du Zodiaque.

— J'ai comme vous sur ce point des témoignages historiques fort respectables, dit l'historien.

— Et moi, répliqua le pasteur, si vous le permettez, je vous offrirai l'un des plus extraordinaires sans contredit.

— Lequel? fit vivement l'astronome.

— La *Cabale*, ou science secrète primitive des Hébreux.

— Oh! fit le capitaine, n'allez-vous pas trahir le serment?

— Je ne l'ai point prêté, répondit le pasteur.

— Et au surplus, répliqua le député de l'opposition, on a déjà vu certains serments augustement trahis.

— Mais comment connaissez-vous la Cabale si vous n'avez pas prêté le serment? reprit l'astronome.

— En m'initiant moi-même. Eh bien! dans la Cabale, notre génération adamique a commencé au signe du Taureau, auquel correspond (en face) le Scorpion — en hébreu : pique-talon — instrument de perdition.

— Comment établissez-vous cette correspondance? dit avec gravité l'historien, pendant que les rangs se resserraient pour écouter plus attentivement.

— Par l'ordre même des signes du Zodiaque, répondit le pasteur. Ainsi, en nous reportant au cercle des signes du Zodiaque tracé tout à l'heure par notre astronome, nous voyons que le *Taureau* occupé par le Soleil il y a 6000 ans, a en face de lui, à l'opposé, le *Scorpion*. Cette première ligne est le symbolisme d'Adam dans le paradis. Le mot Taureau veut dire à la fois I, ou Aleph, et Dieu. Étymologiquement, c'est l'ère primitive de Dieu, qui a été détruite par le tentateur.

La doctrine secrète des anciens Hébreux place toujours le Taureau au commencement. Je vois par exemple sur leur Zodiaque, d'abord l'œil du Taureau (Aldébaran) dirigé vers Jéhovah. L'addition de ces deux mots : שור יחוה (de Jéhovah le Taureau) donne le nombre 532, grand nombre astronomique. Vous savez que les lettres de l'alphabet hébraïque ont une valeur numérique, dont l'interprétation cache souvent le vrai sens des phrases.

Après le Taureau on voit dans le même Zodiaque la porte à deux battants )( qui signifie les Gémeaux, et ainsi de suite.

Mais suivons la marche séculaire du Zodiaque en vertu de la précession des équinoxes.

D'après la même science antique, au Taureau a succédé le Bélier, *agneau pascal*, auquel correspond, en face, la *Balance*, établissement de la justice.

Depuis le commencement de notre ère, nous sommes dans l'âge des Poissons : or le mot Poisson en grec est ΙΧΘΥΣ, dont vous connaissez les significations initiales : Ιησους Χριστος Θεου Υιος Σωτηρ, Jésus-Christ Fils de Dieu Sauveur, auquel correspond la *Vierge*.

— Oh! ceci est bien remarquable, s'écria la femme du capitaine.

— Mais, dit la marquise, à propos de Poissons, je vous dirai que le petit plateau de vermeil sur lequel sont portées les burettes à ma chapelle porte en relief deux poissons rattachés par un ruban.

— Les Poissons du Zodiaque! répondit l'historien, qui sont aussi ceux du symbolisme théologique et sont sculptés sur les anciennes pierres des catacombes.

— Voilà des âges passés qui nous intéressent, dit le député, mais pour les âges à venir?

— Nous sortirons des Poissons l'an 2000, reprit le pasteur, pour entrer dans le Verseau, auquel correspond le Lion (de la tribu de Juda); c'est un âge de force calme et de perfection.

— Et après?

— Après, nous entrerons dans le Capricorne, mauvais signe entre tous! auquel correspond le Cancer plus terrible encore. Hélas! d'après la Cabale, ce serait la fin de notre monde, de notre humanité, notre race ne pouvant traverser de pareils signes.

— Dans combien de temps? demanda l'une des jeunes filles.

— Pas avant deux mille cinq cents ans....

— Oh! fit-elle, nous avons encore le temps de respirer.

— Tout cela n'empêche pas, ajouta l'historien, que cette correspondance cabalistique ne soit vraiment fort curieuse et bien extraordinaire puisque très-certainement le Ciel ne se mêle pas des affaires de la Terre, et que l'orbite apparente du Soleil dans les signes du Zodiaque comme les rétrogradations des points équinoxiaux est le résultat tout à fait fortuit des mouvements de la Terre.

— Nous ne savons pas, répliqua le pasteur, si des lois suprêmes ne relient pas les événements du monde spirituel aux mouvements du monde matériel!

— Quant à moi, ajouta l'astronome, ce que je conclus simplement de cet exposé du système astrologique de la Cabale, c'est qu'elle s'accorde avec mes recherches astronomiques pour placer le signe du Taureau sur la première ligne.

— J'y adjoindrai un nouveau témoignage, issu de la Perse, dit l'historien.

La première division du Zodiaque, exécutée lorsque l'équinoxe répondait au dernier degré du Taureau ou au premier des Gémeaux, me paraît hors de doute, ainsi que l'époque qui en résulte. Les Persans désignent successivement les signes du Zodiaque par les lettres de l'alphabet. La première, c'est-à-dire la lettre A, désigne le signe du Taureau, la lettre B, le signe des Gémeaux, etc.

Le Taureau était donc alors le premier des signes. On trouve encore quelque chose d'analogue à la Chine. Le P. Gaubil a constaté que les Chinois ont, dès l'antiquité, rapporté le commencement du mouvement apparent du Soleil *aux étoiles du Taureau.*

Les Chinois divisaient le Zodiaque ou, pour mieux dire, l'équateur en 28 sections ayant chacune une étoile à leur tête.

La division qui contient l'équinoxe du printemps en 2357 avant notre ère, c'est-à-dire il y a 4224 ans, est l'étoile η des Pléiades, de troisième grandeur, qui a maintenant 54 degrés d'ascension droite.

— Ces Chinois m'intéressent, continua l'historien. Quel peuple ancien! C'est vers le trentième siècle avant notre ère qu'une colonie d'étrangers venant du nord-est arriva en Chine, alors sans histoire et peuplée d'indigènes chasseurs. Jusqu'au vingt-deuxième siècle, où un calendrier luni-solaire était déjà officiellement établi, la Chine resta une sorte de république. A cette époque le président *Yao* organisa les rites astronomiques qui durent encore. Ensuite régna la famille des *Hia*, et l'agriculture fut organisée dans tout l'empire comme devant contituer sa force virtuelle. Cinq siècles après, cette famille fut détrônée par celle des *Chang*, à laquelle succéda, au douzième avant notre ère, celle des *Tchœu*, dont le chef était l'empereur *Wou-wang*, qui éleva le fameux observatoire de « la Tour des Esprits. » A cette époque, c'est-à-dire 1100 ans avant notre ère, on observa que le solstice d'hiver arrivait près de ε Verseau, ce qui correspond pour l'équinoxe du printemps à l'étoile ε du Bélier.

— Si, d'une part, on a observé en Chine l'équinoxe aux Pléiades il y a 4224 ans, reprit l'astronome, nous avons aussi chez les Grecs et les Latins des vestiges qui prouvent que le lever des Pléiades le matin, avant le lever du soleil, annonçait le retour du printemps. D'abord leur nom latin *vergiliæ*, qui certainement fait allusion au printemps. D'ailleurs Censorin nous apprend qu'il y avait des peuples qui commençaient leur année au lever des Pléiades, comme les Égyptiens au lever de la Canicule.

— On trouve aussi cette tradition dans le livre de Job, dit le pasteur. Goguet établit avec vraisemblance que dans ce livre le mot Rimah signifie les Pléiades. Dieu dit à Job : « Pourrez-vous lier les délices ou les voluptés de Rimah, et ouvrir les liens de Refil? Êtes-vous capable de faire paraître les Mazaroths chacun dans leur temps? » Refil est le Scorpion, Rimah est une constellation opposée : Rimah annonçait le renouvellement de la nature, et Refil son engourdissement. La racine du mot Mazaroth signifie *ceindre, environner*. Aucune

dénomination, dit Goguet, ne convient mieux aux signes du Zodiaque. C'est même le nom par lequel on a désigné originairement
ce cercle de la sphère. Ce passage prouve donc que les Pléiades et
les signes du Zodiaque étaient connus du temps de Job; il signifie :
« Pourrez-vous, lorsque Rimah paraît, lier, arrêter la fécondité de la
Terre, empêcher qu'elle ne produise alors des fleurs et des fruits? »
Du temps de Job, Rimah ou les Pléiades annonçaient donc le retour
du printemps, il fallait par conséquent qu'elles précédassent l'équinoxe de quelques degrés.

— Dans l'ancienne langue des Perses, répliqua le professeur, les
Pléiades étaient appelées *Perviz*, qui signifie poisson. La forme longue de cette constellation peut avoir en effet quelque ressemblance
avec la figure d'un poisson. Or, les Indiens dans leur Zodiaque très-
ancien n'ont qu'un poisson au lieu des deux que nous y plaçons;
ne pourrait-on pas croire que les Pléiades répondaient à ce signe
lorsqu'il reçut son nom?

— Je crois, mes chers amis, répondit l'astronome, que dès à présent nous pouvons conclure que les signes du Zodiaque étaient établis dans le temps où les Pléiades annonçaient le retour du printemps, ce qui leur donne une antiquité de 5000 ans.

— Mais je ne vous ai pas tout dit sur les Juifs, reprit le pasteur.
Leur vieille science nous témoigne aussi bien qu'aucune autre de la
théologie astronomique primitive.

Le livre des *Rois*, dans la Bible, met l'adoration des douze signes
sur la même ligne que celle du Soleil et de la Lune.

C'était, en effet, une croyance reçue dans tout l'Orient, que la doctrine des Sabéens et des Mages (à laquelle le zodiaque se rattache
évidemment) remontait aux premiers patriarches.

Ou nous nous abusons beaucoup, dit Creuzer, ou il ne sera pas
très-difficile de démontrer que la plupart des théogonies et leur intime connexion avec le calendrier religieux supposent sinon le zodiaque, tel que nous le connaissons, du moins quelque chose de
très-analogue, et qu'il *préexistait* en quelque sorte au sein de toutes
les mythologies, sous des formes diverses, lorsqu'un concours de
circonstances vint le coordonner dans cet ensemble astronomique
plus complet et plus déterminé que nous possédons.

Le marquis de Mirville n'hésite pas à reconnaître l'*Homme* ou le *Verseau* de la sphère dans Ruben, qui, dans la prophétie de Jacob, « se précipite comme de l'eau; » les *Gémeaux* dans « l'association fraternelle de Siméon et de Lévi; » le *Lion* dans « Juda, qui se repose comme le lion; » les *Poissons* dans « Zabulon, qui habitera les mers et les rivières; » le *Taureau* dans « Issacar, qui se tient dans ses étables; » le *Scorpion* chez « Dan, qui sera comme le serpent : *mordens;* » le *Capricorne* dans « Nephtali le Cerf; » le *Cancer* dans « Benjamin, qui change du soir au matin; » les *Balances* dans « Aser le boulanger; » le *Sagittaire* dans « Joseph, dont l'arc est resté dans sa force; » et la *Vierge* dans Dina, fille unique de Jacob.

— Oh! fit le député, vous me permettrez de mettre en doute cette fantasmagorie?

— Je sais, reprit le pasteur, tout ce qu'il pourrait y avoir d'arbitraire dans des interprétations aussi faciles, si elles n'étaient pas *commandées*, pour ainsi dire, par la division subséquente des douze tribus d'Israël, dont les drapeaux étaient ornés de ces figures. Nous voyons en outre dans le temple de Jérusalem notre monde sublunaire séparé d'abord en quatre parties, puis entouré par les *douze signes du zodiaque*, comme dans les camps d'Israël la tribu sacerdotale, séparée en quatre phalanges, marchait toujours entourée par les douze autres; les quatre premiers chefs portaient sur leurs étendards sacrés, Juda un lion, Ruben un homme ou verseau, Éphraïm un bœuf, Dan un Scorpion; — chacun des signes se trouvait appliqué à chacune des tribus.

— Au surplus, remarqua le professeur, c'est en vain que Moïse essaya d'effacer de sa religion tout ce qui rappelait le culte des astres; une foule de traits restèrent malgré lui pour le retracer; et les sept lumières ou planètes du grand chandelier, les douze pierres du grand prêtre, la fête des deux équinoxes, qui, à cette époque, formaient chacun une année, la cérémonie de l'agneau ou bélier céleste alors à son quinzième degré; enfin le nom d'Osiris même conservé dans son cantique, et l'arche ou coffre imité du tombeau où ce dieu fut enfermé, restent pour servir de témoins à la filiation de ces idées et à leur extraction de la source commune.

—Prenons notre bien où nous le trouvons, fit l'historien en regardant l'astronome; et puisqu'il est chez des Juifs, volons-leur en passant (ils en ont pris bien d'autres!). Je rappellerai, du reste, que Zoroastre cinq siècles après Moïse, au temps de David, rajeunit et moralisa chez les Mèdes et les Bactriens tout le système égyptien d'Osiris et de Typhon, sous les noms d'Ormuz et d'Ahrimane, qu'il appela vertu et bien le règne de l'été, péché et mal le règne de l'hiver, création du monde le renouvellement de la nature au printemps, résurrection celui des sphères dans les périodes séculaires des conjonctions, et enfin vie future, enfer, paradis, ce qui n'était que le Tartare et l'Élysée des astrologues et des géographes.

— Je reviens à notre principale question de la date de l'établissement du zodiaque, reprit l'astronome, Eudoxe rapporte que les solstices et les équinoxes étaient fixés au quinzième signe, c'est-à-dire au milieu du Bélier, de l'Écrevisse, de la Balance et du Capricorne. Cette détermination est antérieure à son temps et remonte au siècle de Chiron, vers 1353 ans avant Jésus-Christ. Mais il n'est nullement vraisemblable que ceux qui ont établi cette division ne l'aient pas fait commencer aux points des équinoxes et des solstices qui en sont l'origine naturelle. Ces quatre points ont fait certainement la première division du zodiaque à l'égard du Soleil. Celle des douze signes ne sont que les quatre premières divisées chacune en trois. « Il est évident, dit Bailly, que chacun des équinoxes et des solstices a dû se trouver au commencement d'une constellation et non au milieu. Ainsi cette division doit être antérieure au temps où les équinoxes et les solstices se sont trouvés au milieu des constellations, au moins de 1080 ans, temps que ces points ont employé pour rétrograder de quinze degrés. On pourrait donc croire, par conséquent, que l'équinoxe du printemps concourait alors avec le premier degré de la constellation du Taureau, et cela vers 2400 avant Jésus-Christ. Mais si d'un côté une foule de témoignages et quelques observations prouvent que 3000 ans avant Jésus-Christ les constellations des Pléiades et du Taureau étaient observées, les signes du zodiaque connus, et que de l'autre des traditions donnent lieu de penser que le Soleil dans le Taureau commençait l'année, il en faudra conclure nécessairement que l'équinoxe avait été placée plus avant dans l'écliptique, et cela de l'espace d'un signe entier, en sorte qu'il répondait primitivement au premier degré des Gémeaux ou du moins était placé dans les dernières étoiles remarquables du Taureau, telles que celles qui sont aux extrémités des cornes. » Cette supposition est appuyée par un vers de Virgile qui semble le dire expressément :

Candidus auratis aperit cum cornibus annum Taurus.

L'équinoxe n'a pu répondre au dernier degré du Taureau que vers 4500 ans avant Jésus-Christ, c'est-à-dire il y a 6370 ans environ.

— Mais c'est remonter bien haut! interrompit la marquise.

— Je suis au contraire bien modeste, répondit l'astronome, et je serais presque autorisé à l'être moins. Laplace n'hésite pas, lui, à donner au zodiaque une antiquité près de quatre fois plus grande. « Les noms des constellations du zodiaque ne leur ont point été donnés au hasard, dit-il, ils ont exprimé des rapports qui ont été l'objet d'un grand nombre de recherches et de systèmes. Quelques-uns de ces noms paraissent être relatifs au mouvement du Soleil : l'*Écrevisse*, par exemple, et le *Capricorne* indiquent la rétrogradation de cet astre aux solstices; et la *Balance* désigne l'égalité des jours et des nuits à l'équinoxe : les autres noms semblent se rapporter à l'agriculture et au climat du peuple chez lequel le zodiaque a pris naissance. Le *Capricorne* paraît mieux placé au point le plus élevé de la course du Soleil qu'à son point le plus bas. Dans cette position, qui remonte à quinze mille ans, la Balance était à l'équinoxe du printemps; et les constellations du zodiaque avaient des rapports frappants avec le climat de l'Égypte et son agriculture. »

Dupuis, dans son mémoire sur l'origine des constellations, a rassemblé un grand nombre de motifs très-plausibles de croire que jadis la Balance était à l'équinoxe du printemps, et le Bélier à celui d'automne; c'est-à-dire, que depuis l'origine du système astronomique actuel la précession des équinoxes aurait interverti de sept signes l'ordre primitif du zodiaque. Il en résulterait que le premier degré de la Balance devrait être fixé à l'équinoxe du printemps il y a environ 15 000 ans. L'équinoxe du printemps coïncida avec le premier degré du Bélier, 2300 ans avant Jésus-Christ, et avec le dernier du Taureau, 4500 ans avant Jésus-Christ. Or, il est remarquable

que le culte du Taureau joue le rôle principal dans la théologie des
Égyptiens, des Perses, des Japonais, etc.; ce qui indique à cette époque un mouvement commun chez ces divers peuples.

— Pourquoi n'admettez-vous pas ces 15 000 ans? fit le député.

— Je suis bien loin de les nier, répondit l'astronome, mais ils ne me
semblent pas suffisamment démontrés, puisqu'on peut parfaitement
supposer que les mois n'ont pas correspondu au passage du Soleil
par les signes, mais bien plutôt au passage de ces signes même au
méridien, *à minuit*; ce qui réduit immédiatement les dates de
moilié.

— Mais, à propos, ne nous parlez-vous point du fameux zodiaque
de Dendérah? reprit le député.

— Votre interruption n'est pas précisément indiscrète, répliqua
l'historien; mais à vrai dire, si nous voulions entamer la question
si controversée de son antiquité, nous n'en sortirions pas ce soir.

— Eh bien! ajouta le capitaine, j'aime assez les indiscrétions de
notre Breton. M. l'astronome ne nous refusera pas de dire ce qu'il
pense de ce zodiaque.

— D'autant plus, fit la marquise, que cette carte jaunie que vous
voyez là attachée au plafond est précisément une reproduction du
plafond de Dendérah, transporté d'Égypte à Paris.

— On peut résumer en quelques mots toutes les études faites sur ce
zodiaque, répondit l'astronome. Examinez cette figure assez compliquée. Au-dessus du centre, nous remarquons d'abord le *Lion*, les
pattes sur une espèce de barque formée par une Hydre. Au-dessous
du Lion, voilà la vache Isis portant Sirius sur le front. Maintenant,
en prenant le Lion pour premier signe, et en allant vers la gauche,
nous voyons derrière lui la Vierge tenant un large épi, puis la Balance, le Scorpion, etc., et, en contournant le centre, nous revenons
au Lion par le Taureau, les Gémeaux et le *Cancer*, situé au-dessus
de la tête du Lion. Comme le commencement du zodiaque égyptien
est placé au lever héliaque de Sirius, il faut voir à quelle époque
le solstice d'été était entre le Cancer et le Lion. C'est à peu près huit
siècles avant notre ère. D'après les discussions exposées par Fran-
cœur dans son *Uranographie*, c'est la date la plus probable de la
sculpture du plafond du temple de Dendérah.

— Mais n'a-t-on pas objecté que ce temple a pu être construit sous la domination romaine, par la raison qu'on y a trouvé sculpté le mot *autocrator*, qui ne peut se rapporter qu'à Néron, et même les surnoms d'Auguste, Tibère, Claude et Domitien?

— Objection réfutée d'avance, répondit l'astronome. N'arrive-t-il pas tous les jours qu'on inscrit des noms nouveaux sur de vieux édifices? Voyez le Louvre de Napoléon III. Le coq ne s'est-il pas métamorphosé en aigle? N'avez-vous pas vu les Abeilles sucer les Lis?...

Le zodiaque de Dendérah.

Et puis, Strabon parle de ce monument; et d'autre part, l'écriture hiéroglyphique n'était plus en usage du temps des Romains, qui d'ailleurs se seraient vantés d'avoir édifié un pareil temple.

Esné, dans la haute Égypte, antérieure à Dendérah, avait aussi son zodiaque, qui date de trente siècles avant notre ère.

Un tableau astronomique découvert par Champollion dans le Rhamesseum de Thèbes, remonte à 3285 ans avant notre ère (Biot). L'équinoxe de printemps passait alors dans les Hyades, sur le front du Taureau, et l'écliptique se trouvait perpendiculaire à l'horizon de Thèbes au moment où l'équinoxe du printemps se couchait.

Le même tableau a été trouvé dans le tombeau de Menephta Ier et dans le temple d'Hermonthis.

— Nous revenons ainsi à la curieuse question posée tout à l'heure, dit l'historien, à celle de l'antiquité du zodiaque.

— Oui, reprit l'astronome. Eh bien! nul ne peut douter maintenant que le Taureau n'ait été le premier signe. Je pourrais encore ajouter d'autres témoignages. Jomard a montré que le plafond d'une chambre sépulcrale de Thèbes indique le Taureau en tête et date d'un culte de 3000 ans avant notre ère. Le zodiaque de la pagode d'Elephanta (Salsette) a plus de 5000 ans; il date du Taureau et du culte de Mithra. Les signes de ce zodiaque commencent au Taureau et sont : *Cartica* (Taureau), Margasircha (Gémeaux), et ainsi de suite : Paucha, Magha, Phalgouna, Tchaïtra, Vissack, Djyaïchta, Achara, Sravana, Bhadra et Asouina.

Les signes par lesquels nous représentons encore aujourd'hui les figures du zodiaque sont des hiéroglyphes qui ont été traduits par les Grecs sous les noms que nous connaissons.

Le symbole de la constellation des Gémeaux ♊ paraît n'être que l'imitation de la figure des huit étoiles des genoux et des pieds, réunies par deux lignes parallèles et par deux autres lignes perpendiculaires aux deux premières. Cet hiéroglyphe a pu être traduit en grec par le nom de Gémeaux. Or, Plutarque nous apprend qu'à Sparte on honorait les Gémeaux sous cette même figure. « Les Spartiates, dit-il, appelaient *Dokana*, c'est-à-dire *Poutres*, les anciens simulacres des Dioscures : c'étaient deux pièces de bois parallèles, jointes par deux autres mises en travers. » Au Japon et à la Chine, la constellation ♓ *Tsing*, une des vingt-huit, qui a le sens de *poutres en croix*, répond à ces huit étoiles et dessine exactement ♊ notre signe vulgaire. Enfin, on voit ces huit mêmes étoiles ⁚⁚⁚ audessus des Gémeaux, dans les zodiaques rapportés d'Égypte, mais elles n'y sont jointes par aucune ligne.

Les symboles qui désignent le Bélier, le Taureau, la Balance, le Sagittaire, le Verseau et les Poissons, ont une telle analogie avec les constellations et les noms qu'on leur a donnés, qu'il n'est nullement étonnant que ces constellations aient aussi partout à peu près les mêmes signes. ♈ vient des cornes du Bélier; ♉ est une tête de Taureau avec les cornes, etc.

Nous avons déjà vu ces signes dans notre Première Soirée.

— Je pourrais citer aussi, dit l'historien, différents exemples d'hiéroglyphes. Ainsi, ces curieux Égyptiens désignaient l'éternité par les figures du Soleil et de la Lune. Ils figuraient le monde par un serpent bleu à écailles jaunes : les étoiles (c'est le Dragon chinois). Pour exprimer l'année, ils représentaient Isis, qui, dans leur langue, se nommait aussi Sothis, ou la Canicule, première des constellations, par le lever de laquelle l'année commençait; son inscription à Saïs était : C'est moi qui me lève dans la constellation du Chien.

— En vertu de la précession des équinoxes, dit l'astronome, le Grand-Chien, ou la Canicule, qui dominait sur le mois d'août, n'arrive plus maintenant sur l'horizon qu'au mois d'octobre. Les jours caniculaires de l'almanach sont donc un anachronisme!...

— J'ai également vu dans mes hiéroglyphes, reprit l'historien, que les Égyptiens peignaient l'inondation par un lion, parce qu'elle arrive sous ce signe; et de là, dit Plutarque, l'usage des figures du lion vomissant de l'eau à la porte des temples. L'épervier était l'emblème du Soleil et de la lumière, à raison de son vol rapide et élevé dans les hauteurs de l'atmosphère.

La langue égyptienne est perdue pour nous; mais on en retrouve des traces dans l'arabe, l'hébreu et le cophte. C'est en comparant ces trois langues que l'on a pu s'assurer que les noms des douze mois de l'année étaient les mêmes que ceux des douze constellations zodiacales; noms qui nous ont été transmis, d'une manière authentique, par les auteurs grecs.

Les noms des signes du zodiaque peignent donc les mois, les animaux des constellations, et l'action propre à chacun. Ainsi, du mot *Thour*, qui signifiait le mois et l'animal Taureau, dérivait le verbe *tthar*, qui voulait dire *labourer*; *Faosi*, le Bélier, a donné le verbe *Fasa*, appeler les troupeaux au pâturage; *Farmouthi*, la Balance, dérivait du mot *Amat*, *mesurer*, et ainsi des autres.

— Le zodiaque a certainement passé par la Chaldée et par l'Égypte avant d'arriver en Grèce, reprit l'astronome.

Lalande et d'autres astronomes sont d'avis que les douze signes ont été ensuite les symboles des douze grands dieux de l'Égypte. Le Bélier était consacré à Jupiter Ammon, et il était représenté avec une tête de bélier; le Taureau figurait le dieu Apis, honoré en Égypte sous la forme d'un bœuf; les Gémeaux répondaient à Horus et Harpocrate, tous deux fils d'Osiris; l'Écrevisse était consacrée à Anubis ou Mercure; le Lion appartenait au Soleil d'été, à Osiris; la Vierge était consacrée à Isis; la Balance et le Scorpion étaient compris tous deux, comme on l'a vu, sous le nom de Scorpion. Cet animal, chez les Égyptiens, appartenait à Typhon, comme tous les animaux dangereux; le Sagittaire était l'image d'Hercule, pour qui l'Égypte avait la plus grande vénération; le Capricorne était consacré à Pan ou à Mendès, divinité des Égyptiens, dont le symbole était un bouc; le Verseau, c'est-à-dire l'image d'un homme qui porte une cruche, se trouve sur divers monuments égyptiens.

Le goût des Orientaux, et surtout des Égyptiens, pour les figures symboliques, a porté différents auteurs à croire avec Pluche que le bélier qu'on honorait dans la Thébaïde et dans la Libye, les taureaux qu'on honorait à Memphis et à Héliopolis, les chevreaux qu'on honorait à Mendès, le lion, les poissons et d'autres animaux qu'on honorait en différents cantons, étaient dans leur origine des symboles fort simples : les signes du zodiaque. Selon cette théorie, on caractérisait la néoménie d'un certain mois ou d'un autre, en accompagnant l'Isis qui annonçait cette fête, de la vue de l'animal céleste où le Soleil entrait; et au lieu d'une simple peinture, on faisait paraître dans la fête l'animal même. Le chien étant le symbole de la Canicule qui ouvrait autrefois l'année, on faisait paraître un chien vivant à la tête de tout le cérémonial de la première néoménie. C'est Diodore qui nous le rapporte comme témoin oculaire. On s'accoutuma à appeler ces néoménies, la fête du Bélier, la fête du Taureau, du Chien, du Lion. La néoménie du Bélier serait devenue la plus solennelle dans les lieux où l'on faisait un grand commerce de brebis. La néoménie du Taureau aurait été la plus agréable de toutes dans les gras pâturages de Memphis et de la basse Égypte. La fête de l'entrée du Soleil dans les Chevreaux aurait été brillante à Mendès, où l'on nourrissait plus de chèvres qu'ailleurs. Chaque ville aurait célébré de la sorte la néoménie d'un signe ou d'un autre, selon l'intérêt ou le goût qu'elle y pouvait prendre. Dans l'usage où l'on était de décorer le cérémonial de figures singulières, les peuples couronnaient de fleurs et conduisaient processionnellement l'animal symbolique dont la fête portait le nom.

Cette conjecture reçoit plus de vraisemblance encore par le calendrier de l'Égypte. La moisson se fait en mai dans la basse Égypte, en avril au-dessus du Caire, et en mars, ou même plus tôt, dans la haute Égypte. La moisson étant l'objet principal des espérances du peuple, on se rend compte de la grande solennité de l'entrée du Soleil au Bélier dans les environs de Thèbes. La même raison aurait fait célébrer à Memphis le passage du Soleil dans le Taureau ; et à Mendès le passage du Soleil sous les Chevreaux. Hors de l'Égypte, la moisson étant achevée vers le passage du Soleil dans le Lion, la figure de ce signe a pu facilement être unie avec l'Isis qui annonçait la grande fête où l'on remerciait Dieu de la récolte du blé.

— Je remarque sur ce sujet, dit le capitaine, un ancien témoignage qui n'est pas à dédaigner. « C'est de la division du Zodiaque, dit Lucien, que prit naissance cette foule de divinités animales adorées en Égypte ; les uns employaient une constellation et les autres une autre. Ceux qui jadis consultaient le *Bélier* adorent un bélier ; ceux qui tiraient leurs présages des *Poissons* ne mangent pas de poisson ; on ne tue pas le bouc chez ceux qui observaient le *Capricorne*, et ainsi de suite, selon l'astre dont on respectait le pouvoir. S'ils adorent un taureau, c'est certainement pour honorer le *Taureau* céleste ; cet Apis, qui est pour eux un objet sacré qui paît en liberté dans leur pays et pour lequel ils ont fondé un oracle, est le symbole astrologique du Taureau qui brille au ciel. »

— Quel rôle immense l'astronomie n'a-t-elle pas joué dans ces anciens temps ! s'écria le professeur.

— Je croirais assez que c'est en Égypte que ces habitudes astronomiques ont été le plus en usage, dit le député. Je me souviens qu'à la fin de l'année 1823 Cailliaud, au retour d'un voyage en cette antique contrée, procéda en compagnie de quelques savants à l'exhumation d'une momie singulière.

Au fond de la caisse était peint un zodiaque analogue à celui de Dendérah.

Sous le couvercle, le long du corps d'une grande déesse on remarquait de plus onze signes du Zodiaque, duquel était extrait le Capricorne.

Les premiers savants qui examinèrent cette momie lui attribuèrent d'abord une haute antiquité.

Mais d'après la lecture d'une inscription, M. Letronne montra que ladite momie était un jeune homme mort à vingt-un ans quatre mois et vingt-deux jours, la dix-neuvième année de Trajan, le 8 du mois de pazni, qui correspond au 2 juin de l'an 116.

L'embaumé était par conséquent né le 12 janvier 95, mois pendant lequel le Soleil occupait le Capricorne.

Ainsi le Zodiaque de la momie était un thème astrologique relatif à la vie du personnage embaumé.

— C'est le dernier vestige d'un usage antique, répliqua l'astronome. Gardons-en le souvenir, comme témoignage des longs siècles pendant lesquels les mœurs restèrent régies par l'astronomie, l'institutrice première des hommes et des peuples.

J'en reviens aux noms des signes du Zodiaque. Nous avons vu que c'étaient d'abord des noms d'animaux, d'où la zone a tiré son titre de Zodiaque (Ζώδιον, petit animal). On peut conclure de cette étymologie que les signes qui sont désignés aujourd'hui par des figures d'hommes, ou d'une autre espèce, sont des changements ou des inventions postérieures. Les douze signes ont dû être tous marqués par des animaux. Ce sont sans doute les mêmes qui désignent encore dans l'Asie les années de la période de douze ans; période qui est dans toute cette partie du monde de la plus haute antiquité.

Il est possible que l'on n'y ait placé des hommes que lorsque l'astrologie a prétendu lire leur destinée écrite dans le ciel. Il parut naturel de représenter l'homme dans la plupart des régions célestes qui avaient tant d'empire sur lui. D'ailleurs, l'astrologie voulut désigner par les attributs, par l'attitude des hommes qu'elle y dessinait, les influences que telle ou telle constellation pouvait répandre,

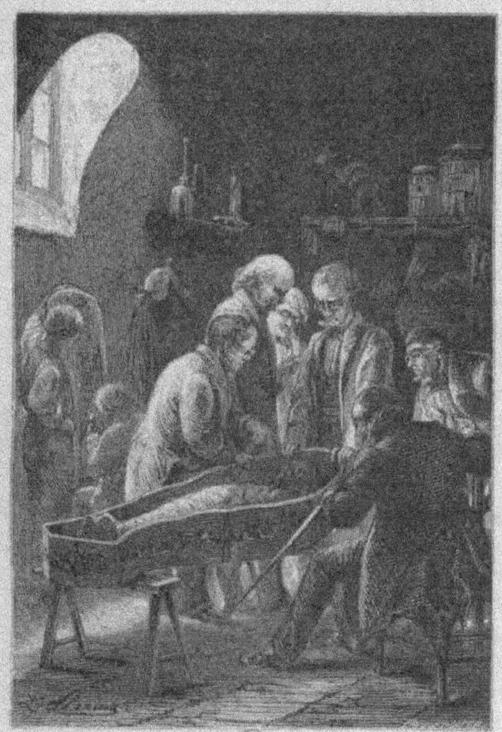

## IX

LA MOMIE ET LE ZODIAQUE.
(P. 160.)

et les inclinations qu'elle devait inspirer aux individus naissants.
Ces figures d'hommes furent d'abord sans nom ; c'est dans des temps
plus modernes que la vanité des Grecs a songé à faire dans le Ciel
l'apothéose de ses héros, et à consacrer dans ce livre éternel leurs
noms à la postérité.

Je suis assez porté à croire, continua l'astronome, que les noms
donnés aux constellations zodiacales l'ont d'abord été à l'étoile principale de chaque constellation. Ainsi, ce fut Régulus qui pendant
longtemps désigna le Lion, Antarès le Scorpion, l'Épi la Vierge,
Aldébaran le Taureau, Castor et Pollux les Gémeaux,... et les noms
donnés à ces étoiles ont eu pour cause sans doute la coïncidence de
leur lever avec les travaux de la campagne, les phénomènes de l'é-
poque, les fêtes, etc., ou encore la situation des étoiles mêmes, comme
cela a dû arriver pour les Gémeaux.

Eudemus, de Rhodes, un des élèves les plus distingués d'Aristote
et auteur d'une histoire de l'Astronomie, attribue l'introduction de
la zone zodiacale à Œnopide de Chio, contemporain d'Anaxagore.
L'idée de rapporter les lieux des planètes et des étoiles à l'orbite
solaire, la division de l'écliptique en 12 parties égales, appartient à
l'antiquité chaldéenne, d'où elle parvint directement aux Grecs. La
date de cette transmission ne remonte même pas au delà du commencement du cinquième ou du sixième siècle avant notre ère. Les
Grecs s'étaient bornés à subdiviser dans leur sphère primitive les
constellations qui se rapprochaient le plus de l'écliptique et qui pouvaient servir de constellations zodiacales. La preuve en est simple :
si les Grecs avaient pris à un peuple étranger un Zodiaque complet
au lieu de borner leurs emprunts à l'idée de partager l'écliptique
en douze parties, on ne retrouverait point chez eux onze constellations seulement dans le Zodiaque, une d'entre elles, le Scorpion,
ayant été partagée en deux pour compléter le nombre nécessaire.
Leurs divisions zodiacales auraient été plus régulières ; elles n'auraient point embrassé des espaces de 36 à 48 degrés, comme le Taureau, le Lion, les Poissons et la Vierge, tandis que le Cancer, le Bélier
et le Capricorne en comprennent de 19 à 23 seulement. Leurs constellations n'auraient point été disposées irrégulièrement, au nord et
au sud de l'écliptique, tantôt occupant sur ce cercle de grands inter-

valles, tantôt resserrées, au contraire, et empiétant l'une sur l'autre comme le Taureau et le Bélier, le Verseau et le Capricorne. Preuves évidentes que les Grecs avaient fait les signes du Zodiaque avec leurs anciennes constellations. Telle est l'opinion de Humboldt.

D'après Letronne, le signe de la Balance n'a été introduit que du temps d'Hipparque, et peut-être par Hipparque lui-même.

— Mais, dit le professeur, Virgile lui-même ne s'est-il pas chargé de nous l'apprendre en parlant ainsi à César dans son apothéose :

« Tu es le protecteur des villes, dit le poëte; ton front est ceint du myrte consacré à la déesse dont tu descends; tu augmentes le nombre des astres de l'été, et tu te places entre la Vierge et le Scorpion, qui se resserre déjà pour te recevoir.... »

Entre la Vierge et le Scorpion! La Balance n'y était donc pas encore.

Si l'on en croit Pline le naturaliste, ajouta le même, le Bélier et le Sagittaire auraient été introduits dans le Zodiaque, au sixième siècle seulement, par Cléostrate de Ténédos. Mais je n'ajoute pas foi à cette assertion de Pline.

— Ni moi, répliqua l'astronome, car le Zodiaque est certainement plus ancien que tous les Grecs. Ceux-ci n'ont fait que le prendre petit à petit aux Orientaux.

En nous faisant apercevoir les raisons naturelles qui ont fait donner aux constellations de l'Écrevisse et du Capricorne les noms qu'elles portent, Macrobe nous a dévoilé, sans y penser, les vraies raisons qui ont réglé le choix des noms qu'on a donnés aux autres.

« Voici, dit-il, les motifs qui ont fait donner aux deux signes que nous appelons les portes ou les barrières de la course du soleil, les noms d'Écrevisse et de Chèvre sauvage. L'écrevisse est un animal qui marche à reculons et obliquement : de même le Soleil parvenu dans ce signe commence à rétrograder, et à descendre obliquement. Quant à la chèvre, sa méthode de paître est de monter toujours et de gagner les hauteurs tout en broutant. De même le Soleil, arrivé au Capricorne, commence à quitter le point le plus bas de sa course pour revenir au plus élevé. »

Si les deux constellations, sous lesquelles le Soleil se trouve aux deux solstices, n'ont reçu ces noms que pour désigner par un mot ou

par un rapport de ressemblance ce qui se passe alors dans la nature,
on est raisonnablement porté à croire que les autres signes du Zodiaque ont reçu des noms également propres à caractériser, de mois
en mois, ce qui arrive sur la terre dans les divers déplacements du
soleil le long de l'année. C'est du moins là le mode d'explication
qui compte les plus nombreux et les plus anciens partisans.

— Pluche affirme, dit le pasteur, que le Zodiaque a été formé par
les fils de Noé avant de se séparer pour peupler le monde.

— C'est une bonne manière de se tirer d'embarras, fit le député.
Mais pourquoi ne pas dire, aussi bien, que c'est un aérolithe tombé
de la Lune qui nous l'aurait apporté?

— Ou Jéhovah sur le mont Sinaï, par la même occasion que les
tables de la loi! fit le capitaine.

— Je termine mon exposition, reprit l'astronome.

Volney partage en partie l'opinion de Macrobe dans l'une des
belles pages de ses *Ruines*. Lorsque le peuple agricole eut porté un
regard observateur sur les astres, écrit-il, il sentit le besoin d'en
distinguer les individus ou les groupes, et de les dénommer chacun
proprement, afin de s'entendre dans leur désignation : or, une
grande difficulté se présenta pour cet objet; car d'un côté les corps
célestes, semblables en forme, n'offraient aucun caractère spécial
pour être dénommés; de l'autre, le langage nouveau et pauvre
n'avait point d'expressions pour tant d'idées neuves et métaphy-
siques. Le mobile ordinaire du génie, le besoin, sut tout surmonter.
Ayant remarqué que dans la révolution annuelle, le renouvellement
et l'apparition périodique des productions terrestres étaient constamment associés au lever ou au coucher de certaines étoiles, et à
leur position relativement au Soleil, terme fondamental de toute
comparaison, l'esprit, par un mécanisme naturel, lia dans sa pensée
les objets terrestres et célestes, qui étaient liés dans le fait; et leur
appliquant un même signe, il donna aux étoiles ou aux groupes
qu'il en formait, les noms mêmes des objets terrestres qui leur re-
pondaient.

Ainsi l'Éthiopien de Thèbes appela astres de l'inondation ou du
verseau, ceux sous lesquels le fleuve commençait son débordement; astres du Bœuf ou du Taureau, ceux sous lesquels il conve-

nait d'appliquer la charrue à la terre; astres du Lion, ceux où cet animal, chassé des déserts par la soif, se montrait sur les bords du fleuve; astres de l'Épi ou de la Vierge moissonneuse, ceux où se recueillait la moisson; astre de l'Agneau, astres des Chevreaux, ceux où naissaient ces animaux précieux : et ce premier moyen résolut une première partie des difficultés.

Ce langage, compris de tout le monde, subsista d'abord sans inconvénient; mais, par le laps des temps, lorsque le calendrier eut été réglé, le peuple qui n'eut plus besoin de l'observation du Ciel, perdit de vue le motif de ces expressions; et leur allégorie, restée dans l'usage de la vie, y devint un écueil fatal à l'entendement et à la raison. Habitué à joindre aux symboles les idées de leurs modèles, l'esprit finit par les confondre. Alors ces mêmes animaux, que la pensée avait transportés aux cieux, en redescendirent sur la terre; mais, dans ce retour, vêtus des livrées des astres, ils s'en arrogèrent les attributs, et ils en imposèrent à leurs propres auteurs. Alors le peuple croyant voir près de lui ses dieux, leur adressa plus facilement sa prière; il demanda au bélier de son troupeau les influences qu'il attendait du Bélier céleste; il pria le Scorpion de ne point répandre son venin sur la nature; il révéra le Crabe de la mer, le Scarabée du limon, le Poisson du fleuve; et, par une série d'analogies vicieuses, mais enchaînées, il se perdit dans un labyrinthe d'absurdités conséquentes.

Concluons de cette longue discussion que le Zodiaque et les constellations antiques, tant australes que boréales, sont, d'après tout ce que nous avons dit jusqu'ici, les monuments les plus anciens de la vieille science primitive de nos pères. Autant que nous pouvons en juger actuellement, le tracé de la sphère céleste fut commencé par les étoiles les plus brillantes et les groupes d'étoiles les plus remarquables, sans distinction de position. Sirius, Orion, Aldébaran, les Pléiades sont aussi anciens que la Grande-Ourse et Arcturus. Pour désigner ces astres, il fallut leur donner des noms. Le plus naturel est de penser que ces noms furent en correspondance, soit avec la forme de ces astérismes, soit avec l'époque de leur lever sur les saisons. Bientôt on reconnut que le sentier céleste suivi par l'astre solitaire des nuits est toujours le même. Ce fut le premier tracé du Zodiaque. Puis on s'aperçut que le Soleil suit la même route : dès lors les douze signes furent formés et nommés d'après leurs mois réciproques. Enfin, le reste de la sphère continua de se peupler. Ce travail successif a commencé *dans l'Orient*, vers la région que j'ai indiquée hier, il y a *soixante siècles* ou plus. En descendant à travers les âges et parmi des langues diverses et des peuples nouveaux, la sphère céleste subit nécessairement des modifications, des altérations, mais non pas absolues, puisque nous trouvons aujourd'hui une concordance fondamentale entre les sphères de tous les peuples.

Nous avons peut-être consacré beaucoup de temps à ces discussions, continua le même orateur, mais il nous était bien utile de revoir cette histoire de la formation de la sphère, avant d'arriver aux opinions des anciens sur la nature et la structure du Ciel, et d'ailleurs nous sommes loin d'avoir mis en scène toutes les opinions exprimées sur le Zodiaque : elles rempliraient une volumineuse bibliothèque, et nous fatigueraient fort. Si nous nous souvenons de notre première causerie, nous saurons rapporter à la Terre ce mouvement apparent du Soleil sous la voûte étoilée. Si nous nous souvenons aussi de ce que nous disions tout à l'heure, nous saurons qu'en raison des positions réciproques de la Terre et du Soleil, relativement aux étoiles, le Soleil ne paraît plus passer sous le Bélier le 21 mars, mais n'y arrive plus que le 18 avril. Voyez, du reste, dit-il en se levant, notre carte céleste de l'autre soir (page 81). En commençant par l'hémisphère boréal, cette large ligne noire qui traverse les signes du Zodiaque est l'écliptique. Vous remarquez qu'elle rencontre l'équateur dans les Poissons et dans la Vierge, où le Soleil se trouve aux équinoxes. La ligne droite menée du pôle à l'intersection des Poissons représente l'origine des ascensions droites ; les étoiles situées sur cette ligne passent au méridien à midi, en même temps que le Soleil, le 21 mars. L'astre du jour occupe la constellation du Bélier du 18 avril au 19 mai, — celle du Taureau, du 19 mai au 18 juin, — celle des Gémeaux, du 18 juin au 21 juillet, — celle du Cancer, jusqu'au 16 août, — celle du Lion, jusqu'au 18 septembre, — celle de la Vierge, jusqu'au 19 octobre, — celle de la Balance, jusqu'au 18 novembre, — celle du Scorpion, jusqu'au

19 décembre. — Du 19 décembre au 19 janvier, il est dans le Sagittaire; — il est dans le Capricorne jusqu'au 18 février, — dans le Verseau jusqu'au 19 mars, — et occupe les Poissons du 19 mars au 18 avril. Nous en concluons immédiatement, pour la pratique, que les constellations zodiacales qui passent au Méridien à minuit, étant à l'opposite de celles occupées par le Soleil, sont, par exemple, le Taureau, les Pléiades, Orion, en novembre-décembre; les Gémeaux, en janvier; le Lion, en mars; la Vierge, en avril; le Scorpion, en juin; le Sagittaire, en juillet. Nous apprenons ainsi facilement à savoir quelle partie du Ciel se présente à l'observation de chaque nuit. Les constellations qui avoisinent le pôle sont visibles toutes les nuits de l'année, puisqu'elles ne descendent jamais au-dessous de notre horizon. Les autres, moins boréales, apparaissent suivant la position du soleil sous notre horizon. En sachant dans quelle *constellation* se trouve le soleil, on sait que c'est la partie opposée du ciel que l'on verra s'élever au sud pendant la nuit. C'est là l'utilité pratique de cette connaissance. Voilà pourquoi il est nécessaire de la substituer à l'indication du passage du soleil dans les *signes* du Zodiaque, qui est en retard de 2000 ans, et ne peut qu'induire en erreur les esprits non prévenus.

# SEPTIÈME SOIRÉE



— Voyez, madame la marquise, fit l'astronome, comme l'azur céleste est magnifique ce soir. Aucun nuage n'en ternit la douce transparence. Depuis que le dernier segment de la sphère solaire a disparu sous la nappe de l'Océan, le fluide atmosphérique s'est empourpré là-bas, et, harmonieusement, par nuances insensibles et inimitables, le bleu du sommet de la voûte se fond graduellement en une teinte orangée qui s'accentue à mesure que l'œil approche de l'horizon.

— On croirait, interrompit la fille du capitaine, que cette belle voûte est une substance réelle. Je sais bien que ce n'est que l'effet de la réflexion de la lumière diffuse sur les particules de l'air, et que dans l'espace absolu, au delà de l'atmosphère terrestre, l'étendue est noire et invisible. Mais enfin il est difficile de s'imaginer que cette voûte bleue n'existe pas de quelque façon.

— Chose singulière, continua la femme du navigateur, ce que ma fille vient de dire, traduit exactement la pensée qui m'occupait à l'instant. Mais voici ce qui m'intrigue. Cette voûte n'existe pas, disent les astronomes modernes. Moi, il me semble qu'elle doit être quelque chose. Est-elle solide? Je ne le pense pas. Est-elle liquide? pas davantage. Est-elle gazeuse? il faut le croire ; mais c'est un gaz visible qui arrête la vue comme un corps solide.

— Au travers duquel on voit pourtant les étoiles, répliqua la marquise.

— Toutes ces réflexions, reprit l'astronome, et mille autres, dont nous passerons en revue les principales, ont été formulées par les savants et les philosophes de l'antiquité. La forme et la nature du Ciel, le mécanisme de ses mouvements apparents, l'origine de ses phénomènes, la nature des sphères célestes, la grandeur et la valeur harmonique des orbes, le volume du monde, la forme de la Terre, toutes les questions qui appartiennent au grand problème général de la connaissance de l'univers ont été faites sur tous les tons, sous tous les aspects, de toutes les façons imaginables. La curiosité humaine s'est emparée de ces mystères, les a saisis, tournés, retournés, habillés, déformés, examinés, scindés, brisés, restaurés dans tous les sens. Des milliers de volumes ont été écrits sur les plus légères questions. Je voudrais présenter ce soir l'ensemble du mouvement qui nous a amenés au point où nous sommes aujourd'hui, et ressusciter pour notre curiosité actuelle les plus anciens systèmes. Je ne sais si une aussi vaste étendue pourra être embrassée dans une seule de nos soirées.

— Le panorama des systèmes imaginés par les hommes pour expliquer l'univers, ajouta l'historien, serait du plus haut intérêt pour nous autres, Français de 1867, si nous pouvions le saisir dans sa grandeur. On y suivrait, comme dans l'histoire, l'affaiblissement de l'ignorance primitive, les progrès et les défaillances de la philosophie, l'influence de l'esprit de système et des sectes religieuses, les conceptions dues à la discussion des sceptiques, l'agrandissement de l'idée du monde par les voyages, la ruine définitive des théories systématiques primitives....

— Et le triomphe de la liberté! fit le député.

— Maintenant que nous connaissons le Ciel ancien, l'histoire des constellations, le tracé symbolique du Zodiaque et des figures célestes, il importe de continuer notre étude rétrospective au point de vue de la charpente de cet univers.

Commençons par l'ancien et curieux système qui représente la voûte céleste comme *matérielle et solide*, et esquissons l'histoire de ce système depuis l'antiquité.

La théorie des *Cieux solides* avait reçu les suffrages des plus anciens philosophes, continua l'astronome. Dans son commentaire de l'ouvrage d'Aristote sur le Ciel, Simplicius nous révèle la répugnance des anciens observateurs à admettre qu'un astre pût rester suspendu dans l'espace; qu'il pût se mouvoir librement de lui-même. Il lui fallait un support, et on imagina les prétendus cieux solides. Cette conception, toute singulière qu'elle doive paraître aujourd'hui, a formé pendant un grand nombre de siècles la base des théories astronomiques. Quels sont les philosophes qui l'ont adoptée? nous demanderons-nous ici avec Arago. L'un des plus anciens paraît être Anaximène (au sixième siècle avant notre ère), qui prétendait déjà que « le Ciel extérieur est solide, cristallin, » et que les étoiles sont « attachées à sa surface sphérique comme des clous. » Plutarque ne dit pas sur quelles conjectures se fondait Anaximène; mais Anaximandre dont ce philosophe était le disciple, n'ayant pas cru pouvoir imprimer de mouvement aux astres sans les placer sur des appuis solides, il est présumable que les mêmes considérations donnèrent naissance à l'hypothèse d'Anaximène.

Divers auteurs prétendent que Pythagore (car Pythagore n'a rien écrit) considérait aussi le firmament comme une voûte sphérique et solide à laquelle les étoiles étaient attachées. Avaient-ils emprunté cette idée aux Perses? On pourrait le supposer, car chez ce peuple les plus anciens astronomes croyaient, dit le Zend-Avesta, à des cieux solides emboîtés.

Pythagore vivait au sixième siècle avant notre ère. Eudoxe, qui vivait au cinquième, admettait également la solidité des cieux. Aratus, le reproducteur en vers des opinions de l'astronome de Cnide, le déclare sans aucune équivoque; seulement il ne nous apprend rien concernant les observations qui, dans l'opinion d'Eudoxe, rendaient cette supposition nécessaire.

Aristote (quatrième siècle) a été pendant longtemps considéré comme l'inventeur du système des cieux solides, mais il lui donna seulement l'appui de sa haute et entière adhésion. La sphère des étoiles était pour lui le huitième ciel. Les cieux solides moins élevés, dont il admettait également l'existence, servaient à expliquer, tant bien que mal, les mouvements propres du Soleil, de la Lune et des planètes.

Le philosophe de Stagire enseignait que le mouvement de son huitième ciel solide le plus élevé était uniforme; que jamais aucune perturbation ne le troublait. « Dans l'intérieur du monde, dit-il, il y a un centre stable et immobile que le sort a donné à la terre.... Au dehors du monde il y a une surface qui le termine de toutes parts et en tout sens. La région la plus élevée du monde est appelée le Ciel.... Elle est remplie de corps divins que les hommes connaissent sous le nom d'astres; et elle se meut d'un mouvement éternel, emportant dans la même révolution ces corps immortels qui suivent tous la même marche en cadence, sans interruption et sans fin. »

Euclide le géomètre considérait lui-même les étoiles comme enchâssées dans une sphère solide ayant l'œil de l'observateur à son centre. Ici la conception était présentée comme la déduction d'observations exactes et fondamentales. La révolution se fait tout d'une pièce; elle n'altère à aucune époque de la journée ni la forme ni les dimensions des constellations. Ces opinions remontent à environ 275 ans avant notre ère.

Cicéron, à une époque comprise entre l'an 106 et l'an 43 avant notre ère, se déclarait le partisan de la solidité des cieux. Suivant lui, l'éther étant trop peu dense pour imprimer le mouvement aux étoiles, il fallait qu'elles fussent placées sur une sphère particulière et indépendante de l'éther.

Du temps de Sénèque, l'existence des cieux solides avait dû soulever déjà des difficultés, car le philosophe n'en fait mention que sous la forme de question et avec l'expression du doute. Voici ses propres paroles : « Le Ciel est-il solide et d'une substance ferme et compacte ? » (*Questions naturelles*, livre II.)

Au cinquième siècle, Simplicius, commentateur d'Aristote, parlait aussi de la sphère des fixes. Cette sphère ne s'offrait pas seulement lui comme un artifice propre à caractériser avec précision les phénomènes du mouvement diurne : elle était à ses yeux un objet matériel et solide.

— Mahomet parle dans le Coran (Sourate XVII), des cieux solides et des sept sphères emboîtées, ajouta le pasteur. J'ajouterai d'autre part que les Pères de l'Église croyaient en général, comme nous le verrons plus loin, à la solidité de la voûte étoilée.

— Ces mots de *voûte étoilée* ou d'*étoiles fixes*, reprit l'astronome, sont autant d'expressions impropres qui rappellent que l'on a confondu deux idées différentes. Quand Aristote emploie l'expression d'astres fixes pour désigner les étoiles ; quand Ptolémée les nomme adhérents, il est bien évident que ces désignations se rapportent à la sphère cristalline d'Anaximène. Le mouvement diurne qui entraîne tous ces astres de l'est à l'ouest, sans changer leurs distances mutuelles, avait dû conduire tout d'abord à des idées ou à des hypothèses de ce genre : « Les étoiles appartiennent aux régions supérieures ; elles y sont fixées et comme clouées sur une sphère de cristal ; les planètes, qui ont un autre mouvement en sens inverse, appartiennent à des régions inférieures et plus voisines de nous. » Si dès les premiers temps de l'ère des Césars, on trouve dans Manilius, le terme de *Stella fixa* au lieu de *infixa* ou *affixa*, il est à croire qu'on s'en était tenu d'abord, dans l'école romaine, au sens primitif dont nous venons de parler, mais qu'à la longue, le mot *fixus* emportant avec lui le sens d'*immotus* et d'*immobilis*, il s'est fait peu à peu dans la croyance populaire ou plutôt dans le langage même, une confusion où l'idée d'immobilité a dû prévaloir ; de telle sorte que les étoiles sont devenues *fixes* (*stellæ fixæ*), indépendamment de la sphère à laquelle on concevait autrefois qu'elles étaient attachées. Voilà comment Sénèque a pu dire du monde des étoiles, *fixum et immobilem populum*.

Si nous prenons pour guides Stobée et le collecteur des « Opinions des Philosophes », et que nous suivions la trace de cette idée d'une sphère de cristal jusqu'à l'époque antique d'Anaximène, nous la retrouvons encore plus nettement formulée par Empédocle. Ce philosophe considère la sphère des fixes comme une *masse solide*, formée d'une partie de l'éther, que l'élément igné aurait converti en cristal. La Lune est, à ses yeux, une matière que la puissance du feu a coagulée en forme de grêlon et qui reçoit sa lumière du Soleil. Dans la physique des anciens, et d'après leur manière de concevoir le passage de l'état fluide à l'état solide, les conceptions précédentes n'étaient point en relation nécessaire avec les idées de refroidissement et de congélation; mais l'affinité du mot κρύσταλλος avec κρύος et κρυσταίνω, et un rapprochement naturel avec la matière qui sert vulgairement de type pour la transparence, ont donné corps à des idées d'abord moins précises; on en est venu à voir, dans la voûte céleste, une sphère de glace et de verre, et Lactance a pu dire : *Cælum aerem glaciatum esse*, et ailleurs : *Vitreum cœlum*. Sans doute, Empédocle n'a point songé au verre, invention phénicienne, mais bien à l'air que l'éther igné aurait transformé en un corps solide éminemment translucide. Ainsi la voûte céleste la plus élevée fut considérée comme un massif de cristal glacé. D'après la Bible, certains théologiens en ont même fait un véritable plafond de glace, d'*eaux supérieures* congelées !

—Ne serait-il pas possible que les anciens aient puisé l'idée d'assimiler leur Ciel de cristal à une voûte de glace (*aer glaciatus* de Lactance), dans la connaissance du décroissement de la température des couches atmosphériques? demanda le navigateur.

—Malgré les excursions dans les pays de montagnes, et l'aspect des cimes couvertes de neiges éternelles, répondit l'astronome, les anciens croyaient au contraire à l'existence d'une région chaude au-dessus de l'atmosphère. Après avoir parlé des sons célestes « que les hommes ne sauraient entendre, selon les pythagoriciens, parce qu'ils sont continus et que les sons, pour être perçus, doivent être interrompus par des silences », Aristote admet que les sphères célestes échauffent, par leurs mouvements, l'air placé au-dessous, sans s'échauffer elles-mêmes. Il y aurait ainsi une production de chaleur. « Le mouvement de la sphère des fixes est le plus rapide, dit-il, pendant que cette sphère se meut circulairement avec les corps qui y sont attachés, les espaces placés immédiatement au-dessous s'échauffent fortement, à cause du mouvement des sphères, et la chaleur, ainsi engendrée, se propage en bas jusqu'à la Terre. »

— J'ai remarqué, fit le professeur, que Macrobe, commentant Cicéron, parle du décroissement de la température avec la hauteur.

D'après lui, les zones extrêmes du Ciel ont en partage un froid éternel. Ces *extremitates cœli*, où saint Augustin a imaginé plus tard une région d'eau glacée voisine de Saturne, la planète la plus élevée et par conséquent la plus froide, étaient considérées comme faisant partie de l'atmosphère; car c'est seulement en dehors de ces limites extrêmes que se trouvait l'éther *igné*. Par une singularité dont on ne se rend pas compte, cet éther igné n'aurait pas empêché le froid de régner éternellement dans la région voisine.

— Que le ciel soit la continuation de l'atmosphère, répliqua la marquise, cela nous paraissait évident avant que nous ayons appris que la Terre est un astre du ciel, et que le ciel n'est que l'espace. Il semble, en effet, qu'en montant toujours, on finirait par atteindre le soleil où les étoiles.

— A un ballon qui monterait et continuerait de voyager en ligne droite vers le Soleil avec la vitesse d'un train express, répondit l'astronome, il faudrait 289 ans pour atteindre le soleil et 226 000 fois plus pour atteindre l'étoile la plus rapprochée de nous !!! Mais les anciens, comme les enfants et comme le vulgaire, ne se doutaient pas de cette immensité.

Ce sont les Pères de l'Église qui ont transmis au moyen âge l'idée d'une voûte de cristal. Ils l'avaient prise au pied de la lettre, et, renchérissant encore sur l'idée primitive, ils imaginaient un ciel de verre formé de huit à dix couches superposées à peu près comme les peaux d'un oignon. Cette conception singulière se serait même perpétuée dans certains cloîtres de l'Europe méridionale, car un vénérable prince de l'Église disait en 1815 à Humboldt au sujet du fameux aérolithe de l'Aigle : que cette prétendue pierre météorique, recouverte d'une croûte vitrifiée, devait être un simple fragment du ciel de cristal.

Les planètes étaient, comme nous le verrons un de ces soirs plus en détail, enchâssées dans des sphères solides et transparentes, s'enveloppant les unes les autres sans se toucher. Les esprits supérieurs, tels que Platon, Pythagore, Eudoxe, Aristote et Apollonius de Perge, ont-ils cru à la réalité de ces sphères emboîtées l'une dans l'autre et conduisant les planètes? ou cette conception n'était-elle pas plutôt pour eux une combinaison fictive, servant à simplifier les calculs et à guider l'esprit à travers les difficiles détails du problème des planètes? c'est un point que Humboldt lui-même n'ose décider. Ce qu'il constate seulement, c'est que, au milieu du seizième siècle, lorsque fut accueillie la théorie des 77 sphères homocentriques, proposée par le savant polygraphe Girolamo Fracastor, et quand plus tard les adversaires de Copernic mirent tout en œuvre pour défendre le système de Ptolémée, la croyance à l'existence des sphères, des cercles et des épicicles solides, que les Pères de l'Église avaient particulièrement favorisée, était encore fort répandue. Tycho-Brahé se vante expressément d'avoir le premier, par ses considérations sur les orbites des comètes, démontré l'impossibilité des sphères solides, et d'avoir renversé cet échafaudage ingénieux. Il remplissait d'air les espaces du Ciel, et pensait que ce milieu, ébranlé par le mouvement des corps célestes, opposait une résistance d'où naissaient des sons harmonieux.

J'ajouterai maintenant que les philosophes grecs, dont on connaît le peu de penchant pour l'observation, mais qui furent si ardents et si féconds en systèmes, lorsqu'il s'agissait d'expliquer les phénomènes qu'ils n'avaient fait qu'entrevoir, nous ont laissé, sur les étoiles filantes et les aérolithes, des aperçus très-voisins des idées que l'on accepte généralement aujourd'hui sur l'origine cosmique de ces météores. « Quelques philosophes pensent, dit Plutarque dans la *Vie de Lysander*, que les étoiles filantes ne proviennent point de parties détachées de l'ether qui viendraient s'éteindre dans l'air, aussitôt après s'être enflammées; elles ne naissent pas davantage de la combustion de l'air qui se dissout en grande quantité, dans les régions supérieures; ce sont plutôt *des corps célestes qui tombent*, c'est-à-dire qui, soustraits d'une certaine manière à force de rotation générale, sont précipités ensuite irrégulièrement, non-seulement sur les régions habitées de la Terre, mais aussi dans la grande mer, d'où il résulte qu'on ne peut pas les retrouver. » Diogène d'Apollonie s'exprime en termes encore plus nets : « Parmi les étoiles visibles, se meuvent aussi des étoiles invisibles, auxquelles par conséquent on n'a pu donner de nom. Celles-ci tombent souvent sur la Terre et s'éteignent comme cette *étoile de pierre*, qui tomba toute en feu près d'Ægos-Potamos. » Sans doute, une doctrine plus ancienne avait inspiré

LE LION DE NÉMÉE.

(P. 175.)

le philosophe d'Apollonie, qui croyait aussi que les astres étaient
semblables à la pierre ponce. En effet, Anaxagore de Clazomène se
figurait tous les corps célestes « comme des fragments de rochers,
que l'éther, par la force de son mouvement giratoire, aurait arrachés à la Terre, enflammés et transformés en étoiles. » Ainsi, l'école
ionique plaçait avec Diogène d'Apollonie les aérolithes et les astres
dans une seule et même classe ; elle leur assignait une même origine terrestre, mais en ce sens seulement que la Terre, comme
corps central, aurait fourni la matière de tous ceux qui l'entourent.

Plutarque s'exprime ainsi sur cette curieuse assimilation : « Anaxagore enseigne que l'éther ambiant est de nature ignée ; par la
force de son mouvement giratoire, il arrache des blocs de pierre,
les rend incandescents et les transforme en étoiles. » Il paraît que
le philosophe de Clazomène expliquait aussi, par un effet analogue
du mouvement général de rotation, la chute du lion de Némée
qu'une ancienne tradition faisait tomber *de la Lune* sur le Péloponèse. Nous avions tout à l'heure des *pierres de la Lune*, voici maintenant un *animal tombé de la Lune !* D'après l'ingénieuse remarque de
Bœckh, cet ancien mythe du lion lunaire de Némée aurait une origine
astronomique et se trouverait en rapport symbolique dans la chronologie avec le cycle d'intercalation de l'année lunaire, avec le culte
de la Lune à Némée, et les jeux dont il était accompagné.

Anaxagore explique le mouvement apparent de la sphère céleste
dirigé de l'est à l'ouest, par l'hypothèse d'un mouvement de révolution générale dont l'interruption, comme on l'a vu plus haut, produit la chute des pierres météoriques. Cette hypothèse est le point
de départ de la théorie des tourbillons qui, après plus de deux mille
ans, a pris par les travaux de Descartes, de Huyghens et de Hooke
une si grande place entre les systèmes du monde.

— Vous nous avez dit, répliqua le pasteur, qu'Anaximène paraissait être le premier des Grecs qui, peut-être à l'exemple des Orientaux, avait enseigné la solidité des cieux. Cette opinion paraît très-
ancienne, car le mot hébreu, qui dans la Genèse répond à firmament,
signifie quelque chose d'étendu et de solide. Il fallait en effet quelque chose de solide pour entraîner les étoiles en conservant leur
ordre et leur distance. C'était le huitième ciel, le ciel des étoiles.

Les anciens croyaient que le ciel était en mouvement, non-seulement parce qu'ils voyaient ce mouvement de leurs yeux, mais parce qu'ils croyaient ce ciel animé, et qu'ils regardaient le mouvement comme l'essence de la vie. Ils jugeaient de la rapidité du mouvement du huitième ciel par des moyens assez ingénieux. Ils sentaient qu'elle était plus grande que la vitesse d'un cheval, d'un oiseau, d'une flèche, et même de la voix. Cléomène remarque que lorsque le roi de Perse porta la guerre dans la Grèce, on avait placé des hommes de distance en distance, qui pouvaient entendre leurs voix et faisaient passer des nouvelles d'Athènes à Suze. Or, ces nouvelles étaient deux jours et deux nuits à y parvenir. La voix ne parcourait donc dans cet intervalle de temps qu'une petite partie de ce que la sphère du premier mobile parcourait deux fois.

— On était encore loin du télégraphe! interrompit le député.

— Les Chaldéens, ajouta l'historien, établissaient trois cieux différents. Le ciel empyrée, le plus éloigné de tous; ce ciel, qu'ils appelaient aussi firmament solide, est de feu, mais d'un feu si rare et si pénétrant qu'il traverse facilement tous les autres cieux, et se répand partout : c'est ainsi qu'il vient jusqu'à nous. Le second est le ciel éthéré, où est la sphère des étoiles, formées des parties les plus compactes et les plus denses de ce feu. Enfin, le troisième ciel est celui des planètes. On a vu plus haut que les Perses donnaient un ciel particulier au Soleil et un autre à la Lune. Ce firmament solide et de feu est sans doute le ciel de la lumière première des Perses, mais les Chaldéens ont ici rectifié leurs idées.

Le système qui régna le plus universellement et le plus longtemps est celui qui place au-dessus — ou autour — du firmament solide un ciel d'eau (dont la nature n'est pas expressément définie) ou ciel aqueux; autour de ce ciel, un premier mobile, moteur de tous les mouvements; et autour de tout cet ensemble, le ciel empyrée ou séjour des bienheureux. J'ai du reste, ajouta l'astronome, eu le plaisir de trouver ce matin dans la bibliothèque du château la plus ancienne encyclopédie scientifique imprimée, la *Margarita philosophica* dont parle Humboldt dans son *Cosmos*. Sa rédaction est du quinzième siècle, et antérieure de deux siècles à l'adoption du véritable système du monde. Eh bien, voyez cette page et ce dessin : ces onze cieux nous représentent la structure du ciel des anciens. L'univers est terminé par une *sphère extérieure solide,* — base de l'empyrée, — au-dessous de laquelle vous voyez indiquée la sphère qui donne le mouvement, puis la sphère d'eau, puis le *firmament de cristal.* C'est en dedans que circulaient les planètes.

— C'est la déesse de l'astronomie qui est naïve! fit le capitaine.

— Et le vieil Atlas avec ses bras étendus! ajouta la jeune fille.

— Ce système, dont on retrouve encore les vestiges authentiques dans les vieux traités ptolémaïques, reprit l'astronome, régna plus de deux mille ans. On le prenait à la lettre. Tenez! ajouta-t-il en feuilletant ce vieux livre imprimé à Fribourg en 1503, le chapitre sur le séjour des Bienheureux mériterait à lui seul une soirée d'enttelien. Nous y lisons qu'il a été peuplé d'anges dès le premier jour de la création, qu'il est à la fois solide et limpide, qu'il survivra à la fin du monde.... Ce ciel empyrée est immobile. Le mouvement commence au dixième ciel, au *premier mobile*, sphère solide qui tourne en 24 heures autour de l'axe du monde, figuré ici par Atlas en personne.

Dans l'astronomie moderne, les mots *axe du monde* n'impliquent pas l'idée de l'existence d'un axe matériel. Les anciens, au contraire, croyaient que le mouvement de révolution du Ciel s'opérait en réalité autour d'un axe solide, pourvu de pivots tournant dans des crapaudines fixes. Vitruve, l'architecte d'Auguste, l'enseigne expressément dans les paroles suivantes :

« Le Ciel est ce qui tourne incessamment autour de la terre et de la mer sur un essieu, dont les extrémités sont comme deux pivots qui le soutiennent ; car en ces deux endroits la puissance qui gouverne la nature a fabriqué et mis ces pivots comme deux centres, dont l'un va de la terre et de la mer se rendre au haut du monde, auprès des étoiles du Septentrion ; l'autre est à l'opposite, sous terre, vers le midi ; et autour de ces pivots, comme autour de deux centres, elle a mis de petits moyeux pareils à ceux d'une roue ou d'un tour sur lesquels le ciel tourne continuellement. »

— C'est Vitruve qui parle ainsi ? fit l'historien.

— Lui-même, répondit l'astronome, et il ajoute plus loin que si les planètes ne s'écartent pas du Zodiaque dans leur cours, c'est parce que l'obscurité les en empêche, et qu'elles ne sauraient plus se conduire.

— Je ne m'étonne point de ces antiques inepties lorsque je songe que les évêques du quatrième au treizième siècle ont traité « d'imbéciles » les philosophes qui croyaient aux antipodes, fit le capitaine.

— L'ignorance excuse toutes ces curieuses divagations, répondit l'astronome. Mais leur revue est fort instructive au point de vue historique.

Combien d'idées naquirent spontanément dans l'imagination humaine pour l'explication des faits observés ! Sur la nature de la Voie lactée seule, mille opinions se sont ensuite accréditées sans raison apparente; elles nous sont curieusement transmises par les œuvres de Plutarque. La Voie lactée, dit-il, est un cercle nébuleux qui paraît constamment dans les airs et auquel sa blancheur a fait donner la dénomination de *lactée*. Quelques pythagoriciens ont dit que lorsque Phaéton incendia l'univers, un astre qui se détacha de sa place brûla tout l'espace qu'il parcourut circulairement, et forma la Voie lactée. D'autres croient que ce cercle fut dans les commencements du monde la route du Soleil. Suivant d'autres, c'est une simple apparence d'optique, produite par la réflexion que les rayons solaires éprouvent sur la voûte des cieux comme sur un miroir, et semblable à celle qui se fait dans l'arc-en-ciel et dans les nuages. Métrodore dit que c'est la trace du passage du Soleil qui fait sa révolution dans ce cercle. Parménide prétend que cette couleur de lait résulte du mélange d'un air dense et d'un air raréfié. Anaxagore pense que ce météore est l'effet de l'ombre de la Terre, qui se projette sur cette partie du Ciel, quand le Soleil, qui passe au-dessous, n'éclaire plus tout l'univers. Démocrite dit que c'est la lueur de plusieurs petites étoiles qui sont très-près les unes des autres, et qui par leur voisinage s'éclairent réciproquement. Aristote croit que c'est une masse considérable de vapeurs sèches qui, en s'enflammant, forment au-dessus de la région de l'éther, et beaucoup plus bas que celle des planètes, une chevelure de feu. Posidonius dit que ce cercle est un composé de feu plus raréfié que celui des astres, mais d'une lumière plus dense.

A part la juste prévision de Démocrite, ces fruits de l'imagination grecque, et les idées analogues qu'il serait possible de recueillir dans d'autres écrivains de l'antiquité, ne mériteraient pas aujourd'hui l'honneur d'un examen sérieux. On a été jusqu'à chercher l'origine de cette ceinture immense et blanchâtre dans les gouttes de lait qu'Hercule enfant laissa tomber du sein de Junon. Théophraste regardait la Voie lactée comme la ligne de soudure des deux hémisphères qui, suivant lui, composaient la voûte céleste! Selon lui, il y avait de la lumière derrière ces cieux solides, et la jointure des deux hémisphères était assez mal faite, puisque la lumière s'échappait à travers.

— Ce Théophraste est-il celui auquel on doit les *Caractères* dont La Bruyère nous a donné la traduction? demanda le professeur.

— Précisément, répondit l'astronome. Au surplus, des auteurs modernes, tels que Derham, ont bien supposé aussi que certaines nébuleuses étaient l'indice d'une épaisseur moindre du ciel, ou d'ouvertures à travers lesquelles la lumière de l'empyrée pourrait filtrer !

Nous savons maintenant que la Voie lactée comme les nébuleuses est une *immense agglomération d'étoiles*, de soleils — puisque chaque étoile est un soleil. La Voie lactée est une nébuleuse, un amas de systèmes sidéraux, dans lequel nous habitons, attendu que notre soleil est une étoile de ce *vaste archipel de 18 millions de soleils*. Elle nous environne de toutes parts. Nous la distinguons assez bien ce soir. Les Grecs la nommaient Galaxie ; les Chinois et les Arabes l'appellent le Fleuve céleste ; elle est le Chemin des âmes pour les sauvages de l'Amérique septentrionale, et le Chemin de saint Jacques de Compostelle pour nos paysans.

Maintenant que nous nous formons une idée juste des théories de la Grèce sur la structure du ciel, comparées avec nos connaissances modernes, je vous demanderai la permission d'esquisser rapidement l'histoire de l'astronomie chez ce peuple, d'où nous l'avons reçue.

Avant Hipparque et Ptolémée, on avait déjà conçu le système des cieux tel que nous venons de le voir, mais successivement, avec un progrès et une succession d'idées faciles à reconnaître. Anaximène enseigna la solidité des cieux. Pythagore en donna un différent à chacune des planètes. Eudoxe, qui distingua mieux les divers aspects du mouvement des planètes, multiplia les cieux, ou les sphères, pour les représenter. Chaque planète, selon lui, avait une espèce de ciel à part composé de sphères concentriques, dont les mouvements, se modifiant l'un l'autre, formaient celui de la planète. Il donna trois sphères au Soleil : une qui tournait d'orient en occident en vingt-quatre heures, pour rendre raison du mouvement diurne ; une qui tournait autour du pôle de l'écliptique en trois cent soixante-cinq jours un quart, et qui produisait le mouvement annuel du Soleil ; la troisième était ajoutée pour un certain mouvement du Soleil, par lequel il s'éloignait de l'écliptique, et cette sphère tournait sur son axe perpendiculairement à un cercle incliné à l'écliptique de la quantité nécessaire à cette aberration prétendue. La

Lune avait également trois sphères relatives à ses mouvements en longitude, en latitude et à son mouvement diurne. Chacune des autres planètes en avait quatre. On leur en donnait une de plus pour rendre raison de leurs stations et de leurs rétrogradations. Il faut remarquer que ces cieux étaient appliqués les uns sur les autres, de sorte que les différentes planètes n'étaient censées séparées que par l'épaisseur de ces zones de cristal.

En raison des perspectives, les planètes paraissent tantôt s'avancer, tantôt reculer, tantôt stationner ; bientôt le mouvement régulier des sphères de cristal ne suffit plus pour expliquer les mouvements célestes. Il fallut imaginer d'autres rouages pour corriger les précédents.

Calippe, auteur d'une période fameuse dont nous parlerons bientôt, et Polémarque, qui fut son maître et disciple d'Eudoxe, firent exprès le voyage d'Athènes pour conférer avec Aristote des changements et des additions qu'il fallait faire à ce système. Ces changements ne sont qu'une plus grande complication. Au lieu de vingt-six sphères que demandait le système d'Eudoxe, Calippe en établit trente-trois.

Outre toutes ces sphères qui roulaient les unes sur les autres, on en plaça d'intermédiaires, afin d'empêcher que le mouvement des unes ne fût troublé par le mouvement des autres. Il en résulta que le nombre de ces sphères s'accrut jusqu'à cinquante-cinq, ce qui en faisait cinquante-six, en comptant la sphère des fixes.

Eudoxe avait composé deux ouvrages intitulés l'un, le *Miroir*, l'autre, les *Phénomènes*. Il paraît, suivant ce que dit Hipparque, qui les avait sous les yeux, que le fond de ces deux ouvrages était le même. C'était une espèce de tableau du Ciel, décrit d'une manière populaire. Dans le premier, il s'était attaché vraisemblablement à désigner la position des constellations les unes relativement aux autres. Dans le second, il expliquait le temps de leurs levers et de leurs couchers. Ces deux ouvrages sont perdus, il ne nous en reste que des fragments conservés par Hipparque dans son commentaire sur le poème d'Aratus.

Aristote, quoiqu'il ne soit pas cité comme astronome, est peut-être de tous les philosophes grecs celui qui en a le mieux mérité le nom. Il rapporte lui-même plusieurs de ses observations. Il a vu une éclipse de Mars par la Lune qui, d'après Kepler, dut arriver l'an 357, et l'occultation d'une étoile des Gémeaux par la planète de Jupiter. Ces phénomènes, qui sont rares, prouvent que celui qui les a saisis était attentif à les chercher. Il a observé une très-grande comète qui, d'après Cassini, doit être de l'an 373, dont la lumière, ou sans doute la queue, embrassait, dit-on, le tiers du Ciel. Elle s'avança jusqu'à la ceinture d'Orion, où elle disparut. Son opinion sur les comètes était qu'elles sont produites par une exhalaison sèche et chaude, qui s'élève dans les régions supérieures, s'y condense et s'y enflamme. Il n'adopta point l'opinion orientale des comètes supra-lunaires assujetties à des retours réglés.

—A propos, fit la marquise, en présentant un vieil incunable couvert en parchemin, quel est donc cet opuscule dont mon bisaïeul prenait tant de soin?

— C'est la *Lettre d'Aristote à Alexandre sur le système du monde*, répondit le professeur. Plusieurs hellénistes ont traité cet opuscule d'apocryphe. Ce n'est pas ici le lieu de discuter la paternité de cette œuvre littéraire; je me contenterai de dire que ceux qui refusent d'y reconnaître la manière d'Aristote attribuent cet écrit, les uns à Nicolas de Damas, d'autres à Anaximène de Lampsaque, contemporain d'Alexandre, et d'autres au stoïcien Posidonius. Quel que soit son auteur, elle doit être la bienvenue dans notre histoire du Ciel.

— Vous connaissez cet ouvrage? demanda l'astronome.

— Je l'ai commenté, pendant les vacances, il y a une dizaine d'années. Tenez! je pense que je retrouverai facilement son résumé du monde des Grecs.

— Écoutons ce résumé! fit le député. Voyons si les savants parlaient aux souverains des banalités dont on les entretient si souvent aujourd'hui.

« Il y a dans le monde un centre fixe et immobile. C'est la Terre qui l'occupe; mère féconde, foyer commun des animaux de toute espèce. Autour d'elle, immédiatement, est l'air qui l'environne de toutes parts. Au-dessus d'elle, dans la région la plus élevée, est la demeure des dieux, qu'on nomme le *Ciel*.

« Le Ciel et le Monde étant sphériques et se mouvant sans fin comme on vient de le dire, il est nécessaire qu'il y ait deux points à l'opposite l'un de l'autre, comme dans un globe qui se meut sur un tour, et que ces points soient immobiles, pour contenir la sphère lorsque le Monde tourne sur eux. On les nomme *pôles*. Si on conçoit une ligne tirée de l'un de ces points à l'autre, on aura l'axe diamètre du monde, ayant la Terre au milieu et les deux pôles aux extrémités. De ces deux pôles, l'un, au nord, est toujours visible sur notre horizon : c'est le pôle arctique ; l'autre, au midi, reste toujours caché pour nous : c'est l'antarctique.

« La substance du Ciel et des astres se nomme *éther* : non qu'elle soit de flamme, comme l'ont prétendu quelques-uns, qui n'avaient pas considéré sa nature, infiniment différente de celle du feu ; mais parce qu'elle se meut sans cesse circulairement, étant un élément divin et incorruptible, tout différent des quatre autres.

« Des astres qui sont contenus dans le Ciel, les uns sont fixes, tournant avec le Ciel et conservant toujours entre eux les mêmes rapports. Au milieu d'eux est le cercle appelé *zoophore*, qui s'étend obliquement d'un tropique à l'autre, et se divise en douze parties, qui sont les douze signes. Les autres sont errants et ne se meuvent ni avec la même vitesse que les fixes, ni avec la même vitesse entre eux, mais tous dans différents cercles, et selon que ces cercles sont plus proches ou plus éloignés de la Terre.

« Quoique tous les astres fixes se meuvent sous la même surface du Ciel, on ne saurait en déterminer le nombre. Quant aux astres errants, il y en a sept, qui se meuvent chacun dans autant de cercles concentriques ; de manière que le cercle d'au-dessus est plus grand que celui d'au-dessous, et que les sept, renfermés les uns dans les autres, sont tous renfermés dans la sphère des fixes.

« En deçà de cette nature éthérée, immuable, inaltérable, impassible, est placée la nature muable, corruptible et mortelle. Elle a plusieurs espèces, dont la première est le Feu, essence subtile inflammable, qui s'allume par la forte pression et le mouvement rapide de la substance éthérée. C'est dans la région du feu, lorsqu'il y a désordre, que brillent les flèches ardentes, les traits lumineux, les poutres enflammées, les gouffres : c'est là que s'allument les comètes et qu'elles s'éteignent.

« Au-dessous du feu est répandu l'Air, ténébreux et froid de sa nature, qui s'échauffe, s'enflamme, devient lumineux par le mouvement. C'est dans la région de l'air, passible et altérable de toutes manières, que se condensent les nuages, que les pluies se forment, les neiges, les frimas, la grêle, pour tomber sur la terre. C'est le séjour des vents orageux, des tourbillons, des tonnerres, des éclairs, de la foudre, et de mille autres phénomènes.

« La cause du mouvement du ciel est Dieu. Il n'est pas au milieu, où est la Terre, dans une région d'agitation et de trouble; mais au plus haut de la circonférence, dans la région la plus pure : lieu que nous appelons à juste titre *Uranos*, parce que c'est le plus haut de l'univers; *Olympe*, c'est-à-dire tout brillant, parce qu'il est totalement séparé de tout ce qui approche des ténèbres et des mouvements désordonnés qu'on voit dans ces régions inférieures. »

— Quels étaient ce Dieu et cet éther? fit le pasteur.

— On ne le sait trop, répondit le professeur. Parmi les anciens, les uns voulaient qu'il fût dérivé d'αἴθειν, brûler, luire, être en feu; les autres, du nombre desquels était Aristote, le faisaient venir d'ἀεὶ τείειν, *toujours courir*. Aristote en donne ici deux raisons : le feu s'élève par sa légèreté; l'éther ne s'élève point : l'éther tourne autour du monde.

Au reste c'était une chose convenue chez tous les anciens philosophes, que l'éther était la substance de l'univers la plus subtile, la plus élevée, la plus active, la plus divine, qui mettait toutes les autres en mouvement et leur donnait la loi. Personne ne l'a défini plus nettement qu'Hippocrate, Περὶ Σάρκων : « Il me semble, dit-il, que ce qu'on appelle *le principe de la chaleur* est immortel, qu'il connaît tout, qu'il voit tout, qu'il entend tout, qu'il sent tout, le présent et l'avenir. Dans le temps que tout était confondu, la plus grande partie de ce principe s'éleva à la circonférence du monde; et c'est ce que les anciens ont nommé *éther*. »

— Cet agent a joué un aussi grand rôle dans l'astronomie ancienne que dans la moderne, dit l'astronome. L'éther de l'école ionique, d'Anaxagore et d'Empédocle (αἰθήρ) différait complétement de l'air proprement dit (ἀήρ), substance plus grossière, chargée de lourdes vapeurs, qui entoure la Terre et s'étend jusqu'à une hauteur indéfinie. Il était « de nature ignée, un pur air de feu, rayonnant de lumière, doué d'une ténuité extrême et d'une éternelle activité. » Cette définition répond à l'étymologie véritable (αἴθειν, brûler) qu'Aristote et Platon altérèrent plus tard d'une manière assez étrange, quand ils voulurent, par goût pour les conceptions mécaniques et en jouant sur les mots, y retrouver le sens de rotation perpétuelle, de mouvement circulaire. Les anciens, dans leur conception de l'éther, n'avaient point été inspirés par une analogie quelconque avec l'air des montagnes, plus pur et plus dégagé de vapeurs que l'air des régions inférieures; ils n'avaient pas songé davantage à la raréfaction progressive des couches atmosphériques; et comme d'ailleurs leurs éléments exprimaient les divers états physiques de la matière sans avoir aucun rapport avec la nature chimique des corps, il faut chercher l'origine de leurs idées sur l'éther dans l'opposition normale et primitive *du pesant* avec *le léger*, *du bas* avec *le haut*, de *la terre* avec *le feu*. Entre ces deux termes extrêmes, se trouvaient deux autres états élémentaires : l'eau, plus voisine de la terre pesante; l'air, plus semblable au feu léger.

Le premier des Grecs que l'on peut regarder comme un astronome, celui qui porta dans la Grèce les fondements de l'astronomie, fut Thalès, qui naquit à Milet 641 ans avant J. C. Ses opinions étaient que les étoiles sont de la même substance que la Terre, mais de cette substance enflammée; que la Lune emprunte sa lumière au Soleil, qu'elle est la cause des éclipses de cet astre, et qu'elle s'éclipse elle-même en entrant dans l'ombre de la Terre; que la Terre est ronde et peut être partagée en cinq zones, au moyen de cinq cercles, qui sont l'arctique et l'antarctique, les deux tropiques et l'équateur; que ce dernier cercle est coupé obliquement par l'écliptique, et perpendiculairement par le méridien. Il apporta donc dans la Grèce la connaissance des cercles de la sphère. Jusque-là ce qu'on avait entendu par la sphère n'était que la description des constellations. Ces connaissances ne se répandirent pas vite, car deux siècles après Thalès, Hérodote, un des plus beaux génies de la Grèce, en était encore assez peu instruit pour dire en parlant d'une éclipse : *le Soleil abandonna sa position, et la nuit prit la place du jour.*

Vient ensuite Anaximandre, auquel on doit l'invention des cartes géographiques.

Anaximène suivit les opinions d'Anaximandre et de Thalès. On lui attribue d'avoir supposé la Terre plate, tandis qu'il est très-sûr que Thalès la croyait ronde. Peut-être les cartes qu'Anaximandre avait dressées, ont-elles produit cette erreur. Ces deux philosophes supposèrent les cieux formés de terre, c'est-à dire d'une matière solide et dure. Nous l'avons vu, en effet, quand on a réfléchi sur le mouvement qui entraîne toutes les étoiles de l'Orient vers l'Occident, en conservant leur ordre et leurs distances, on a pu penser d'abord que le ciel était une enveloppe sphérique et solide, à laquelle les étoiles eussent été attachées comme des clous.

— A cette époque, dit l'historien, les Grecs, qui n'avaient point de cadrans ni d'horloges, ne connaissaient les divisions du jour, ou les heures, que par l'ombre du soleil. L'heure du dîner était fixée lorsque l'ombre était de dix, de douze pieds, etc. On avait des esclaves dont les fonctions était d'examiner l'ombre, et d'avertir du moment où elle avait la longueur fixée.

— Nous nous entretiendrons un de ces soirs des différentes formes du calendrier, reprit l'astronome. Quant à notre esquisse de l'histoire de l'astronomie en Grèce, je puis répéter ici ce que j'ai dit plus haut sur Anaxagore de Clazomène. Il enseignait que les régions supérieures, qu'il appelait l'éther, étaient remplies de feu, et il ajoutait que la révolution rapide de cet éther avait enlevé des pierres, ou des masses considérables de dessus la terre, lesquelles s'étant enflammées avaient formé les étoiles.

Nous avons déjà parlé du fameux aérolithe d'Ægos Potamos. La deuxième année de la LXXVIII⁰ olympiade, il tomba du ciel, en plein jour, une pierre auprès du fleuve Égos, dans la Thrace. On la montrait encore au temps de Pline. La date de cet événement a été consignée dans la chronique athénienne, à l'année 1113 de l'ère attique ou de Cécrops. Ce prodige donna lieu au philosophe de conclure que la voûte céleste était composée de grosses pierres, que la rapidité du mouvement circulaire tenait éloignées du centre, et qui y tomberaient sans ce mouvement.

En rapportant cet épisode, Bailly ajoute que « si le fait est vrai, cette pierre aurait été lancée par un volcan ». C'est le lieu d'observer qu'il y a moins d'un siècle, l'Académie des sciences et les savants ne croyaient pas aux aérolithes, aux pierres tombées du ciel.

— On m'a même dit, fit le député, qu'il a fallu qu'un académicien en reçût une de quelques kilos sur la tête pour que la docte assemblée consentît à admettre leur existence.

— Pas précisément! répliqua l'astronome; mais ce n'est qu'en 1804 que Biot, envoyé à l'Aigle (Orne), non loin d'ici, pour faire une enquête sur une explosion d'aérolithes arrivée en plein midi, fit conclure que des pierres peuvent tomber du ciel.

— Nul n'en doute plus maintenant, fit la marquise. Mais sait-on d'où viennent ces minéraux? De la Lune peut-être?

— Laplace l'avait supposé. Mais il est maintenant démontré que les aérolithes, les bolides et les étoiles filantes appartiennent à une même classe de corps célestes : ce sont des fragments disséminés dans l'espace, et circulant naturellement autour du Soleil. Lorsque la Terre dans son mouvement traverse cette armée, ceux qui passent assez près pour toucher son atmosphère laissent une traînée lumineuse par suite de leur échauffement dans le frottement de l'air : ce sont des *étoiles filantes*. Parfois ils passent assez près de nous pour paraître aussi gros que la lune : ce sont des *bolides*. Parfois enfin l'attraction de la Terre les fait tomber tout à fait : ce sont des *aérolithes*.

— Si seulement ils nous apportaient des vestiges des habitants des autres mondes, comme une boucle d'oreille, par exemple, ou bien une croix, fit la jeune fille.

— Ce serait charmant, répliqua le pasteur. Mais a-t-on, sur les autres mondes, des oreilles, des bijoux et des croix?

— Il me semble que nous oublions notre tableau de l'astronomie grecque? dit l'astronome.

Pour en revenir à Anaxagore, j'ajouterai que l'une de ses assertions qui a fait le plus de bruit, c'est d'avoir affirmé que le Soleil était une masse de feu plus grande que le Péloponèse. Plutarque assure qu'il le regardait comme une pierre enflammée, Diogène Laërce comme un fer chaud. Or il fut persécuté pour cette audace.

On lui fit un crime d'avoir enseigné la cause des éclipses de Lune, et prétendu que le Soleil est plus grand qu'il ne le paraît. Il avait enseigné le premier l'existence d'un seul Dieu ; on le taxa d'impiété et de trahison envers sa patrie. Il fut *condamné à mort!* Quand on lui prononça sa sentence : « Il y a longtemps, dit-il, que la nature m'y a condamné ; et à l'égard de mes enfants, quand je leur ai donné la naissance, je ne doutais pas que ce ne fût aussi pour mourir un jour. » Périclès, son disciple, le défendit assez éloquemment pour lui sauver la vie. — Il ne fut qu'exilé ! — Ce prélude de la condamnation de Galilée montre combien de tout temps les préjugés humains se sont opposés à la réception de la vérité.

Nous arrivons à Pythagore, sorti de l'école de Thalès, qui voyagea dans la Phénicie, dans la Chaldée, dans la Judée, en Égypte....

— Si nos jeunes savants d'aujourd'hui savaient quelle peine on avait alors pour s'instruire, interrompit le député, ils attacheraient plus de prix aux études sérieuses.

— Il lui fallut, continua l'astronome, subir toutes les épreuves de l'initiation d'Héliopolis, car les prêtres firent tout ce qu'ils purent pour le détourner de sa vocation. Les ayant subies sain et sauf, il revint à Samos ; mais comme nul n'est prophète en son pays, il dut aller enseigner en Italie. Son école prit le nom d'*Italique*, et lui le nom d'*Ami de la sagesse* (philosophe) au lieu du nom de *Sage* que l'on avait porté jusqu'alors. La musique des sphères nous fera faire demain, je l'espère, plus ample connaissance avec lui.

Empédocle, le premier disciple de Pythagore, fameux par la curiosité qui le fit périr, dit-on, dans le cratère de l'Etna, pensait que le véritable Soleil, le feu qui est au centre du monde, éclairait l'autre hémisphère. Celui que nous voyons n'en aurait été que l'image réfléchie suivant tous les mouvements du Soleil, invisible pour nous.

Son disciple Philolaüs enseigna aussi que le Soleil était une masse de verre, qui nous renvoyait par réflexion toute la lumière répandue dans l'univers. Mais n'oublions jamais que ces opinions nous sont rendues par des historiens qui ne les entendaient pas et qui, dans les expressions des philosophes, ont peut-être pris à la lettre ce qui n'était que comparaison et figure.

Xénophanes, qui vivait vers 360 ans avant J. C., ne fut pas celui qui eut les opinions les plus saines. Si l'on en croit Plutarque, il pensait que les étoiles s'éteignent le matin pour se rallumer le soir; que le Soleil est une nue enflammée; que les éclipses arrivent par l'extinction du Soleil qui se rallume ensuite; que la Lune est habitée, mais dix-huit fois plus grosse que la Terre; qu'il y a plusieurs Soleils et plusieurs Lunes, pour éclairer les différents climats.

On avait déjà supposé que le Soleil, la Lune et les étoiles passaient sous la Terre, plongeant ses racines dans l'infini, par des tranchées analogues à des trous de taupes. Puis on avait supposé avec Homère que le Soleil revenait de l'occident à l'orient par le nord sur un char rapide, et les premiers romanciers avaient même osé dire que si on ne le voyait pas revenir, c'est parce qu'il accomplissait ce trajet pendant la nuit!

Parménides fut disciple de Xénophanes. Il divisa, comme Thalès, la Terre en zones. Il ajouta qu'elle était suspendue au milieu de l'univers, parce qu'il n'y avait point de raison pour qu'elle dût se mouvoir ou pencher d'un côté plutôt que d'un autre. On voit ici les premiers pas qu'on a faits pour expliquer comment il est possible que la Terre reste suspendue au milieu de l'univers sans que rien la soutienne, tandis qu'on voit tomber les corps sur la Terre lorsqu'on les abandonne à eux-mêmes. L'explication de Parménides est assez philosophique. Elle est fondée sur le principe de la raison suffisante employé depuis par Archimède, et dont Leibnitz a fait un si grand usage.

— C'est comme l'âne de Buridan, qui meurt de faim et de soif entre une cuve d'eau et une botte de foin, parce qu'ayant *également* faim et soif il ne peut commencer par satisfaire l'un de ces deux besoins avant l'autre! fit le député.

— J'ai terminé mon esquisse, reprit l'astronome, si j'ajoute que Démocrite, après avoir beaucoup voyagé et beaucoup étudié, émit aussi des idées particulières sur la nature du ciel. Entre autres, il est le premier qui ait considéré la Voie lactée comme un amas d'étoiles infiniment éloignées, et dont la lumière se confond pour former une lueur blanchâtre.

Les philosophes que je viens de nommer, et les idées que je viens d'esquisser résument les principaux traits de l'histoire de l'astronomie en Grèce.

— Dans tout cela, dit la marquise, nous n'avons pas vu le système de Ptolémée.

— Ce grand système, répondit l'astronome, qui régna sur l'Europe civilisée pendant plus de quinze siècles, fera l'objet d'une prochaine soirée, spécialement consacrée à l'examen des systèmes astronomiques. Nous n'avons vu ce soir que les opinions générales sur le ciel et les astres planétaires.

Mais comme intermède, avant d'entreprendre cette revue assez complexe, nous consacrerons la petite soirée de demain dimanche à à causer un peu des singulières opinions des siècles de l'antiquité sur la musique des sphères.

Telles sont les théories que nos ancêtres dans la science se sont formées sur le problème longtemps mystérieux de la nature du ciel.

Nous avons étudié dans notre troisième soirée les premières idées mêmes, antérieures à celles-ci, écloses à l'origine des histoires. Nous avons trouvé dans les étymologies primitives des mots qui désignent les éléments de l'univers, l'impression naturelle directe qui les a fait naître. La Terre était une surface plane indéfinie, formant le bas du monde; le Ciel était une voûte creuse s'appuyant sur elle. Ici, chez les Grecs, il y a déjà un immense progrès, puisque la Terre est déjà considérée comme ayant la forme d'un globe et comme isolée au milieu du monde. Mais l'idée dominante de la supériorité de la Terre sur le reste de l'univers va régner longtemps encore. Pendant de longs siècles, la circonférence extérieure du monde sera regardée comme le plafond du monde corruptible et le parvis du paradis, surtout à dater des siècles des conciles chrétiens. Les cercles astronomiques vont servir de charpente à l'édifice théologique, et nous constaterons un de ces soirs avec quelle solidité apparente le moyen âge a su bâtir à la destinée de l'homme une maison complète, à laquelle rien ne manqua ni dans ce monde ni dans l'autre.

— Et pourtant! s'écria le professeur, quelle différence entre cet univers solide, cette voûte des cieux, cette terre centrale, et la splendide réalité? Combien la connaissance de la vérité surpasse, ici comme partout, les suppositions les plus ingénieuses même de l'imagination livrée à ses seules ressources et non éclairée par la science!

— Comment n'étouffait-on pas dans cet univers fermé? répliqua le navigateur. Que pouvait-on supposer au delà du dernier ciel?

— Certains théologiens, répliqua l'historien, ont démontré, à l'aide de longs arguments ornés d'élégants sophismes, que l'espace n'est pas infini, et qu'au delà de l'univers il n'y a *rien?*

— Mais ce rien, c'est encore de l'espace?

— Il paraît que non. Du moins on a prétendu (et quelques-uns prétendent encore) que si l'espace était infini il serait Dieu. Raisonnement absurde, comme si l'on pouvait supposer à l'espace une barrière au delà de laquelle il n'y aurait plus d'espace! Mais laissons cette querelle métaphysique. La remarque la plus importante que l'on peut faire sur la différence du ciel des anciens avec l'espace des astronomes modernes, c'est que l'esprit humain n'avait pas alors notion de l'*étendue*. Hésiode croyait donner une vaste idée de la grandeur de l'univers en disant qu'une enclume (celle de Vulcain) mettrait sept jours et sept nuits à tomber du ciel sur la terre, et autant pour atteindre les enfers....

— Quelle est cette belle étoile de première grandeur? demanda la fille du capitaine en indiquant une étoile située dans le prolongement des quatre étoiles principales de Cassiopée, à une assez grande distance vers le Zodiaque.

— Ne reconnais-tu donc pas la Chèvre, Capella? répondit le navigateur.

— Eh bien, mademoiselle, dit l'astronome, essayer de comprendre sa distance sera une excellente péroraison à cette soirée. Nous disions tout à l'heure que si l'on pouvait aller en train express d'ici au Soleil on n'emploierait pas moins de 289 ans. Pour nous rendre avec la même vitesse de 15 lieues à l'heure à ce monde que nous voyons pourtant si bien, il nous faudrait un temps 4 484 000 fois plus grand : c'est-à-dire 1 milliard 295 millions 876 mille années....

Le petit boulet de 24 dont nous parlions dans notre première soirée, qui mettrait plus de 12 ans à arriver au Soleil, n'atteindrait cette même étoile qu'après un vol de plus de 54 millions d'années !...

Et c'est une des étoiles les plus rapprochées de nous !

— Voilà l'une des plus sublimes révélations de l'astronomie! s'écria l'historien d'une voix émue. J'ai beau étudier les événements de l'histoire de l'humanité, sonder les jeux de la politique de nos contemporains ou de celle des rois disparus, reconnaître les chefs-d'œuvre des littératures, de l'art et de l'industrie : rien, non rien au monde, ne me frappe de stupeur et d'admiration comme le spectacle de l'immensité conquise par les astronomes. Songer que la lumière de cette étoile Capella emploie 72 ans pour nous parvenir à raison de 77 000 lieues par chaque seconde! Essayez donc de concevoir cette ligne? Songer que la lumière de telle autre étoile emploie 500 ans pour franchir l'abîme qui nous sépare! que la lumière d'autres étoiles emploie 1200, 3000, 10 000 ans à nous parvenir, et qu'il y a des nébuleuses tellement éloignées de nous que leur rayon lumineux ne peut nous arriver en moins de cinq millions d'années !... Voilà, Messieurs, je l'avoue, ce qui m'anéantit. Notre soleil n'être qu'une étoile! chaque étoile être un soleil, centre d'autant de systèmes planétaires! et de pareilles distances séparer chaque système suspendu dans l'infini! Oh! combien la philosophie naturelle se développe et s'éclaire en apprenant de telles vérités, et combien l'*Esprit éternel* d'où émane toute création est plus grand dans nos âmes aujourd'hui que le Jupiter ou le Jéhovah de l'ancien ciel de cristal que nous avons ressuscité ce soir.

# HUITIÈME SOIRÉE

DE L'HARMONIE DANS LE CIEL.

Les harmonies de la nature. Idées des anciens sur la musique des sphères célestes. Pythagore, Timée de Locres, Platon, Ocellus de Lucanie. La gamme cosmographique et le concert des astres. — De *l'âme du monde.* Force et matière. Conception primitive de la vie dans l'univers. — Adoration du ciel et des êtres célestes. La religion naturelle.

Au pied des falaises, à l'heure de la basse mer, l'Océan retiré au loin laisse de vastes terrains à sec, sur lesquels le pas de l'homme peut s'aventurer sans danger. De lourds chariots s'engagent journellement sur cette grève et reviennent chargés du varech abandonné par les flots. On se promène là comme sur une plaine de terre ferme. Six heures plus tard l'Océan la recouvre d'une nappe liquide à plusieurs mètres de hauteur.

Les roches de granit descendant presque à pic du haut du cap jusqu'au niveau du sol de l'Océan, ont dessiné sur le rivage des dentelures singulières, entre lesquelles s'ouvrent parfois de sombres cavernes, hantées par les vieilles légendes du pays. Lorsqu'on se dirige du château vers la mer par le chemin qui s'ouvre à la tour de Jean-Jacques Rousseau, laissant le bourg à droite et le parc de sapins à gauche, on arrive à une région non entamée de la carrière de granit, et par une pente assez rapide on descend jusqu'à un salon naturel formé par d'énormes roches, et laissé à nu par la mer basse. Le plancher de ce salon naturel n'est pas formé d'un sable vulgaire, mais d'une multitude indéchiffrable de tout petits

coquillages roses, dorés et blancs, parmi lesquels dominent les petites « vénus. » Vers le milieu de ce cirque, désigné sous le nom de
Biédalle, un magnifique roc de basalte lavé par les flots, se dresse,
sorti du sol par une fissure volcanique, et présente la forme vague
d'une harpe. La marquise l'appelait la Harpe de Fingal. Les traditions druidiques sont toujours vivantes dans ce pays, et influent à
notre insu sur l'appréciation que nous pouvons faire des objets
naturels que nous y rencontrons.

C'est dans cette anse que nous nous étions réunis ce huitième
soir, pendant la basse mer.

La femme du capitaine de frégate, passionnée pour la musique, et
d'un talent remarquable dans l'exécution, nous avait impressionnés
après les vêpres, en touchant avec sentiment la belle marche funèbre de Chopin, et la conversation s'était engagée sur la musique,
non-seulement sur celle qui, formée de sons matériels, est accessible
à notre nerf auditif, mais encore sur l'harmonie considérée en elle-
même et dans son essence. Les rapports que l'astronomie et la
musique ont entre elles, — car Uranie est sœur d'Euterpe, et le
Nombre régit l'une et l'autre dans la science,— nous avaient amenés
à parler des opinions des anciens sur la musique des sphères célestes. C'était le complément naturel de notre précédente soirée
sur le ciel des anciens, et le prélude à notre neuvième entretien sur
leurs systèmes astronomiques.


— Tout chante dans la nature, disait la marquise. Aux heures de
tristesse et de solitude, lorsque l'âme fatiguée des faussetés du
monde et des duretés de la vie humaine a besoin de calme et de
repos, n'est-ce pas au sein de la nature qu'elle trouve le bercement
de sa mélancolie? Sous les bois, devant l'onde assoupie, au lever
d'une pure matinée, ou pendant la nuit silencieuse, ne vous sem-
ble-t-il pas que chaque être, chaque chose donne sa note dans le
grand concert de la création?

— Je crois, disait le professeur de philosophie, que l'on pourrait
même écrire le sens des sons émis par les soupirs des vagues, la
voix frémissante des tempêtes, le souffle des bois, le murmure des
nuits, la brise du soir.

— Et ceux que doivent produire les mouvements gigantesques et réguliers des mondes dans l'éther? dit le député.

— Les anciens se sont fort occupés de cette musique des sphères, répondit le professeur, laquelle ne doit pas être une pure rêverie, puisque la musique est formée par des rapports de vibrations, par un accord de mouvements dissemblables.

— Ce que les anciens ont débité à ce sujet est fort curieux, mais bien bizarre et encore plus diffus, répliqua l'astronome. Je ne sais vraiment si cela vaut la peine que nous nous y arrêtions.

— Comment donc? fit le capitaine; mais ne serait-ce que par le mystère et l'inconnu qui ont environné cette doctrine et nous la cachent encore, nous éprouverions quelque plaisir à la ressusciter.

— Mais elle paraît plus risible que sérieuse, répondit l'astronome.

— Alors ce ne sera pas une route désagréable à parcourir, fit la marquise. Que M. le professeur nous donne seulement une idée du résultat de ses recherches de prédilection!

— Il nous faudra savoir comprendre, répliqua le professeur, et saisir le sens primitif des mots employés.

Eh bien! puisqu'il en est ainsi, j'invoquerai d'abord, ajouta-t-il en s'installant, l'antique traité de Timée de Locres sur l'*Ame du Monde*. C'est lui qui va nous exposer sérieusement toute la cosmographie harmonique de Pythagore. Sachons d'abord que, selon cette école, Dieu employa dans la formation du monde tout ce qui existait de matière, si bien que le monde comprend tout, et que tout est en lui. « C'est un enfant unique, parfait, sphérique, parce que la sphère est la plus parfaite de toutes les figures; animé et doué de raison, parce que ce qui est animé et doué de raison, vaut mieux que ce qui ne l'est point. »

Ainsi commence Timée, et voici ce qu'il ajoute d'après le grand Platon lui-même. C'est une comparaison de la Terre à un animal qui nous paraît aujourd'hui bien singulière. Comme le monde est exactement uni dans sa surface extrême, il n'a pas besoin de ces organes mortels, qui ont été adaptés aux autres animaux pour leur usage. « Non-seulement, dit Platon, le Monde est une sphère, mais cette sphère est parfaite, et son auteur a eu soin que la surface en fût parfaitement unie, et cela, pour bien des raisons. En effet le monde n'avait pas besoin d'yeux, puisqu'il n'y a aucun objet visible hors de lui ; non plus que d'oreilles, car il n'y a rien d'étranger à sa substance qui pût rendre du son ; ni d'organes de la respiration, puisqu'il n'est point environné d'air. Ce qui sert à recevoir les aliments, ou à en rejeter les parties les plus grossières, lui était absolument inutile ; car n'y ayant rien hors de lui, il ne pouvait rien recevoir ni rien rejeter.... Enfin comme il n'y a rien hors de lui qu'il puisse saisir, ou dont il puisse avoir à se défendre, s'il eût eu des mains, elles ne lui eussent été d'aucun usage. Il en faut dire autant des pieds et de tout ce qui sert à marcher.... Des sept directions possibles du mouvement, il lui donna celle qui convenait le mieux à sa figure.... Il le fit tourner sur son propre centre ; et comme pour l'exécution du mouvement de rotation, il ne faut ni pieds ni jambes, l'auteur du monde ne lui en donna point. »

— Voilà une platonique entrée en matière qui nous promet du curieux ! fit le député.

— Continuons, reprit le professeur, et parlons de l'âme du monde.

Platon raconte que Dieu l'a composée « en mélant l'essence indivisible avec la divisible, de sorte que des deux il ne s'en fit qu'une dans laquelle furent réunies les deux forces, principes des deux mouvements, l'un *toujours le même*, l'autre *toujours divers*. Le mélange de ces deux essences était difficile, et ne se fit pas sans beaucoup d'art et d'efforts. » Les rapports des parties mélées suivent ceux des nombres harmoniques que Dieu a choisis ainsi, afin qu'on n'ignorât pas de quoi et par quelle règle l'âme avait été composée.

Ces rapports harmoniques sont les suivants, que je vous défie de comprendre : Dieu donc fit l'âme avant le corps. Il en plaça d'abord une première unité, qu'on peut représenter par 384. Ce premier nombre supposé, il est aisé d'en calculer le double, puis le triple, etc. Tous ces nombres, avec ceux qui en remplissent les intervalles et qui forment les sons, jusqu'au 36ᵐᵉ terme, doivent donner en somme 114 695. Par conséquent toutes les gradations de l'Ame font 114 695. Ainsi ces nombres marquent la distribution de l'Ame de l'Univers.

— Comprenez-vous ? s'écria le député. Pour moi, je ne vois goutte dans ce galimatias.

— Vous n'êtes pas respectueux pour la philosophie grecque, répondit le professeur; moi, je pense qu'on peut expliquer le texte de Timée comme il suit.

Timée entend par la proportion harmonique celle des nombres qui représentent les consonnances de l'échelle musicale. Ces consonnances, chez les anciens, n'étaient qu'au nombre de trois; le diapason ou l'octave, qui était dans la proportion double comme 2 à 1, 4 à 2; le diapente, ou la quinte, comme 3 à 2; le diatessarōn, ou la quarte, comme 4 à 3. Qu'on y joigne, pour remplir les intervalles de ces consonnances, les tons, qui sont dans le rapport de 9 à 8, et les demi-tons, dans le rapport de 256 à 243, on a tous les degrés de l'échelle musicale. Voyez le commentaire de Proclus, et Macrobe, *de Somnio Scipionis.*

Ce fut Pythagore qui trouva ces nombres harmoniques. On raconte que passant près d'une forge, il entendit des marteaux qui rendaient avec précision les consonnances musicales Il les fit peser; et trouva que de ceux qui étaient à distance de l'octave, l'un pesait le double de l'autre; que de ceux qui étaient à la quinte, l'un des deux pesait un tiers de plus; et qu'à la quarte l'un pesait un quart de plus. Il fut aisé de faire les mêmes calculs sur les tierces, les tons, les demi-tons. Après avoir essayé par des marteaux, on essaya par une corde sonore tendue avec des poids; et il se trouva qu'en chargeant d'abord la corde d'un poids pour lui faire rendre un son, il fallut le double de ce poids pour lui faire rendre l'octave; le tiers seulement pour la quinte, le quart pour la quarte, le huitième pour le ton, le dix-huitième, ou environ, pour le demi-ton. Ou plus simplement encore: on tendit une corde, qui prise dans toute sa longueur rendait un son; serrée au milieu de sa longueur, elle donna l'octave; dans son tiers, elle rendit la quinte; dans son quart, la quarte; dans son huitième, le ton; dans son dix-huitième, le demi-ton.

Comme les anciens définissaient l'Ame par le mouvement, la quantité du mouvement devait être pour eux la mesure de la quantité de l'Ame. Or le mouvement leur paraissait extrême à la circonférence du monde, comme dans une roue.

Pour comprendre comment ils évaluaient ces degrés de vitesse, imaginons une ligne droite allant du centre de la Terre au Ciel empyrée, et partageons-la selon les proportions de l'échelle musicale;

cette division donnera les degrés harmoniques de l'âme du monde.
Soit le premier point du rayon fixé au centre, I, ou (pour éviter les
fractions) 384. Le second, qui sera à la distance d'un tiers, sera 384
plus son huitième, ou 432. Le troisième sera 432 plus son huitième,
ou 486. Le quatrième, étant demi-ton, sera à 486 comme 243 à 256, et
donnera 512. Le huitième sera le double de 384 ou 768, ou la première octave : ainsi jusqu'au 36ᵐᵉ terme. Voici cette progression .

La Terre.

| | |
|---|---|
| Mi. . . . . . . . . . | $384 + 1/8 = 432$. |
| Ré. . . . . . . . . . | $432 + 1/8 = 486$. |
| Ut. . . . . . . . . . | $486 \; : \; 512 \; :: \; 243 \; : \; 256$. |
| Si. . . . . . . . . . | $512 + 1/8 = 576$. |
| La. . . . . . . . . . | $576 + 1/8 = 648$. |
| Sol. . . . . . . . . | $648 + 1/8 = 729$. |
| Fa. . . . . . . . . . | $729 \; : \; 768 \; :: \; 243 \; : \; 256$. |
| Mi. . . . . . . . . . | $768 + 1/8 = 864$. |
| Re. . . . . . . . . . | $864 + 1/8 = 972$. |
| Ut. . . . . . . . . . | $972 \; : \; 1024 \; :: \; 243 \; : \; 256$. |
| Si. . . . . . . . . . | $1024 + 1/8 = 1152$. |
| La. . . . . . . . . . | $1152 + 1/8 = 1296$. |
| Sol. . . . . . . . . | $1296 + 1/8 = 1458$. |
| Fa. . . . . . . . . . | $1458 \; : \; 1536 \; :: \; 243 \; : \; 256$. |
| Mi. . . . . . . . . . | $1536 + 1/8 = 1728$. |
| Ré. . . . . . . . . . | $1728 + 1/8 = 1944$. |
| Ut. . . . . . . . . . | $1944 \; : \; 2048 \; :: \; 243 \; : \; 256$. |
| Si. . . . . . . . . . | $2048 + 139 = 2187$. |
| Si . . . . . . . . . . | $2187 \; : \; 2304 \; :: \; 243 \; : \; 256$. |
| La. . . . . . . . . . | $2304 + 1/8 = 2592$. |
| Sol . . . . . . . . . | $2592 + 1/8 = 2916$. |
| Fa. . . . . . . . . . | $2916 \; : \; 3072 \; :: \; 243 \; : \; 256$. |
| Mi. . . . . . . . . . | $3072 + 1/8 = 3456$. |
| Ré . . . . . . . . . . | $3456 + 1/8 = 3888$. |
| Ut. . . . . . . . . . | $3888 + 1/8 = 4374$. |
| Si. . . . . . . . . . | $4374 \; : \; 4608 \; :: \; 243 \; : \; 256$. |
| La. . . . . . . . . . | $4608 + 1/8 = 5184$. |
| Sol . . . . . . . . . | $5184 + 1/8 = 5832$. |
| Fa . . . . . . . . . . | $5832 \; : \; 6144 \; :: \; 243 \; : \; 256$. |
| Mi . . . . . . . . . . | $6144 + 417 = 6561$. |
| Mi♭ . . . . . . . . . | $6561 \; : \; 6912 \; :: \; 243 \; : \; 256$. |
| Ré . . . . . . . . . . | $6912 + 1/8 = 7776$. |
| Ut . . . . . . . . . . | $7776 + 1/8 = 8748$. |
| Si. . . . . . . . . . | $8748 \; : \; 9216 \; :: \; 243 \; : \; 256$. |
| La. . . . . . . . . . | $9216 + 1/8 = 10368$. |
| Sol . . . . . . . . . | $10368 = 384 \times 27$. Total des 36ᵐᵉˢ termes : 114695 |

L'empyrée.

— En voilà des chiffres ! s'écria la marquise.

— Comme l'a très-bien exposé notre professeur, reprit l'astronome, en supposant le rayon, ou demi-diamètre du monde divisé par ces 36 nombres, on a l'échelle de l'Ame du monde, ou ses doses graduées selon les proportions musicales. Il ne s'agit plus que d'y placer dans leur ordre les êtres ou corps célestes, soit aux octaves, soit aux quintes ou aux quartes ; et on aura l'accord parfait, ou le concert de toutes les parties du monde.

— Mais pourquoi ces nombres sont-ils fixés à trente-six ? demanda l'historien.

— Il y en avait une raison mystérieuse dans l'école de Pythagore. Il fallait arriver jusqu'au multiplicateur 27, en remplissant tous les intervalles des octaves, des quartes, des quintes, par des nombres harmoniques. Or pour y arriver ainsi, il fallait trente-six nombres, et précisément ceux dont je viens de vous montrer la table.

— Mais encore, pourquoi jusqu'au 27, répliqua l'historien.

— Parce que 27 est la somme des premiers nombres linéaires, plans et solides, carrés et cubes, joints à l'unité : d'abord 1 qui est le point ; ensuite 2 et 3, premiers nombres, l'un pair, l'autre impair ; 4 et 9, premiers plans, tous deux carrés, l'un pair, l'autre impair ; enfin 8 et 27, tous deux solides ou cubes, l'un pair, l'autre impair ; et celui-ci *somme de tous les premiers*. Or, prenant le nombre 27 pour symbole du monde, et les nombres qu'il contient pour symboles des éléments et des composés, il était juste que l'âme du monde, qui est la base et la forme de l'ordre et des compositions qui constituent le monde, fût composée des mêmes éléments que le nombre 27.

Le Dieu engendré, qui, selon Timée, est le monde, comprend toutes les sphères, depuis celle des étoiles exclusivement jusqu'au centre de la Terre. La sphère des étoiles en est l'enveloppe commune : c'est la circonférence du monde ; Saturne immédiatement au-dessous est au 36ᵐᵉ ton, la Terre au premier, et les cinq autres planètes avec le Soleil, chacun à des distances harmoniques. La sphère des étoiles, qui n'a en soi nul principe de contrariété, étant toute divine et toute pure, se porte constamment, également, éternellement vers le même côté, d'orient en occident. Mais les astres qui sont en deçà, étant animés par le principe mixte dont on a vu la composition et renfermant en eux, par cette raison, deux forces contraires, ils consentent, par l'une de ces forces, au mouvement de la sphère des étoiles d'orient en occident ; et par l'autre, ils lui résistent, et se portent en sens contraire, en raison des degrés qu'ils ont de l'une et de l'autre : c'est-à-dire, que plus chacun de ces astres renferme de force matérielle, à proportion de la force divine, plus il a de force pour son mouvement d'occident en orient, et plutôt il achève son cours périodique. Or, il a d'autant plus ou d'autant moins de cette force, qu'il a plus ou moins de matière. Ainsi, dans ce système, les planètes tournent chaque jour par un mouvement commun avec tout le ciel autour de la Terre ; et par un mouvement propre, elles rétrogradent aussi chaque jour, vers l'orient, et achèvent des périodes dont les temps sont différents, selon leurs forces qui dépendent de leurs fonctions et de leurs éléments composants.

— Ah ! mon Dieu ! quel travail, fit l'historien.

— Si cette conception ne nous paraît pas claire, écoutons celle que Platon lui a ajoutée. « Dieu coupa, suivant sa longueur, la composition qu'il avait faite, et en joignit les deux parties en forme de croix ; ensuite il en courba les extrémités, de manière qu'elles formassent un cercle ; ce cercle fut renfermé dans la substance qui se meut selon *le même* ; de ces cercles, l'un extérieur, l'autre intérieur, le premier fut nommé cercle *du même*, et le second cercle *de l'autre* ; celui-là se porta de gauche à droite et celui-ci de droite à gauche ; le premier ne fut point divisé ; le second le fut en six intervalles, dont il résulte sept cercles inégaux ; ces cercles inégaux furent placés à des distances doubles et triples ; il les fit mouvoir en sens contraire, trois avec une vitesse égale (apparemment le Soleil, Mercure et Vénus), quatre avec des vitesses inégales, quoique toujours proportionnées (la Lune, Mars, Jupiter et Saturne, selon toute apparence). »

Nous avons la consolation de voir que l'abbé Batteux, traducteur français de ces antiques théories, a déclaré à propos de ce texte que « des phrases telles que celles-ci ne laissent à un commentateur d'autre ressource que de se pendre. »

L'obscurité des nombres de Platon était du reste passée en proverbe : *Ænigma Oppiorum ex Velia*, dit Cicéron, *non plane intellexi ;*

*est enim numero Platonis obscurius.* Sextus Empiricus remarque que la plupart des interprètes de Platon n'ont osé toucher cette partie. Aristote a pris ces nombres à la lettre et les a réfutés; d'autres les ont considérés comme emblématiques, mais il faudrait du moins que cet emblème pût être entendu. Quel sens peut-on tirer de cette division de l'Ame, coupée selon sa longueur? de ces deux branches croisées qui formaient deux cercles, l'un extérieur, l'autre intérieur, qui se mouvaient en sens contraire, et qui étant de valeur et de force égales, devaient détruire mutuellement leur mouvement? Que devient l'idée de cette première portion de substance divine attachée au centre et représentée par 3:4? Que deviennent les degrés de l'Ame du monde selon les proportions musicales?

— Et tout cela faisait de la musique! dit la marquise.

— Il y avait, répondit l'astronome, un ton de la Terre à la Lune, un demi-ton de la Lune à Mercure, un demi-ton de Mercure à Vénus, un ton et demi de Vénus au Soleil, un ton du Soleil à Mars, un demi-ton de Mars à Jupiter, un demi-ton de Jupiter à Saturne, un ton et demi de Saturne aux étoiles fixes. Voilà ce qu'ont enseigné les successeurs de Pythagore. On appliqua ces rapports aux distances en supposant 126 000 stades ou 4762 lieues pour l'intervalle d'un ton. On comptait ainsi 16 670 lieues de la Terre au Soleil, et la même distance du Soleil aux étoiles.

— Platon dans sa *République*, reprit le professeur, enseigne que chacune des sphères célestes fait sa révolution en portant *une sirène*; que ces sirènes chantent toutes sur un ton différent, et forment par la réunion de ces divers sons un concert agréable. Que ravies elles-mêmes de leur harmonie, elles chantent les choses divines, et accompagnent leurs chants d'une danse sacrée. Les anciens avaient aussi imaginé neuf muses, dont huit veillaient, suivant Platon, sur les choses célestes, tandis que la neuvième présidait aux choses terrestres pour en bannir le désordre et l'inégalité.

Ératosthène décrit aussi cette gamme céleste. De la Terre à la Lune il y a 126 000 stades; ce qui fait un ton. De la Lune à Mercure il n'y a que la moitié de cette distance, ou un demi-ton; de Mercure à Vénus, un autre demi-ton; de Vénus au Soleil, un ton et demi; du Soleil à la planète de Mars, un ton; de Mars à la planète de Jupiter, un demi-ton; de Jupiter à Saturne, un demi-ton; de Saturne au Ciel des étoiles fixes, encore un demi-ton. Ce qui formait en tout, depuis la Terre jusqu'aux étoiles fixes, la valeur de six pour toute l'étendue de la sphère; et c'était de ces six tons qu'était composé le prétendu concert que Pythagore entendait. Pline faisait monter le nombre des tons à sept, mettant un ton et demi de Saturne au Ciel des étoiles fixes.

Cicéron et Macrobe ont aussi donné une étendue de sept tons à l'harmonie de ce concert. De si grands mouvements, dit Cicéron, ne peuvent se passer dans le silence, et il est naturel que les extrémités aient des sons opposés, comme dans l'octave. Le Ciel des étoiles fixes doit donc exécuter le dessus, et la Lune la partie de la basse.

— Képler a renchéri sur cette idée, répliqua l'astronome, en disant dans ses *Harmonices Mundi* que dans le concert planétaire Saturne et Jupiter font la *basse*, Mars le *ténor*, la Terre et Vénus le *contralto*, et Mercure le *soprano*.

— Mais personne n'a jamais entendu ces accords? demanda la fille du capitaine.

— Non, certainement. La raison, d'après Pythagore lui-même, était que toujours plongés dans cette constante mélodie, nos oreilles y sont accoutumées depuis notre naissance, de telle sorte que n'ayant pas de point de comparaison différent, nous ne pouvons la percevoir.

Le système de Timée de Locres se résume en ceci : « La Lune étant la plus voisine de la Terre, achève son cours périodique en un mois. Le Soleil, qui est après elle, achève le sien en un an.

« Il y a deux astres, Mercure et Junon, qui accompagnent le Soleil. On appelle souvent la dernière Vénus et Lucifer. Le pâtre simple, le vulgaire ignorant, n'est pas capable d'entrer dans le sanctuaire de l'Astronomie, ni de connaître les levers occidentaux et orientaux des astres. Le même astre a quelquefois un lever occidental, lorsqu'il suit le Soleil à la distance nécessaire pour n'être pas absorbé dans ses rayons; et quelquefois oriental, lorsqu'il le précède, et qu'il brille dans l'aurore. Ainsi l'astre de Vénus devient Lucifer plusieurs fois dans l'année, parce qu'il accompagne le Soleil. Il n'est pas le seul. Tout astre qui précède le Soleil sur l'horizon est *Lucifer*, parce qu'il annonce le jour.

« Les trois autres, Mars, Jupiter et Saturne, ont des vitesses qui leur sont propres, et des années inégales.

« La Terre, assise au centre, sépare le jour d'avec la nuit, opérant les levers et les couchers des astres par ses horizons, qui terminent la vue. Elle est le plus ancien des corps renfermés dans l'enceinte du Ciel. L'eau ne serait pas née sans la Terre, ni l'air sans l'eau; et le feu, sans l'humide et la matière qui le nourrit, ne pourrait subsister : de manière que la base et l'appui de tout est la Terre, *affermie sur son propre équilibre.* »

Le monde entier est formé de triangles, suivant notre Grec. Le triangle hémitétragone est le principe de composition de la Terre. Car c'est de ces sortes de triangles qu'est composé le carré, composé lui-même de quatre quarts triangulaires de carré : de ces carrés est composé le cube, le plus stable et le moins mobile des corps, ayant six faces et huit angles. *La Terre a la forme d'un cube.* C'est par cette raison que la Terre est le plus pesant des corps et le plus difficile à mouvoir.

Le triangle scalène est le principe de trois autres éléments; du feu, de l'air et de l'eau. Car en joignant six de ces triangles, on a un triangle équilatéral duquel est composée la pyramide, qui a quatre faces et quatre angles égaux, et qui constitue la nature du feu, le plus subtil et le plus mobile des éléments. Ensuite l'octaèdre, qui a huit faces et six angles, est l'élément de l'air. Enfin, le troisième, celui de l'eau, a vingt faces et douze angles : c'est le plus pesant et le plus divisible de ces trois éléments.

Voulons-nous savoir, maintenant, comment furent créées les âmes? La nature composa les animaux mortels et éphémères, et versa en eux, comme par infusion, les âmes, extraites, les unes de la Lune, les autres du Soleil, ou de quelque autre des astres errants. Une parcelle de l'Être toujours le même fut ajoutée à la partie raisonnable de l'âme pour être un germe de sagesse dans les individus privilégiés. Car dans les âmes humaines il y a une partie qui a l'intelligence et la raison, et une partie qui n'a ni l'une ni l'autre.

La portion raisonnable de l'âme a son siége dans la tête. Dans la portion déraisonnable, la faculté irascible est vers le cœur, et la faculté concupiscible vers le foie.

Les parties de l'âme générale pouvaient résider et résidaient en effet, selon Timée, dans les différentes planètes, en attendant qu'elles fussent appelées par la nature altératrice dans les corps que celle-ci formait. Les unes étaient dans la Lune, les autres dans Mercure, dans Vénus, dans Mars, etc., ce qui donnait l'origine et l'explication des différents génies et caractères qu'on remarque dans les hommes. Mais à ces extraits de l'âme humaine, tirés des planètes, était jointe une étincelle de la Divinité suprême qui venait encore de plus haut, et qui faisait de l'homme un animal plus saint que tous les autres, en commerce immédiat avec la Divinité même.

Sur ce rayon que nous avons supposé tiré du centre du monde jusqu'à sa circonférence, étaient placées toutes les substances selon leurs degrés de matérialité ou de subtilité. D'abord, au centre, la Terre, partie la plus grossière, la plus lourde, qui a le moins d'âme, et qui peut-être même n'en a point. Puis, de la surface de la Terre jusqu'à l'orbite de la Lune, Timée plaçait l'eau, l'air et le feu élémentaire, agents d'autant moins matériels qu'ils s'élèvent davantage et qu'ils acquièrent, en s'élevant, une plus grande dose de l'âme du monde.

Au-dessus de la Lune venaient le Soleil, Vénus, Mercure, Mars, Jupiter et Saturne, douées d'un degré d'âme augmentant selon les proportions harmoniques. Après quoi dominait la substance éthérée, toute divine, pure et sans aucun mélange de matière. Tels étaient la position et l'ordre des parties de l'univers. Quant à leur mouvement, la théorie est au moins curieuse :

Il y avait deux mouvements dans les corps célestes : l'un, commun à tous, d'orient en occident ; l'autre, particulier à chacune des planètes, d'occident en orient. L'âme du monde, composée de deux forces contraires, les produisait tous deux. Par sa force divine, conforme à celle des étoiles fixes et de la Divinité suprême, dont elle avait en soi une portion, elle tournait d'orient en occident, et emportait avec elle uniformément tout ce qui est contenu dans le monde. Par sa force matérielle, contraire à la force divine, elle emportait d'occident en orient la Lune et les autres planètes, jusqu'à Saturne, chacune selon sa nature matérielle et selon le degré de résistance qu'elle trouve dans l'âme divine.

— De ce coup d'œil il me semble résulter, dit l'astronome, que les anciens désignaient sous le nom d'*âme* ce que les modernes désignent sous celui de *force*; selon nous, cette force, l'attraction, s'exerce en raison des masses et en raison inverse du carré des distances; selon les anciens, elle était en raison de la matière et de la substance divine, qui réglait les distances. Notre auteur aurait pu faire cette proposition : *Les distances des astres et leurs forces sont entre elles comme leurs temps périodiques.* « Les uns, dit Plutarque, cherchent les proportions de l'âme du monde dans les vitesses (temps employés à parcourir les orbites); les autres dans les distances du centre; quelques-uns dans la masse des corps célestes; d'autres, plus subtils, dans les rapports des diamètres des orbites. Il est probable que le corps de chacun des astres, que les intervalles des sphères, que les vitesses de leurs mouvements, sont comme des instruments de musique bien montés, en proportion entre eux et avec toutes les parties de l'univers; et, par une suite nécessaire, que ces proportions se trouvent dans l'âme du monde dont Dieu se sert pour les exécuter. »

Voilà, j'espère, reprit le professeur, tout un système bien complet. Je me permettrai encore de lui adjoindre ici celui que le philosophe Ocellus de Lucanie édita sur *La nature de l'univers.*

C'était le sujet qui, en Grèce et en Italie, aux derniers siècles avant notre ère, occupait tous les esprits. Les poëtes chantaient des théogonies et des cosmogonies; les philosophes faisaient des traités sur la naissance du monde et sur les éléments de composition; et c'était les seuls genres dans lesquels on écrivait.

Le titre d'Ocellus est le même, pour le sens, que celui d'un ouvrage de Démocrite, qui commençait par ces mots: *Je parle de l'univers;* le même que celui de Timée sur *L'âme du monde;* le même que celui d'Aristote intitulé *Du monde;* le même que celui de ses livres intitulé *Du Ciel;* le même enfin que le brillant ouvrage de Lucrèce, *De naturâ rerum.*

Ocellus de Lucanie se représente l'univers comme étant de figure sphérique. Cette sphère est partagée en couches concentriques: jusqu'à celle de la Lune, ce sont les sphères célestes; depuis la Lune jusqu'au centre du Monde, ce sont les sphères élémentaires, et la

Terre est le centre des sphères. Dans les sphères célestes sont tous les astres, qui sont autant de Dieux, et parmi eux le Soleil, qui est le plus grand et le plus puissant de tous. Dans ces sphères, nul trouble, nul orage, nulle destruction; par conséquent nulle réparation à faire, nulle reproduction, nulle action de la part des dieux.

En deçà de la Lune tout est en guerre, tout se détruit et se recompose; c'est là que s'opèrent les générations. Mais elles s'opèrent par l'influence des astres, surtout par celle du Soleil qui dans son cours foule diversement les sphères élémentaires, et produit en elles des variations continuelles d'où résultent les renouvellements et les variétés de la nature. C'est le Soleil qui enflamme la région du feu, c'est lui qui dilate l'air, qui liquéfie l'eau, qui féconde la terre, tant par son cours journalier d'orient en occident, que par un mouvement oblique et annuel vers les deux tropiques. Mais qui a donné à la Terre et les germes et les espèces? Selon quelques philosophes, ces germes étaient des idées célestes que les dieux et les démons semaient d'en haut par toute la nature. Mais, selon Ocellus, ils proviennent continuellement des influences célestes.

Les divisions mêmes du Ciel séparent la partie impassible du monde, de celle qui change sans cesse. La ligne de partage entre l'immortel et le mortel est le cercle que décrit la Lune. Tout ce qui est au-dessus d'elle, et jusqu'à elle, est l'habitation des dieux : tout ce qui est au-dessous, est le séjour de la nature et de la discorde : celle-ci opère la dissolution des choses faites; l'autre, la production de celles qui se font.

— Hypothèses! hypothèses! s'écria le navigateur. Et dire que ces braves gens de philosophes s'imaginaient déterminer quelque chose avec leur prétendue logique!

— Avant les sciences d'observation, répliqua l'historien, il faut bien avouer qu'en fait de connaissances positives, l'homme n'avait que des théories creuses.

— Il est instructif de revoir néanmoins ces images anciennes, fit la marquise. Elles nous font mieux juger du chemin parcouru. Je suis charmée que la musique nous ait amenés ce soir à parler de ces imaginations.

— Écoutez comment Ocellus précise que le monde est éternel, reprit le professeur.

Le monde tel qu'il est, dit-il, *ayant* toujours existé, il est nécessaire que ce qui est en lui, ce qui a été ordonné en lui, ait aussi toujours été tel qu'il est.

Les parties du Monde *ayant* toujours existé avec le monde, il faut en dire autant des parties de ses parties : aussi le Soleil, la Lune, les étoiles fixes et les planètes ont toujours existé avec le Ciel ; les animaux, les végétaux, l'or et l'argent, avec la Terre ; les courants d'air, les vents, les passages du chaud au froid et du froid au chaud, avec l'espace aérien. *Donc* le Ciel, avec tout ce qu'il a maintenant, la Terre avec ce qu'elle produit et qu'elle nourrit, enfin, l'espace aérien, avec tous ses phénomènes, ont toujours existé.

Ainsi, dirai-je en terminant, on posait des affirmations, et, sans se donner la peine de les démontrer, on en tirait par la logique les conclusions les plus absolues, et parfois les plus extravagantes. Cependant nous voyons, par les idées harmoniques qui précèdent, que sous cette forme sèche et fastidieuse il y avait quelque chose d'intéressant.

— A ces antiques théories, si peu connues de nos jours, dit l'historien, je pourrais ajouter celle de ce Sicilien dont parle Plutarque, qui comparait l'univers à un triangle ; et celle d'une secte de pythagoriciens qui créait le monde par la seule théorie des nombres Mais ces théories n'ont qu'un rapport éloigné avec la musique céleste qui fait l'objet de cette soirée. Toutefois c'est encors l'âme du monde. Ce Sicilien, Pétron d'Himère, connaissait, disait-il, le nombre des mondes. Il y en avait juste 183, pas un de plus ni de moins. Comme les Égyptiens, il comparait l'univers à un triangle : soixante mondes étaient rangés sur chacun de ses côtés, et les trois autres sur les trois angles. Soumis à la loi du mouvement, comme les troupes de danseurs que nous voyons obéir à la cadence, ils s'atteignaient et se remplaçaient paisiblement et avec lenteur.

Au milieu du triangle était le champ de la Vérité ; là, dans une immobilité profonde, résidaient, avec leurs rapports, les choses qui avaient été, et celles qui devaient être. Là aussi régnait l'immuable et mystérieuse Éternité, du sein de laquelle émane le temps, qui, semblable à un ruisseau intarissable, coulait et se distribuait sur les mondes alignés.

Les pythagoriciens dont j'ai parlé disaient, de leur côté, que l'unité représente le *point*, c'est-à-dire l'Être ; que le nombre binaire représente la *ligne*, parce qu'elle est la première dimension engendrée par le mouvement, et qu'elle est tout entière contenue entre deux points, celui de l'arrivée et celui du départ ; que le nombre ternaire représente la *surface*, parce qu'il n'y a pas de surface qui ne puisse être limitée par trois lignes (le cercle lui-même contenant le triangle d'une manière cachée), et que le triangle est le principe de la génération et de la formation des corps, etc.

— Il me semble, dit le pasteur, avoir vu la plupart de ces anciennes théories dans des ouvrages modernes. Beaucoup de vieux-neufs ont été réédités par certains hommes étrangers au mouvement des sciences ou désireux de se distinguer !

— Mais, fit la marquise, qu'y a-t-il de vrai en définitive dans la musique des sphères ? Pensez-vous que les astres produisent des sons par leur mouvement ?

— Non pas des sons pour notre oreille, répondit l'astronome. Mais les vitesses étant différentes peuvent représenter des nombres harmoniques dont l'ensemble constitue un véritable accord.

— Quelles sont les vitesses respectives des planètes dans leur translation autour du Soleil ?

— Elles volent d'autant plus vite qu'elles sont plus proches. Ainsi, Mercure fait, *en moyenne*, 55 000 mètres par *seconde*, Vénus 36 800, la Terre 30 550, Mars 24 448, Jupiter 13 000, Saturne 9840 Uranus 6800 et Neptune 5500.

— C'est aux musiciens à inscrire des notes sous ces chiffres, et à chercher quel accord cela donne, dit le capitaine. Qui sait si une oreille gigantesque, ou un nerf optique autrement organisé que le nôtre, ne percevrait pas là une immense et variable mélodie !

— L'harmonie est constituée par des rapports numériques, dit l'astronome, et c'est en eux qu'elle existe, et non dans notre oreille qui en perçoit certaines manifestations. Un concert existe lors même qu'il n'y aurait que des sourds-muets dans la salle. Deux cordes, dont l'une fait 10 000 et l'autre 20 000 vibrations par seconde, don-

nent l'octave; nous l'entendons; mais deux cordes dont l'une fait 10
et l'autre 20 vibrations sont encore à l'octave l'une de l'autre, quoique ces mouvements soient trop lents pour être perçus par notre
nerf auditif. La gamme n'est pas autre chose que la série des nombres suivants :

|  | do, | ré, | mi, | fa, | sol, | la, | si, | do. |
|---|---|---|---|---|---|---|---|---|
|  | 1 | $\frac{9}{8}$ | $\frac{5}{4}$ | $\frac{4}{3}$ | $\frac{3}{2}$ | $\frac{5}{3}$ | $\frac{15}{8}$ | 2 |

Nous pourrions établir les mêmes rapports dans les ondulations
qui donnent la lumière. Ainsi, l'extrême violet du spectre solaire
est à l'extrême rouge comme 1 est à 2, car le premier est engendré
par des vibrations de 369 millionièmes de millimètre, et le second
par le chiffre 738. Le *ré* de la gamme des couleurs se trouve dans
l'orangé (raie c), le *mi* dans le jaune (raie d), le *fa* à la limite du
jaune et du vert, le *sol* dans le bleu (f), le *la* dans l'indigo (g) et le
*si* à la raie h, dans le violet.

Une rose au milieu d'un parterre *chante* par ses douces vibrations
un motif dont les autres fleurs forment l'accompagnement; l'harmonie est un accord de nombres.

Par ses rapports numériques, le système du monde développe dans
l'éther une mélodie grandiose dont le Soleil tient l'archet, et sur ce
fond général se brodent les variations causées par les mouvements
des satellites, les fugues des comètes échevelées, les rondes gigantesques des astéroïdes et des étoiles filantes. — Neptune forme la
note la plus basse, Mercure la plus haute, à plus de trois octaves
au-dessus. Les vitesses sont entre elles comme les nombres 10, 12,
16, 24; 44, 55, 67 et 100.

Mais cette digression musicale nous fait oublier l'âme du monde.
Peut-être notre érudit philosophe a-t-il quelque chose à ajouter à
sa thèse de tout à l'heure.

— Non, répondit le professeur, si ce n'est deux mots relatifs à
l'origine des dieux et à la religion naturelle. Persuadés que le
mouvement n'appartient qu'aux êtres vivants, les anciens attribuaient aux astres (corps mobiles) des intelligences supérieures.
C'est du nombre des sept planètes, qui furent les sept premiers dieux,
que naquirent le respect, la superstition de toutes les nations, et

particulièrement des nations orientales pour le nombre septenaire. De là sont encore dérivés les sept anges supérieurs qu'enseignait la théologie des Chaldéens, des Perses et des Arabes, les sept portes de la théologie de Mithra, par où les âmes passaient pour aller au Ciel, les sept mondes de purification des Indiens, et surtout les si nombreuses applications judaïques et chrétiennes de ce fameux et sacré nombre VII.

Des divinités présidaient, dès l'Égypte, au cours annuel de la nature. Hercule, ou Jupiter Ammon, régnait sur l'équinoxe du printemps; Horus, sur le solstice d'été; Sérapis, sur l'équinoxe d'automne; Harpocrate, sur le solstice d'hiver. Les hiéroglyphes produisirent rapidement des symboles et donnèrent naissance à de nouvelles divinités. On trouve des traces de la marche que les anciens ont suivie, car on sait qu'ils peignaient le Soleil, au solstice d'hiver, sous la forme d'un enfant, et au printemps, sous la figure d'un adolescent; l'été, c'était un homme avec la barbe pleine; l'automne, ce n'était plus qu'un vieillard. L'astre du jour changeait de forme et de visage à chaque signe du zodiaque. On voit évidemment que ces peintures sont la source des dieux des équinoxes et des solstices.

— A ce propos, ajouta l'historien, il ne serait pas inutile de jeter un coup d'œil rétrospectif sur l'origine des dieux de l'antiquité. Et d'abord, me permettrez-vous de remarquer que le culte de la nature est aussi ancien que l'humanité, et répandu sur la surface entière du globe? Les Égyptiens, au rapport de Pline, reconnaissaient pour dieux le Soleil, la Lune, les planètes, les astres du zodiaque, et tous ceux qui, par leur lever ou leur coucher, marquent les divisions des signes. Le Soleil était le dieu-architecte et modérateur de l'univers. Ils expliquaient non seulement la fable d'Osiris, mais encore toutes leurs fables religieuses, par les astres et par le jeu de leurs mouvements, par leur apparition, leur disparition, par les phases de la Lune, par les accroissements ou la diminution de sa lumière, par la marche progressive du Soleil, par les divisions du Ciel et du temps dans leurs deux grandes parties, l'une affectée au jour et l'autre à la nuit; par le Nil; enfin par l'action des causes physiques. Comme le démontre Dupuis dans son ouvrage sur l'*Origine des cultes*, les animaux même, conservés dans les temples de l'Égypte et honorés par un culte, représentaient les diverses fonctions de la grande cause, se rapportaient au Ciel, au Soleil, à la Lune et aux différentes constellations. Nous avons déjà vu que la belle étoile Sirius ou la canicule était honorée sous le nom d'*Anubis*, et sous la forme d'un *chien sacré* nourri dans les temples. L'épervier représentait le Soleil, l'ibis la Lune, et l'astronomie était l'âme de tout le système religieux. C'est au Soleil et à la Lune, adorés sous les noms d'Osiris et d'Isis, que les mêmes peuples attribuaient le gouvernement du monde, comme à deux divinités premières et éternelles, desquelles dépendait l'organisation de notre monde sublunaire. Ils bâtirent, en l'honneur de l'astre qui nous distribue la lumière, la fameuse ville du Soleil, Héliopolis, et un temple dans lequel ils placèrent la statue de ce dieu.

Les Phéniciens qui, avec les Égyptiens, ont le plus influé sur la religion des autres peuples, attribuaient la divinité au Soleil, à la Lune, aux étoiles, et ils les regardaient comme les seules causes de la production et de la destruction de tous les êtres. Le Soleil, sous le nom d'Hercule, était leur grande divinité.

Les Éthiopiens, pères des Égyptiens, placés sous un climat brûlant, n'en adoraient pas moins la divinité du Soleil, et surtout celle de la Lune, qui présidait aux nuits, dont la douce fraîcheur faisait oublier les ardeurs du jour. Tous les Africains sacrifiaient à ces deux personnalités célestes. C'est en Éthiopie que l'on trouvait la fameuse table du Soleil. Ceux des Éthiopiens qui habitaient au-dessus de Méroë, admettaient des dieux éternels et d'une nature incorruptible, nous dit Diodore, tels que le Soleil, la Lune, et tout l'Univers ou le monde. Semblables aux Incas du Pérou, ils se disaient enfants du Soleil, qu'ils regardaient comme leur premier père.

La Lune était la grande divinité des Arabes. Les Sarrasins lui donnaient l'épithète de Cabar ou de Grande : son croissant orne encore les monuments religieux des Turcs. Son exaltation sous le signe du Taureau fut une des principales fêtes des Arabes sabéens. Chacune de leurs tribus était sous l'invocation d'un astre. Le Sabéisme était la religion principale de l'Orient : le Ciel et les astres en étaient le premier objet.

En lisant les livres sacrés des anciens Perses, contenus dans la collection des livres Zends, on trouve à chaque page des invocations adressées à Mithra, à la Lune, aux astres, aux éléments, aux montagnes, aux arbres, et à toutes les parties de la nature. Le feu Éther, qui circule dans tout l'univers, et dont le Soleil est le foyer le plus apparent, était représenté dans les Pyrées par le feu sacré et perpétuel entretenu par les mages.

Chaque planète avait son temple particulier, où l'on brûlait de l'encens en son honneur.

Je ne puis m'empêcher d'admirer cette grande religion de la nature! continua l'historien en se tenant debout contre la Harpe de Fingal, et en laissant ses regards tomber sur la mer, qui déjà n'était plus qu'à quelques mètres de nous, et devait effleurer avant une demi-heure les rochers sur lesquels nous étions assis. En contemplant ce lent reflux de la mer, les anciens saluaient déjà par intuition l'influence de la Lune, comme on le voit dans Plutarque. Tous les peuples nous offrent le touchant témoignage du culte de la nature. Déjà, maintes fois nous avons reconnu ici l'astronomie à la fois politique et religieuse des Chinois. Ils ont élevé les temples du Soleil et de la Lune, et celui des étoiles du Nord. Le culte du Soleil, des astres et des éléments a formé le fond de la religion de toute l'Asie, c'est-à-dire des contrées habitées par les plus grandes, par les plus anciennes comme les plus savantes nations, par celles qui ont le plus influé sur la religion des peuples d'Occident, et en général sur celle de l'Europe.

Pausanias, dans sa description de la Grèce et de ses mouvements religieux, montre partout des traces du culte de la nature; on y voit des autels, des temples, des statues consacrés au Soleil, à la Lune, à la Terre, aux Pléiades, au Cocher céleste, à la Chèvre, à l'Ourse ou à Calysto, à la nuit, aux fleuves, etc.

Les temples de l'ancienne Byzance étaient consacrés au Soleil, à la Lune et à Vénus. Ces trois astres, ainsi que Arcturus et les douze signes du Zodiaque, y avaient leurs idoles.

Rome et l'Italie conservaient aussi une foule de monuments du culte rendu à la nature et à ses agents principaux. Tatius, venant à Rome, partage le sceptre de Romulus, élève des temples au Soleil, à la Lune, à Saturne, à la lumière et au feu. Le feu éternel ou Vesta était le plus ancien objet du culte des Romains. Tout le monde connaît le fameux temple de Tellus ou de la Terre qui servit souvent aux assemblées du Sénat. La Terre prenait le nom de mère, et était regardée comme une divinité.

Toutes les nations du nord de l'Europe, connues sous la dénomination générale de nations celtiques, rendaient un culte religieux au feu, à l'eau, à l'air, à la Terre, au Soleil, à la Lune, aux astres, à la voûte des cieux, aux arbres, aux rivières, aux fontaines. Notre seconde soirée a représenté cette théologie naturelle.

Dès que les hommes eurent cessé de se rassembler sur le sommet des hautes montagnes pour y contempler et y adorer les astres, leurs premières divinités, et qu'ils se furent réunis dans les temples, ils voulurent retrouver dans cette enceinte étroite les images de leurs dieux et un tableau régulier de cet ensemble admirable, connu sous le nom de monde ou du grand tout qu'ils adoraient.

Ainsi le fameux labyrinthe d'Égypte représentait les douze maisons du Soleil, auquel il était consacré par douze palais, qui communiquaient entre eux, et dont l'ensemble représentait le temple de l'astre qui engendre l'année et les saisons en circulant dans les douze signes. On trouvait dans le temple d'Héliopolis ou de la ville du Soleil, douze colonnes chargées de symboles relatifs aux douze signes et aux éléments.

Le système religieux des Égyptiens était tout entier calqué sur le Ciel, comme l'a rapporté Lucien, et comme il est aisé de le démontrer. Les chants poétiques des anciens auteurs, de qui nous tenons les théogonies connues sous les noms d'Orphée, de Linus, d'Hésiode, etc., se rapportent à la nature et à ses agents. « Chantez, dit Hésiode aux Muses, chantez les dieux immortels, enfants de la Terre et du Ciel étoilé, dieux nés du sein de la nuit et qu'a nourris l'Océan, les astres brillants, l'immense voûte des cieux, et les dieux qui en sont nés; la mer, les fleuves, etc. »

Le monde paraissait animé par un principe de vie qui circulait dans toutes ses parties, et qui le tenait dans une activité éternelle. On crut donc que l'univers vivait comme l'homme et comme les autres animaux, ou plutôt que ceux-ci ne vivaient que parce que l'univers essentiellement animé, leur communiquait pour quelques instants une infiniment petite portion de sa vie immortelle, qu'il versait dans la matière inerte et grossière des corps sublunaires.

Nous venons de le voir par tous ces témoignages, l'Univers était un vaste corps mû par une âme, gouverné et conduit par une intelligence. De même que la matière universelle se partage en une foule innombrable de corps particuliers sous des formes variées, de même la vie ou l'âme universelle, ainsi que l'intelligence, se divisaient dans tous les corps, y prenaient un caractère de vie et d'intelligence particulière. Voilà l'idée que les anciens eurent de l'âme ou de la vie universelle. C'est de cette source féconde qu'étaient sorties les intelligences innombrables placées dans le Ciel, dans le Soleil, dans la Lune, dans tous les astres, dans les éléments, dans la Terre, dans les eaux, et généralement partout où la cause universelle semble avoir fixé le siége de quelque action particulière, et quelqu'un des agents du grand travail de la nature. Ainsi se composa la cour des dieux dont on peupla l'Olympe et l'Empyrée, celles des divinités de l'air, de la mer et de la Terre. Ainsi s'organisa le système général de l'administration du monde.

A part les exagérations mythologiques, et les personnifications inventées par les poëtes, je reste convaincu que cette religion naturelle, cette conception à la fois dynamique et esthétique de l'univers, qui sentait sous les faits physiques les forces intellectuellement établies auxquelles est due la splendeur inaltérable de la nature, était plus rapprochée de la vérité que le dogmatisme dans lequel le moyen âge a essayé d'enfermer la pensée humaine. Plusieurs d'entre vous peuvent certainement différer de mon opinion sur ce point; mais pour ma part je préfère cette adoration directe de Dieu dans la Nature, sous les grands cieux étoilés et devant l'infini, aux dogmes étroits et souvent puérils de l'anthropomorphisme.

Ces anciens n'étaient pas savants, sans doute, mais ils sentaient l'harmonie qu'à peine nous pouvons saisir encore. C'est à nous à continuer aujourd'hui par la science raisonnée ces nobles traditions de l'Orient.

Nous avons déjà vu l'origine primitive de ces conceptions dans la première pensée des Aryas (3e soirée). Là, en effet, nous trouvons la cause et l'explication de la plupart des fables qui composent les diverses mythologies. Les anciens ne vivaient pas comme nous dans de vastes cités, enfermés entre de hautes murailles, et ne donnaient pas toutes leurs heures aux affaires de la vie matérielle. Leur temps s'écoulait plus lentement, ne se consumait pas comme le nôtre. Ils contemplaient la nature, observaient le Ciel, traduisaient les phénomènes par le sentiment. C'est pourquoi, en remontant dans l'histoire de l'astronomie, nous découvrons dans cette *science primordiale* la clef de presque tous leurs récits; — ce qui nous ramène à notre axiome : la connaissance de l'astronomie est la plus utile de toutes, et nul ne doit maintenant ignorer cette science, car, sans elle, nous sommes incapables de rien savoir, de rien apprécier dans l'histoire de l'humanité comme dans celle de l'univers!

Ainsi parla l'historien. Il avait d'abord été question, dans le cours de la soirée, d'exposer les différents systèmes astronomiques sur *le monde planétaire*, auxquels on était déjà arrivé par diverses voies, et qu'on avait déjà effleurés dans cette causerie, comme dans la précédente; mais la soirée du dimanche s'était écoulée plus vite que les autres, et d'ailleurs la mer remontait, de sorte qu'on ne tarda pas à quitter Biedalle pour revenir au sommet de la falaise, au chalet, où une collation nous attendait. Nous trouvâmes là, occupés à un quatuor de violon, le médecin du bourg des Pieux, un ingénieur des mines, un membre du Conseil général, et un rédacteur du *Siècle* qui était revenu le matin même de Torigny-sur-Vire. Une épaisse fumée les enveloppait, ce qui nous démontra que les cigares de la Havane peuvent parfaitement s'accorder avec la musique allemande.

# NEUVIÈME SOIRÉE

LES SYSTÈMES ASTRONOMIQUES.

Système du monde fondé sur les apparences. Les anciens et Ptolémée. Combinaisons singulières des mouvements célestes; épycicles; complications. Premiers Pères de l'Église. Association des croyances religieuses aux opinions astronomiques; le système des cieux d'après les cartes du moyen âge; calculs mystiques sur la hauteur et les dimensions du Ciel. — Rénovation du système du monde par Copernic, Galilée, Kepler et Newton. — Autres systèmes : Martien-Capella, Tycho-Brahé, Longomontanus, Descartes, etc. — Singuliers systèmes de quelques peuples. Découverte ancienne des planètes et origines de leurs noms.

— Nous avons parcouru jusqu'à présent, dit le professeur de philosophie, la circonférence de l'histoire du Ciel, ou, pour ne pas faire de rhétorique, nous avons considéré l'ensemble des opinions antiques sur la sphère céleste. Il est temps sans doute de pénétrer maintenant dans le corps du système, et à proprement parler, dans le système même de l'univers, tel que les anciens l'ont conçu.

— En effet, répliqua l'historien, après avoir dans notre première soirée pris une connaissance sommaire exacte de la vérité astronomique actuellement connue, nous sommes remontés, dès notre seconde soirée, à l'histoire des idées humaines antérieures à l'art des sciences d'observation, en ayant soin de commencer par notre respectable famille, les Gaulois nos ancêtres. L'antiquité de l'astronomie nous a été ensuite esquissée dans la brume des âges par les traditions vagues qui nous en restent. De là, abordant la composition de la sphère, nous avons demandé à l'étymologie l'explication des dessins des figures célestes et l'origine des constellations. L'étude des signes du zodiaque a continué l'histoire de l'astronomie antique. C'est après cette revue analytique que nous avons pu seulement pénétrer les opinions des anciens sur la nature de la voûte céleste, qu'ils supposaient matérielle, comme nous l'avons vu, sur l'arrangement des sphères et leur harmonie. Ce soir donc nous pourrons entrer plus profondément encore dans les détails, et voir le système terrestre et planétaire construit par l'esprit humain pour l'explication des phénomènes observés.

— Notre cher astronome, ajouta la marquise, a dû préparer ce sujet, car il est revenu tard des falaises, accompagné d'un petit elzevir qu'il paraît affectionner particulièrement.

— Je me suis en vérité trouvé précisément engagé dans ce sujet, répondit l'astronome, par une lecture que le hasard le plus intelligent m'avait merveilleusement préparée.

Du haut des cimes sévères du cap, ajouta-t-il, assis sur l'un des blocs de granit qui de toutes parts percent comme de colossales arêtes le corps de la montagne, je contemplais ce matin l'immensité bleue des mers déployée sous l'immensité de l'azur, et je voyais le reflet blanc du Soleil sillonner la surface liquide comme une vaste zone d'argent reliant le rivage de France aux îles, lorsque mes yeux fatigués de l'éblouissement tombèrent sur ce petit volume elzevir que j'avais placé à côté de moi dans l'anfractuosité de la roche. Je songeais, tout en rêvant, à la description du système astronomique des anciens, et je cherchais vaguement (comme on cherche quand on n'est pas pressé) quel exorde il conviendrait d'improviser pour préparer cette description. J'attendais l'inspiration, lorsque mes yeux se prennent à lire une page de mon elzevir, une page écrite dans l'une des belles langues que les hommes aient parlées, dans cette langue éternellement riche, qui a des mots pour tout exprimer, et des images pour tout peindre. Or, voyez combien souvent nous avons tort d'éperonner le rétif Pégase, et de fatiguer la noble tête académique de Minerve, puisque le hasard, ou le destin, le plus ancien et le plus mystérieux des dieux, se charge de temps en temps de faire lui-même tout le travail. Voici en effet ce que je lus et ce que je relus, tout ému par la grandeur des pensées; du moins en voici une traduction française :

.... Je contemplais l'univers du haut de ce cercle qui resplendit

entre tous les feux célestes par son éclatante blancheur, et je ne
voyais de toutes parts que magnificences et merveilles. Il y avait des
étoiles que nous n'avons jamais aperçues d'en bas et dont nous n'avons
jamais soupçonné la grandeur. Le plus petit des astres était celui
qui, proche de la Terre, brille d'une lumière empruntée. Les mondes
célestes l'emportaient tous de beaucoup sur la Terre en grandeur.
Alors la Terre elle-même me parut si petite, que notre empire,
qui n'en occupe pour ainsi dire qu'un point, me fit pitié.

.... L'univers est composé de neuf cercles, ou plutôt de neuf globes qui se meuvent. La sphère extérieure est celle du Ciel, qui embrasse toutes les autres, et sous laquelle sont fixées les étoiles. Plus
bas roulent sept globes, entraînés par un mouvement contraire à
celui du Ciel. Sur le premier cercle roule l'étoile que les hommes
appellent Saturne; sur le second brille Jupiter, l'astre bienfaisant et
propice aux yeux humains; vient ensuite Mars, rutilant et abhorré;
au-dessous, occupant la moyenne région, roule le Soleil, chef, prince,
modérateur des autres astres, âme du monde, dont le globe immense
éclaire et remplit l'étendue de sa lumière. Après lui, viennent,
comme deux compagnons, Vénus et Mercure. Enfin l'orbe inférieur
est occupé par la Lune, qui emprunte sa lumière à l'astre du jour.
Au-dessous de ce dernier cercle céleste, il n'est plus rien que de
mortel et de corruptible, à l'exception des âmes données par un
bienfait divin à la race des hommes. Au-dessus de la Lune, tout est
éternel. — Votre Terre, placée au centre du monde et éloignée du Ciel
de toutes parts, forme la neuvième sphère; elle reste immobile, et
tous les corps graves sont entraînés vers elle par leur propre poids....

En lisant cette page, je ne me sentis plus la nécessité de chercher
un préambule à la description du système astronomique des anciens
et de leurs idées sur la construction du monde. Mais comme c'est
l'ombre de Paul-Émile en personne qui parle ici, après un séjour
dans l'Empyrée, je continuai d'écouter son discours d'outre-tombe:

.... Formée d'intervalles inégaux, mais combinés suivant une juste
proportion, l'harmonie résulte du mouvement des sphères qui, fon-
dant les tons graves et les tons aigus dans un commun accord, fait de
toutes ces notes si variées un mélodieux concert. De si grands mouvements ne peuvent s'accomplir en silence, et la nature a placé (une

octave) un son grave à l'orbe inférieur et lent de la Lune, un ton aigu à l'orbe supérieur et rapide du firmament étoilé ; avec ces deux limites de l'octave, les huit globes mobiles produisent sept tons sur des modes différents, et ce nombre est le nœud de toutes choses en général. Les oreilles des hommes remplies de cette harmonie ne savent plus l'entendre, et vous n'avez pas de sens plus imparfait, vous autres mortels. C'est ainsi que les peuplades voisines des cataractes du Nil ont perdu la faculté de les entendre. L'éclatant concert du monde entier dans sa rapide révolution est si prodigieux, que vos oreilles se ferment à cette harmonie, comme vos regards s'abaissent devant les feux du Soleil, dont la lumière perçante vous éblouit et vous aveugle....

Un peu plus loin, le fils de Scipion l'Africain semble terminer cette esquisse de la cosmographie en montrant à Scipion Émilien le globe terrestre sous son aspect véritable : ... Quelle gloire digne de tes vœux peux-tu acquérir sur ce petit globe?... Les habitants sont tellement isolés les uns des autres qu'ils ne peuvent communiquer entre eux. Bien plus, tu vois combien ils vivent loin de nous, les uns *sur les flancs* de la Terre, les autres à angle droit, d'autres même *sous vos pieds,* « partim obliquos, partim transversos, partim etiam adversos stare vobis. » Tu vois ces zones qui paraissent envelopper et ceindre la Terre ; les deux d'entre elles qui sont aux extrémités du globe et qui de part et d'autre s'appuient sur les pôles du Ciel, tu les vois couvertes de frimas ; celle du milieu, la plus grande, est brûlée par les ardeurs du Soleil. Deux sont habitables : la zone australe où se trouvent les peuples vos antipodes, et qui constitue un monde étranger au vôtre, et celle où souffle l'aquilon et que vous habitez. Regardez, vous ne couvrez encore qu'une bien faible partie de celle-ci. Toute cette région où vous êtes, étroite entre le nord et le midi, plus étendue entre l'orient et l'occident, forme une petite île baignée par cette mer que vous appelez l'Atlantique, la Grande Mer, l'Océan. Malgré tous ces grands noms, vois quel pauvre océan c'est en définitive....

En fermant mon petit livre, qui n'était autre, comme vous l'avez deviné, qu'un exemplaire de Cicéron, je remerciai le hasard d'avoir précisément guidé mes mains et incliné mes yeux sur ces quatre paragraphes, qui renferment avec concision l'esquisse de tout le système du monde des anciens.

— Cette page de Cicéron est très-belle en effet, répliqua le professeur de philosophie; mais elle est surtout concise, et réclame une explication un peu plus détaillée.

— Elle n'est qu'un prélude à l'exposition du système de Ptolémée, ajouta le capitaine.

— Ptolémée, reprit l'astronome, a laissé son nom à ce système quoiqu'il n'en soit pas l'inventeur, et qu'on l'ait imaginé bien des

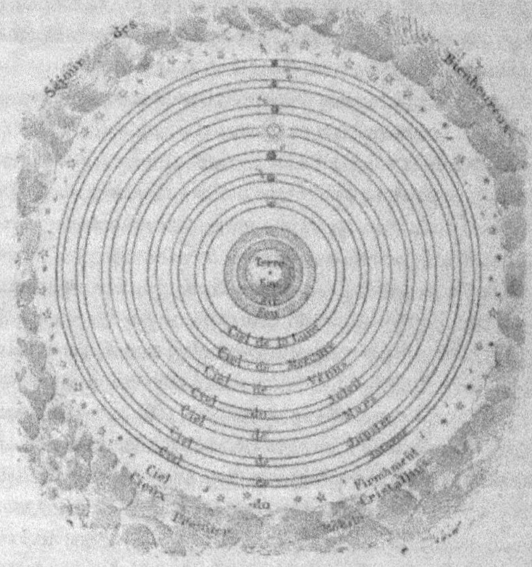

Système de Ptolémée.

siècles avant la naissance de cet astronome. Nous venons de voir avec Cicéron l'ensemble de ce premier système, avec lequel l'antique harmonie des sphères nous avait déjà initiés hier soir; quant aux mouvements, on les composait comme ceci : La Terre occupait le centre du monde, environnée de la sphère de l'*air* et par celle du *feu*, de l'éther ou des météores; le premier cercle décrit autour du système terrestre était le ciel de la Lune, tournant en 27 jours, 7 h., 43 m. Au-dessus de la Lune, *Mercure* dans le deuxième ciel, *Vénus*

dans le troisième, et le *Soleil* dans le quatrième, tournaient autour
de la Terre en un même temps, 365 j., 5 h., 49 m. Ces planètes,
outre le mouvement général qui les emportait en vingt-quatre heures d'orient en occident et la révolution annuelle qui leur faisait parcourir le Zodiaque, avaient un troisième mouvement suivant lequel
elles décrivaient un cercle autour de chaque point de leur mouvement orbitaire pris pour centre.

Le cinquième ciel portait *Mars* achevant sa révolution en deux ans;
et le sixième ciel, *Jupiter* employant onze ans, 313 j. et 19 h., à parcourir son orbite; la septième sphère appartenait à *Saturne*, qui ne fournit
sa carrière qu'en vingt-neuf ans et 169 jours. Au-dessus de toutes les
planètes était placé le ciel des étoiles fixes ou *Firmament*, tournant
d'orient en occident en vingt-quatre heures avec une rapidité incon-
cevable, et animé en outre d'un mouvement propre d'occident en
orient, mesuré par Hipparque, de la précession des équinoxes, qui, nous
l'avons vu, fait faire une révolution rétrograde au Ciel en 25870 ans.

Au-dessus de toutes ces sphères, un « Premier Mobile » donnait
le mouvement à toute la machine, pour la faire tourner d'orient
en occident; chaque ciel des planètes et celui des étoiles fixes
faisait un effort contre ce mouvement, suivant lequel chacun de ces
cieux achevait sa révolution autour de la Terre, en plus ou moins de
temps, à proportion de son éloignement ou de la grandeur du cercle
qu'il avait à parcourir.

Mais, ajouta l'astronome, une immense difficulté opposait une contradiction permanente à ce système.

Le mouvement apparent des planètes n'est pas uniforme; car tantôt on les voit avancer d'occident en orient, et alors on les appelle
directes; tantôt on les voit plusieurs jours de suite au même point
du firmament, et alors on les nomme stationnaires, et tantôt on voit
qu'elles retournent vers l'occident, et alors on les nomme rétrogrades.

Cette variation apparente dans le mouvement des planètes sous la
sphère céleste est causée par la translation annuelle de la Terre
autour du Soleil. C'est facile à comprendre. Saturne, par exemple,
décrit en trente ans environ une vaste circonférence antour du
Soleil. La Terre en décrit une intérieure et beaucoup plus petite, en
un an. Supposons qu'en une position quelconque de la Terre et de

Saturne, celui-ci se projette sur une étoile du zodiaque. La Terre se déplace ; donc Saturne paraîtra se déplacer en sens inverse du déplacement de la Terre.

— Comme par exemple, interrompit la jeune fille, si je marche de gauche à droite, le mât du Sémaphore paraît s'en aller à gauche de Jersey, au lieu de rester vis-à-vis. Et si je vais à gauche, le mât paraît aller à droite.

— Exactement ! reprit l'astronome. Quand la Terre est arrivée au bout du diamètre de son orbite, Saturne, qui avait paru marcher en sens inverse, s'arrête. Quand la Terre revient de droite à gauche, Saturne reprend un petit déplacement apparent de gauche à droite.

— De sorte qu'en trente ans, Saturne paraît osciller ainsi trente fois, tout en accomplissant sa révolution trentenaire ?

— Et Jupiter, douze fois, répondit l'astronome ; puisque dans les douze années qu'il emploie à décrire son orbite, la Terre a fait douze fois son petit tour autour du Soleil.

Eh bien, pour expliquer ces variations apparentes des mouvements planétaires, le système de Ptolémée supposait que les planètes ne se meuvent pas le long de la circonférence même de leur cours, mais autour d'un *centre idéal se mouvant* le long de cette circonférence. Au lieu de décrire un cercle, elles décrivaient une série de petits cercles progressifs, se réduisant, comme on le voit facilement, à une série de boucles non interrompues. C'est ce qu'on a appelé les *Épicycles*.

— Je ne les avais jamais bien compris, dit le député. Ils sont assez curieux. Mais il me semble qu'ils ne rendent pas compte de la variation de grandeur des planètes.

— Pour satisfaire à cette objection, répondit l'astronome, Hipparque donna à chaque ciel des planètes une très grande épaisseur, et prétendit que la planète ne tournait pas centralement autour de la Terre, mais autour d'un centre de mouvement placé hors de la Terre. Sa révolution se faisait de manière que d'un côté elle rasait le bas de l'épaisseur de son ciel, tandis que de l'autre elle en rasait le haut.

Mais cette réponse n'était pas satisfaisante, parce que la différence des grandeurs apparentes du disque des planètes fait connaître par les règles de l'optique une si prodigieuse différence d'éloignement dans les deux situations opposées de la conjonction ou de l'opposition, qu'il devint extrêmement difficile d'imaginer des sphères assez épaisses pour permettre ces différences.

C'était une charpente gigantesque et formidable, à laquelle on avait été obligé d'ajouter sans cesse de nouvelles pièces pour faire

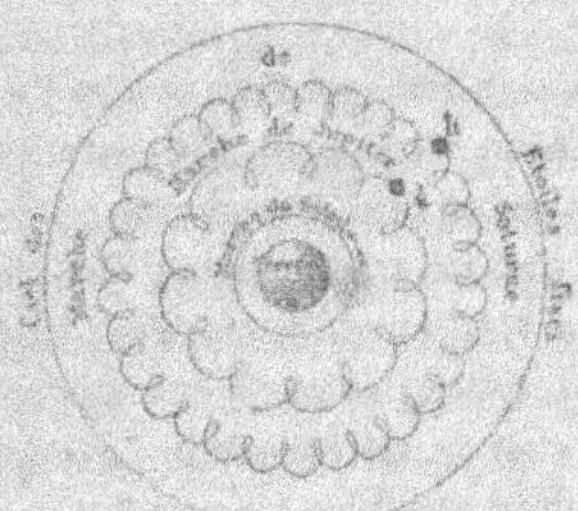

Les Épicycles.

concorder les observations avec la théorie. Au treizième siècle, au temps du roi-astronome Alphonse X de Castille, il y avait déjà 75 cercles emboîtés. C'est lui qui un jour s'écria en pleine assemblée d'évêques, que si Dieu lui avait fait l'honneur de lui demander son avis en créant le monde, il lui aurait conseillé de le faire un peu mieux, et plus simplement surtout. Il exprimait par là combien cette complication matérielle était indigne de la majesté de la nature.

Fracastor, dans les *Homocentriques*, ajoute que rien n'est si monstrueux et si mal imaginé que tous ces cercles excentriques et tous ces épicycles des Ptolémistes, et que la nature réclame contre. Il eut la velléité assez originale d'expliquer la différence de vitesse et de distance des planètes en disant que la matière dans laquelle elles nagent, étant en certains endroits plus rare et en d'autres plus épaisse, ces globes trouvent plus ou moins de facilité dans leur route. Il expliquait par la réfraction de l'éther les variations des astres et de la grandeur de leurs disques. Cette solution était déjà plus simple que les charpentes grossières des commentateurs de Ptolémée ; mais ce n'était qu'un arrangement nouveau de ce vieil empire céleste déjà disloqué, et un moyen de le conserver seulement un peu plus longtemps.

— Comme les sénatus-consultes ! fit le député.

— Pas de politique, ô député interrupteur ! cria la marquise.

— Je n'en faisais point, répondit le mandataire du peuple ; car je ne pensais qu'aux Césars romains.

— Messieurs, je reprends le système de Ptolémée, dit l'astronome.

Nous avons vu avant-hier que Vitruve a eu l'audace de supposer que quand les planètes stationnent, c'est qu'elles n'ont plus assez de lumière pour avancer dans leur chemin ! Nous avons vu également que d'autre part un grand nombre d'astronomes anciens ont supposé *solides* les sphères ou cercles dans lesquels on avait enchâssé les planètes. Corrigé de siècle en siècle pour l'accorder avec les observations, c'est ce système de *la Terre fixe au centre* qui fut officiellement enseigné chez tous les peuples.

Ce système planétaire, fondé sur les apparences des mouvements célestes, inventé dans un âge immémorial, trouvé ou adopté par tous les peuples, régna en souverain sur l'Égypte, la Grèce, l'Italie, sur les Arabes et sur la grande *école d'Alexandrie*, qui le consolida en lui assujettissant ses observations. Le véritable système, qui reconnaît au Soleil sa place centrale, et ne matérialise pas les orbes, ne fut enseigné que par de rares initiés et dans les écoles privilégiées. Le système des apparences s'imposa dans tous les siècles, et règne encore aujourd'hui chez bien des peuples, et même chez bien des hommes de notre Europe ; car j'ai rencontré, non rarement, des hommes distingués, mais aveuglés, qui le préfèrent encore, malgré la science moderne, à celui qui fut restauré par Copernic.

Ce système, dis-je, domine sur les fastes de notre histoire. Fouillons les manuscrits et les parchemins du moyen âge : nous le trouvons partout.

Et ce n'est pas une étude peu sérieuse que cette recherche du système du monde à travers ces vieux ouvrages des premiers siècles de notre ère jusqu'à Copernic et Galilée.

Nous consacrerons nos prochaines soirées à la revue de ces cartes antiques, en ce qui concerne spécialement l'idée qu'on se formait sur la *Terre, sa position, sa figure, sa situation dans l'univers.*

Ce soir, parcourons-les au point de vue des *systèmes astronomiques.*

Les premiers siècles de notre ère, qui représentent la chute du colosse empire romain aux pieds d'argile, le balayage des civilisations usées du sud par la force virile descendue du nord, et la métamorphose lente et sourde du polythéisme païen dans le nouveau monothéisme, ces siècles, dis-je, ont laissé d'abord régner vaguement chez les rares esprits qui s'en occupèrent le système astronomique que nous avons exposé avant-hier, hier et ce soir. Lorsque après cinq siècles de travaux patients, d'aspirations, d'ambitions, de conciles théologiques et politiques, l'Église chrétienne eut pris possession des trônes et des consciences, elle se servit de l'astronomie ancienne pour fonder son édifice physique. Aristote et Ptolémée règnent. On décrète que la Terre constitue le monde, que les cieux sont faits pour elle, que Dieu, les anges et les saints habitent un éternel séjour de félicité situé au-dessus de la sphère azurée des étoiles fixes. Et sur les manuscrits enluminés, sur les livres d'heures, sur les vitraux d'église, on représente cet univers désormais sacré, dont toutes les parties concourent à démontrer la vérité transcendante de l'illusion antique qui nous gratifie d'une supériorité imaginaire sur le reste du monde.

Parmi les différentes représentations cosmographiques se remarquent plusieurs systèmes de cercles ou sphères concentriques, figurant la pluralité des cieux. Nulle histoire ne peint mieux les croyances religieuses et scientifiques du moyen âge que les monuments de ce genre. On y voit, mêlés au système des anciens, le ciel du christianisme, et les vestiges conservés de la théologie judaïque.

Les docteurs de l'Église reconnaissaient presque tous la pluralité des cieux. Ils différaient cependant sur le nombre. Saint Hilaire de Poitiers hésite à en fixer le chiffre ; le même doute retient saint Basile, mais la plupart des autres, accueillant les théories et les idées du paganisme, en admettent, les uns six, les autres sept, d'autres huit, d'autres enfin neuf et même dix.

Les Pères de l'Église considéraient ces cieux comme autant d'hémisphères concentriques qui venaient s'appuyer sur la Terre, et à chacun desquels ils donnaient différents noms. Le système de Bède, suivi par un grand nombre, est ainsi composé : *Air, Éther, Espace igné, Firmament, Ciel des Anges et Ciel de la Trinité.*

Certains cartographes du moyen âge, dominés par l'esprit du christianisme, tout en représentant le système des cercles ou de la pluralité des cieux d'après les anciens philosophes païens, inscrivaient souvent le nom de *Dieu* au-dessus de toutes les sphères ou de tous les mondes; quelquefois même ils représentent l'Être suprême bénissant sa création et son œuvre. D'autres placent Dieu au-dessus du paradis terrestre et de la Terre, présidant au jugement dernier. Théologie et astronomie, ciel spirituel et ciel physique s'associent et se combinent sous les formes les plus singulières, dont nous sommes, à juste titre, fort étonnés aujourd'hui.

Les savants qui se vantaient d'être les plus complets traçaient, dans leurs représentations cosmographiques, le système de l'Almageste de Ptolémée, et en même temps celui des Pères de l'Église, comme ceci :

Ils plaçaient l'*enfer* au centre de la Terre, un cercle en indiquait les limites. Un autre cercle indiquait la Terre, puis l'Océan environnant, signalé par le mot *eau*; puis le cercle de l'*air*. Venait ensuite celui du *feu*. Successivement s'enveloppaient les sept cercles des sept planètes; le huitième représentait la sphère des étoiles fixes, ou le firmament; puis arrivait le *neuvième ciel*; ensuite un dixième cercle, le *cœlum cristalinum*; et enfin un onzième et suprême qui représentait le ciel *empyrée*, demeure des chérubins et des séraphins, et, au-dessus de toutes les sphères, un trône où Dieu le père est assis en Jupiter Olympien.

D'autres auteurs modifiaient considérablement ce système. Ils représentaient la Terre au centre de l'univers, un cercle indiquait l'Océan; un autre, la sphère de la Lune; un troisième, celle du Soleil. Il y avait ensuite un quatrième, autour duquel on lisait : Jupiter, Mars, Vénus et Mercure; un cinquième indiquait l'espace au delà des planètes; enfin un dernier représentait le *firmament*. En tout, sept cercles ou sphères au lieu de onze.

— Voilà des travaux dont on ne se doute plus, s'écria le député.

— Et qui annonçaient, dit le pasteur, des préoccupations que nous n'avons plus guère.

— Existe-t-il encore un grand nombre de ces cartes singulières ! demanda le capitaine.

— Un très-grand nombre, répondit l'astronome, et toutes celles qui doivent exister sont loin d'avoir été trouvées.

Je voudrais pouvoir les faire passer toutes sous vos yeux, mais je dois me borner à vous parler des principales.

Parmi les plus curieuses exhumées de la poussière du moyen âge par le vicomte de Santarem, je n'en ai pas remarqué, je crois, de plus singulières que les nombreuses mappemondes de Lambertus (ou Floridus), douzième siècle. Je ne m'arrêterai pas à donner sa description du paradis terrestre; nous parlerons plus tard des curieuses idées émises à ce sujet; mais je ne puis m'empêcher de vous témoigner l'étonnement que j'ai ressenti en voyant le bizarre amalgame de ce vénérable docteur.

Le système de Ptolémée et d'autres astronomes de l'antiquité exerçant une grande influence sur les cosmographes du moyen âge, et la croyance à l'existence des cercles ayant été acceptée et embellie encore par les Pères de l'Église, ces théories furent adoptées et suivies par les dessinateurs des représentations cosmographiques qu'on rencontre dans différents manuscrits jusqu'au seizième siècle même. Ce monument-ci en offre un exemple.

La Terre, placée immobile au centre de l'univers, est figurée par un disque traversé par la Méditerranée et entouré par l'Océan. Au delà sont circonscrits les cercles célestes : celui de la Lune, celui de Mercure, dans lequel différentes constellations (la Lyre, Cassiopée, la Couronne et autres) sont grossièrement indiquées; celui de Vénus, dans lequel on remarque *Sagittarius* et la constellation du Cygne. On n'a pas oublié la légende : *Celestis Paradisus;* il en peut encore lire l'inscription suivante :

« Le paradis où Paul fut enlevé dans ce troisième détroit. Il y en a qui viennent à nous parce que là reposent les âmes des prophètes. »

Dans d'autres cercles sont encore d'autres constellations, par exemple : Pégase, Andromède, le Chien, Argo, le Capricorne, Aquarius, Pisces, *Canopus*, figurée par une étoile de première grandeur. Au nord se voit, auprès de la constellation du Cygne, une grande étoile de sept points, destinée à figurer dans un seul astre les sept étoiles principales dont se compose la Grande-Ourse.

Les étoiles de Cassiopée sont non-seulement déplacées, mais même grossièrement représentées. La Lyre est figurée d'une manière bizarre.

Toutes les positions astronomiques des constellations que nous venons de nommer se trouvent bouleversées dans cette figure, de la

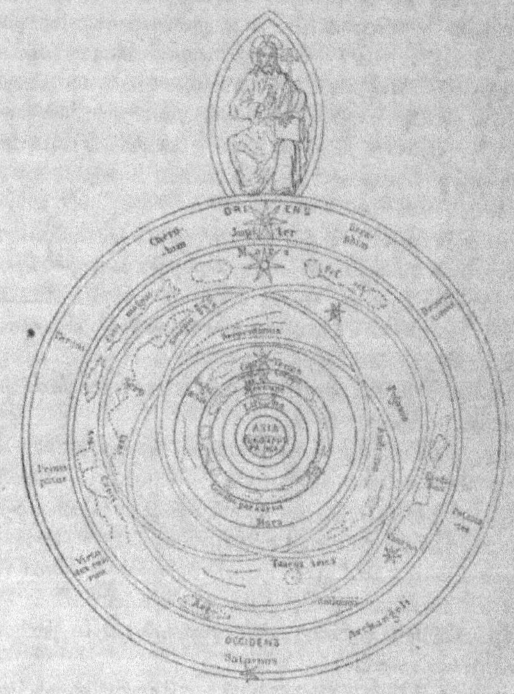

Type d'un système planétaire du moyen âge
Lambertus canonicus (*Liber Floridus*), douzième siècle.

même manière que les villes dans les cartes terrestres. Les cartographes du moyen âge, par une incroyable ignorance, déplaçaient en général tous les lieux. Cela leur est égal! Ils agissaient de même pour les constellations des planisphères célestes.

Dans le Ciel du cercle de Jupiter et dans celui de Saturne, on lit:

Seraphim, Dominationes, Potestates, Archangeli, Virtutes cœlorum, Principatus, Throni, Cherubim! indications empruntées aux théories sacrées. On n'a jamais vu un pareil mélange! Les anges habitent avec les héros de la mythologie, les vierges immortelles s'accordent avec Vénus et Andromède, et les saints avec la Grande-Ourse, l'Hydre et le Scorpion....

— Voilà, certes, un monument bien curieux de l'ancienne théocosmographie, s'écria le professeur.

— L'année dernière, dit l'historien, visitant la grande et antique Bibliothèque de Gand, j'ai examiné un manuscrit très-richement enluminé, du *Liber Floridus*, dans lequel je remarquai un dessin analogue au précédent, intitulé : *Astrologia secundum Bedum*. Seulement, au lieu de la Terre, c'est un serpent qui est au centre, accompagné du nom de la Grande-Ourse. Dans ce même manuscrit, j'ai vu les Gémeaux représentés par un homme et une femme, Andromède en chasuble, et Vénus en religieuse!...

— Et il y en a un très-grand nombre de cet intérêt, répliqua l'astronome; je veux que nous en ayons ce soir les plus curieux spécimens. Cette série nous raconte le long règne du système astronomique fondé sur les apparences.

Le manuscrit de la cosmographie d'Asaph le Juif, conservé à la Bibliothèque de Paris, renferme vingt représentations astronomiques et cosmographiques. En les compulsant, en compagnie de notre savant ami Richard Cortambert, j'ai trouvé dans la quatrième un dessin qui ressemble beaucoup au précédent, quoiqu'il soit loin de lui être identique.

Un I⁻ cercle représente *les limbes;* le II⁰ représente la Terre; le III⁰, l'eau; le IV⁰, l'air; le V⁰, le feu; le VI⁰, la Lune; le VII⁰, Mercure; le VIII⁰, Vénus; le IX⁰, le Soleil; le X⁰, Mars; le XI⁰, Jupiter; le XII⁰, Saturne; le XIII⁰, le firmament; le XIV⁰, le cœlum cristalinum; le XV⁰ cercle, enfin, le *Ciel empyrée;* et on y lit autour : Cherubim — Dominationes — Potestates — Archangeli — Natura humana — Angeli — Virtutes — Principatus — Throni — Seraphim. Et plus haut : *Figura Universi*.

Dans les visites que j'ai rendues cet été à cette curieuse collection d'estampes de la Bibliothèque de Paris, continua l'astronome, j'ai découvert certainement d'étranges documents, oubliés depuis long-temps dans la poussière du passé. Je me souviens, entre autres, d'un manuscrit intitulé : « Archiloge Sophie, » portant un système du monde, et dont le centre est formé par un segment de sphère avec des édifices.

Au-dessus, dans les nuages, trône la Lune ; plus haut une région enflammée, où circulent Vénus et Mercure. — Puis le Soleil et trois étoiles qui sont, sans contredit, Mars, Jupiter et Saturne. Les étoiles fixes et le zodiaque terminent la partie supérieure.

Sur un manuscrit du quatorzième siècle, j'ai également relevé la série suivante à partir du centre du monde :

*Enfer* — *Terre* — *Ciel* — Air — Feu — Lune — Mercurius — Venus — Solaus — Mars — Jupiter — Saturne — li firmamens — li novismes ciel — li ciel cristalins — li ciel empirée. — Puis, dans la verticale : Deus, et autour, en allant de gauche à droite : Chérubim — potestates — dominaciones — archangli — angli — homo (au nadir) — virtutes — principuus — trônæ — séraphim. On trouve de tout là-dessus : de la mythologie païenne, de l'astrologie, du dogme chrétien, du latin de cuisine.... et du vieux français par-dessus le marché.

Ces cartes, soigneusement rassemblées aujourd'hui, et plus pré-cieuses à mon avis que toutes les vieilles faïences que recherchent avec tant de soin les amateurs improvisés de notre siècle, sont en nombre éloquent, et j'ai passé d'excellentes heures en leur instruc-tive compagnie. Il faut que je vous signale encore d'autres curieux spécimens de l'astrothéologie. Je choisis naturellement les plus im-portants.

Un planisphère, renfermé dans un poëme géographique manuscrit, exécuté vers la fin du quinzième siècle, représente la Terre au centre de l'univers, entourée du système des cercles ou des sphères, le dixième cercle ou sphère *des étoiles fixes*, le ciel cristallin, et *le ciel immobile*. Mais le curieux de la miniature est l'inscription suivante, posée sur ce dernier ciel :

« Ciel immobile, selon la théologie sacrée et véritable, où est la demeure des bienheureux, à laquelle plaise à Dieu que nous parve-nions dans les siècles des siècles. Ainsi soit-il ! Où resplendit une piété pleine de douceur.... et qui est nommé aussi ciel empirée. »

LE CIEL CHRÉTIEN AU MOYEN AGE.

(p. 231.)

Près de chaque planète, l'auteur indique la durée de sa révolution ; il donne à Mercure un an moins quatre jours ; à Vénus, un an et dix-sept jours ; au Soleil, un an et six heures ; à Mars, deux ans ; à Jupiter, deux ans, et à Saturne, la planète la plus éloignée de toutes, vingt ans (*complet cursus in 20 annis*).

Nous verrons, dans une prochaine soirée, les cartes plus spéciales à la terre, qui représentent le paradis terrestre au-dessus, à l'orient (car c'est là l'origine de l'*orientation*), Jérusalem au centre, et tout un système théologique.

Le passage suivant, d'un géographe arménien, Vartan, est à la fois un excellent exposé de la doctrine et le commentaire le plus explicite de ces monuments. En voici les termes :

« D'abord c'est le tabernacle où est le trône de la Divinité qui est au-dessus de tout ce qui existe. Aucun être créé ne peut entrer ni voir dans ce tabernacle. La Sainte Trinité seule y habite dans une lumière inaccessible. Au-dessous sont les demeures des Anges ; d'abord sont les ordres des séraphins, des chérubins et des trônes, perpétuellement occupés à glorifier Dieu.

« Après eux sont les *Dominations*, les *Vertus*, et les *Puissances* (potestates) qui forment les hiérarchies moyennes. Enfin, après celles-ci, sont es *Principautés* (principatus), les archanges et les anges, qui forment les dernières hiérarchies ; les six ordres ont des places et des degrés de gloire différents, de même que les hommes, tous d'une même nature, sont de divers rangs, que l'un est roi, tandis qu'un autre est prince, chef de ville et ainsi de suite. Les *cieux fixes* et sans mouvement sont *leur demeure*. Ensuite est une ceinture aqueuse, qui est toujours en mouvement, et qui est nommée *Premier mobile*. Après cela on rencontre les cieux du firmament, où une grande quantité d'astres se meuvent circulairement. Ensuite est la zone des sept planètes, placées l'une au-dessous de l'autre ; puis les quatre éléments qui s'enveloppent les uns les autres sphériquement ; la sphère du Feu, ensuite l'*Air*, puis l'Eau, et enfin la *Terre* qui est le dernier des quatre et qui *est au milieu de tous les autres*. »

Les monuments de cette catégorie reproduisent avec la plus scrupuleuse fidélité ces doctrines ; et c'est surtout en rapprochant les planisphères des commentateurs de la Bible qu'on voit avec quelle obéissance les figures dessinées au moyen âge représentaient les traditions cosmographiques des livres sacrés.

Je ne dois pas non plus oublier un système cosmographique renfermé dans un manuscrit de la Bibliothèque de Paris (n° 540), antérieur de deux siècles à Copernic. Il sert d'explication aux idées cosmologiques du Dante, de sorte que le beau poëme du savant Florentin doit être, en quelque sorte, la clef de ce système. Cette figure se compose de *seize* cercles concentriques. Le petit cercle du centre représente l'*Enfer*, et il est placé au centre de celui de la Terre.

Autour du second cercle, figurant le disque de la Terre, est le troisième, qui représente l'Océan environnant. Selon le Dante, les condamnés qui, de tous les pays du monde, arrivaient à l'Enfer, s'y rendaient en traversant le *fleuve terrible*. Ce fleuve ne serait autre que l'Océan, cette *mer des ténèbres* tant redoutée, que personne ne pouvait traverser.

Autour de l'Enfer est tracé aussi un cercle qui paraît représenter les *Limbes*. Le cercle de l'eau ou l'Océan environnant est entouré par le cercle de l'Air. Ensuite vient celui du Feu, puis se succèdent le cercle ou le ciel de la *Lune*, de Mercure, de Vénus, du Soleil, de Mars, de Jupiter, et enfin de Saturne. Au delà sont tracées les orbes des autres cieux : le *Firmament*, le *neuvième Ciel*, le *dixième* ou *Ciel cristallin*, et enfin le *Ciel empyrée*. Sur ce dernier sont inscrits : Chérubim, Potestates, Dominationes, Archangeli, Angeli, Homo, Virtutes, Principatus, Throni et Seraphim. Cette disposition hiérarchique rappelle celle de Denys l'Aréopagite, *De cœlesti hierarchia :*

Première hiérarchie : Séraphins, Chérubins, Trônes ;

Deuxième hiérarchie : Dominations, Vertus, Puissances ;

Troisième hiérarchie : Principautés, Archanges, Anges.

Sur la mappemonde dont je parle, au-dessus de tous les cercles le mot *Deus* est renfermé dans un cartouche.

Le soin de représenter dans les systèmes cosmologiques Dieu présidant au système astronomique de la création, révèle toute la philosophie religieuse du moyen âge.

— Et comment savait-on tout cela ? fit observer l'une des jeunes filles.

— On ne le *savait* pas, répondit l'astronome ; mais on le supposait.

Il y a mieux encore : on a été jusqu'à donner en chiffres la distance qui nous sépare de ces différents cieux.

— Oh ! fit la femme du capitaine, c'est encore plus étrange.

— Ainsi, reprit l'astronome, pour en citer un exemple, je prendrai le système cosmographique renfermé dans le manuscrit n° 4126 de la même bibliothèque.

Dans l'espace ménagé entre les orbes de chaque planète on lit une légende relative à la distance des planètes entre elles. Au-dessus du premier cercle qui paraît représenter simplement le globe terrestre, est la légende suivante :

De la Terre à la Lune, il y a 126 000 stades de 15 milles.

Au-dessus du second cercle : de la Lune à Mercure, il y en a 7800.

Au-dessus du troisième : de Mercure à Vénus, même distance.

Au-dessus du quatrième : de Vénus au Soleil, 20 436 milles.

Au-dessus du cinquième : du Soleil à Mars, 15 625 milles.

Au-dessus du sixième : de Mars à Jupiter, 12 800 milles et demi.

Au-dessus du septième : de Jupiter à Saturne, même distance.

Au-dessus du huitième : de là au Firmament, 35 436.

Au-dessus du neuvième : or, *de la terre juqu'au ciel, il y a* 109 375 *milles*.

— Cela nous donnerait 36 458 lieues marines, fit le capitaine.

— Si ces milles étaient les mêmes que les nôtres.

— Ce qui n'est pas probable, et ce qu'il est difficile de savoir, répliqua l'astronome, puisque nous ne connaissons ni l'auteur, ni le lieu de cette carte. Dans tous les cas, c'est une mesure insignifiante auprès de la réalité.

Avant l'invention des télescopes, on croyait que l'univers était resserré dans des bornes beaucoup plus étroites. Alfragan place les étoiles fixes à la même distance que l'Apogée de Saturne, et il croit ce ciel éloigné seulement de 20 110 demi-diamètres de la Terre, et c'est sur ce pied-là qu'il calcule le circuit de tout l'univers.

Fracastor, dans son traité des *Homocentriques*, dit que les étoiles sont entraînées par les cieux auxquels elles sont attachées. On s'imaginait qu'elles étaient fixées comme des clous d'or sous le ciel étoilé appelé firmament, à égale distance de la Terre centre du monde.

Cela me fait souvenir, ajouta encore le même orateur, que sur

234 NEUVIÈME SOIRÉE. — LE SYSTÈME DU MONDE.



une mappemonde gigantesque retrouvée par le vicomte de Santarem,
j'ai remarqué un système italien du monde, distribué comme il suit
à partir du centre : Terra — Aqua — Aria — Fuoco — Luna — Mer-
curio — Venus — Sol — Marte — Giove — Saturno — Stelle fixe
— Sfera nona — Cielo Empireo. Le plus curieux de ce système, c'est
la légende qui l'accompagne, et qui donne sur *les dimensions de
l'univers* des mesures que l'on peut traduire ainsi :

| | Milles. |
|---|---|
| *Rubrica :* Du centre du monde à la surface de la terre il y a | 3245 $\frac{4}{11}$ |
| Dudit centre du monde à la surface inférieure du ciel de la Lune, | 107936 [fraction illegible] |
| Diamètre de la Lune | 1896 [fraction illegible] |
| Du centre du monde à la surface inférieure du ciel de Mercure | 209108 [fraction illegible] |
| Diamètre de Mercure | 230 [fraction illegible] |
| Du centre du monde à la surface inférieure du ciel de Vénus | 519320 [fraction illegible] |
| Diamètre de Vénus | 2984 [fraction illegible] |
| Du centre du monde à la surface inférieure du ciel du Soleil | 3892666 [fraction illegible] |
| Diamètre du Soleil | 35700 |
| Du centre du monde à la surface inférieure du ciel de Mars | 4268629 |
| Diamètre de Mars | 7572 [fraction illegible] |
| Du centre du monde à la surface inférieure du ciel de Jupiter | 323520 [fraction illegible] |
| Diamètre de Jupiter | 29611 [fraction illegible] |
| Du centre du monde à la superficie du ciel de Saturne | 52544702 [fraction illegible] |
| Diamètre de Saturne | 29202 |
| Du centre du monde à la surface inférieure de la huitième sphère, au ciel des Étoiles fixes | 73387747 $\frac{140}{...}$ |

L'auteur n'a pas poursuivi plus loin ses calculs, et consent à déclarer qu'il est très-difficile de savoir au juste quelle est l'étendue
de la neuvième sphère et celle du ciel cristallin.

— Je le crois, fit la marquise. Mais il y a des esprits pour lesquels rien n'est impossible. Les *Mondes imaginaires* ne nous offrent-
ils pas plusieurs exemples de tentatives faites pour mesurer la ca-
pacité du Ciel et le nombre possible des élus qui pourront y tenir,
comme l'a fait, entre autres, si je ne me trompe, le P. A. Rheita,
qui s'écrie, en reconnaissant l'étendue de l'Empyrée : « Seigneur !
que la maison du bon Dieu est grande ! »

— Mais, dit l'astronome, les Égyptiens déjà avaient cru trouver
chaque degré de l'orbite de la Lune de 33 stades ; les degrés de l'orbite de Saturne doubles, et ceux du cercle du Soleil, moyens entre
les deux. D'où l'on avait conclu que Saturne ne serait éloigné que
d'environ 164 lieues ; le Soleil, de 123, et la Lune de 82 !... Les

sciences, comme les hommes, ont leur enfance. Quand on arrête ses regards sur les premiers développements de l'esprit humain, il faut lui pardonner ses erreurs, ses essais maladroits, et jusqu'aux faux pas qu'il a pu faire dans une route où il s'est acquis tant de gloire…

— Voilà, j'espère, dit l'historien, un choix particulièrement riche des témoignages qui constatent le règne souverain du système de Ptolémée.

Le règne du système de Ptolémée.
Fac-simile d'un dessin emblématique de la *Margarita philosophica* (1503).

— Il était important de les établir ici, répliqua l'astronome. On retrouve du reste la personnification de ce long règne dans tous les anciens ouvrages astronomiques, entre autres, dans la *Margarita philosophica* que nous avons consultée l'autre soir. Maintenant que nous connaissons, aussi complétement que si nous avions vécu à ces époques, le long règne du système de la *Terre centrale* et du ciel humain sur l'antiquité et le moyen âge, nous arrivons à l'établissement du véritable système du monde par Copernic, et au règne brillant de l'astronomie moderne, perpétué par les conquêtes intellectuelles de Galilée, Képler, Newton, Laplace, et d'autres grands astronomes philosophes.

— L'examen du lent et difficile établissement du système de Copernic ne va-t-il pas nous demander beaucoup de temps et d'attention ? fit le capitaine.

— Sans doute, répondit l'astronome. Trois quarts d'heure ou une heure peut-être.

— Eh bien ! interrompit la marquise, voilà un gâteau Savarin qui perd son rhum et sèche sur place, ce qui n'est pas d'usage en basse Normandie. Je propose un entr'acte assaisonné de « baba » et de « thé chinois. »

L'entr'acte fut accepté. Dix minutes après, l'astronome ouvrit la thèse de Copernic à peu près dans les termes suivants :

— Nulle révolution ne s'accomplit, dans les sciences comme dans la politique, sans avoir été longuement préparée. La théorie du mouvement de la Terre avait été conçue, discutée et même enseignée bien des siècles avant la naissance de Copernic. Et pour le démontrer de suite, je vous présenterai l'ouvrage même de Copernic, *De Revolutionibus orbium celestium* (première édition, de 1543), que j'ai retrouvé ce matin à la bibliothèque du château.

Tenez ! ajouta-t-il, en posant sur la table un lourd in-octavo noir, voilà cette fameuse bible des astronomes, vénérable et immortelle.... Laissez-moi vous traduire d'abord un passage significatif du commencement :

« Je me suis donné la peine, dit Copernic, de relire tous les livres de philosophes que j'ai pu me procurer, pour m'assurer si j'y trouverais quelque opinion différente de ce qu'on enseigne dans les écoles relativement aux mouvements des sphères célestes. Et je vis d'abord dans Cicéron que Nicétas avait émis l'opinion que la

Terre se meut (*Nicetam sensisse Terram moveri*). Puis je trouvai dans Plutarque que d'autres avaient eu la même idée. »

Ici Copernic cite textuellement ce que celui-ci rapporte du système de Philolaüs, savoir : « que la Terre tourne autour de la région du feu (région éthérée), en parcourant le zodiaque comme le Soleil et la Lune[1]. » Du reste, les principaux pythagoriciens, tels que Archytas de Tarente, Héraclide de Pont, Échécrate, etc., enseignaient la même doctrine, d'après laquelle « la Terre n'est pas immobile au centre du monde, tourne en cercle, et est loin d'occuper le premier rang parmi les corps célestes[2]. »

Pythagore avait appris, dit-on, cette doctrine des Égyptiens qui, dans leurs hiéroglyphes, représentaient le symbole du Soleil par le scarabée stercoral, parce que cet insecte forme une boule avec les excréments du bœuf, et que, se couchant sur le dos, il la fait tourner entre ses pattes.

Timée de Locres était plus précis encore que les autres pythagoriciens quand il appelait « les cinq planètes les organes du temps à cause de leurs révolutions, » ajoutant qu'il fallait supposer la Terre non pas immobile à la même place, mais tournant, au contraire, autour d'elle-même et se transportant dans l'espace[3].

Plutarque raconte que Platon, qui avait toujours enseigné que le Soleil tournait autour de la Terre, avait, vers la fin de ses jours, changé d'opinion, regrettant de n'avoir pas placé le Soleil au centre du monde, seul lieu qui convienne à cet astre[4].

Trois siècles avant Jésus-Christ, Aristarque de Samos composa,

---

1. Φιλόλαος ὁ Πυθαγόρειος τὴν γῆν κύκλῳ περιφέρεσθαι περὶ τὸ πῦρ, κατὰ κύκλου λοξοῦ, ὁμοιοτρόπως ἡλίῳ καὶ σελήνῃ. (Plutarque, *De Placit. Philosoph.*, liv. II; voy. aussi Stobée, *Eclog. phys.*, liv. I; Diogène Laerce, liv. VIII, 85.) Selon Eusèbe (*Prepar. Evangel.*), Philolaüs avait le premier exposé le système de Pythagore.

2. Τὴν γῆν οὔτε ἀκίνητον, οὔτε ἐν μέσῳ τῆς περιφορᾶς οὖσαν, ἀλλὰ κύκλῳ περὶ τὸ πῦρ αἰωρουμένην, οὔτε τῶν τιμιωτάτων, οὐδὲ τῶν πρώτων τοῦ κόσμου μορίων ὑπάρχειν. (Plutarque, *Numa*; voy. aussi *De Placit.*, III, 13; et Clément Alex., *Stromat.*, V.)

3. Τὴν γῆν… μὴ μεμηχανῆσθαι συνεχομένην καὶ μένουσαν, ἀλλὰ στρεφομένην καὶ ἀνειλουμένην νοεῖν. (Plutarque, *De Placit.*, liv. III; voy. Dutens, *Origine des découvertes attribuées aux modernes*, t. I, p. 208.)

4. Πλάτωνα φασι πρεσβύτην γενόμενον διανενοῆσθαι περὶ τῆς γῆς, ὡς ἐν ἑτέρᾳ χώρᾳ καθεστώσης, τήν τε μέσην καὶ κυριωτάτην ἑτέρῳ τινὶ κρείττονι προσήκουσαν. (Plutarque, *Numa*.)

au rapport d'Archimède, un ouvrage spécial pour défendre le mouvement de la Terre contre les opinions contraires des philosophes. Dans cet ouvrage, aujourd'hui perdu, il enseignait d'une manière positive que « le Soleil reste immobile et que la Terre se meut autour de lui en décrivant une courbe circulaire dont cet astre occupe le centre[1]. Il était impossible de poser la question en termes plus nets. Et pour que rien n'y manquât, pas même l'expiation du génie, Aristarque fut accusé d'irréligion, pour avoir troublé le repos de Vesta, « parce que, ajoute Plutarque, afin de sauver l'explication des phénomènes, il enseignait que le Ciel était immobile, et que la Terre accomplissait sur une ligne oblique un mouvement de translation en même temps qu'un mouvement de rotation autour de son axe[2].

Telle est précisément la thèse que reprit, après dix-huit siècles d'intervalle, Copernic ; et, chose remarquable, lui aussi fut accusé d'irréligion.

Le docteur Hœfer remarque qu'en passant des Grecs aux Romains et de là au moyen âge, la doctrine d'Aristarque, qui est celle du vrai système du monde, subit une modification curieuse : elle s'éloigna du système de Copernic pour se rapprocher de celui de Tycho-Brahé. Ce système consiste à faire mouvoir autour du Soleil les deux planètes intérieures, Mercure et Vénus, pendant que le Soleil tournerait avec ces deux planètes ainsi qu'avec toutes les autres, autour de la Terre considérée comme centre du monde. Voici ce que dit Vitruve sur ce point : « Le Ciel tourne perpétuellement autour de la Terre.... mais Mercure et Vénus font leurs révolutions autour du Soleil qui leur sert de centre[3]. » Macrobe reproduit à peu près la même idée[4]. Martianus Capella répète aussi que « Vénus et Mercure ne tournent pas autour de la Terre, mais autour

1. Τὸν ἥλιον μένειν ἀκίνητον· τὰν δὲ γᾶν περιφέρεσθαι περὶ τὸν ἥλιον, κατὰ κύκλου περιφέρειαν, ὅ ἐστιν ἐν μέσῳ τῷ δρόμῳ κείμενος. (Archimède, *In Psammite.*)

2. Ἐξελίττεσθαι δὲ κατὰ λοξοῦ κύκλου τὴν γῆν, ἅμα καὶ περὶ τὸν αὐτῆς ἄξονα δινουμένην. (Plutarque, *De Facie in orbe Lunæ.*)

3. « Cœlum volvitur continenter circum Terram ... Mercurii autem et Veneris stellæ circum Solis radios, Solem ipsum, uti centrum itineribus coronuntes.... » (Vitruve, *De Architectura*, liv. IX, ch. IV.)

4. Macrobe, *Somnium Scipionis*, liv. I, ch. XIX.

du Soleil, pris pour centre[1]. » Copernic, en faisant allusion à cette
théorie, ajoute « qu'elle n'était pas trop à dédaigner[2]. » Cicéron et
Sénèque ont enseigné, il est vrai, avec Aristote et les stoïciens, l'immobilité de la Terre au centre du monde. Mais la question cependant
paraissait encore indécise à Sénèque, puisqu'il dit : « Il sera bon
d'examiner si c'est le monde qui tourne et la Terre qui reste immobile, ou si la Terre tourne, le monde restant dans l'inaction. En
effet, il s'est trouvé des hommes qui ont soutenu que c'est nous que
la Terre entraîne à notre insu *(Nos esse quos rerum natura nescientes
ferat)*; que ce n'est pas le mouvement du Ciel qui produit le lever
et le coucher des astres; que c'est nous qui nous levons et nous
couchons relativement à eux. C'est un problème digne de nos méditations que de savoir dans quel état nous sommes; si le destin nous
a assigné une demeure immobile ou douée d'un mouvement rapide;
si Dieu fait rouler tous les corps célestes autour de nous ou nous
autour d'eux[3]. »

Le double mouvement de la Terre est donc, dans la véritable acception du mot, une idée renouvelée des Grecs. Ptolémée lui-même,
que l'on ne cessa d'opposer à Copernic, la connaissait, et lui consacre
tout un chapitre de son fameux ouvrage l'*Almageste* pour la combattre par des arguments qui présentent un singulier mélange d'erreurs
et de vérités. Le docteur Hœfer résume savamment, comme il suit,
la discussion faite par Ptolémée lui-même sur le mouvement de la
Terre. Après avoir parfaitement démontré que la Terre n'est qu'un
point (σημαίου λόγον ἔχει) relativement aux espaces célestes, Ptolémée

1. « Venus Mercuriusque, licet ortus occasusque quotidianos ostendant, tamen eo-
rum circuli Terras omnino non ambiunt, sed circa Solem laxiore ambitu circulantur. »
(Martianus Capella, *De Nuptiis Philologiæ et Mercurii*, liv. VIII, dans le chapitre intitulé : *Quod Tellus non sit centrum omnibus planetis.*)

2. « Minime contemnendum arbitror, quod Martianus et quidem alii Latinorum per-
calluerunt. Existimant enim quod Venus et Mercurius circumcurrant Solem in medio
existentem, et eam ob causam ab illo non ulterius digredi putant, quam suorum con-
vexitas orbium patiatur, quoniam Terram non ambiunt ut cæteri, sed absidas conversas
habent. Quid ergo aliud volunt significare, quam circa Solem esse centrum illorum orbium? » (*De Revol. orb. cœlest.*, liv. I, p. 8 (verso) de l'édition de 1543.)

3. « Digna res est contemplatione, ut sciamus, in quo rerum statu sumus : pigerri-
mam sortiti, an velocissimam sedem. circa nos Deus omnia, an nos agat. » (Sénèque,
*Quest. naturel.*, liv. VII.)

ajoute que par des preuves analogues on arrive à démontrer son immobilité[1]. C'est un raisonnement basé simplement sur les effets de la pesanteur : « Les corps légers, dit-il, sont portés vers la circonférence : ils nous paraissent se porter *en haut*, parce que c'est ainsi que nous appelons l'espace qui est au-dessus de notre tête, jusqu'à la surface qui paraît nous envelopper. Les corps lourds et composés d'éléments pesants se dirigent, au contraire, vers le milieu comme vers un centre : ils nous paraissent tomber *en bas* (κάτω πίπτειν), parce que tout ce qui est au-dessous de nos pieds, dans la direction du centre de la Terre, nous l'appelons le bas ; ces corps se tasseront sans doute autour de ce centre par l'effet opposé de leur choc et de leur frottement. On comprend donc que toute la masse de la Terre, si grande comparativement aux corps qui tombent sur elle, puisse les recevoir sans que ni leur poids ni leur vitesse ne lui communiquent la moindre oscillation. Or, si la Terre avait un mouvement commun avec tous les autres corps pesants, évidemment elle ne tarderait pas à les dépasser par l'effet de sa masse, laisserait les animaux ainsi que les autres corps graves sans autre appui que l'air, et finirait bientôt par tomber hors du Ciel même. Telles sont les conséquences auxquelles on arriverait : elles sont du dernier ridicule (πάντων γελοιότα), même à imaginer. »

Nous voyons donc, messieurs, que Ptolémée lui-même avait devancé Copernic dans l'étude du mouvement de la Terre : mais pour le nier, en supposant que ce globe est tout dans l'univers, et que s'il voguait dans l'espace, les objets cesseraient de lui rester attachés. Quant au mouvement de rotation diurne, il croit le réfuter victorieusement en ces termes : « Il y a des gens qui prétendent que rien n'empêche de supposer que, le Ciel demeurant immobile, la Terre tourne autour de son axe d'occident en orient, et qu'elle accomplit cette rotation chaque jour. Il est vrai que, quant aux astres, rien n'empêche, en ne tenant compte que des apparences, de supposer, *pour plus de simplicité* (κατὰ γε τὴν ἁπλουστέραν ἐπιβολήν), qu'il en soit ainsi; mais ces gens-là ne sentent pas combien, sous le rapport de ce qui se passe autour de nous et dans l'air, leur opinion

---

1. Μηδὲ ἥντινα οὖν κίνησιν εἰς τὰ πλάγια μέρη τὴν γῆν οἷόν τε ποιεῖσθαι. (Ptolémée, *Syntaxis Mathematica*, liv. I, ch. v.)

est souverainement ridicule (πάνυ γελοιότατον). Car si nous leur accordions, ce qui n'est pas, que les corps les plus légers ne se meuvent point, ou ne se meuvent pas autrement que les corps de nature contraire, tandis qu'évidemment les corps aériens se meuvent avec plus de vitesse que les corps terrestres ; si nous leur accordions que les objets les plus denses et les plus lourds ont un mouvement propre, rapide et constant, tandis qu'en réalité ils n'obéissent qu'avec peine aux impulsions communiquées, ces gens seraient obligés d'avouer que la Terre, par sa rotation, aurait un mouvement plus rapide qu'aucun de ceux qui ont lieu autour d'elle, puisqu'elle ferait un si grand circuit en si peu de temps. Les corps qui ne seraient pas appuyés sur elle paraîtraient donc toujours avoir un mouvement contraire au sien, et aucun nuage, ni rien de ce qui vole ou est lancé, ne paraîtrait se diriger vers l'orient, car la Terre le précéderait toujours dans cette direction.

L'Almageste fut longtemps l'évangile des astronomes. Pour eux, l'hypothèse du double mouvement de la Terre n'était pas même une hardie innovation. A la juger sur les paroles de Ptolémée, elle n'était qu'une grosse absurdité : pour y croire il fallait être fou ou ignorant. Comprend-on maintenant le courage dont les astronomes de 1550 à 1650 ont fait preuve en la soutenant pendant ce premier siècle astronomique! Copernic ne s'y était pas trompé, car, après avoir rappelé les témoignages des anciens, favorables à son système, il continue : « Et moi aussi, prenant occasion de ces témoignages, j'ai commencé à méditer sur le mouvement de la Terre (*cœpi et ego de Terræ mobilitate cogitare*). Et quoique cette opinion parût absurde (*quamvis absurda opinio videbatur*), j'ai pensé, puisque d'autres avant moi ont osé imaginer un assemblage de cercles pour démontrer les mouvements des astres, que je pourrais me permettre aussi d'essayer si, en supposant la Terre mobile, on ne parviendrait pas à trouver sur la révolution des corps célestes des démonstrations meilleures que celles dont on s'est contenté. Après de longues recherches, je me suis enfin convaincu que si l'on rapporte à la circulation de la Terre (*Terræ circulatio*) les mouvements des autres planètes, le calcul s'accorde bien mieux avec l'observation.... Je ne doute pas que des mathématiciens ne soient de mon avis, s'ils veulent se donner la peine de prendre connaissance, non pas superficiellement, mais d'une manière approfondie, des démonstrations que je donnerai dans cet ouvrage. »

Ainsi s'exprime Copernic lui-même dans son exposition de sa théorie. Avec lui nous venons de retrouver les diverses racines du véritable système du monde dans le passé.

— Voltaire, dit l'historien, n'est pas absolument de cette opinion sur l'antiquité du véritable système du monde, et prétend que Copernic en est le véritable inventeur. « Le trait de lumière qui éclaire aujourd'hui le monde est parti, dit le grand écrivain, de la petite ville de Thorn. » Il tranche ailleurs la question en affirmant qu'une si belle et si importante découverte, une fois proclamée, se serait transmise de siècle en siècle, comme les belles démonstrations d'Archimède, et ne se serait pas perdue.

— La raison n'est pas convaincante, répliqua le professeur. Les hommes n'acceptent pas si facilement une vérité aussi éloignée des sens, et une erreur aussi ancienne que le monde ne s'arrache pas par un seul effort. Les philosophes de l'antiquité ont cru au mouvement de la Terre, et, sans qu'il soit possible de marquer l'origine de cette opinion, on voit qu'elle avait fait impression sur Archimède comme sur Aristote et sur Platon. Cicéron et Plutarque en parlent en termes très-précis. Cette théorie n'était donc pas nouvelle; mais le nombre de ses adeptes ayant diminué d'âge en âge, elle était complétement délaissée et comme éteinte dans l'oubli, lorsque Copernic, lui donnant une nouvelle vie, l'établit avec assez de fermeté pour y attacher son nom à jamais. Nous venons de voir d'ailleurs que Copernic a réfuté d'avance son trop exclusif admirateur, en rapportant avec une grande bonne foi les passages d'écrivains anciens où il a puisé la première idée de son système; les indications qu'il donne, malheureusement très-brèves, forment presque tout ce que nous possédons sur la marche secrète de son esprit.

— Ainsi, dit le député, il est entendu que la révolution opérée par le grand Copernic minait sourdement depuis bien des siècles, et qu'elle avait été retardée par les hommes qui prétendaient avoir le gouvernement des intelligences. Mais on m'a dit que le laborieux astronome avait mis trente ans à écrire son livre, et qu'il ne se serait décidé à le laisser imprimer que sur les instances pressantes de plusieurs de ses amis.

—L'astronome polonais, répondit l'astronome, nous renseigne aussi lui-même sur ce point. Pour éviter toute difficulté monacale, et comme il vaut toujours mieux s'adresser au bon Dieu qu'à ses saints, il dédia son travail au pape lui-même, à Paul III. Voici ce qu'il lui écrit :

« J'hésitai longtemps si je ferais publier mes Commentaires sur les mouvements des corps célestes ou s'il ne serait pas mieux de suivre l'exemple de certains pythagoriciens, qui ne laissaient pas par écrit, mais oralement, d'homme à homme, communiquaient aux adeptes et aux amis les mystères de la philosophie, comme le prouve la lettre de Lisides à Hipparque. Ils ne le faisaient pas, comme quelques-uns le pensent, par un esprit de jalousie, mais afin que les questions les plus graves, étudiées avec un grand soin par les hommes illustres, ne fussent pas dénigrées par des fainéants qui n'aiment pas à se livrer aux travaux sérieux, à l'exception des études lucratives, ou par des hommes bornés qui, tout en se livrant aux sciences, par l'indolence de leur esprit, se faufilent parmi les philosophes comme les bourdons parmi les abeilles.

« Quand j'hésitais et que je résistais, mes amis me stimulaient. Le premier était Nicolas Schonberg, cardinal de Capoue, homme d'une grande érudition. L'autre, mon meilleur ami, Tideman Gysius, évêque de Culm, autant versé dans les saintes Écritures, qu'expert dans les autres sciences. Ce dernier m'engageait souvent et me pressait tellement qu'il me décida enfin à livrer au public l'œuvre que je gardais depuis plus de vingt-sept ans. Plusieurs hommes illustres m'exhortèrent, dans l'intérêt des mathématiques, de vaincre ma répugnance et de livrer au grand jour les fruits de mes travaux. Ils me prédisaient que plus ma théorie sur le mouvement de la Terre paraissait absurde, plus elle serait admirée quand la publication de mon ouvrage aurait dissipé les doutes par les démonstrations les plus claires. Cédant à ces instances et me berçant du même espoir je consentis à l'impression de mon travail. »

Et, pour montrer que la vérité scientifique n'a rien à craindre des attaques des raisonneurs en dogmatisme, il ajoute : « Si quelque esprit mal avisé voulait se servir contre moi de quelques paroles de l'Écriture, je méprise ces attaques téméraires. Les vérités mathématiques ne peuvent être jugées que par des mathématiciens. »

— Cela n'a pas empêché, fit l'historien, la congrégation de l'Index de le condamner bel et bien sous le règne de Paul V, le 5 mars 1616, et de condamner Galilée et tous ceux qui admettraient le mouvement de la Terre.

— Oui, mais Copernic était mort depuis 1543. Quant à Galilée et à ses émules, hélas! ils ont souffert pour la cause de la vérité, et n'en ont que plus de droits à notre vénération.

En examinant l'ancien système, Copernic s'étonne que les mathématiciens et les philosophes n'aient pu donner aucune forme harmonieuse au mécanisme de l'univers, et que toutes ses parties manquent d'ensemble et de symétrie. « On peut, dit-il, comparer leur ouvrage à celui qui aurait ramassé, de différents endroits, les mains, les pieds, la tête et d'autres parties du corps qui n'ont aucun rapport les unes avec les autres, de sorte qu'il en composerait plutôt un monstre hideux qu'une créature humaine. » Voilà les traits sous lesquels apparaissait à Copernic l'édifice de l'astronomie ancienne. « Aussi, poursuit-il, dans l'explication du mouvement sidéral, tantôt ils omettaient arbitrairement des principes indispensables, tantôt ils inventaient des règles arbitraires qui n'avaient aucun rapport avec l'ensemble du mécanisme du monde, ce qui ne leur serait pas arrivé s'ils avaient appuyé leurs recherches sur une base solide et certaine. Si leurs hypothèses ne s'étaient pas fondées sur des faits erronés, toutes les conséquences qu'ils en tirent porteraient le cachet de la vérité. En examinant cette monstruosité dans le mécanisme sidéral et ce manque de précision dans les recherches des mathématiciens, mon âme souffrait de ce qu'on n'avait pas trouvé la raison certaine du mouvement sidéral qui, d'après notre avis, a été créé par le plus sage et le plus parfait des ouvriers. »

L'ouvrage immortel des *Révolutions des Orbes célestes*, envisagé dans ses détails et dans son ensemble, atteste et prouve invinciblement que Copernic commença d'abord par embrasser et réunir dans son

cerveau toute la masse des connaissances astronomiques depuis
Hipparque jusqu'à son temps; qu'il l'a soumise à l'épreuve du raisonnement et des faits; et que, dans ses méditations longues et profondes, il reconnut les défauts et les erreurs de l'ancienne doctrine.
Il s'empara ensuite de l'idée de ce mouvement de la Terre, en
pénétra les rapports les plus éloignés, parcourut avec elle les travaux et les observations de dix-neuf siècles. La réflexion lui fit voir
les mouvements célestes sortir de cette idée, et réciproquement cette
idée naître et résulter de l'inspection des mouvements célestes.

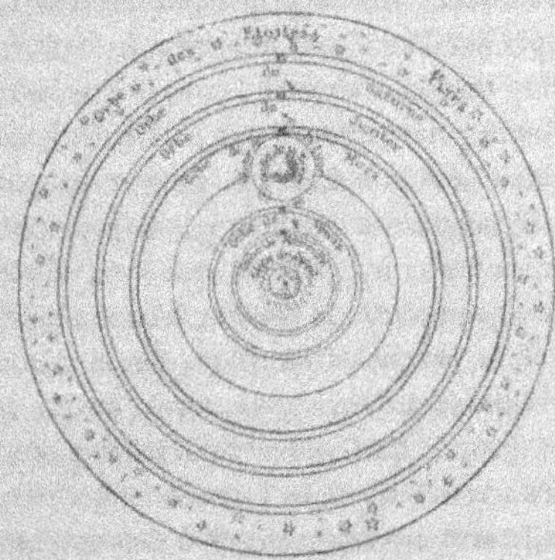

Système de Copernic.

Ayant ensuite à annoncer des vues et des vérités qui auraient pu
passer pour paradoxes et effaroucher les esprits prévenus, presque
toujours rebelles aux idées nouvelles, il se garda de leur dire
ouvertement qu'on se fût trompé pendant tant de siècles. De là
ces soins étudiés pour déguiser l'importance et la nouveauté de
sa découverte, et pour citer tous les passages des auteurs anciens
qui pouvaient offrir le moindre trait de ressemblance avec ses idées
originales.

Copernic s'est spécialement occupé des six planètes connues alors,
de la Lune et du Soleil. Quant aux étoiles, il ne savait point qu'elles
fussent autant de soleils, ni à d'immenses et diverses distances de
nous. La connaissance de la grandeur de l'univers sidéral ne devait

développer la théorie trouvée par lui dans l'observation de la nature ! Quel dommage qu'il n'assiste pas à cet immense succès ! On dit qu'il est mort sans voir son livre dans le public.

— Et Fontenelle le félicite de s'être ainsi tiré d'embarras, reprit l'astronome. Né en 1473, à Thorn, ville polonaise (Copernic n'est pas Allemand, comme on a l'habitude de le dire), il mourut en 1543 à Warmie, où il était chanoine, et s'était bâti un observatoire. Les voyages de sa jeunesse, les travaux de médecine et d'astronomie, les adversités aussi, et l'âge avancé avaient brisé le corps de l'illustre mathématicien. Sur la fin de l'hiver, un écoulement de sang, joint à la paralysie du côté droit, le mirent au lit et le rendirent incapable de tout travail intellectuel. Sa mémoire s'affaiblit avec ses forces. Son ouvrage, dont l'impression venait d'être terminée à Nuremberg, lui fut apporté par ses amis. L'astronome septuagénaire put encore se soulever de son lit et toucher ce premier exemplaire de ses mains défaillantes. C'est ce même livre que voici ! éternel monument du génie.... Mais bientôt ses forces l'abandonnèrent, et il rendit à Dieu une âme digne de comprendre les splendeurs de la création. C'était le 23 mai 1543.

La remarque la plus importante à faire sur la différence qui distingue la prétendue physique ancienne de la moderne, c'est que l'ancienne était tirée des profondeurs de l'intelligence et résultait des méditations intérieures, plutôt que de l'observation des phénomènes. La philosophie naturelle de l'école ionique est fondée sur la recherche de l'origine des choses et sur la transformation d'une substance unique. Dans le symbolisme mathématique de Pythagore et de ses disciples, dans leurs considérations sur le nombre et la forme, on découvre, au contraire, une philosophie de la mesure et de l'harmonie. Cette école, appliquée à chercher partout l'élément numérique, a, par une sorte de prédilection pour les rapports mathématiques qu'elle a pu saisir dans l'espace et dans le temps, posé, pour ainsi dire, la base sur laquelle devaient s'élever nos sciences expérimentales.

Ces grandes idées harmoniques des nombres et des mouvements planétaires autour du Soleil n'ont jamais entièrement disparu, quoique voilées pendant des siècles par les épaisses ténèbres du moyen

## XII

LA MORT DE COPERNIC.

(P. 248.)

âge. Les pythagoriciens et les néo-platoniciens furent toujours représentés. Un exemple qui a été peu cité, et qui mérite cependant d'être hautement proclamé, c'est que, près de *cent ans avant Copernic*, un cardinal allemand, Nicolas de Cusa, eût assez d'indépendance et de courage pour proclamer de nouveau le double mouvement de notre planète, et même la Pluralité des Mondes habités.

Les hypothèses grecques, comme l'expose J. B. Biot, étaient la conséquence logique de deux propositions qui furent universellement admises comme axiomes dans toute l'antiquité et le moyen âge : les mouvements révolutifs des corps célestes sont uniformes, et leurs orbites sont des cercles parfaits. Rien de plus naturel qu'une telle croyance, toute fausse qu'elle est. Aussi, lorsque Képler, en 1609, reconnut, par des mesures géométriques incontestables, que Mars décrit autour du Soleil une orbite ovale, dans laquelle sa vitesse de circulation varie périodiquement, il ne pouvait en croire l'observation ni le calcul, et il se torturait l'esprit pour deviner le principe occulte qui forçait ainsi la planète à s'approcher du Soleil et à s'en éloigner tour à tour. Heureusement pour lui, dans cet accès d'inquiétude fiévreuse il vint à se rappeler le traité de Gilbert, *de Magnete*, qui avait été publié à Londres neuf années auparavant. Dans ce remarquable ouvrage, Gilbert établit par l'expérience que la Terre agit sur les aiguilles aimantées et sur les barres de fer placées près de sa surface comme ferait un véritable aimant ayant ses pôles propres ; et, par une extension conjecturale qui était un pressentiment vague de la vérité, il va jusqu'à prétendre qu'elle est retenue autour du Soleil dans son orbite constante, par l'affection magnétique qu'elle a pour cet astre ! Cette idée fut pour Képler un trait de lumière. Elle lui fit voir aussitôt la cause secrète des mouvements alternatifs qui l'avaient tant embarrassé ; et dans la joie de cette découverte : « Si, dit-il, on trouve impossible d'attribuer cette libration à une faculté magnétique exercée par le Soleil (*corpus magneticum*) sur la planète à travers l'espace sans intermédiaire matériel, il faudra que la planète elle-même soit douée d'une sorte de perception intelligente qui lui donne à chaque instant la connaissance des angles et des distances pour régler ses mouvements. » L'alternative ainsi posée se résolvait d'elle-même. Les hypothèses anciennes ne pouvaient plus se soutenir en présence du fait réel; et Képler put proclamer au monde ses trois *Lois* :

1° Les planètes suivent des ellipses dont le Soleil occupe un des foyers ;

2° Les espaces parcourus par le rayon idéal qui joint chaque planète au Soleil, sont proportionnels au temps employé à les parcourir. C'est-à-dire que chaque planète vogue d'autant plus vite, qu'elle est plus proche du Soleil;

3° Les carrés des temps des révolutions, c'est-à-dire des années, sont entre eux comme les cubes des grands axes.

Telles sont les lois trouvées par Képler, et dont la synthèse, faite par Newton, pose comme unique principe des mouvements célestes *l'attraction universelle*.

Képler ! nom sympathique et vénéré; génie frère du grand et immortel Galilée. C'est au milieu des souffrances de sa rude carrière qu'il s'adonna à tous ses immenses travaux, soutenu par la passion de la vérité, et par l'amour tendre et dévoué de sa belle et jeune compagne; mais constamment persécuté pour ses croyances, et obligé de gagner péniblement son pain et celui de sa famille en faisant des almanachs ! Né à Weil, dans le Wurtemberg, en 1571 (28 ans après la mort de Copernic), il mourut à Ratisbonne en 1630. La meilleure partie de sa vie s'est passée à Prague, chez Tycho-Brahé.

Ce n'est pas sans peine et sans lenteur que le véritable système du monde parvint à être adopté.

Un troisième système, contemporain de cette rénovation scientifique, — car Tycho-Brahé naquit trois ans après la mort de Copernic et mourut en 1601, à l'âge de cinquante-cinq ans, — aurait pu retarder la marche de la vérité si la science l'avait adopté. Tycho, le plus grand et le plus laborieux observateur de son temps, et dont le nom n'est connu du peuple, par une fâcheuse singularité du sort, que par son système erroné, avait voulu concilier Ptolémée et Copernic en gardant l'immobilité de la Terre placée au centre du monde, et le mouvement du Soleil, autour duquel circulaient les planètes.

— Il est extrêmement curieux pour nous de remonter à tous ces essais de la pensée observatrice, fit l'historien. Avez-vous cherché les paroles et les écrits mêmes de Tycho-Brahé sur ce point, comme vous l'avez fait pour Copernic?

— Oui, je m'y suis astreint, répondit l'astronome, j'ai l'habitude d'étudier nos prédécesseurs dans leurs ouvrages originaux, et non pas sur la foi de traducteurs et de commentateurs de troisième ou quatrième main. A propos de la comète de 1577, Tycho-Brahé a écrit un petit traité qui a pour titre : « Tychonis-Brahe Dani *De mundi ætherei recentioribus phænomenis.* » Il y parle fort longuement de son système, dissertation dont les réflexions suivantes doivent surtout vous frapper : « J'avais remarqué, dit-il, que l'ancien système de Ptolémée n'était point naturel et trop compliqué. Mais aussi je n'ap-

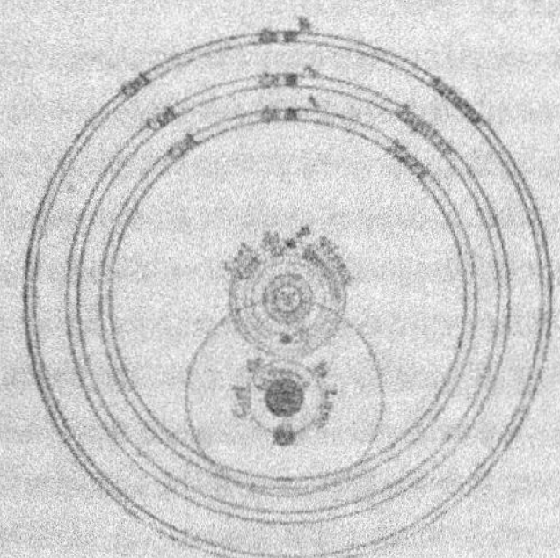

Système de Tycho-Brahé.

prouvais pas cette nouveauté introduite par le grand Copernic, à l'exemple d'Aristarque de Samos, dont parle Archimède dans son livre *De Arenæ numero*, adressé à Gédion, roi de Sicile. Cette lourde masse de la Terre, si peu propre au mouvement, ne saurait ainsi être déplacée et agitée d'une triple manière, comme le seraient des corps célestes, sans choquer les principes de la physique. D'ailleurs, l'autorité des saintes Écritures s'y oppose....

« Je pense donc, ajoute-t-il, qu'il faut décidément et sans aucun doute placer la Terre immobile au centre du monde, en suivant le sentiment des anciens et le témoignage de l'Écriture. A mon avis, les mouvements célestes sont disposés de manière que *le Soleil, la*

*Lune et la sphère des étoiles fixes*, qui renferme tout, *ont la Terre pour centre*. Les cinq planètes tournent autour du Soleil comme autour de leur chef et de leur roi, et le Soleil est sans cesse au milieu de leurs orbes, qui l'accompagnent dans son mouvement annuel autour de la Terre. » Ainsi parle Tycho-Brahé.

— Si j'ai bien compris, fit le professeur, dans ce système, la Terre est immobile. La première orbite céleste est celle de la Lune tournant autour de nous, puis celle du Soleil, circulant également autour de nous. Mais le Soleil serait le centre des orbites planétaires et entraînerait tout son système en faisant sa révolution autour de la Terre centrale. Quant aux étoiles fixes, elles seraient beaucoup plus loin et auraient, comme le Soleil et la Lune, le globe terrestre pour centre de leur mouvement diurne.

— C'est exactement cela, répondit l'astronome. Voici, du reste, la figure que l'astronome danois a publiée lui-même, à la fin du seizième siècle, dans l'ouvrage dont j'ai parlé plus haut :

Ce système rend parfaitement compte des mouvements apparents des planètes vus de la Terre ; mais en forçant notre petit globe à être le centre du mouvement diurne et annuel du Soleil et des étoiles, il perpétuait l'extrême difficulté du système de Ptolémée. Le volume et le poids du Soleil d'une part, la distance des étoiles de l'autre, ne permettent point en mécanique une telle singularité dont la vanité humaine seule pouvait garder l'illusion. Le simple mouvement de rotation de la Terre sur son axe retranchait de la physique des centaines de mouvements à chaque jour. Cette multitude de pièces détachées, étoiles, planètes, comètes, n'auraient pu tourner autour de notre atome terrestre que par un renversement des lois de la mécanique.

— Est-ce que ce n'est pas Cyrano de Bergerac, fit le député, qui disait que faire tourner la masse du Soleil autour du globule terrestre équivaut à supposer que, pour faire rôtir une alouette on tournerait autour d'elle la cheminée, la maison et tout le pays, au lieu de donner simplement un petit tour de broche ?

— Oui, et cette plaisanterie n'est pas exagérée, quand on sait que le Soleil est 1 400 000 fois *plus gros* que la Terre.

— Si la Terre ne tournait pas en 24 heures sur son axe, ajouta l'astronome, le Soleil, éloigné d'elle de 23 000 fois son rayon, devrait courir, pour faire son cours diurne, à raison de 23 000 *lieues par seconde!*... la dernière planète de notre système à raison de 69 000 lieues par seconde!... l'étoile la plus rapprochée de nous à raison de 250 *millions de lieues par seconde*, ou *plus de 30 milliards de lieues par chaque minute*, et sans jamais s'arrêter!!

L'objection principale de Tycho-Brahé était que la Terre était *trop lourde* pour être emportée dans l'espace, et qu'elle n'est pas un astre. Or, nous savons aujourd'hui (nous l'avons vu dans notre première soirée) que la Terre est un astre du ciel. Quant à son poids, le Soleil est 340 000 fois *plus lourd*; les étoiles le sont davantage encore, et à des distances inouïes, et la plupart des planètes sont également plus lourdes que la nôtre.

Une autre objection de Tycho, c'était que nous ne sentons pas le mouvement de la Terre, et que, si elle tournait, les eaux de la mer, les pierres, les animaux, les hommes, tous les objets mobiles seraient emportés par un vent éternel vers l'ouest. Galilée a démontré expérimentalement l'indépendance des mouvements simultanés, et d'ailleurs il était visible que tout ce qui appartient à la Terre, l'atmosphère elle-même, lui est absolument attaché et circule avec elle, comme les objets qui sont autour de nous dans un navire ou dans un ballon, et qui nous paraissent immobiles parce qu'ils se déplacent conjointement avec tout le système.

—Je me souviens, dit le professeur, que Buchanan, dans son poëme sur la Sphère, a écrit une strophe sentimentale : « Ipsæ etiam volucres tranantes aera leni, » etc., que l'on peut traduire ainsi : « Les oiseaux dans les airs verraient la terre et les forêts fuir sous leurs pieds et leurs nids s'enfuir; la tourterelle n'oserait jamais s'éloigner du tourtereau, de crainte de perdre sa demeure pour toujours.... »

—J'aime cette poésie, fit la marquise, et si le mouvement de la Terre produisait de tels effets, j'avoue que je ne l'admettrais pas non plus.

—Heureusement pour lui (et pour nous), fit le député, les choses sont mieux arrangées; nous faisons ici nos 300 lieues à l'heure comme mouvement diurne, et nos 26 500 comme mouvement de translation, sans nous en apercevoir, et tout en discourant devant cette mer calme sur ce mouvement lui-même.

— A propos de l'effet du mouvement de la Terre sur la mer, fit observer le capitaine, est-ce que Galilée n'avait pas vu dans le flux et le reflux un effet de ce mouvement?

— Oui, mais on n'a pas tardé à reconnaître que c'était là une erreur, répliqua l'astronome, et à calculer l'intensité et l'heure de la marée d'après la seule attraction de la Lune et du Soleil.

— J'ai souvent constaté moi-même que le mouvement d'un système quelconque, par exemple d'un navire, ne dérange point les mouvements particuliers qu'on peut opérer en lui. Ainsi, nous jouons au billard dans le salon des frégates, et les billes roulent et carambolent comme au café, — à moins cependant qu'il n'y ait du roulis ou du tangage, auquel cas c'est la pesanteur qui agit pour déranger les billes de leur chemin.

— J'ai quelquefois laissé tomber une pierre de trois mille mètres de hauteur, de la nacelle d'un ballon, reprit l'astronome. La pierre n'est jamais tombée droit sur la terre, mais a suivi, pendant sa chute, la direction de l'aérostat voguant à raison de dix à quinze lieues à l'heure, comme si elle eût glissé le long d'un fil invisible suspendu à la nacelle.

Tycho-Brahé objectait encore qu'on ne peut imaginer que « la Terre se renverse tous les jours, » et que dans douze heures nous ayons la tête en bas. Mais il est démontré que nous avons des antipodes qui ont les pieds tournés contre les nôtres à travers l'épaisseur du globe; que d'autres peuples sont à angle droit avec nous. Dans douze heures, nos antipodes auront pris notre place et nous la leur, relativement à l'espace qui nous entoure. Nous savons maintenant qu'il n'y a ni haut ni bas dans l'univers, et que l'intérieur du globe est *le bas* pour tous les habitants disséminés à sa surface sphérique.

Ces diverses objections étant encore celles que le public ignorant fait toujours contre le mouvement de la Terre, les rappeler ici, c'est répondre en même temps à celles qui peuvent nous être faites tous les jours.

Le système de Tycho-Brahé a subi une variante dans le *système de*

*Longomontanus*, astronome qui avait vécu pendant dix ans chez Tycho lui-même, à Uranibourg. Pour éviter le colossal mouvement
diurne de toute la machine céleste, il admit pour la Terre, exactement située comme dans l'hypothèse précédente, son mouvement de
rotation en vingt-quatre heures sur son axe. C'est la même figure,
seulement la Terre tourne. Deux savants, Origan et Argoli, partagèrent cette opinion. Mais elle eut peu d'adeptes et disparut au bout
de quelques années, car les travaux de Galilée démontrèrent invinciblement que la Terre est une planète, et que son mouvement annuel est aussi évident que son mouvement diurne, en raison des

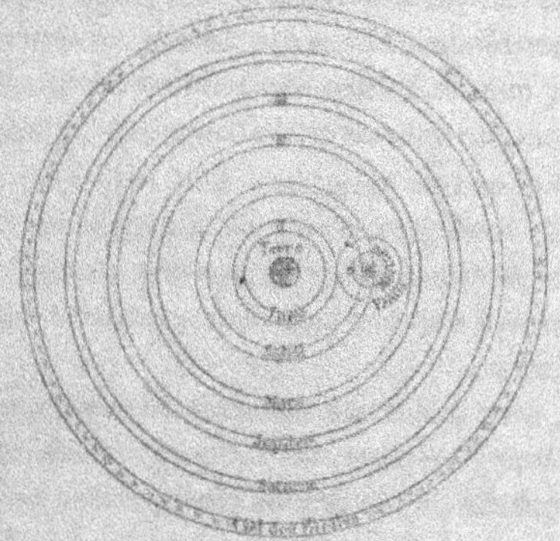

Système des Égyptiens.

phénomènes de perspective présentés par les planètes et par les
étoiles.

Ce ne sont pas encore là tous les systèmes imaginés par les hommes de la Terre pour l'état de l'univers.

Puisque nous voulons, dans ces causeries familières du soir, nous
rendre compte d'une manière complète de la description du ciel,
telle que l'esprit humain l'a diversement conçue, j'ai dû chercher s'il
n'y avait pas dans l'histoire de l'astronomie d'autre conception que
celle de Copernic et des précédentes. Or, j'ai trouvé que les Égyptiens avaient encore un autre système, différent des quatre dont
nous venons de parler. C'était de supposer la Terre au milieu de l'u-

nivers, puis la Lune, le Soleil, Mars, Jupiter, Saturne et les étoiles, situés en des cercles successifs. La particularité de ce système, c'est que Mercure et Vénus circulaient toutes deux, et seules, autour du Soleil, circulant lui-même autour du globe terrestre en un an. Cette disposition de ces deux planètes expliquait exactement leurs mouvements apparents et leur proximité constante du Soleil, soit comme étoiles du soir, soit comme étoiles du matin. Vous savez, en effet, que Vénus est cette belle étoile qui brille le soir au couchant, et tantôt le matin à l'Orient. Mercure, plus proche de l'astre radieux, s'en écarte moins encore, et n'est que très-rarement visible. Il faut des crépuscules très-purs, et Copernic n'est jamais parvenu à le distinguer sur l'horizon brumeux de la Vistule. Ce système planétaire des Égyptiens, que les traités d'astronomie ne mentionnent plus guère maintenant, a régné en même temps que la théorie ptolémaïque, et plusieurs savants anciens s'y sont rangés, en premier lieu Vitruve. Lalande croit que « ce système des Égyptiens fut le principe des belles idées de Copernic sur le système général du monde, » lorsqu'il eut essayé d'ajouter aux deux premières planètes, Mars, Jupiter et Saturne.

— Ptolémée, avec toutes ses variantes du moyen âge, Copernic, Tycho-Brahé, Longomontanus, les Égyptiens : voilà déjà cinq types différents de systèmes, dit le député. C'est presque aussi embrouillé que la politique.

— Le mot *système*, répliqua le professeur, vient, du reste, de σύστημα, qui veut dire *constitution*. On en a imaginé et subi plusieurs avant de trouver la bonne.

— Mais il y en a encore d'autres, ajouta l'astronome. Au rapport de plusieurs auteurs, Platon varia le premier système en reportant Mercure et Vénus au delà du Soleil, se basant sur l'idée que ces deux planètes n'avaient jamais éclipsé le Soleil, ce qui est une erreur, puisque Vénus passe deux fois par siècle devant cet astre et Mercure une dizaine de fois. Cet arrangement fut adopté par Théon dans son commentaire sur l'Almageste de Ptolémée, et ensuite par Géber, le seul, parmi les Arabes, qui se soit écarté de Ptolémée.

Au cinquième siècle de notre ère, Martianus Capella enseigna une variante du système égyptien, en faisant tourner Mercure et Vénus à peu près dans une même orbite autour du soleil. Dans une étude intitulée : « Quod Tellus non sit centrum omnibus planetis, » il explique que quand Mercure est de ce côté-ci de l'orbite, il est plus près de nous que Vénus, et qu'il est plus loin de nous que cette dernière planète quand il est de l'autre côté. Cette hypothèse fut également adoptée par le moyen âge. Le firmament aurait décrit en 7000 ans une révolution d'occident en orient, le ciel supérieur au firmament en aurait décrit une plus lente en 49 000, et le ciel extrême, ou *premier mobile*, qui donnait le mouvement diurne à toute

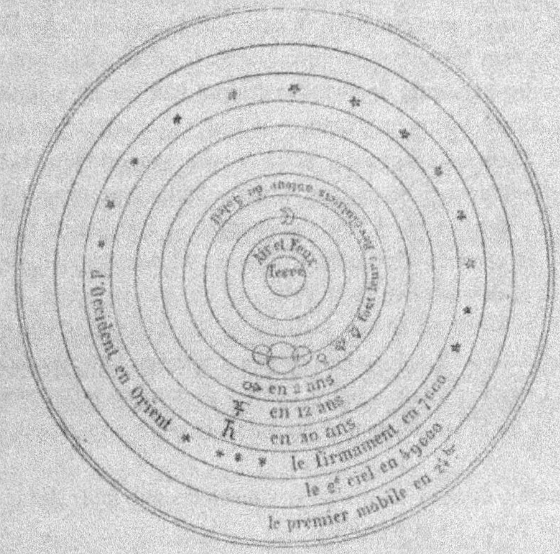


Système de Martianus Capella.

la machine de l'univers, aurait lui-même fait sa révolution en vingt-quatre heures.

Le systèmes des Égyptiens, dont celui-ci n'est qu'une variante, a été enseigné après Copernic et Galilée même, au dix-septième siècle, par plusieurs universités d'Europe. On l'appelait le *système commun*, parce qu'on supposait qu'en gardant de Ptolémée l'immobilité de la Terre et les orbites des planètes supérieures, et de Copernic le mouvo.nent de Mercure et Vénus autour du Soleil, comme les satellites de Jupiter et de Saturne, ce système succéderait définitivement aux deux autres.

On imaginait alors toutes les raisons possibles contre le mouvement de la Terre. Le P. Riccioli, dans son *Almagestum novum*, a eu cette véritable patience de bénédictin de rassembler *soixante-dix-sept* arguments contre ce mouvement!

Nous venons de tirer de l'oubli bien des systèmes différents. Cependant on pourrait encore en créer beaucoup d'autres, répondant tous à la simple observation des mouvements planétaires. Il suffit, en effet, de supposer immobile un corps quelconque de la famille planétaire, et tous les autres en mouvement. Il est possible, par exemple, que les habitants de Saturne croient leur monde immobile et central, d'autant plus qu'ils ont dans leur ciel d'immenses anneaux matériels disposés comme des arceaux pour soutenir les voûtes célestes et commencer les cercles. Comme leur mouvement de rotation est de 10 h. 15 m. et leur mouvement de translation de 29 ans et demi, ils peuvent faire tourner, d'une part, toute la voûte céleste et les astres ensemble en 10 h. 15 m., ou un jour saturnien, et, d'autre part, le Soleil en 29 ans et demi, et les différentes planètes en différents temps. Ainsi chaque monde a son système planétaire apparent. La raison éclairée par la science peut seule reconnaître l'insuffisance de la vue et donner au Soleil la place unique qui lui appartient

— Il serait curieux de savoir comment les habitants des planètes jugent la Terre, fit la marquise.

— Ce dont nous pouvons être assurés, c'est qu'ils ne lui donnent point la position privilégiée dont nous nous sommes si longtemps et si puérilement vantés, répliqua l'astronome. Les habitants de Mercure, Vénus et Mars voient la Terre comme une étoile errante; ceux de Jupiter la voient comme un petit satellite du Soleil; ceux de Saturne comme une tache insignifiante sur cet astre. Les autres ne doivent point nous voir du tout.

—Ah! s'écria le professeur, vous avez oublié un système et un philosophe qui ne mérite point l'oubli.

—Quel système, et quel philosophe?

—Descartes.

—Je ne l'oubliais pas, et précisément j'allais vous présenter l'œuvre de sa création. Si je ne me trompe, plusieurs d'entre vous vont être bien étonnés.

—Comment cela? fit le professeur de philosophie. Supposez-vous que nous ne connaissions pas Descartes?

—Eh bien.... peut-être!

—Oh! mon cher astronome, vous nous jugez mal, dit le député. Qui ne connaît l'auteur du fameux *Cogito : ergo sum?*

—Savoir ces trois mots par cœur ce n'est pas connaître le système des tourbillons, reprit l'astronome. Et la preuve, c'est que je demanderai à notre brillant professeur si Descartes a adopté le système de Copernic.

—Qui pourrait l'ignorer? répliqua le professeur. Le système des tourbillons, ou du plein des espaces célestes, n'est qu'un complément physique de l'arrangement mathématique de Copernic. C'est exactement la même disposition et le même ensemble de mouvements.

—Dites-moi, je vous prie, si Descartes croyait au mouvement de la Terre, demanda l'astronome au professeur.

—Évidemment! puisqu'il enseigne le véritable système du monde.

—Je vous disais bien que vous n'avez pas lu Descartes.

—C'est un peu fort!... Je n'ai peut-être pas spécialement remarqué ses descriptions astronomiques, mais tout le monde sait comme moi qu'on ne peut pas adopter le système de Copernic sans admettre le mouvement de la Terre.

—Eh! voilà précisément ce qui vous trompe. Au temps où Descartes écrivait, une singulière hypocrisie régnait dans le corps enseignant. Or, le raisonnement de ces universitaires du dix-septième siècle s'amusa à concilier Josué et Galilée. C'est là peut-être le plus curieux du système de Descartes. Ce grand philosophe déclare que la Terre tourne sur elle-même et autour du Soleil, mais qu'elle ne bouge pas.

—Quelle plaisanterie!... s'écria l'historien, et quelle imagination vous avez!

—Il faudrait pouvoir démontrer ce que vous avancez là! fit le pasteur.

—Malheureusement, j'ai laissé Descartes dans ma bibliothèque, répondit l'astronome.

—Oh! s'il ne faut que cela pour constater le corps du délit, dit la marquise, tenez! sur le premier rayon là-haut, à côté des Voyages de Tavernier, je crois bien que ce sont des volumes de Descartes.

—Il me semble que c'est plutôt Robinson Crusoë, dit la jeune fille, car l'autre jour....

—*Les Principes de la Philosophie, par René Descartes*, Rouen 1706 : voilà notre affaire, s'écria le professeur, qui déjà avait mis la main sur le livre.

Monsieur l'astronome, veuillez nous convaincre.

—Voyons!... reprit celui-ci en feuilletant le livre. Troisième partie : *Du monde visible*. C'est bien cela : nº 16... Ptolémée... Copernic.. Tycho-Brahé... Système du monde.... Nº 24 : « Que les cieux sont liquides... » Nº 26 : « Que la Terre se repose en son ciel, mais qu'elle ne laisse pas d'être transportée par lui, et qu'il en est de même de toutes les planètes.... » Messieurs, si vous permettez, je vais vous lire les principaux passages.

Écoutons Descartes :

« ...Je me range à l'hypothèse de Copernic, parce qu'elle me semble plus simple et plus claire.... Le vide n'existe pas dans l'espace.... Les cieux sont pleins d'une substance universelle liquide. C'est une opinion qui est maintenant communément reçue des astronomes, car ils voient qu'il est presque impossible sans cela de bien expliquer les phénomènes. La substance des cieux a cela de commun avec toutes les liqueurs, que ses plus petites parties peuvent aisément être déterminées à se mouvoir de tous côtés, et lorsqu'il arrive qu'elles sont déterminées à se mouvoir toutes ensemble dans un même sens, elles doivent nécessairement emporter avec elles tous les corps qu'elles embrassent et environnent, et qui ne sont point empêchés de les suivre par une cause extérieure.... La matière du ciel où sont les planètes tourne sans cesse en rond, ainsi qu'un tourbillon qui aurait le Soleil à son centre. Les parties qui sont plus proches du Soleil se meuvent plus vite que celles qui en sont éloignées, et toutes les planètes, y compris la Terre, demeurent toujours suspendues entre les mêmes parties de cette matière du ciel. D'autant que comme dans les détours des rivières, où l'eau se replie sur elle-même et tournoie en cercles, si quelque fétu ou autre corps léger flotte dans cette eau, on peut voir qu'elle les emporte et les fait mouvoir avec soi; et même parmi ces fétus, on peut voir qu'il y en a qui tournent

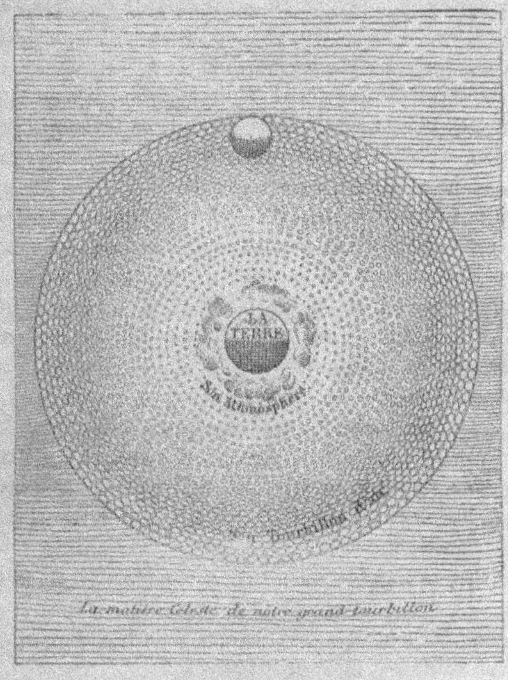


La Terre soutenue par l'air et la matière céleste. Système des Tourbillons (fin du dix-septième siècle).

sur leur propre centre, et que ceux qui sont plus proches du centre du tourbillon achèvent leur tour plus tôt que ceux qui sont plus éloignés. Ainsi on peut aisément imaginer que toutes les mêmes choses arrivent aux planètes, et il ne faut que cela seul pour expliquer les phénomènes.... La matière qui est autour de Saturne emploie quasi trente années à lui faire parcourir son cercle; celle qui environne Jupiter le porte en douze ans avec ses satellites; Mars achève son cours en deux ans; la Terre avec la Lune en un an; Vénus en huit mois et Mercure en trois.... Les satellites sont emportés par de plus petits tourbillons. »

Voilà, messieurs, le système des tourbillons de Descartes, exposé par lui-même. J'ai lu les phrases principales de tout ce chapitre. Maintenant, écoutez encore une minute :

« La Terre n'est point soutenue par des colonnes, ni suspendue en l'air par des câbles; mais elle est environnée de tous côtés par un ciel très-liquide. Elle est en repos, et n'a aucune propension au mouvement, vu que nous n'en remarquons point en elle. Cela n'empêche pas qu'elle soit emportée par le cours du ciel et qu'elle ne suive son mouvement, sans pourtant se mouvoir, de même qu'un vaisseau qui n'est point emporté par le vent ni par des rames, et qui n'est point aussi retenu par des ancres, demeure en repos au milieu de la mer, quoique le flux de cette grande masse d'eau l'emporte insensiblement avec soi.... Semblables à la Terre, les autres planètes demeurent comme elle en repos en la région du ciel où chacune se trouve.... Copernic n'avait pas fait difficulté d'accorder que la Terre était mue; Tycho, à qui cette opinion semblait absurde et indigne du sens commun, a voulu la corriger; mais la Terre avait beaucoup plus de mouvement dans son hypothèse que dans celle de Copernic. »

Eh bien! qu'en dites-vous?

— Et qu'en dit notre professeur de philosophie? s'écria la marquise.

— J'avoue que je n'avais pas remarqué cette ingénieuse manière d'arranger les choses, répondit le professeur.

— Ce mode de raisonnement a été adopté par l'Université de France jusqu'au jour où le véritable système devint trop éblouissant pour être ainsi laissé dans l'ombre.

Voyez, par exemple, ce que dit, en 1672, Rohault, l'un des premiers membres de l'Académie des sciences : « Ce qu'il y a de commode ou d'avantageux dans cette opinion, c'est qu'en peut contenter par là les personnes raisonnables et celles qui sont scrupuleuses; celles-là, en leur donnant la liberté de penser

comme il leur plaira, et de donner tels noms qu'ils voudront au
transport qui se fait de la terre ; et celles-ci qui appréhenderaient
de faillir si elles attribuaient du mouvement à la Terre, en leur faisant prendre garde qu'il n'y a pas lieu de s'alarmer pour cela contre
cette hypothèse ; puisqu'en effet ce ne peut être que fort impropre-
ment qu'on lui peut attribuer du mouvement ; car si l'on comprend
bien que le mouvement n'est autre chose que le déplacement d'un
corps, par rapport à ceux qui l'avoisinent immédiatement, l'on

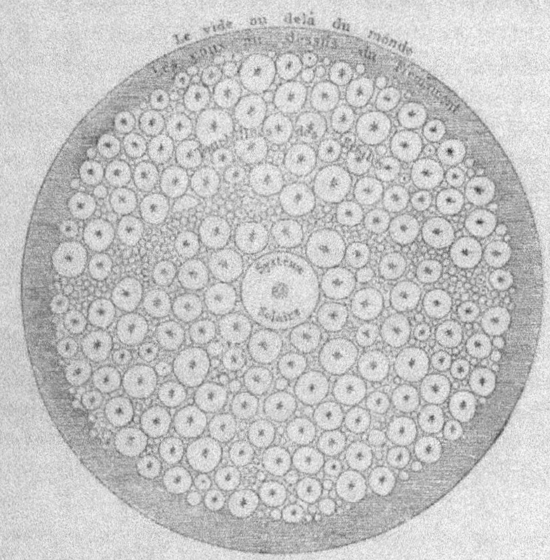


Système général des Tourbillons.
Dessin de la fin du dix-septième siècle.

connaîtra que ce qu'on nomme le mouvement diurne de la terre,
appartient plutôt à la masse composée de la terre, des mers
et de l'air, qu'à la terre en particulier, laquelle doit être respectée
dans un parfait repos, tandis qu'elle se laisse emporter par le torrent de la matière où elle nage ; de même qu'on dit qu'un homme
est en repos qui dort dans un navire pendant que le navire se meut

véritablement. Et de même l'on connaîtra que ce mouvement qu'on a coutume d'appeler le mouvement annuel de la terre, ne lui appartient aucunement, non pas même à la masse composée de la terre, des eaux et de l'air, mais bien à la matière céleste qui emporte cette masse autour du Soleil. »

— Voilà, j'espère, s'écria le député, un raisonnement alambiqué, pour calmer les consciences scrupuleuses.

— Cela me rappelle, dit le capitaine de frégate, le fameux traité

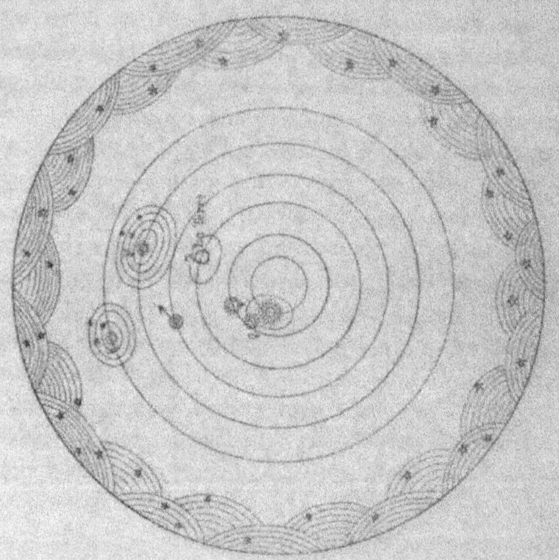

Variante du système des Tourbillons (dix-huitième siècle).
Le Soleil tournant avec Mercure autour du centre.

du P. Boscowilz sur les comètes et la manière de calculer leur retour. Ce calcul serait impossible dans l'hypothèse de l'immobilité de la Terre. Cependant le savant jésuite commence son traité par une préface au pape, dans laquelle il proclame que « pénétré de respects pour les saintes Écritures, il ne croit pas au mouvement de la Terre.... » Seulement, à la fin de la préface, il met un tout petit post-scriptum, bien nécessaire en vérité : « Pourtant, dit-il, pour la commodité du fait, je ferai comme si elle tournait ! »

— C'est assez joli ! fit l'historien… Pendant plus de cent ans la Sorbonne ne permit d'enseigner le mouvement de la Terre que comme une hypothèse commode, mais fausse !

— Et dire que la vérité passe toujours par de tels chemins avant d'être reconnue par les hommes, répliqua le professeur. Aujourd'hui chacun a reconnu que la vraie religion n'a en rien à s'inquiéter de ces formes, et l'observatoire de Rome est l'un des plus laborieux et des plus illustres de notre époque.

— Le système des tourbillons de Descartes a eu lui-même une variante au dix-huitième siècle, c'est de supposer que le Soleil, au lieu d'être immobile au centre du système, circulerait lui-même autour d'un centre, entraînant Mercure avec lui. Ce mouvement du Soleil était destiné à expliquer les variations de grandeur de son disque apparent vu de la Terre, et les variations diurnes et annuelles de son mouvement, en laissant notre planète se mouvoir dans une orbite circulaire.

— Dans un ouvrage imprimé en 1643, intitulé : *Antonii Deusingii, de vero systemate mundi*, que j'ai parcouru hier à la bibliothèque du château, dit le professeur, j'ai remarqué une figure dans laquelle la Terre centrale est entourée des planètes dans la disposition suivante : 1° la Lune; 2° le Soleil; 3° Vénus; 4° Mercure; 5° Mars; 6° Jupiter et 7° Saturne. L'auteur attribue ce système à une secte de pythagoriciens.

— Effectivement, on a encore reproduit cette exposition au dix-septième siècle, remarqua l'astronome.

— Sont-ce décidément là tous les systèmes astronomiques? demanda l'historien.

— Tous ceux qui ont eu cours dans la science. Mais si nous voulions faire l'histoire de toutes les suppositions isolées imaginées par les hommes, nous en aurions encore de toutes les couleurs à visiter. J'ai des ouvrages qui prétendent que le Soleil, la Lune et les étoiles n'existent pas, et ne sont que le reflet d'une immense lumière disséminée sous la Terre : il y a même une figure explicative construite selon les règles de l'optique. J'en ai d'autres qui représentent l'univers comme formé de trois étages horizontaux : l'enfer avec tous les damnés sous le plancher, enfermés dans la cave ; le monde des humains au rez-de-chaussée ; le ciel éternel au premier. Il n'y a pas plus de vingt ans qu'on a publié, à Paris même, un livre destiné à prouver que le Soleil n'a qu'un mètre de diamètre, que Vénus est de la grosseur d'une orange, et que la Terre constitue à elle seule tout l'univers, etc., etc. Quoique ces fantaisies soient curieuses, ce serait perdre notre temps que de le passer à remuer tout cela.

Il y aurait aussi de singulières idées à relever dans les opinions enfantines des peuplades qui sont encore à l'état sauvage, et dont nos voyageurs modernes nous ont rapporté de curieux spécimens. Ici, ils placent la Terre sur des blocs de granit ; là, sur des montagnes escarpées ; plus loin, sur un océan indéfini. Ailleurs, ils supposent que la Lune décroissante sert à former des étoiles et que chaque mois elle ne se renouvelle que par un miracle. Longtemps les Indiens ont cru la Lune pleine d'ambroisie, et que les dieux y venant prendre leurs repas, faisaient diminuer sa lumière. La régularité du retour des phases annonçait que la provision était soigneusement renouvelée et que les dieux avaient un appétit fort réglé.

—Les Brahmes plaçaient la Terre au centre de l'univers, dit le capitaine. Ils imaginaient sept mondes ; ce sont les planètes, entre lesquelles la Terre, posée sur une montagne d'or, occupait le lieu principal. Ils pensaient que les étoiles se meuvent et les nommaient poissons, parce qu'elles nageaient dans l'éther comme les poissons dans les eaux. Cette idée, qui, sans doute, n'est qu'une figure, est plus juste et plus philosophique que celle des anciens Grecs, de les attacher comme des clous à la calotte sphérique et solide du ciel. Ajoutons qu'ils comptaient neuf planètes, savoir, les sept que nous connaissons et deux dragons invisibles qui seraient la cause des éclipses. Ces phénomènes arrivant en différents points de l'écliptique, ils avaient imaginé ces dragons errant comme des planètes.

Quant à l'ordre des planètes, le plus curieux est qu'ils plaçaient la Lune plus loin que le Soleil. Cette inconséquence est extraordinaire et unique dans l'histoire de l'astronomie. Peut-être est-ce parce que la lumière de notre satellite est sans chaleur qu'ils le jugaient plus éloigné que le Soleil qui les brûle. L'opinion de ces prêtres est encore la même aujourd'hui. Un Brahme de Tanjaor, se trouvant en prison avec un de nos missionnaires, dit Souciet, eut de longues conférences avec lui. Il souffrait assez patiemment que le missionnaire réfutât l'idolâtrie, qu'il dît tout ce qu'il voulait contre les idoles et les dieux ; mais, quand il vit que le missionnaire prétendait que le Soleil fût plus éloigné de nous que la Lune, il se fâcha sérieusement, il ne voulut plus rien entendre.

— Je pourrais, dit l'historien, ajouter aux opinions précédentes que les Perses croyaient les étoiles plus près que la Lune. Selon eux, la montagne de l'Alborac, la plus haute de la Terre, aurait mis huit cents ans à croître entièrement. En deux cents ans elle se serait élevée jusqu'au ciel des étoiles, en deux cents jusqu'au ciel de la Lune, en autant de temps jusqu'au ciel du Soleil ; enfin dans les deux cents dernières années, elle aurait atteint le ciel de la Lumière première.

Vers la même époque de l'antiquité persane, le Chaldéen Bérose a donné une explication originale des phases de la Lune et de ses éclipses. Selon lui, notre satellite, semblable à une balle à jouer, avait une moitié lumineuse et l'autre d'un bleu céleste qui se confondait avec la couleur du ciel. En tournant en un mois, il présentait toutes les phases. Enfin, n'avons-nous pas vu que les Chaldéens supposaient la Terre creuse et semblable à un bateau ? Peut-être se servaient-ils simplement de cette image pour donner une idée de la manière dont ils imaginaient que la Terre était portée sur l'éther ; de même que plusieurs des anciens donnaient au Soleil et à la Lune un vaisseau pour faire leur cours.

Enfin, tous les faux systèmes se sont évanouis au flambeau de la vérité : le vrai système du monde est maintenant connu et adopté officiellement.

— Les révolutions précèdent toujours les gouvernements, interrompit le député ; ce qui était romantique devient classique, le progrès individuel forme plus tard l'état officiel.

— Maintenant que nous avons passé en revue ces différents systèmes, demanda le professeur, ne pourrions-nous trouver l'explication des noms donnés aux planètes ? Nous avons cherché en de précédentes soirées, l'origine des noms donnés aux étoiles et aux constellations ; il ne serait pas dénué d'intérêt d'agir de même pour les planètes.

— J'ai voulu m'occuper aussi de cette question, répondit l'astronome. Les noms employés actuellement ne sont pas les plus anciens, et ne datent que de l'époque où les poëtes ont associé la mythologie grecque à l'astronomie. Les premières désignations se rapportaient à l'aspect de ces astres errants; mais chez tous les peuples il paraît avoir existé à la fois deux ordres de dénominations.

Nous avons vu l'autre soir les étymologies des noms du *Soleil*, de la *Lune* et de la Terre.

Les premières dénominations grecques des planètes furent relatives à leur degré de lumière. Saturne, peu visible, fut nommé Phénon, *qui paraît;* Jupiter, Phaëton, le *brillant;* Mars, Pyrois, *couleur de feu;* Mercure, Stilbòn, *l'étincelant;* et Vénus, Phosphore et Lucifer, *porte-lumière.* Ils l'appelèrent encore Callisté, la plus belle. On en avait également fait l'étoile du soir et l'étoile du matin, à cause de sa situation spéciale. Combien de regards ne se sont-ils pas élevés vers elle pendant les douces heures du crépuscule?

— Les indigènes de l'Amérique septentrionale ont imaginé des dénominations à peu près semblables, dit le navigateur. Ils appellent le Soleil *Ouentekka*, *il porte le jour;* la Lune *Asontekka*, elle porte la nuit; Vénus, *Teouentenhaovitha*, elle *annonce le jour*. Ce nom caractérise parfaitement l'apparition de cet astre le matin, laquelle, comme on le voit, n'a pas échappé à l'attention de ces peuples sauvages.

Beckmann (*History of inventions and discoveries*) établit qu'un procédé commun à tous les peuples de l'Orient, auxquels les Grecs et les Romains l'ont emprunté, consista à donner aux planètes, dès que leur mouvement propre fut reconnu, le nom des divinités révérées chez chaque peuple.

Jablonski (*Pantheon Egyptiorum. Proleg.*) dit à ce sujet : « L'idée que chaque planète était la résidence d'un dieu ou qu'elles étaient les Dieux eux-mêmes a pris naissance dans l'usage constant que l'on retrouve à l'origine chez toutes les nations d'adorer le Soleil en raison de son influence bienfaisante et nécessaire sur tous les corps terrestres. Cet usage en engendra naturellement un autre. Dans le cours du temps, lorsque les héros, les personnes qui avaient immortalisé leur nom par un grand service rendu à l'humanité, reçurent les honneurs divins, il fut tout simple de fixer pour leurs demeures les corps célestes tels que la Lune et les planètes. »

— Sans doute, répliqua le professeur de philosophie, il est difficile de préciser en dehors de ces vues générales, quelles lois présidèrent à la distribution des divinités dans les planètes et pourquoi telle planète fut dédiée à tel dieu et non à tel autre. Il est toutefois naturel de penser que le premier des dieux a pris de droit la plus brillante des planètes : *Jupiter*; — que la blonde et sympathique *Vénus* s'est laissé bercer par l'étoile du soir; — que *Mars*, dieu de la guerre et du carnage, a été assimilé à la rouge planète que vous connaissez; — que *Saturne*, ou Kronos, le dieu du temps, a personnifié le cours le plus lent de la plus lointaine planète connue, dont le cercle embrasse tous les autres; — le dieu des voleurs et du commerce, *Mercure* aux talons ailés, a été placé dans ce petit astre qui ne se montre que le soir, « entre chien et loup, » et ne se laisse jamais saisir dans son éternel jeu de cache-cache avec nous. Quant aux noms mythologiques du Soleil et de la Lune, le brillant Apollon ne pouvait avoir sa place que sur le trône de l'astre radieux; Diane au croissant d'argent est la virginale chasseresse des cieux (le berger Endymion n'est venu que plus tard), et Phœbé est la pâle et blanche sœur du brillant Phœbus.

Toutes ces planètes, Mercure, Vénus, Mars, Jupiter et Saturne, sont connues dès les origines même de l'histoire du ciel, comme nous l'avons vu.

Il nous reste encore deux planètes, non connues des anciens; mais c'est à notre astronome que nous devons laisser le soin de nous expliquer leur appellation.

— Oh! rien n'est si simple, repartit celui-ci. Uranus a été découvert par William Herschel dans la soirée du 13 mars 1781, et fut d'abord prise pour une comète. Herschel proposa d'abord de l'appeler *Georgium Sidus*, par reconnaissance pour Georges III d'Angleterre. Lalande demanda qu'elle fût désignée sous le nom de l'astronome qui l'avait découverte, et en effet, on l'appela très-longtemps *Herschel*. On proposa successivement les noms de Neptune, Astrée, Cybèle, Uranus. Ce fut ce dernier, présenté par Bode, qui prévalut comme une réparation au plus ancien des dieux.

Enfin, la dernière planète connue du système, Neptune, a été observée et constatée dans le ciel pour la première fois le 23 septembre 1846, par l'astronome Galle, de Berlin. Elle occupait à peu près la place que les calculs de la mécanique céleste lui avaient assignée d'avance. Le nom de Neptune, qui n'avait pas prévalu pour la planète précédente, fut décerné à celle-ci presque à l'unanimité.

Pendant notre siècle, on a découvert une centaine de petites planètes, grandes comme des départements, entre Mars et Jupiter. On leur a donné différents noms tirés de la mythologie.

— Voilà, j'espère, dit la marquise, toute l'histoire des planètes. Cette soirée a peut-être été un peu longue et fatigante pour nos orateurs, mais enfin elle renferme beaucoup de choses, et il faut bien prendre le temps de parler. Cependant je me permettrai de demander encore à notre infatigable astronome ce que signifient les signes donnés à tous ces astres. Tenez, les voici, fit-elle. N'ont-ils pas un air cabalistique?

— Nullement. Commençons par Neptune : ♆ vous représente le trident des mers; ♅, signe d'Uranus, est la première lettre du nom d'Herschel portée par un petit globe; ♄ est la faux du temps ou de Saturne; ♃, est la foudre de Jupiter et rappelle la première lettre de Zeüs; ♂, est la lance de Mars avec son bouclier; ♀, le miroir de Vénus; ☿, le caducée de Mercure; ☉, le disque du Soleil; ☽, le croissant de la Lune. Il est évident, si cette origine est bien fondée, que ces caractères viennent des Grecs, puisqu'ils naissent de leurs fables, et qu'ils sont dérivés des attributs de leurs dieux. Remarquons que les Chinois, de toute antiquité, ont désigné le Soleil par un petit cercle avec un point dans le milieu. Ce caractère hiéroglyphique est exactement le même que celui dont les anciens Grecs se sont servis, et dont nous faisons usage aujourd'hui.

Mes chers amis, continua l'astronome, je ne sais comment vous prier de me pardonner la longueur de cette dissertation. Onze heures ont tinté depuis longtemps déjà à la vieille tour du château, minuit approche, et les braves indigènes de Flamanville, qui déjà ont remarqué nos entrevues du soir, nos livres et le télescope énigmatique du chalet, vont décidément nous prendre pour des sorciers. Si la marquise n'était en bonne odeur, depuis qu'elle a fait cadeau à l'église

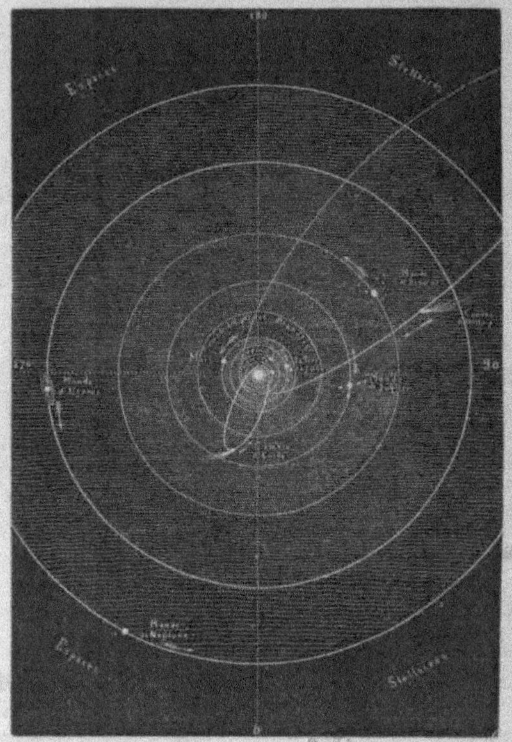

## XIII

LE SYSTÈME PLANÉTAIRE

(p. 271.)

de reliques rapportées de Rome par elle-même, je craindrais les pierres. Jean-Jacques Rousseau en a bien reçu dans son jardin (et sur
la tête) pour s'être mis à chercher les constellations en installant
dans sa charmille une carte céleste éclairée par une lanterne.

Il faut pourtant que je vous retienne encore deux minutes. Nous
ne pouvons nous séparer avant d'avoir fait aboutir toutes nos observations respectives de cette soirée à une conclusion claire et précise, sur la manière dont nous devons nous figurer exactement le
système du monde.

Grâce à Copernic, à Galilée, Képler, Newton, Huygens, Lalande,
Laplace, et à d'autres travailleurs, nous pouvons maintenant nous le
représenter comme il suit : Au centre des orbites planétaires trône
le globe immense du Soleil. — A des distances diverses, que nous
avons données dès notre première soirée (p. 15), gravitent, en des
orbites successives, d'abord Mercure, Vénus, la Terre et Mars, dont les
années sont d'autant plus longues qu'elles sont plus distantes du
Soleil, mais dont les jours sont à peu près de 24 heures pour
chacune de ces quatre médiocres planètes.—Après Mars on rencontre
une vaste zone occupée par un nombre considérable de tout petits
corps célestes. — Le monde splendide de Jupiter gravite à la distance
de 200 millions de lieues du Soleil, en une révolution de 12 ans et
avec des jours de 9 h. 55 m. seulement. Quatre satellites l'accompagnent. — A 364 millions de lieues du Soleil roule ensuite Saturne,
dont la translation demande 29 ans et demi pour s'accomplir, et dont
le rapide mouvement de rotation n'est que de 10 h. 15 m. Il est 734
fois plus gros que le globe terrestre, et environné d'un colossal système d'anneaux, au delà desquels sont échelonnés huit satellites,
dont le plus extérieur est à 922 000 lieues de la planète.— Le monde
d'Uranus, composé d'une planète 82 fois plus grosse que la Terre et
de huit satellites, gravite à la distance de 733 millions de lieues du
Soleil, en une année de 84 ans.—Enfin, la dernière planète actuellement connue de notre système, Neptune, gravite à la distance de
1 milliard 147 millions de lieues, sur une orbite gigantesque qu'elle
n'emploie pas moins de 164 ans à parcourir, et qui ne mesure pas
moins de 7 milliards de lieues d'étendue.

Vous voyez que cette ampleur est déjà loin des dimensions du système de Copernic, terminé à Saturne supposé encore plus proche qu'il ne l'est. Mais ce n'est pas tout. Pour compléter l'idée exacte que nous voulons nous former de notre situation dans l'espace, il nous faut aussi nous figurer voir sous les yeux de notre esprit ce système planétaire *suspendu dans le vide infini*, et soutenu autour du Soleil comme par une main invisible. Cette main invisible, c'est le réseau de la *gravitation* universelle ; c'est la combinaison de l'attraction puissante du corps solaire avec les mouvements des planètes, mouvements non pas exactement circulaires, mais elliptiques. Ainsi soutenues à distance par le Soleil, les planètes sont, de plus, entraînées par lui dans l'étendue. Le Soleil tourne sur son axe en 25 jours environ, et vogue lui-même dans l'espace, emportant avec lui tout son système. Le point du ciel vers lequel il marche (ou, ce qui est la même chose, vers lequel il tombe en nous entraînant) est la constellation d'Hercule.

La distance qui sépare notre Soleil du soleil le plus voisin, et qui sépare entre eux chacun des soleils de l'espace, est si vaste, que toute la largeur du système planétaire n'est qu'un point dans ces intervalles, et que la translation de notre système, lors même qu'elle serait éternelle, n'a pas de rencontre à craindre.

Chaque étoile est un soleil analogue au nôtre, centre de systèmes inconnus, et vogue également dans l'espace. Pas une seule ne reste fixe. Et ainsi l'univers infini est peuplé de systèmes innombrables en circulation dans l'étendue, séparés les uns des autres par des distances incommensurables.

. . . . . . . . . . . . . . . . . . . . . . . . . . . . . . . . . . . .

— Encore un mot, monsieur l'astronome, fit la marquise.

Il me semble que ce qu'il y a de plus merveilleux dans les conquêtes de l'astronomie, c'est l'invention de la lunette d'approche et la construction des télescopes d'observatoires. Vous ne nous en avez pas parlé.

— En effet, madame, sans les lunettes d'approche, nous ne serions guère plus avancés en astronomie physique que du temps de Copernic et même de Ptolémée. Leur invention est du reste fort curieuse.

D'après les documents recueillis sur ce sujet par l'astronome

## XIV

DÉCOUVERTE DE LA LUNETTE D'APPROCHE PAR LES ENFANTS
D'UN OPTICIEN DE MIDDELBOURG. (P. 273.)

Olbers, c'est en 1606 que, pour la première fois, on combina un verre concave et un verre convexe pour rapprocher les objets. C'était à Middelbourg, en Zélande, où nous sommes allés l'hiver dernier, mon cher historien. Un fabricant de bésicles nommé Jean Lippershey reçut cette grande découverte du hasard. Ses enfants, jouant dans sa boutique, s'avisèrent de regarder au travers de deux lentilles, l'une convexe, l'autre concave, le coq du clocher, qui, à leur grand ébahissement, leur parut tout rapproché d'eux. La surprise des enfants ayant éveillé l'attention de Lippershey, celui-ci, pour rendre l'épreuve plus commode, établit d'abord les verres sur une planchette; ensuite il les fixa aux extrémités de deux tuyaux susceptibles de rentrer l'un dans l'autre. A partir de ce moment, la lunette était trouvée! Le 2 octobre 1606, il adressa une supplique aux états généraux de Hollande, demandant un brevet de trente ans. Les échevins n'y trouvèrent qu'un inconvénient, c'est qu'on n'y voyait pas des deux yeux, ce qui les contrariait.

La connaissance du fait se répandit vite, et Lippershey ne jouit pas du privilège de son invention.

C'est Galilée qui le premier appliqua cette lunette primitive (qui porte son nom) aux observations astronomiques, et la sienne, il ne la fit pas venir de Hollande, mais la fabriqua par lui-même d'après ce qu'il avait entendu dire. C'est en 1609. Il porta successivement le grossissement à 4, 7 et 30 fois en diamètre, ce qu'il ne dépassa pas. Il découvrit les phases de Vénus, les taches du Soleil, les quatre satellites de Jupiter et la nature montagneuse de la Lune.

Képler imagina la première lunette astronomique à deux verres concaves en 1611.

Huygens porta les grossissements à 48, 50 et 92 fois, et reconnut l'anneau de Saturne et le quatrième satellite de cette planète.

Cassini, le premier directeur de l'Observatoire de Paris, les porta à 150, aidé par Auzout, Campani de Rome et Rives de Londres. Il constata la rotation de Jupiter (1665), celles de Vénus et de Mars (1666), le cinquième et le troisième satellite de Saturne (1671), enfin les deux plus proches (1684). Les autres satellites de cette planète ont été découverts, le sixième et le septième par William Herschel en 1789, et le huitième en 1848 par Bond et Lassel.

J'ajouterai encore à ce propos que les satellites d'Uranus ont été découverts, six par Herschel de 1790 à 1794, et deux par Lassel (septième et huitième) en 1851; et celui de Neptune en 1847 par ce dernier astronome.

La rotation de Saturne a été constatée par Herschel en 1789, et celle de Mercure par Schrœter en 1800.

Les premiers télescopes, ou lunettes astronomiques à réflexion, ont été faits par Gregory en 1663 et Newton en 1672. Les plus grands instruments de notre siècle sont le télescope d'Herschel, qui grossissait 3000 fois en diamètre, celui de lord Rosse, en Irlande, qui grossit 6000 fois et rapproche la Lune à 15 lieues; ce merveilleux instrument a 6 pieds d'ouverture et 60 pieds de longueur; son miroir seul pèse 3800 kilogr., c'est-à-dire 2000 francs de métal; avec le tube, il pèse 10400 kilogr.; je remarquerai en passant qu'il n'a pas coûté moins de 300 000 francs à son propriétaire. A ces télescopes, ajoutons celui de l'Observatoire de Marseille, construit par M. Foucault, dont le miroir en verre argenté supporte un grossissement qui peut être porté à 4000, et celui de Melbourne, en Australie, dont le grossissement peut aller jusqu'à 7000.

C'est grâce à tous ces progrès dans l'optique que nous sommes parvenus à compléter les données de l'astronomie mathématique par des constatations d'astronomie physique, qui nous font apprécier la disposition générale de l'univers, et nous montrent la vie organisée sur l'immense panorama des mondes !

# DIXIÈME SOIRÉE



Opinions des anciens sur la forme de la Terre et ses rapports avec le reste de l'univers. — Examen critique du *Traité du Ciel* d'Aristote. — Suppositions imaginées pour expliquer la position centrale du globe. — Idées sur le mouvement et la pesanteur. — Les commencements de la description méthodique du monde. — Différentes formes supposées à la Terre. — La Terre enracinée, fixe, cylindrique, cubique, flottante, ronde, isolée. — Images antiques. — Moïse et la Bible. — Homère. Le bouclier d'Achille. La terre plate. Le fleuve Océan. — Sphères et cartes primitives. — Hérodote, Ératosthènes, Strabon, Posidonius, Pomponius Mela. Progrès de la géographie.

— Depuis une dizaine de jours que nos entretiens scientifiques sont commencés, dit l'astronome, au moment où nous sortions du château pour notre promenade habituelle, nous avons pu revoir dans une vaste esquisse les opinions que les hommes se sont successivement formées sur le ciel, et constater comment l'esprit humain est parvenu à connaître la réalité. Ces curieuses études nous ont fait, pour ainsi dire, revivre réellement dans ce passé disparu. En établissant de la sorte une comparaison permanente entre les suppositions de l'ignorance primitive et les démonstrations de la science, nous apprécions mieux la valeur de la réalité. Nous arrivons maintenant à la question particulière de la cosmographie terrestre, déjà effleurée dans nos précédentes soirées. Et ce n'est certes pas la moins intéressante. Il n'y a peut-être rien au monde de plus

curieux que le spectacle des tentatives faites par l'habitant de la
Terre pour se rendre compte de la forme, de la nature et de la situation de sa planète dans l'espace.

— Est-ce que l'étude cosmographique de la Terre fait partie de
l'histoire du ciel ? demanda la marquise.

— Bien entendu, répondit le capitaine. Il serait même difficile de
l'en distraire, puisque d'une part la Terre est un astre du ciel, et
que d'autre part notre observatoire terrestre est fatalement la base
de nos études astronomiques. L'histoire de la cosmographie et de la
géographie générale est nécessairement parallèle à l'histoire de
l'astronomie. Elles sont solidaires l'une de l'autre. Sans Christophe
Colomb il n'y aurait pas eu de Copernic.

— Nous allons donc savoir quelle série d'efforts on a faits de
toutes parts avant d'arriver à constater l'état réel de notre globe,
et à le tenir dans la main comme aujourd'hui ?

— C'est, je crois, ce que nous allons essayer dès ce soir, répliqua
l'historien.

— Et par quelle scène commencerons-nous le spectacle ? reprit la
marquise.

— Le vénérable Aristote va se présenter le premier en scène, répliqua l'astronome.

— Comment ! l'obscur, l'indéchiffrable Aristote ? s'écria le pasteur.

— Hélas ! oui, fit l'astronome, à lui la première place : et par droit
de conquête et par droit de naissance. Ne croyez pas que pour lui
donner ce rang je dissimule ou lui pardonne ses obscurités. Non, non.
Je veux, au contraire, le présenter tel qu'il est, et sans rien cacher
de sa physionomie.

Et pour vous prouver mon impartialité, ajouta-t-il, je commencerai par vous rappeler Daniel Heinsius, philosophe et poëte latin
hollandais du dix-septième siècle, qui, étant un jour consulté sur
son opinion personnelle relativement à l'authenticité du Traité sur le
monde attribué à Aristote, donne aux érudits disputeurs la singulière raison que voici. Selon lui, comme d'après la majorité des commentateurs, cette lettre sur le monde, adressée à Alexandre, est
apocryphe, et voici l'argument spécieux sur lequel il fonde sa conviction : « Le traité en question, dit-il, n'offre nulle part cette *ma-*

*jestueuse obscurité* qui, dans les autres ouvrages d'Aristote, repousse les ignorants. »

— Voilà un argument qui ne manquera pas de légitimité, repartit le pasteur ; entreprendre la lecture du célèbre philosophe de Stagire, c'est, à mon avis, le plus grand acte de vertu qu'un homme qui consacre sa vie à l'étude des sciences puisse s'imposer à notre époque où le temps passe si vite ; et quelle que soit la récompense qui vienne couronner l'accomplissement de cette noble tâche, je ne mets pas en doute qu'il ne la trouve toujours fort inférieure au mérite d'un pareil travail.

— Certes, reprit l'astronome, il n'est même pas nécessaire pour cela de lire le précepteur d'Alexandre dans sa langue maternelle, ni même dans les traductions latines que le moyen âge nous a léguées ; mais seulement dans la belle et élégante traduction française que M. Barthélemy Saint-Hilaire vient de nous offrir. Pour celui qui est accoutumé à la clarté et à la rigueur si satisfaisante de la méthode scientifique moderne, il y a en perspective des attaques de nerfs, causées par la lenteur, la naïveté, le vague, l'indéfini, le mélange de la métaphysique et de la physique, le mariage bizarre de la logique avec le raisonnement tiré de l'expérience, et surtout par le changement qui s'est introduit depuis deux mille ans dans la signification des mots, changement par suite duquel nous ne comprenons plus dans leur sens original les expressions qui reviennent le plus souvent, et qui sont les plus importantes, comme le *mouvement*, la génération, les éléments, la figure, la forme, la matière, les propriétés des corps, etc., etc.

Il résulte de ce changement dans la signification des mots et de la différence essentielle qui distingue la méthode actuelle de raisonnement de la méthode employée au temps d'Aristote, ajouta encore l'astronome, que les œuvres astronomiques de celui-ci, si toutefois il est permis de leur donner ce nom, sont presque illisibles aujourd'hui, et caractérisées par une obscurité particulière. C'est pourquoi celui qui, désireux de connaître l'antiquité et de l'observer directement, essaye de pénétrer dans ce labyrinthe, sent bientôt la nécessité d'avoir à côté de lui un guide clairvoyant, qui connaisse à la fois et les besoins de l'esprit actuel et la nature des études antiques ;

qui ait comparé sagement l'état des connaissances humaines aux deux extrémités de la ligne qui nous sépare de ces âges, et sur le trajet de cette ligne elle-même ; qui jouisse enfin de l'autorité nécessaire pour nous guider en ces régions lointaines avec le flambeau de la méthode positive, sans laquelle nous n'avons plus que le caprice et la conjecture.... Je suis heureux que le savant moraliste français ait pris la peine d'être ce guide spécial.... »

Déjà depuis quelques instants nous étions arrivés au chalet de la Falaise. Une discussion particulière sur Aristote s'élevait entre le professeur de philosophie et le capitaine de frégate, lorsque, voyant notre petite société installée, l'astronome reprit :

« Le *Traité du Ciel* d'Aristote présente l'exposé et la discussion des idées généralement admises en Grèce et en Italie au quatrième siècle avant notre ère, sur la composition de l'univers, l'ordre qui préside aux mouvements observés, la nature des corps célestes et de la Terre, l'organisation, la succession, les modifications des choses ; ce n'est pas un système d'observations, comme Ptolémée et l'École d'Alexandrie peuvent nous en offrir, mais un ouvrage théorique. Toute proportion gardée, c'est l'entreprise de Newton et de Laplace : un résumé de l'ensemble des phénomènes, avec une théorie de la pesanteur et du mouvement.

Nous allons nous occuper d'abord de ce vénéré philosophe, pour bien saisir l'esprit de la méthode qui régnait alors.

Disons-le tout de suite : c'est simplement *la logique* et pas autre chose. Aristote n'a pas l'air de s'en apercevoir. Sans doute la logique est une excellente méthode, dans son application psychologique aux questions qui sont de son ressort ; mais elle est d'une parfaite nullité, lorsqu'on l'applique à la discussion des mouvements célestes apparents et qu'on prétend les réduire à notre échelle. Si le point de départ est arbitraire, le système entier édifié sur cette base sera d'autant plus faux, qu'il aura été plus sévèrement et plus rigoureusement bâti. Les raisonnements reviendront sans cesse sur eux-mêmes, paraissant se prouver l'un par l'autre, et ne formant au contraire qu'un système sans solidité, suspendu dans le vide, on ne sait comment; nous n'aurons à l'origine qu'une pétition de principes, et en résumé qu'un cercle vicieux.

Ainsi demandez, par exemple, à Aristote si c'est la Terre qui tourne ou le ciel ; il vous répondra que « la Terre est *évidemment en repos,* » et que les Pythagoriciens sont absurdes de lui supposer un mouvement de translation autour du feu. Outre le témoignage des sens, « il y a de plus un argument considérable, qui consiste en ce que le repos est *naturel* à la Terre et qu'elle est naturellement en équilibre. » On voit que c'est dire qu'une chose est, *parce qu'elle est,* et rien de plus.

Également sollicitée de toutes parts, déclare le philosophe grec, la Terre n'a pas de raisons pour quitter sa place, qui est son lieu *naturel.* Il est curieux de voir combien l'École abuse de cette qualification. Tout ce que l'on observe *est naturel.* Imaginez une autre explication, on vous objecte que ce n'est pas naturel, et l'on vous tourne le dos.

Demandez-vous quelle est la nécessité que ce soient les astres qui tournent autour de la Terre? Aristote répond que ce mouvement est *naturel,* attendu que la circonférence est la ligne parfaite, que les astres sont parfaits eux-mêmes, et qu'ils doivent par conséquent décrire une circonférence. Tenez-vous à savoir pourquoi une ligne courbe est plus parfaite qu'une ligne droite? C'est parce qu'elle n'a pas de bouts. Et pourquoi n'ayant pas de bouts est-elle plus parfaite? Tout simplement parce qu'il en est ainsi ! !

Voilà les raisons qui ont retardé de deux mille ans la découverte du véritable système du monde, et qui ont condamné Kepler à dix-sept ans de travaux forcés avant qu'il pût s'affranchir de l'illusion de croire que la figure parfaite est le cercle, et avant qu'il pût trouver l'ellipse planétaire et ses trois lois immortelles.

S'agit-il de la pluralité des mondes ? Aristote déclare qu'il ne peut y avoir qu'un seul monde, parce que les éléments sont partout les mêmes, qu'il est naturel que les parties de terre qui sont dans un autre monde soient portées vers notre centre, que le feu qui est dans les cieux soit également porté vers l'extrémité du monde, car chaque chose tend à son lieu naturel, et de cette façon, de même qu'il n'y a qu'un seul centre, il ne peut y avoir qu'un seul monde.

Je ne puis m'empêcher à ce propos, continua l'astronome, de vous témoigner la réflexion qui m'est venue à cette lecture. Je trouve la préface de M. Saint-Hilaire infiniment plus intéressante que le traité lui-même, et quant à ces aspects scientifiques, le traducteur se montre autant supérieur à Aristote que le dix-neuvième siècle est supérieur au siècle d'Alexandre; mais le savant académicien me paraît s'être un peu trop laissé dominer par sa sympathie pour son auteur, lorsque, sur cette question de la pluralité des mondes habités, il s'est permis d'écrire ces mots : « A quoi sert cette hypothèse ? Est-ce bien se montrer fidèle à la méthode tant recommandée que de se permettre de semblables rêves ? Pour nous, et jusqu'à découverte nouvelle, il n'y a d'hommes que sur la Terre, et il ne peut y en avoir nulle part ailleurs. »

— En effet, dit l'historien, cette déclaration dépare à nos yeux l'œuvre savante du laborieux traducteur.

— J'ai avancé, reprit l'astronome, que ce fameux Aristote n'est pas moins obscur que la scolastique qui est sortie de lui, et qu'il importe de ne plus permettre dans l'avenir à la métaphysique de remplacer la discussion expérimentale ; je citerai ici comme type la prétendue démonstration de cette proposition fondamentale : *Toutes les parties du ciel sont éternellement mobiles ; il n'y a que la Terre qui puisse être au centre et en repos.* Puissiez-vous apprécier la valeur de ce genre de raisonnement ! et veuillez observer que c'est ici une traduction claire et lucide, appropriée à notre langage.

Écoutez : « Toute chose qui produit un certain acte est faite en vue de cet acte ; or l'acte de Dieu, c'est l'immortalité ; en d'autres termes, c'est une existence éternelle ; donc il faut nécessairement que le divin ait un mouvement éternel. Mais le ciel a cette qualité, puisqu'il est un corps divin ; et voilà pourquoi il a la forme sphérique, qui, par sa nature, se meut éternellement en cercle. Or, comment se fait-il que le corps entier du ciel ne soit point ainsi en mouvement? C'est qu'il faut nécessairement qu'une partie du corps qui se meut circulairement reste en place et en repos; et c'est la partie qui est au centre. Dans le ciel, il n'est pas possible qu'aucune partie demeure immobile, ni nulle part, ni au centre ; car alors son mouvement serait vers le centre; et comme son mouve-

ment naturel est circulaire, le mouvement, dès lors, ne serait plus
éternel. Mais rien de ce qui est contre nature ne peut durer éternellement. Or, ce qui est contre la nature est postérieur à ce qui est
selon la nature, et dans l'ordre de génération, ce qui est contre la
nature n'est qu'une déviation de ce qui est naturel. — Il faut donc
nécessairement que la terre soit au centre et qu'elle y demeure
en repos. Mais, s'il en est ainsi, il faut nécessairement que le feu,
qui est le contraire de la terre, existe aussi. En outre, l'affirmation
est antérieure à la privation ; et je veux dire, par exemple, que le
chaud est antérieur au froid. Or, le repos et la pesanteur ne se
comprennent que comme privation de la légèreté et du mouvement.
Mais, s'il y a de la terre et du feu, il faut nécessairement que tous
les corps intermédiaires entre ces deux-là existent ainsi qu'eux ;
car chacun des éléments doit avoir son contraire, qui lui est opposé.
Mais ces éléments existant, il faut de toute nécessité qu'ils soient
créés. Ces corps que nous venons de nommer sont doués de mouvement. On voit donc *clairement*, d'après cela, la nécessité du mouvement de génération ; et, du moment que la génération existe, il
faut aussi qu'il y ait un autre genre de mouvement, soit un, soit
plusieurs. — *Nous voyons évidemment* par quelle cause les corps soumis à un mouvement circulaire sont plus d'un. C'est qu'il faut nécessairement qu'il y ait génération, et il y a génération parce qu'il y
a du feu ; et le feu existe ainsi que les autres éléments, parce que la
Terre existe aussi ; enfin la Terre existe elle-même, parce qu'il faut
un corps qui reste éternellement en repos, puisqu'il doit y avoir un
mouvement éternel. »

— Ouf ! vous avez du courage, s'écria le député.

— Tel est le genre de raisonnement dont l'esprit humain (et l'esprit
européen) s'est contenté jusqu'à la Renaissance. Étonnons-nous donc
après cela de l'ergotage de la scolastique !

— Vous êtes bien sévère pour Aristote, répliqua le professeur
de philosophie. Vous ne pouvez cependant nier qu'il ne nous four-
nisse le plus ancien document auquel nous puissions recourir. Bien
d'autres, avant lui, avaient essayé de comprendre l'ordre de l'univers ; mais son ouvrage est le seul que le temps nous ait transmis
dans son intégrité. C'est par lui, il faut bien le savoir, que com-

mence authentiquement l'histoire de l'astronomie, comme celle de
la plupart des autres sciences. Ignorer ou négliger ce fait, c'est
manquer à la méthode d'observation, dont l'astronomie se fait gloire
d'être le modèle le plus accompli.

Comme j'ai, par profession, particulièrement étudié ce maître
très-puissant, je vous demanderai la permission de résumer ici son
système géométrique et logique. Il n'est pas si absurde que vous
avez l'air de le croire.

— Certes, répliqua l'astronome, je suis loin d'être opposé à vous
entendre, et je pense au contraire que cette exposition ne sera pas
la partie la moins instructive de cette soirée.

— Je commencerai d'abord, avec Aristote lui-même, par la nature
du mouvement. Il n'y a que deux mouvements simples : le mouvement en ligne droite et le mouvement circulaire. Le mouvement des
corps naturels ne peut aller qu'en bas ou en haut. Par le bas, on
entend la direction vers le centre; par le haut, la direction qui
s'éloigne du centre.

Le mouvement circulaire participe à la nature même du cercle;
dans son genre, il est parfait; le mouvement en ligne droite, ne
peut jamais l'être, puisque ce mouvement est nécessairement incomplet, comme la droite elle-même, qui n'est jamais finie et à
laquelle on peut sans cesse ajouter. Le mouvement direct appartient
aux éléments, qui se dirigent, soit en haut, comme le feu, soit en
bas, comme la terre. Le mouvement circulaire doit appartenir à un
corps plus relevé et « plus divin » que ceux-là. Ce corps doit être
simple et parfait, ainsi que le mouvement qui l'anime; il n'est donc
ni léger ni pesant, puisqu'il ne se dirige ni en haut ni en bas. Il ne
peut pas subir la moindre altération; il ne croît ni ne décroît; il
est impérissable et éternel, de même qu'il est absolument immuable.

— C'est logique, fit l'astronome, mais c'est faux.

— Le philosophe invoque ici le témoignage unanime des peuples et
celui des siècles écoulés. Le corps à mouvement circulaire, c'est-à-
dire le ciel, est si évidemment quelque chose de divin, et de tout à
part dans la nature, que c'est là où « tous les hommes, Grecs ou
barbares, pourvu qu'ils aient quelques notions de la divinité,
placent la demeure des dieux qu'ils adorent. » Ils croient que le

séjour des dieux est immortel, comme les êtres supérieurs qui l'habitent.

— Qu'est-ce que cela prouve? interrompit le député.

— Bien plus, a-t-on jamais remarqué dans le Ciel le moindre changement? La tradition, soigneusement transmise d'âge en âge, y a-t-elle jamais signalé la plus faible perturbation? Cette course éternelle a-t-elle jamais été troublée? Et le mot d'éther, par lequel on désigne généralement ce corps, n'exprime-t-il pas à la fois et le mouvement qui l'emporte et l'immuabilité de ce mouvement? Mais, comme Dieu et la nature ne font jamais rien en vain, il est clair que ce corps est seul et qu'il forme un tout; car un second corps de même genre ne pourrait être qu'un contraire, et il n'y a rien de contraire ni au cercle ni au mouvement circulaire.

— C'est toujours faux, dit l'astronome.

— Aristote poursuit :

Si le ciel est fini, il renferme néanmoins toutes choses; il est impossible d'imaginer un corps qui soit en dehors de lui. En supposant qu'il y ait encore d'autres mondes que le nôtre, les éléments y seraient toujours ce que nous les observons ici-bas, les uns se portant vers le centre, les autres s'en éloignant. Il faudrait donc qu'il y eût un centre dans ces mondes; alors notre Terre serait attirée vers ce centre, qui ne serait plus le sien, et elle serait animée d'un mouvement contre nature, que nous ne lui voyons pas. Par un renversement analogue, le feu, au lieu de se diriger en haut, se dirigerait en bas. Ce sont là des impossibilités manifestes; et, comme nous voyons le centre de la terre immobile, il n'est que faire d'inventer un autre monde et un autre ciel purement hypothétiques. Le centre de l'univers est unique, ainsi que son extrémité. Le centre est celui de la terre vers lequel les graves sont attirés avec d'autant plus de force qu'ils s'en rapprochent davantage dans leur chute. L'extrémité de l'univers, c'est la circonférence extrême du ciel, parce qu'au delà il n'y a rien....

Appliquant ici des principes qu'il a démontrés autre part, sur les conditions du mouvement, il avance que le mouvement du monde n'est possible que s'il y a un point de repos sur lequel ce mouvement s'appuie en quelque sorte. Ce centre, nous ne pouvons pas le placer dans le ciel; car alors le ciel, au lieu de se mouvoir circulairement, se dirigerait vers le centre. Ce point de repos, c'est la Terre, qui est immobile, et qui est au centre de tout.

— Illusion! toujours illusion! répliqua l'astronome.

— Le ciel, qui est animé d'un mouvement circulaire, est évidemment sphérique, parce que la sphère est le premier des solides, de même que le cercle est la première des surfaces, la sphère et le cercle pouvant remplir l'espace entier. Il faut donc comprendre la totalité du monde comme une sphère, où le ciel occupe la circonférence la plus reculée, et où les éléments sont placés, tous sphériques aussi, dans l'ordre de leur densité : le feu, l'air, l'eau et la terre.

La circonférence extrême du ciel est la plus rapide; et chacun des astres, étoiles ou planètes, l'est de moins en moins, à mesure que son cercle est plus voisin du centre. C'est qu'en effet le corps le plus rapproché est celui qui ressent le plus vivement l'action de la force qui le domine; le plus éloigné de tous la ressent le moins, à cause de la distance où il est; et les intermédiaires l'éprouvent dans la proportion même de leur éloignement, ainsi que le démontrent les mathématiques.

Comment est-il possible que la Terre se tienne ainsi qu'elle se tient dans la place qui lui est assignée! La plus petite parcelle de terre, quand on l'élève en l'air et qu'on la lâche, tombe aussitôt sans vouloir rester un seul instant en place, descendant d'autant plus vite vers le centre qu'elle est plus grosse. Et la masse de la Terre ne tombe pas, toute grande qu'elle est! Cet énorme poids peut rester en repos, et il ne descend pas, comme le ferait une motte de terre, qui ne s'arrêterait jamais si l'on venait par hasard à supprimer le globe vers lequel son mouvement l'entraîne!

A cette question, les réponses, que rapporte Aristote en les examinant une à une, ont été très-diverses et souvent bien étranges. Ainsi, Xénophane donne à la terre des racines infinies, théorie contre laquelle Empédocle a fait valoir les arguments dont nous nous servons nous mêmes aujourd'hui. Thalès de Milet fait reposer la terre sur l'eau, comme s'il ne fallait pas que l'eau, à son tour, reposât sur quelque chose, et comme si l'on pouvait admettre que l'eau, qui est plus légère, supportât la Terre qui est plus lourde. Anaximène, Anaxagore et Démocrite, qui font la Terre plate, croient qu'elle est soutenue par l'air; il est accumulé au-dessous d'elle et elle presse sur lui comme un vaste couvercle. Aristote ajoute que ce qu'on dirait peut-être de plus probable, avec quelques autres philosophes, «c'est que la Terre a été portée au centre par la rotation primitive des choses. On peut croire encore, avec Empédocle, que la Terre se maintient sans tomber, comme dans les vases qu'on fait tourner rapidement, l'eau est souvent en haut et néanmoins ne tombe point, emportée par la rotation qui lui est imprimée.»

« A côté de cette opinion d'Empédocle, il faut en citer une autre qui s'en rapproche : c'est celle d'Anaximandre, qui croit que la Terre se maintient en repos par son propre équilibre. Placée au milieu, et à égale distance des extrémités, il n'y a pas de raison pour qu'elle aille dans un sens plutôt que dans l'autre; elle reste donc immobile au centre, sans pouvoir le quitter. »

— C'est comme cet autre Grec, dit le capitaine, qui, si j'ai bonne mémoire, comparait l'équilibre du monde à un cheveu. Supposons un cheveu homogène, d'égale solidité dans toute sa longueur. On aura beau tirer, attacher des poids, atteler même un bœuf à chaque bout : s'il est *également* solide partout, il n'y a *pas de raison* pour qu'il casse en un point plutôt qu'en un autre. Donc il ne cassera pas….

— Il cassera ! fit le comte.

— Il ne cassera pas ! répliqua la jeune fille.

— Il cassera ! il ne cassera pas !… toute la métaphysique ancienne se symbolise en cette stérile bataille de mots, fit l'historien.

— Ah ! c'est joli, s'écria la marquise.

— C'est toujours comme cet âne, qui a une faim de loup et une soif de chien, dit le député, et dont on met la tête entre une botte de foin et un seau d'eau. Dans l'hypothèse, il a *également* faim et soif. Il ne peut commencer par manger, puisqu'il a aussi soif que faim; ni par boire, puisqu'il a aussi faim que soif : si bien qu'il meurt de faim et de soif entre sa botte et son seau. Il en était de même de la Terre !

Au milieu de toutes ces théories si contradictoires, Aristote conclut à l'*immobilité* de la Terre, centre du monde; il écarte tous les autres systèmes, et ceux qui font de la Terre un astre circulant dans l'espace comme les autres astres, et ceux qui enseignent que tout en restant au centre elle a sur elle-même un mouvement rotatoire. Il complète cet établissement de l'immobilité de la Terre en ajoutant qu'elle est *sphérique*, et en le démontrant par la variation des aspects célestes, selon qu'on voyage vers le Sud ou vers le Nord.

Voilà, en résumé, le système aristotélique. C'est bien là le monde terrestre des anciens, religieusement organisé par le laborieux philosophe. Et je crois, messieurs, que nous devons être heureux d'avoir conservé les livres d'Aristote, ajouta le professeur en terminant sa défense.

— C'est ainsi que les vérités se révèlent, petit à petit, et non pas tout d'un coup, fit le pasteur. Le lever du soleil est annoncé par l'aurore. Le progrès arrive lentement. Nous sourions aujourd'hui de bien des naïvetés anciennes. Mais qui sait? Peut-être que sans Aristote nous ne serions pas où nous en sommes.

— Laissez-moi cependant le droit d'affirmer qu'il y a en lui plus d'erreur que de vérité, répliqua l'astronome, erreurs cosmographiques inévitables sans doute. Les bases communes aux premières géographies furent presque toutes prises dans les préjugés des siècles peu éclairés qui les virent naître. D'abord chaque peuple se crut naturellement placé au centre du monde habité. Cette idée était si généralement répandue, que chez les Hindous, voisins de l'équateur, et chez les Scandinaves, rapprochés du pôle, deux mots, et même deux mots assez semblables, *midhiama* et *midgard*, signifiant tous les deux *la demeure du milieu*, étaient souvent employés pour désigner les contrées qu'habitaient ces deux peuples. L'Olympe des Grecs passait pour le centre de toute la Terre; puis ce fut le temple de Delphes. Pour les Égyptiens, ce point central était Thèbes. Pour les Assyriens, c'était Babylone. Pour les Indiens, c'était le mont Mérou. Pour les Hébreux, Jérusalem. Les Chinois ont fièrement dénommé leur pays l'empire du Milieu. On se représentait le monde habité comme un vaste disque, borné de tous les côtés par un Océan merveilleux et inaccessible; aux extrémités de la Terre on plaçait des pays imaginaires, des îles fortunées et des peuples de géants ou de pygmées. La voûte du firmament était supportée par des montagnes énormes et des colonnes mystérieuses.

— Ces premiers essais de la cosmographie terrestre, répliqua le député, prouvent ce que j'avançais. La science a commencé par un petit noyau d'observations, isolé et bien incomplet, puis s'est développée progressivement par la liberté des recherches. Dans cet ordre de faits, il n'y a pas de coup d'état possible.

— Sur la forme même de la Terre, dit l'astronome, j'ai remarqué de singulières variations. Voici les principales théories enseignées :

La première pensée a été de considérer la Terre comme une immense surface plane indéfinie. Souvenons-nous des idées que nous nous formions étant enfants, et nous aurons l'image de ce qu'ont d'abord pensé les peuples enfants. La Terre est solide avant tout ; infinie sans doute en profondeur, et supporte le ciel. C'est la figure que nous avons vue à notre troisième soirée (p. 57).

Avec les commencements de la géographie, on remarque une étendue immense d'eau paraissant limiter les contours de la terre

ferme, irrégulièrement circonscrite. On suppose alors la terre, toujours plate, fixée au milieu d'une mer environnante indéfinie.

Mais bientôt, comme partout où l'on va, la Terre paraît toujours circulaire, l'horizon optique donne naissance à l'idée d'une surface plane et ronde, limitée par une circonférence, et plongeant des racines à l'infini (fig. A de la p. suiv.). On n'imagine pas encore où ces racines peuvent s'arrêter, et le bas du monde reste vague.

Nous avons déjà vu, dans notre troisième soirée, que les prêtres védiques firent supporter la Terre par douze colonnes (fig. B).

— Et les colonnes ?

Sur.... de la métaphysique.... Oui ! sur la vertu des sacrifices, des holocaustes de bœufs et de moutons.... sans lesquels l'univers se serait effondré !

Plus tard, on veut se rendre compte de ce que le Soleil devient après son coucher, ainsi que la Lune et les étoiles. On est d'abord obligé d'imaginer des tunnels, des trous de taupe, pour les faire passer de l'Occident à l'Orient, et, petit à petit, on finit par supposer que la Terre repose sur des piliers.

Il fallait bien un support ! Comment ne pas frémir à la seule idée que la Terre puisse tomber dans les espaces immenses de l'infini ?

Songeons à toutes les inventions qu'on a pu faire pour assurer la solidité du monde. Imaginez-vous d'abord, madame la marquise, que les Hindous ont osé faire porter la Terre par quatre éléphants !

— Et les éléphants ?

— Sur le dos d'une immense tortue....

— Et la tortue ?

— Flottait à la surface d'un océan universel.... C'était un peu symbolique, car on l'a posée aussi sur l'éternité représentée par un serpent.

Pendant longtemps, on se représente la Terre sous la forme d'un disque circulaire. Thalès la décrit ainsi, et flottante sur l'élément humide. Six siècles plus tard, on voit encore Sénèque adopter l'opinion du philosophe grec : « Cet élément humide (*humor*) qui porte, dit-il, le disque de la terre comme un navire, peut être soit l'océan, soit un liquide d'une nature plus simple que l'eau. »

Suivant les Chaldéens, qui passaient pour si versés en astronomie, la terre est creuse ou sous forme de nacelle. « Et ils en donnent,

Représentation de la Terre d'après les Hindous.

ajoute Diodore, qui nous apprend ce détail, des preuves plausibles. » Mais cette idée était en opposition directe avec ce qui se voit en plaine ou en mer; à moins d'admettre que la Terre a la forme d'une nacelle renversée, ayant la face convexe en haut et la face concave en bas. — Héraclite d'Éphèse introduisit la doctrine chaldéenne en Grèce.

Anaximandre représente la Terre comme un cylindre, dont la face supérieure est seule habitée. « Ce cylindre, ajoute le philosophe, a pour hauteur le tiers de son diamètre, et il flotte librement au mi-

La Terre cylindrique d'Anaximandre.

lieu de la voûte céleste, parce qu'il n'y a aucune raison pour qu'il se meuve plutôt d'un côté que de l'autre. » Leucippe, Démocrite, Héraclite et Anaxagore, tous de très-grands philosophes, adoptèrent cette forme purement fantaisiste. L'Europe formait la moitié-nord; la Lybie (Afrique) et l'Asie, la moitié-sud. Delphes était au centre.

Anaximène, sans se prononcer précisément sur la forme de la Terre, la faisait porter sur de l'air comprimé; mais sur quoi devait s'appuyer le support d'air comprimé? car on ne comprime pas l'air sur le vide. Il y avait donc un fond!

Platon, s'estimant mieux avisé que les autres, donna à la Terre la forme d'un cube. Le cube, limité par six faces égales et carrées, lui paraissait le solide géométrique le plus parfait, conséquemment le plus convenable pour la Terre, réputée le corps central du monde.

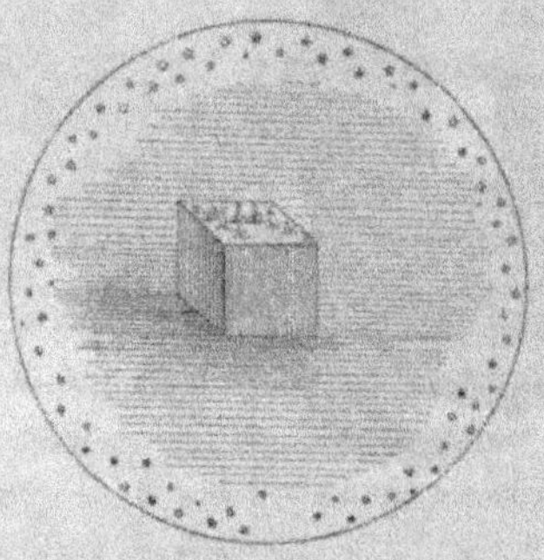
Forme cubique de la Terre, attribuée
à Platon.

Eudoxe, qui, dans ses longs voyages en Grèce et en Égypte, a pu voir de nouvelles constellations s'élever au sud, pendant que d'autres disparaissaient au nord, n'avait pas osé déduire de ses observations astronomiques et géographiques la sphéricité de la Terre.

Aristote, plus hardi qu'Eudoxe, fut conduit à cette sphéricité par les simples considérations de mécanique que nous avons vues plus haut. Cette théorie fut adoptée par Archimède, qui l'appliqua aux eaux couvrant la surface terrestre.

Voilà déjà bien des suppositions diverses sur la forme de la Terre, mais il est certain que ce ne sont pas les seules.

— Il y en a bien d'autres encore! ajouta l'historien. S'il faut en croire Achille Tatius, Xénophanes donnait à la Terre, pour la soutenir, un terrain incliné s'étendant à l'infini. Il l'avait dessinée sous la forme d'une vaste montagne. Au sommet habitaient les hommes, et les astres tournaient alentour; la base était infinie en profondeur. Hésiode avait déjà dit, sous une forme bien obscure : « L'abîme est environné d'une barrière d'airain. Au-dessus reposent les racines de la Terre. »

Épicure et toute son école admirent cette représentation. Avec de telles fondations il eût été impossible que le Soleil, la Lune et les étoiles complétassent leurs révolutions par-dessous le globe; l'appui solide et indéfini une fois admis, les idées des épicuriens, comme le remarque Arago, étaient de vérité nécessaire ; les astres devaient inévitablement s'éteindre tous les jours à l'occident, puisqu'on ne les voyait pas revenir au point de leur lever ; ils devaient quelques heures après se rallumer à l'orient. Du temps d'Auguste, Cléomède se voyait encore obligé de combattre les idées des épicuriens sur les couchers et les levers des étoiles ou du Soleil. « Ces immenses sottises, s'écriait le philosophe, ont pour seul fondement un conte de vieille femme, suivant lequel les Ibères entendent tous les soirs le sifflement que le Soleil incandescent produit en s'éteignant comme un fer rouge dans les eaux de l'Océan. »

Les voyages modernes nous montrent que la même illusion régnait chez les autres peuples. Ainsi, dans l'opinion des Groënlandais, qui s'est transmise de l'antiquité à nos jours, le monde est soutenu par des piliers tellement rongés par le temps qu'ils craquent souvent, et s'ils n'étaient supportés par les incantations des magiciens, ils seraient depuis longtemps écroulés.

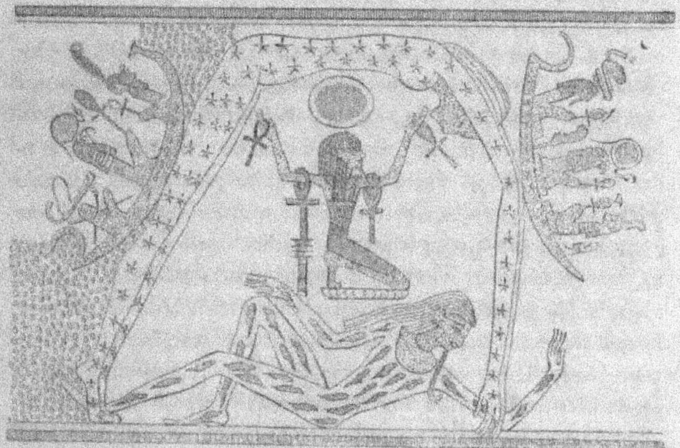

Représentation symbolique de la Terre et du Ciel, par les Égyptiens.

— A ces formes supposées au monde, dit le navigateur, j'ajouterai une curieuse représentation égyptienne dessinée sur papyrus et qui se trouve à la Bibliothèque de Paris. La Terre y est figurée couchée et vivante. Elle est couverte de feuilles. Le ciel est personnifié par une déesse qui forme une voûte avec son corps parsemé d'étoiles, et allongé d'une singulière façon. Deux barques portant l'une le soleil levant, l'autre le soleil couchant, parcourent le ciel en suivant les contours du corps de la déesse. Au milieu du tableau est le dieu Maou, intelligence divine, qui préside à l'équilibre de l'univers.

— Quels sont donc, demanda le député, les vestiges qui nous restent des monuments des premières idées géographiques et cosmographiques? Reste-t-il, par exemple, des cartes géographiques de l'époque d'Homère, ou seulement du temps de Jules César?

— Ces monuments sont rares, répondit l'astronome. Moïse et Homère, dirai-je avec Malte-Brun, nous présentent d'abord les mappemondes de deux peuples antiques. Bientôt, à la clarté des étoiles, le navigateur phénicien traverse la Méditerranée et découvre l'Océan. Hérodote raconte aux Grecs ce qu'il a vu et entendu dire. Le vaste système colonial de Carthage et les courses aventureuses de Pythéas de Marseille, font connaître l'Occident et font deviner le Nord. La gloire d'Alexandre répand une vive lumière sur les contrées de l'Orient. Les Romains héritent de la plupart des découvertes qu'avaient faites les nations policées de l'antiquité. Les Ératosthène, les Strabon, les Pline, les Ptolémée, cherchent à coordonner ces matériaux encore imparfaits et incomplets. Mais la grande migration des peuples vient renverser tout l'édifice de l'ancienne géographie : c'est en périssant que les Grecs et les Romains apprennent combien le monde était plus étendu que leurs systèmes ne le faisaient paraître. Peu à peu ce chaos se débrouille, et, avec une nouvelle Europe, naissent les éléments d'une géographie nouvelle. L'esprit des voyages se réveille; déjà il avait inutilement conduit les Arabes et les Scandinaves, ceux-là aux Moluques, ceux-ci en Amérique; la science n'était point là pour recueillir le fruit de ces courses audacieuses. Plus instruits et non moins courageux les Italiens et les Portugais, à l'aide de l'aiguille aimantée, parcourent avec sûreté la haute mer. De toutes parts tombent les barrières qu'avaient élevées les préjugés et qui rétrécissaient l'horizon de la géographie. Colomb nous donne le Nouveau-Monde. Par mer et par terre tous les peuples s'élancent dans la carrière des découvertes, et, par leurs efforts réunis, le vaste ensemble du globe, malgré quelques ombres partielles, est enfin ouvert aux regards de la science.

— Dans notre antiquité classique, dit la marquise, quel est le plus ancien peuple dont les idées sur la cosmographie terrestre nous soient parvenues?

— Les Hébreux nous fournissent ici l'un des plus anciens témoignages, comme ils nous ont offert l'autre soir les premières dénominations des constellations, répondit le professeur. Mais quelle ignorance! et comme il est singulier que, malgré le progrès des sciences modernes, certains esprits trop exclusifs aient à chercher des axiomes scientifiques dans les récits purement historiques de la Bible.

Les Hébreux croyaient au système des apparences, comme on le voit par divers passages de leurs livres, au nombre desquels je puis citer les suivants :

La Terre est immobile; c'est une plaine entourée d'eau, et Job dit qu'une épaisse obscurité forme la ceinture de l'Océan; le Soleil tourne autour d'elle; Josué commanda au Soleil et à la Lune de s'arrêter, et ils s'arrêtèrent. Le prophète Isaïe fit retourner en arrière l'ombre du Soleil de dix degrés sur le cadran solaire du roi Achas.

Le Soleil et la Lune sont deux grands luminaires. Job dit que les cieux sont aussi solides que s'ils étaient d'un métal fondu.

Le prophète Esdras assure que les 6/7 de la terre sont à sec. Cette erreur de la supériorité de l'étendue de la terre ferme sur celle de l'eau, domina jusqu'à Christophe Colomb.

— *Et cætera*, ajouta le député, et cent autres passages qui montrent que les Hébreux étaient aussi ignorants que les autres peuples en cosmographie.

— Ces origines sont bien curieuses à revoir chez les anciens auteurs grecs, dit l'historien. Il est intéressant pour nous d'assister aujourd'hui au monde primitif décrit par les premiers écrivains de notre génération intellectuelle. Les premiers éléments de la géographie des Grecs se trouvent dans deux poèmes nationaux et en quelque sorte sacrés, l'*Iliade* et l'*Odyssée*. Tel était le profond respect des

Grecs pour la géographie d'Homère, que l'on vit même dans les siècles les plus avancés les savants discuter gravement jusqu'aux détails les plus évidemment fabuleux du voyage d'Ulysse, et vingt vers de l'*Iliade* fournir matière à un ouvrage divisé en trente livres.

Le Bouclier d'Achille, forgé par Vulcain et décrit dans le dix-huitième chant de l'*Iliade*, nous présente d'une manière authentique l'idée mère de la cosmographie de ces siècles. La Terre y est figurée comme un disque environné de tous côtés par le *fleuve Océan*. Quelque extraordinaire que nous puisse sembler la dénomination de fleuve appliquée à l'Océan, elle revient trop souvent chez Homère et chez les autres anciens poètes pour qu'on ne la croie pas littéralement conforme aux idées alors reçues. Hésiode décrit même les sources de l'Océan placées à l'extrémité occidentale du monde, et la peinture de ces sources est conservée d'âge en âge chez des auteurs postérieurs à *Homère* de plus d'un millier d'années. Hérodote nous dit clairement que les géographes de son temps dessinaient leur mappemonde d'après les mêmes idées ; la Terre y était figurée comme un disque arrondi, et l'Océan comme une rivière qui la baignait de toutes parts.

Le disque de la Terre, l'*Orbis terrarum*, était, selon Homère, couvert d'une voûte solide, d'un firmament sous lequel les astres du jour et de la nuit roulaient sur des chars portés par les nuages. Le matin le Soleil sortait de l'Océan oriental ; le soir il s'y précipitait vers l'occident ; un vaisseau d'or, ouvrage mystérieux de Vulcain, le ramenait rapidement par le nord vers l'orient. Au-dessous de la Terre, Homère place, non pas les demeures des morts, les cavernes de *Hadès*, mais une voûte nommée le *Tartare*, et qui correspondait avec le firmament.... Là vivaient les Titans, ennemis des dieux ; ni le souffle des vents, ni les rayons du jour ne pénétraient dans ce monde souterrain. Des écrivains postérieurs à Homère d'un siècle ont même déterminé la hauteur du firmament et la profondeur du Tartare. Une enclume, disaient-ils, serait neuf jours à tomber des cieux à la Terre, et autant pour descendre de la Terre au fond du Tartare.

— Cette image, si hardie du temps d'Hésiode, fait sourire aujourd'hui, repartit l'astronome. Un corps tombé de l'espace sur la Terre pendant 9 jours et 9 nuits (777 600 secondes) n'aurait parcouru que

574 000 kilomètres ou 143 500 lieues, c'est-à-dire une fois et demie seulement la distance de la Lune. Si le Ciel était là il ne serait pas trop haut. Pour venir de cette faible distance, un rayon de lumière ne mettrait pas 2 secondes; or il met plus de 8 minutes pour venir

Carte de la Terre, dans la description d'Homère.

du Soleil, 4 heures pour venir de Neptune, 22 ans pour venir de Sirius, 10 000 ans pour venir de certaines étoiles, des millions d'années pour venir de certaines nébuleuses; et l'on peut dire que l'espace étant infini, d'innombrables rayons voyageront pendant l'éternité sans arriver jamais jusqu'à la Terre, fût-elle éternelle.

— Les limites du monde dans la cosmographie homérique sont entourées d'obscurité, reprit l'historien. Les colonnes du monde, dont *Atlas* est le gardien, portent sur des fondations inconnues; aussi disparaissent-elles dans les systèmes postérieurs à Homère. Cette même idée se retrouve chez les Indiens et chez les Hébreux. Hors de cette enceinte mystérieuse, « où finissait la Terre, où commençait le ciel, s'étendait indéfiniment le chaos, mélange confus de la vie et du néant, gouffre où tous les éléments du ciel, du Tartare, de la Terre et de la mer se trouvent ensemble, gouffre redouté des dieux eux-mêmes ! »

Telles étaient, du temps d'Homère et longtemps après, les idées des Grecs sur la structure du monde, idées qui, même à l'époque où les géomètres et les astronomes eurent reconnu la forme sphérique de la Terre, continuèrent à influer sur les relations des voyageurs, des géographes et des historiens ; idées renouvelées et consacrées par les premiers géographes chrétiens, et qui, encore aujourd'hui, dominent dans le langage vulgaire de toutes les nations.

Le milieu du disque de la Terre était occupé par le continent et les îles de la *Grèce*, qui, du temps d'Homère, n'avait pas encore de nom général. Le centre de la Grèce passait par conséquent pour être celui du monde entier ; dans le système d'Homère, c'était le mont *Olympe*, en Thessalie ; mais les prêtres du célèbre temple d'Apollon (à *Delphes*, connue alors sous le nom de *Pytho*) surent bientôt accréditer une tradition selon laquelle ce lieu sacré fut regardé comme le vrai milieu de la Terre habitable.

Le détroit qui sépare l'Italie de la Sicile est pour ainsi dire le vestibule du monde fabuleux d'Homère. Le triple flux et reflux, les hurlements du monstre Scylla, les tourbillons de Charybde, les roches flottantes, tout nous avertit que nous y quittons les régions de la vérité. La Sicile elle-même, quoique déjà connue sous le nom de *Trinacria*, est peuplée de merveilles : ici les troupeaux du Soleil errent dans une charmante solitude, sous la garde des nymphes ; là les Cyclopes, munis d'un seul œil, et les Lestrigons anthropophages éloignent le voyageur d'une terre d'ailleurs fertile en blé et en vin. Deux peuples vraiment historiques sont placés par Homère en Sicile, ce sont les *Sicani* et les *Siceli* ou *Siculi*.

A l'occident de la Sicile, nous nous trouvons au milieu de la région des fables. Les îles enchantées de *Circé* et de *Calypso*, ainsi que l'île flottante d'Éole, ne doivent point être cherchées dans le monde réel.

La mappemonde homérique se terminait à l'occident par deux contrées fabuleuses, mais qui ont donné naissance à bien des traditions chez les anciens et à bien des dicussions parmi les modernes. Près de l'entrée de l'Océan, et non loin des sombres cavernes où se rassemblent les morts, Ulysse trouve les *Cimmériens*, « peuple malheureux qui, toujours environné d'épaisses ténèbres, ne jouit jamais

des rayons du Soleil, ni quand cet astre monte aux cieux, ni
quand il descend sous la Terre. « Plus loin, dans l'Océan même, et
par conséquent hors des limites de la Terre, hors de l'empire des
vents et des saisons, le poëte nous dépeint un pays fortuné qu'il
nomme *Elysion*, « pays où l'on ne connaît ni les tempêtes, ni l'hiver, où murmure toujours un doux zéphir, et où les élus de Jupiter, arrachés au sort commun des mortels, goûtent une félicité
éternelle. »

Que ces fictions aient eu pour base une allégorie morale, ou la relation obscure d'un navigateur égaré; qu'elles soient nées en Grèce ou,
comme l'étymologie hébraïque du nom des Cimmériens pourrait le
faire présumer, dans l'Orient et en Phénicie, toujours est-il certain
que les images qu'elles présentent, transférées dans le monde réel,
appliquées successivement à divers pays, et embrouillées par des
explications contradictoires, ont, pendant des siècles, singulièrement
embarrassé la géographie et l'histoire : les voyageurs romains crurent reconnaître les îles Fortunées dans un groupe d'îles à l'ouest
de l'Afrique, désignées aujourd'hui sous le nom de Canaries. La fiction philosophique de Platon et de Théopompe sur l'*Atlantide* et la
*Méropide* s'est perpétuée jusqu'à nos jours et sert encore de thème
à des rêves historiques. Il est possible d'ailleurs qu'en raison des
changements incessants qui s'opèrent dans l'équilibre de la surface
terrestre et des mers, une ancienne île, vaste et peuplée, soit descendue autrefois au-dessous du niveau de la mer.

D'autre part, l'imagination aventureuse avait créé les Hyperboréens
au delà des régions septentrionales où le vent prend naissance; d'a-
près une singulière météorologie, on les croyait, par cette position, à
l'abri du souffle glacé. Hérodote regrette de n'avoir pu en découvrir
la moindre trace : il eût bien voulu demander de leurs nouvelles à
leurs voisins les *Arimaspes*, gens très-clairvoyants, quoique n'ayant
qu'un seul œil; mais on ne sut pas non plus lui indiquer la demeure de ceux-ci. Les îles enchantées, où les Hespérides gardaient
les pommes d'or, et que toute l'antiquité place à l'occident, non
loin des îles Fortunées, sont parfois appelées *Hyperboréennes* par
des auteurs très-versés dans les anciennes traditions. C'est aussi
dans ce sens que Sophocle parle du jardin de Phébus, près de la

voûte des cieux, non loin des *sources de la nuit*, c'est-à-dire du coucher du Soleil.

Aviénus explique la douce température du pays des Hyperboréens par la proximité momentanée du Soleil, lorsque, d'après les idées d'Homère, il passe pendant la nuit par l'Océan septentrional pour retourner à son palais dans l'Orient. Cette tradition antique, qui le croirait? n'a pas entièrement déplu à l'historien le plus philosophique des Romains; Tacite rapporte aussi qu'au fond de la Germanie, on assistait au véritable coucher d'Apollon au delà des eaux, qu'on distinguait les rayons de sa tête, qu'on y voyait même apparaître les autres dieux; enfin, ajoute-t-il : « Je croirais volontiers que, de même que le Soleil dans l'orient fait naître l'encens et les baumes, sa plus grande proximité, dans les régions où il se couche, fait transpirer les sucs les plus précieux de la Terre, pour former le succin. » C'est, dit Malte-Brun, ce que les poëtes avaient chanté longtemps auparavant; c'est ce que dénotait la belle allégorie d'après laquelle le succin était les larmes d'or répandues par Apollon lorsqu'il était allé chez les Hyperboréens pleurer la mort de son fils Esculape, ou par les sœurs de Phaéton changées en peupliers; c'est ce que dénote le nom grec de l'ambre jaune *electron*, pierre du Soleil. Les savants grecs avaient, longtemps avant Tacite, dit que cette matière si précieuse était une exhalaison de la Terre produite et durcie par la force des rayons du Soleil, plus grande, selon eux, dans l'occident et le nord.

— Combien cette mythologie est singulière! fit la marquise.

— C'est toujours la nature traduite dans un langage métaphorique, répliqua le professeur de philosophie.

— Si l'on pouvait retrouver toutes ces idées anciennes, ajouta le capitaine de frégate, il y aurait de quoi passer de bonnes journées.

— Nous avons vu, dans nos diverses soirées, répondit l'astronome, la plupart de celles que la tradition écrite nous a conservées. On peut encore cependant leur ajouter quelques exemples plus spéciaux à la Terre. Ainsi, à propos du coucher réel du Soleil dans l'eau de la mer, dont nous parlions tout à l'heure, je rappellerai qu'Épicure et toute son école enseignaient sérieusement que le Soleil s'allumait tous les matins et s'éteignait tous les soirs dans les eaux de l'Océan.

Florus, rapportant l'expédition de Decimus Brutus le long des côtes d'Espagne, assure que Brutus ne voulut arrêter ses conquêtes qu'après avoir été témoin de la chute du Soleil dans l'Océan, et avoir entendu avec une espèce d'horreur le bruit terrible causé par l'extinction de cet astre. Les anciens croyaient aussi que le Soleil et les autres astres se nourrissaient, les uns des eaux douces des fleuves, et les autres des eaux salées de la mer. Cléanthes donnait pour raison du retour du Soleil, lorsqu'il était arrivé aux solstices, que cet astre ne voulait pas s'éloigner de sa nourriture

— Pythéas ne raconte-t-il pas, fit l'historien, qu'à l'île Thulé, à six jours de la Grande-Bretagne vers le nord, et dans tous ces quartiers-là, il n'y avait ni terre, ni mer, ni air, mais un composé des trois sur lequel la terre et la mer étaient suspendues, et qui servait comme de lien à toutes les parties de l'univers, sans qu'il fût possible d'aller dans ces espaces ni à pied, ni sur des vaisseaux.

— Il avait sans doute rencontré la mer de Sargasse, répliqua le capitaine de frégate.

— J'ai dans ma bibliothèque, interrompit le député, un ouvrage assez curieux : *Les Lettres de Levayer*. Je me souviens d'y avoir lu qu'un bon anachorète se vantait d'avoir été *jusqu'au bout du monde*, et de s'être vu contraint d'y plier les épaules, à cause de l'union du ciel et de la Terre dans cette extrémité.

— La plupart de ces opinions, reprit l'historien, valent celles des Caraïbes, qui croient sérieusement que la Lune fut créée avant le Soleil, et qu'ayant vu la beauté du Soleil, elle alla se cacher de honte, pour ne plus se montrer que la nuit ; ou celles des Hurons du siècle dernier qui, au rapport de Bailly, s'imaginent que la Terre étant percée de part en part, le Soleil passe tous les jours par ce trou et retourne ainsi d'une des extrémités de l'hémisphère à l'autre.

Au lieu d'observer, on raisonnait. Et quels raisonnements ? A perte de vue sur les sujets les plus divers. Ouvrons, par exemple, la table des traités de Plutarque. Nous y lisons des titres dans le genre de ceux-ci : Quelle est la partie droite du monde et quelle est sa partie gauche ? Si les ténèbres sont visibles ? De quoi se nourrissent les astres ? Pourquoi, quand on marche entre des arbres couverts de rosée, les parties du corps qui y touchent deviennent-elles galeuses? Pourquoi les larmes des sangliers sont-elles douces et celles des cerfs amères? etc.

— J'en ai noté bien d'autres dans Cardan, répliqua le professeur. Ainsi, voici quelques-unes de ses dissertations : Pourquoi le bois ne peut se tenir debout sur l'eau ; — pourquoi Alexandre avait bonne haleine ; — lesquels des morts ou des vivants sont les plus heureux ; — pourquoi les fleuves augmentent le matin et aucun ne coule vers le sud ; — pourquoi l'arc-en-ciel fait sentir bon les arbres, etc.

— Eh! fit le député, on pensait plus dans ce temps-là qu'à présent. Aujourd'hui, on ne s'occupe guère que d'affaires et de plaisirs.

— En fait de raisonnements interminables, dit l'astronome, je pense que l'un des plus curieux exemples est encore celui-ci, sur la nature des corps. Il est d'Ocellus de Lucanie avec lequel nous avons déjà fait connaissance. Écoutez :

« Les qualités différentielles des corps sont de deux sortes ; les unes appartiennent aux éléments, les autres aux natures formées des éléments.

« Le chaud, le froid, le sec et l'humide appartiennent aux premiers ; le grave et le léger, le rare et le dense, aux autres natures ; toutes ensemble, au nombre de seize : le chaud et le froid, le sec et l'humide, le grave et le léger, le rare et le dense, le poli et l'âpre, le mou et le dur, l'aigu et l'obtus, le mince et l'épais ; toutes qualités dont la connaissance et le discernement appartiennent au tact. C'est pour cela que la matière première, dans laquelle sont reçues ces différences, a été définie l'être sensible en puissance, par le tact.

« Le feu et la terre sont les deux extrêmes opposés; l'eau et l'air gardent le milieu, comme étant d'une nature mixte ; car il n'est pas possible qu'un extrême soit seul, il faut qu'il ait son contraire. Il n'est pas possible non plus qu'ils ne soient que deux, puisqu'il y a quelque chose entre eux ; or les milieux sont opposés aux extrêmes.... »

— Et voilà pourquoi votre fille est muette! fit le député.

— Et ainsi de suite. Tout cela pour expliquer la nature de l'univers! On voit là un exemple de l'habitude où étaient les Grecs de substituer un bavardage d'avocat à l'observation scientifique de la nature.

Mais revenons à la géographie.

Homère vivait au dixième siècle avant notre ère. Hérodote, qui vint au cinquième, trouva la carte d'Homère et la développa environ trois fois plus. Il remarque, dès le commencement de son livre que depuis plusieurs siècles on divise le monde en trois parties : l'Europe, l'Asie et la Libye « auxquelles on a donné des noms de femme. » Les limites extérieures de ces contrées restent enveloppées d'obscurité, quoiqu'il y ait une plus grande clarté pour l'histoire des peuples qui avoisinent la Grèce.

Un homme qui a fait faire de grands progrès à la cosmographie, et que nous avons déjà eu l'occasion de citer plusieurs fois, c'est Pythéas de Marseille, du quatrième siècle avant notre ère. J'ai consigné surtout dans sa relation deux faits importants. Par l'observation de l'ombre du gnomon le jour du solstice à midi, il détermina l'obliquité de l'écliptique de son époque. Par l'observation de la hauteur du pôle, il s'assura que de son temps il n'était marqué par aucune étoile, mais formait un quadrilatère avec trois étoiles voisines qui étaient $\beta$ de la Petite-Ourse, $\varkappa$ et $\alpha$ du Dragon. Ce qui vérifie nos recherches de la sixième soirée (p. 145).

Les observations se multiplient. Enfin, après beaucoup de tâtonnements, les astronomes, Eudoxe de Cnide à leur tête, enseignent que la Terre est un globe et que la circonférence d'un grand cercle de ce globe est de cent mille stades.

— Depuis mon arrivée à Flamanville, dit le navigateur, j'ai fait mes délices de STRABON, et puisqu'on parle ce soir de ce sujet, je puis dire qu'il s'est formé une juste idée de la sphéricité de la Terre, quoiqu'il ait gardé l'erreur générale de son repos au centre du monde et de la rotation du ciel. Je l'ai trouvé en toute circonstance disciple d'Hipparque en astronomie, quoiqu'il critique et contredise maintes fois celui-ci en géographie. Il a soin d'établir d'abord qu'il n'y a qu'une seule *Terre habitée;* non pas qu'il réfute la supposition que la Lune ou les autres astres puissent l'être : pour lui les astres ne sont que des météores insignifiants nourris des exhalaisons de l'Océan ; mais il repousse l'idée qu'il puisse y avoir sur le *globe* d'autre monde habité que le monde connu des anciens. Son système astronomique est esquissé par lui-même dans les termes suivants :

« La physique démontre que *le ciel et la Terre sont de forme sphérique;*
que les corps pesants sont attirés vers le centre du monde; qu'autour du même point et sous la forme d'une sphère ayant même centre que le ciel, *la Terre demeure immobile sur son axe*, lequel en se prolongeant se trouve avoir ainsi traversé le ciel par le milieu; que le ciel, lui, est emporté autour de la Terre et de son axe par un mouvement d'orient en occident qui, se communiquant aussi aux *étoiles fixes, les entraîne avec la même vitesse* que le ciel lui-même; que dans ce mouvement les étoiles fixes décrivent des cercles parallèles dont les plus connus sont l'équateur, les deux tropiques, les deux cercles arctiques; et que les *planètes* suivent des cercles obliques compris dans les limites du zodiaque[1]. »

Il est assez curieux de voir en outre que la démonstration de la sphéricité du globe donnée par les géographes de ce temps est sensiblement celle dont nous nous servons aujourd'hui. « La preuve indirecte, dit-il[2], se tire de l'impulsion centripète en général et de la tendance de chaque corps en particulier vers un centre de gravité. La preuve directe résulte des phénomènes qu'on observe sur la mer et dans le ciel. Il est évident, par exemple, que la courbure de la mer empêche seule le navigateur d'apercevoir au loin les lumières placées à la hauteur ordinaire de l'œil, et qui n'ont besoin que d'être un peu relevées pour devenir visibles, même à une distance plus grande, de même que l'œil n'a besoin que de regarder de plus haut pour découvrir ce qui auparavant lui demeurait caché. » Homère déjà en avait fait la remarque.

La révolution des corps célestes est de même rendue manifeste par diverses expériences, notamment au moyen du gnomon qu'il suffit d'observer une fois pour concevoir aussitôt que si les racines de la terre se prolongeaient à l'infini, la susdite révolution ne saurait avoir lieu.

« On ne suppose la terre plane que pour les yeux, dit-il ailleurs. Le voyageur qui traverse une plaine immense, celle de la Babylonie, par exemple, ou qui navigue loin des côtes, n'ayant devant lui, derrière lui, à sa droite, à sa gauche, qu'une même surface plane, peut

1. Strabon, liv. II, ch. v. — 2. Liv. I, ch. vi.

ne rien soupçonner des changements qui affectent l'aspect du ciel, ainsi que le mouvement et la position du Soleil et des autres astres par rapport à nous. L'homme du peuple et l'homme d'État, sans rien entendre ni l'un ni l'autre à l'astronomie, n'ont que faire de savoir si dans le moment où l'on parle, le plan sur lequel ils se trouvent est ou non parallèle à celui de leur interlocuteur, ou si, par hasard, ils y arrêtent leur pensée, vous les voyez, dans une question purement mathématique, adopter l'explication des gens du pays; chaque pays, sur ces matières-là mêmes, ayant ses préjugés à lui. Mais le géographe écrit pour celui-là seulement qui a pu arriver à se convaincre que la Terre prise dans son ensemble est bien réellement telle que les mathématiciens la représentent, et qui a compris tout ce qui découle de cette première hypothèse. »

Sur ce globe représentant le monde, Strabon et les cosmographes de son temps placent *la Terre habitée*, surface qu'il décrit sous la forme suivante : Supposons qu'un grand cercle, perpendiculaire à l'équateur et passant par les pôles, soit tracé autour de la sphère. On voit que le globe sera partagé par ce cercle et par l'équateur en quatre parties égales.

L'hémisphère boréal, comme l'hémisphère austral, contiendra naturellement deux quarts de sphère.

Or, sur l'un quelconque de ces quarts de sphère, traçons un quadrilatère qui aura pour côté méridional la moitié de l'équateur, pour côté septentrional un cercle marquant le commencement du froid polaire, et pour ses autres côtés deux segments égaux et opposés entre eux du cercle qui passe par les pôles, « c'est, dit Strabon, sur ce quadrilatère qu'est placée *notre Terre habitée*. Elle y figure une île, puisque la mer l'entoure de tous côtés, » Telle est la surface habitée de la Terre. Et nous devons observer que Strabon se forme une notion juste de la gravité, puisqu'il ne distingue pas sur le globe un hémisphère supérieur et un hémisphère inférieur, et qu'il déclare que le quadrilatère dans lequel la surface habitée est inscrite peut être pris *sur l'un quelconque* des quarts de la sphère.

La forme du monde habité est celle d'une « chlamyde. » Le géographe ajoute : « Ceci ressort à la fois et de la géométrie et de l'étendue si considérable de la mer qui, en enveloppant notre terra habitée, a couvert au couchant comme au levant l'extrémité des continents et les a réduits à la forme tronquée, écourtée, d'une figure qui, en conservant sa plus grande largeur, n'aurait plus que le tiers de sa longueur. »

— J'ai souvent vu comparer la figure géométrique de plusieurs pays à celle d'une peau de bête étendue, dit l'historien, et je remarque qu'elle est assez justifiée. Ainsi la France offre certainement une ressemblance avec cette forme. La découpure du cou est en haut. Une peau tannée serait toute prête pour recevoir nos départements.

— Tiens! c'est vrai, fit le député. C'est une comparaison qui n'a pas encore été faite à la Chambre. Merci.

— Strabon se demande ensuite, reprit le navigateur, quelle est la grandeur de la Terre habitée? « Dans le sens de sa longueur, elle mesure soixante-dix mille stades et se trouve limitée, par une mer que son immensité et sa solitude rendent infranchissable, tandis que dans le sens de sa largeur, elle mesure moins de trente mille stades et a pour bornes la double région que l'excès de la chaleur d'un côté, l'excès du froid de l'autre, rendent inhabitable. »

La Terre habitée était plus longue (est à ouest) que large (sud à nord); c'est de là que viennent les dénominations de *longitude* pour les degrés que l'on compte dans le sens est-ouest, et de *latitude* pour ceux qui sont comptés dans le sens sud-nord.

Hipparque, de son côté, expose la même opinion. Admettant pour la Terre entière les dimensions proposées par Ératosthène, il en tire par voie de soustraction pure les dimensions de la Terre habitée, « d'autant plus, ajoute-t-il, qu'avec cette façon de mesurer la terre habitée, les apparences célestes pour chaque lieu ne diffèrent pas sensiblement de celles qu'ont trouvées certains géographes en opérant autrement. Or la circonférence de l'équateur étant, selon Ératosthène, de deux cent cinquante-deux mille stades, le quart de ladite circonférence sera seulement un peu inférieur au précédent et devra être de soixante-trois mille stades.

Ératosthène, tout en donnant des nombres supérieurs aux précédents pour les dimensions de la Terre habitée (trente-huit mille stades de largeur et quatre-vingt mille de longueur), déclare que

« les lois de la physique s'accordent avec les calculs pour prouver
que la longueur de la Terre habitée doit être prise du levant au
couchant. » Cette longueur s'étend de l'extrémité de l'Inde à celle de
l'Ibérie, et la largeur du parallèle de l'Éthiopie à celui d'Ierné.

Que la Terre habitée soit une île, dit ailleurs Strabon (I, 8), la
chose ressort tout d'abord du témoignage de nos sens. Car partout
où il a été donné aux hommes d'atteindre les extrémités de la Terre,
ils ont trouvé la mer, et pour les régions où le fait n'a pu être vérifié
le raisonnement l'a établi. Ceux qui sont revenus sur leurs traces
ne l'ont point fait pour s'être vu barrer le passage par quelque continent, mais à cause du manque de vivres et par peur de la solitude, les eaux demeurant toujours aussi libres devant eux.

Carte de la Terre d'après Posidonius.

— Devant les raisonnements de Strabon et des astronomes de son
temps sur la sphéricité de la Terre et sur les lois de la pesanteur,
lorsqu'on les voit observer que la surface de l'océan revêt la forme
sphéroïdale et que les chaînes de montagnes ne sont que des iné-
galités insignifiantes, je ne puis m'empêcher de m'étonner, dit l'astronome, qu'ils aient gardé l'ancienne supposition qui réduisait les
astres à l'humble rôle de flambeaux terrestres, appartenant à notre
bas monde. Strabon même s'exprime comme il suit : « L'océan forme
un seul courant circulaire qui explique l'uniformité constatée des
phénomènes océaniques. D'ailleurs, *plus la masse d'eau répandue autour de la Terre sera considérable, plus il sera aisé de concevoir comment
les vapeurs qui s'en dégagent suffisent à alimenter les corps célestes.*

Pour les géographes de cette époque, la terre habitée se compose de l'Europe, de l'Asie et de l'Afrique; elle est plus longue que large et on la représente même sous la forme d'une fronde, comme on le voit dans Posidonius, philosophe stoïcien du premier siècle avant notre ère. Par une erreur contraire à celle d'Ératosthène, il fit la Terre trop petite en lui attribuant 180 000 stades de circonférence (le stade olympique est de 185 mètres, ce qui fait 8325 lieues). Il assigna à la région des nuages et des vents une hauteur de plus de 40 stades, à la Lune une distance de 2 millions de stades, et au Soleil une distance de 500 millions.

Nous allons arriver au monde des premiers chrétiens. Parmi les cosmographes latins, je citerai encore l'auteur *De situ orbis*, Pomponius Méla, qui est déjà du premier siècle. Je ne sais sur quelle base ou par quelles traditions il partage la Terre en deux continents : le nôtre, et celui des Antichthones, qui se prolongeait jusqu'à nos antipodes. Cette carte fut en usage jusqu'à Christophe Colomb, qui la modifia par la position de ce second continent jusqu'alors mystérieux. Les limites restent encore dans les nuages.

Carte de la Terre d'après Pomponius Méla.

— A travers ce singulier mélange d'erreurs et de vérités, dit l'historien, la connaissance physique du monde se dégage peu à peu. Savez-vous qu'avant l'établissement de la mécanique rationnelle il n'était pas facile de juger exactement les lois élémentaires de la nature, par exemple celle de la pesanteur. *Pourquoi la Terre ne tombe-t-elle pas ?* C'est une question à laquelle nul ne pouvait répondre. Cependant cela inquiétait. J'ai surtout remarqué deux exemples de ces préoccupations. Le premier est de Plutarque. Il se demande ce qui arriverait si l'on perçait la Terre d'un grand puits qui allât jusqu'aux antipodes, et qu'on y laissât tomber un bloc de pierre. *Où s'arrêterait le bloc ?* traverserait-il pour sortir du puits de l'autre côté ? Nous savons maintenant qu'après une série d'oscillations il devrait s'arrêter au centre du globe. L'autre exemple est du Dante. En arrivant au fond de l'enfer, au centre de la Terre, il voit

Lucifer, géant, fixé là. Il est tombé du ciel de l'autre hémisphère,
lors de la bataille des anges, la tête la première, a traversé l'Océan
et la Terre (il avait la tête dure!) et a pénétré jusqu'au centre, marqué par sa ceinture, de sorte qu'il a à la fois la tête et les pieds en
haut! Voilà son supplice! Et le Dante raconte qu'en arrivant à ses
hanches, il ne put continuer de descendre parce que *là s'arrête la
pesanteur*, et dut *remonter* jusqu'à ses pieds. N'est-il pas intéressant
pour nous de trouver ici et là ces vestiges de la physique cherchant
à se reconnaître?

— C'est ainsi, repartit le navigateur, que la vérité ne se révèle que
successivement au regard de l'homme, et que longtemps des erreurs
difficiles à écarter restent autour d'elle comme autant de voiles.

— Les systèmes dont nous allons avoir maintenant à nous entretenir, ajouta l'astronome en [se levant, seront singulièrement plus
curieux encore, car ils représenteront le bizarre et infécond mariage
de la cosmographie avec la pseudo-théologie des premiers siècles
de notre ère. Décidément le cours de nos causeries du soir nous a
amenés à remuer et débrouiller tout un passé dont l'histoire est
bien extraordinaire.... Bientôt nous verrons la lumière se faire sur
la Terre, comme hier nous l'avons vue se faire dans le Ciel.... Mais
quelles imaginations extravagantes l'humanité n'a-t-elle pas mises
en jeu pour s'expliquer le rang de la Terre dans l'univers!...

— Est-ce que la séance est levée? fit le comte en nous voyant debout.

— Mais sans doute, répliqua la marquise. Voyez! on est déjà
sorti du chalet pour admirer le reflet de la lune dans la mer.

— Elle vient de passer au méridien avec Jupiter, dit la fille du
navigateur, et sa phase déjà avancée approche de la pleine lune.

— Ainsi maintenant, reprit la marquise, nous voilà dûment renseignés sur les différentes formes supposées à la Terre par l'antiquité.... hindoue,... égyptienne,... hébraïque,.. grecque,... latine....

— Marquise! fit le député.... ce n'est pas pour vous interrompre!
c'est pour vous offrir mon bras.

— En effet, ajouta l'astronome, en présentant son bras à la fille
du navigateur, rien n'est plus agréable que de rentrer à pied au
château par un pareil clair de lune.... La blonde et douce Phœbé
éclipse vraiment ce soir Jupiter et le Ciel tout entier.

# ONZIÈME SOIRÉE



Histoire des opinions curieuses imaginées il y a deux mille ans sur la forme de la Terre et sa place dans l'univers. — Les progrès de la géographie et de la cosmographie s'arrêtent. — Métamorphoses des opinions primitives. — Suite des différentes formes données au monde. — Cosmas Indicopleustès et le système de la *Terre carrée* servant de fondation aux murailles du Ciel. — Arrangement théologique de la cosmographie. Systèmes des premiers Pères de l'Église. — Les Arabes. — Légendes merveilleuses sur la population de la Terre, son étendue et ses limites. — Le Paradis, le Purgatoire, les Limbes et l'Enfer.

La journée avait été sombre et orageuse, sans pluie et sans vent, mais lourde. Quelque tempête devait sévir au loin sur la mer, comme nous en eûmes, en effet, la confirmation le lendemain par le bulletin quotidien de l'Observatoire de Paris. Au lieu de nous rendre, selon notre habitude, jusqu'aux promenades du parc et du rivage, nous nous étions installés après dîner sur la pelouse qui fait face à la vieille tour de l'est. Notre vue était bornée devant nous par les arbres touffus qui restent là, immobiles dans leur rêverie, depuis plusieurs siècles. A notre gauche, une belle pièce d'eau portait une barque à voile, dans laquelle les jeunes filles, la femme du capitaine, et l'un des fils de la marquise s'étaient rendus, s'amusant à glisser lentement sur la surface de l'onde; toutes voiles dehors, la barque marchait à peine. A notre droite, les tours crénelées, le mur couvert de lierre, les noirs contre-forts plongeaient dans les larges fossés du château, remplis d'une eau immobile. Le soleil n'était pas encore couché; mais le ciel plombé ne devait laisser percer ce soir aucune étoile.

— J'ai pensé, dit l'historien, que nous pourrions nous entretenir aujourd'hui du monde des premiers chrétiens, de cette région mystérieuse et sombre qui marque la fin de l'empire païen, dans le sein de laquelle semblent régner d'abord l'immobilité et le silence, et où l'œil ne distingue qu'une voile blanche sur un lac inconnu. La cosmographie et la géographie de ce temps déjà loin de nous sont, pour le philosophe comme pour l'historien, un tableau sur lequel se révèlent les tendances dominantes de l'époque.

— Je pensais aussi, ajouta le navigateur, que nous arriverions aujourd'hui à cette partie de notre histoire. La géographie me paraît être, de toutes les sciences, celle qui fait le mieux voir par quelle route longue et pénible l'esprit humain est sorti des ténèbres de l'incertitude, pour arriver à des connaissances étendues et positives. Les idées sur le globe que nous habitons, ne sont-elles pas restées à peu près les mêmes chez les Européens pendant plus de dix siècles? Les savants, les philosophes, les hommes les plus éminents, depuis la chute de l'empire romain au cinquième siècle, jusqu'aux grandes découvertes des Portugais, ont-ils fait autre chose que suivre servilement les doctrines des anciens?

— En vérité, répliqua l'historien, lorsqu'on examine et qu'on étudie un à un les ouvrages des cosmographes, depuis la chute de l'empire romain jusqu'aux grandes découvertes maritimes du quinzième siècle, on est frappé, comme l'a dit Santarem fort à propos, de leur ignorance relativement à la forme et à la grandeur de la Terre. La lecture de leurs traités nous prouve qu'ils n'ont fait sur ces sujets que répéter pendant l'espace de quinze siècles ce qu'ils trouvaient dans les livres des anciens géographes, dénaturant souvent même leurs textes qu'ils ne comprenaient pas. Cette étude nous montre aussi qu'ils n'ont connu jusqu'au commencement du quinzième siècle la péninsule de l'Inde que d'une manière imparfaite, et seulement d'après les récits des auteurs anciens et des Orientaux; qu'ils ne possédaient que des notions vagues sur les limites de l'Afrique, de l'Asie et de l'Europe même, et que, tout en dessinant un continent antichthone au sud, ils ne soupçonnaient pas l'existence de l'Amérique.

Denys le Périégète, écrivain grec du premier siècle de notre ère, et Priscien, son commentateur latin du quatrième, continuent les erreurs que nous avons signalées hier. Selon eux, la Terre n'est pas de forme ronde, mais bien de la forme d'une fronde. Les contours ne s'arrondissent pas de manière à former de toutes parts un cercle régulier. Ses deux rivages se referment comme deux bras à l'orient et à l'occident.

Macrobe, dans son système du monde, nous prouve qu'il ignorait complétement que l'Afrique se prolongeât au midi de l'Éthiopie, c'est-à-dire au delà du dixième degré de latitude nord. Il pensait, comme Cléanthe et Cratès, et d'autres auteurs de l'antiquité, *que les régions voisines des tropiques, brûlées par le Soleil*, ne pouvaient pas être habitées, et que l'Océan remplissait la région équatoriale. Il divisa l'hémisphère en cinq zones, dont deux seulement *étaient habitables*. « L'une d'elles, dit-il, est occupée par nous, l'autre par des hommes dont l'espèce nous est inconnue. »

Orose, auteur du même siècle (quatrième), et dont l'ouvrage exerça aussi une grande influence sur les cosmographes du moyen âge et sur ceux qui dessinèrent les mappemondes pendant cette longue période historique, ne connaissait pas non plus la forme de l'Afrique ni ses limites, ni les contours des péninsules de l'Asie méridionale. Il appuie le Ciel sur la Terre.

Saint Basile (également au quatrième siècle) pose le firmament sur la terre, et sur ce ciel un second dont la surface supérieure serait plate, tandis que la surface intérieure, tournée vers nous, serait en forme de voûte ; et il explique ainsi comment les eaux célestes peuvent s'y tenir et y séjourner. Saint Cyrille montre de quelle utilité est ce réservoir des eaux pour la vie des hommes et pour celle des plantes.

Diodore, évêque de Tarse (même siècle aussi), divise également en deux étages le monde, qu'il compare à une tente. Severianus, évêque de Gabala, vers la même époque, compare le monde à une maison dont la Terre est le rez-de-chaussée, le Ciel inférieur le plafond, et le Ciel supérieur (Ciel des Cieux) le toit. Ce double Ciel est de même admis par Eusèbe de Césarée.

Dans les cinquième, sixième et septième siècles, la science ne fait

pas un seul pas en cosmographie. On enseigne encore qu'il n'y a pas
de limites à l'Océan.

— C'est ce que l'on voit avec évidence dans les auteurs ecclésias-
tiques de cette époque, remarqua le professeur. Ainsi Lactance soutient qu'il ne peut y avoir d'habitants au delà du tropique. Ce père
de l'Église traite de monstrueuse l'opinion qui prétendrait que le
Monde et la Terre soient ronds, que le Ciel tourne autour, que
toutes les parties de la Terre soient habitées : « Y a-t-il quelqu'un d'assez extravagant, dit-il, pour se persuader qu'il y ait des
hommes qui aient les pieds en haut et la tête en bas; que tout ce
qui est couché dans ce pays-ci soit suspendu là-bas; que les herbes
et les arbres y croissent en descendant, et que la pluie et la grêle
y tombent en montant? Faut-il s'étonner que l'on ait mis les jar-
dins suspendus de Babylone au nombre des merveilles de la nature,
puisque les astronomes suspendent aussi des champs, des mers,
des villes et des montagnes?

« J'avoue que je ne sais que dire de ces personnes qui demeuren
opiniâtres dans leurs erreurs, et qui soutiennent leurs extravagances,
si ce n'est que quand elles se disputent, elles n'ont point d'autre
dessein que de se divertir ou de faire paraître leur esprit; il me serait aisé de prouver, par des arguments invincibles, qu'il est impossible que le Ciel soit au-dessous de la Terre. » (*Institutions divines*,
liv. III, chap. 24.)

Saint Augustin dit, lui aussi, dans la *Cité de Dieu*, liv. XVI,
chap. 9 :

« Il n'est aucune raison de croire à cette fabuleuse hypothèse
des antipodes, c'est-à-dire d'hommes qui foulent l'autre côté de la
Terre où le Soleil se lève quand il se couche pour nous, opposant
leurs pieds aux nôtres. Cette opinion ne se fonde sur aucune notion historique.... Mais fût-il démontré par quelque raison que le
Monde et la Terre ont la forme sphérique, il serait trop absurde de
prétendre qu'après avoir franchi l'immensité de l'océan, quelques
hommes aient pu, hardis navigateurs, passer de cette partie du
monde en l'autre pour y implanter un rameau détaché de la famille
du premier homme. »

Ainsi parlaient saint Basile, saint Ambroise, saint Justin martyr, saint Jean Chrysostome, saint Césaire, Procope de Gaza, Severianus, Diodore, évêque de Tarse, etc., et la plupart des grands penseurs de cette époque.

— A cette revue rétrospective, dit le pasteur, j'ajouterai qu'Eusèbe de Césarée s'enhardit une fois dans son Commentaire sur les psaumes (*Collectio nova patrum*, etc., I, p. 460), à dire que, « suivant l'avis de quelques-uns, » la Terre est ronde; mais il recule, dans un autre ouvrage, devant cette témérité. Du reste, même au quinzième siècle, les moines de Salamanque et d'Alcala opposèrent aux théories de Christophe Colomb les mêmes considérations contre les antipodes.

Au milieu du sixième siècle, Grégoire de Tours adoptait aussi l'opinion que les zones intertropicales étaient *inhabitables*; et, comme les autres historiens, il enseigne que le Nil vient de la Terre inconnue de l'Est, descend par le Sud, *traverse un océan* qui séparait dans ces cartes l'Antichthone de l'Afrique, et devient seulement visible.

Nous pouvons juger aussi des connaissances cosmographiques et géographiques de saint Avite, poëte latin du sixième siècle et neveu de l'empereur Flavius Avitus, d'après ce qu'il dit dans son poëme sur la création, où il décrit le paradis terrestre. « Par delà l'Inde, dit-il, *là où commence le monde*, où se joignent, dit-on, les confins de la Terre et du Ciel, est un asile élevé, inaccessible aux mortels et fermé par des barrières éternelles, depuis que l'auteur du premier péché fut chassé... »


— Mais, messieurs, interrompit l'astronome, vous ne connaissez pas le chef-d'œuvre de la cosmographie de cette époque! le fameux *système de la Terre carrée*....

— De la Terre carrée? s'écria le professeur avec surprise.

— Oui, de la Terre carrée, continua l'astronome, avec de solides murailles pour soutenir le Ciel! Voici, madame la marquise, l'antique et solennel traité de Cosmas.

Cosmas, surnommé *Indicopleustès*, après son voyage dans l'Inde et en Éthiopie, fut d'abord négociant et ensuite moine. Il mourut en 550. Son manuscrit a pour titre : Χριστιανικὴ τοπογραφία, *Topographie chrétienne*, et fut écrit en 535.

Les savants les plus éminents parmi les chrétiens, tels que Lactance, saint Augustin, saint Jean Chrysostome, trouvaient que le système de Ptolémée était en contradiction avec quelques passages de la Bible, notamment avec ceux qui se rapportaient à la non sphéricité de la Terre, à la non existence des antipodes, etc. Ce fut donc dans le but de réfuter les opinions de ceux qui donnaient à la Terre la forme d'un globe que Cosmas composa son ouvrage, d'après les systèmes formés par les Pères de l'Église, afin de l'opposer à la cosmographie des Gentils. Il a réduit à une forme systématique les opinions cosmographiques des Pères et entrepris d'expliquer tous les phénomènes du Ciel en harmonie avec les Écritures.

Dans son Ier livre, il réfute l'opinion de la sphéricité de la Terre qu'il regarde comme une hérésie. Dans le IIe, il expose son propre système. Les Ve, VIe, VIIe, VIIIe et IXe, qui fourmillent d'erreurs de physique, sont consacrés au cours des astres.

Cette bizarre composition forme un singulier mélange des doctrines des Indiens, des Chaldéens, des Grecs et des Pères de l'Église.

Suivant Cosmas et sa mappemonde, la Terre habitable est une surface plane. Ce n'est pas, comme du temps de Thalès, un disque ; mais elle présente la forme d'un parallélogramme dont les longs côtés sont le double des autres, de sorte que l'homme est sur la Terre comme l'oiseau dans la cage. Ce parallélogramme est entouré de l'Océan, qui s'est frayé quatre golfes, savoir : les mers Méditerranée et Caspienne, et les golfes Arabique et Persique.

Au-delà de l'Océan, dans toutes les directions, existe un autre continent où les hommes ne peuvent pénétrer, mais dont ils ont habité une partie dans les temps anciens, c'est-à-dire avant le déluge. À l'est, de même que nous le verrons dans d'autres mappemondes et systèmes postérieurs, l'auteur place le *paradis terrestre* et les quatre fleuves qui arrosaient l'Éden, lesquels viennent par des canaux souterrains surgir dans la Terre post-diluvienne.

Après la chute, Adam fut chassé du paradis ; mais lui et ses descendants restèrent fixés sur les côtes jusqu'à ce que le déluge portât l'arche de Noé dans notre Terre.

Sur les quatre côtés extérieurs de la Terre, on voit s'élever des murs perpendiculaires, qui la ceignent et vont ensuite se rejoindre en voûte : le Ciel forme la coupole de cet édifice.

Le monde de Cosmas est donc en définitive un grand coffre oblong divisé en deux parties : la première, séjour des hommes, s'étend depuis la Terre jusqu'au firmament, au-dessus duquel les astres font leurs révolutions ; là séjournent les anges, qui ne s'élèvent jamais plus haut. La seconde s'étend depuis le firmament jusqu'à la voûte supérieure qui couronne et termine le monde. Sur le firmament reposent *les eaux du Ciel* ; au delà de ces eaux se trouve le royaume des cieux, où Jésus-Christ a été admis le premier, frayant la route de vie à tous les chrétiens.

Après avoir osé faire de l'univers un grand coffre carré, il restait à expliquer les phénomènes célestes, tels que la succession des jours et des nuits et les vicissitudes des saisons.

Voici l'explication singulière de Cosmas : il considère la Terre, ou cette table oblongue circonscrite par de hautes murailles, comme divisée en trois parties : 1° la terre habitable, qui en occupe le milieu ; 2° l'océan, qui environne cette terre de toutes parts ; 3° une autre terre ferme qui entoure l'océan, terminée elle-même par ces hautes murailles sur lesquelles vient s'appuyer le firmament.

Selon lui, la terre habitable va toujours en s'élevant du midi au nord, de sorte que les contrées australes sont beaucoup plus basses que les contrées boréales. C'est pour cela, nous dit-il, que le Tigre et l'Euphrate, qui coulent du nord au sud, ont un cours plus rapide que le Nil qui va dans le sens contraire. Tout à fait au nord il existe une grande montagne conique, derrière laquelle se cachent le Soleil, la Lune, les planètes, les comètes ; ces astres ne passent jamais au-dessous de la Terre ; ils ne font que tourner autour de la grande montagne qui les cache plus ou moins longtemps à notre vue. Selon que le Soleil s'éloigne ou s'approche du nord, et conséquemment selon qu'il s'abaisse ou s'élève dans le ciel, il disparaît derrière la montagne en un point plus ou moins éloigné de sa base, et demeure caché plus ou moins de temps : de là l'inégalité des jours et des nuits, la vicissitude des saisons, les éclipses, les phénomènes.

Du reste, Cosmas admet que, non-seulement le Soleil et la Lune, mais tous les astres, sont conduits chacun par des puissances spirituelles, par des anges qu'il compare à des « lampadophores »; en sorte que les mouvements de ces astres sont dus à une cause intelligente qui préside à chacun d'eux; ce sont aussi des puissances angéliques qui préparent la pluie, rassemblent les nuages et président aux vents, à la rosée, à la neige, à la chaleur, au froid, en un mot à tous les phénomènes météorologiques.

— J'ai déjà remarqué, fit le navigateur, qu'en France, jusqu'à la mort de Philippe Auguste, la plupart des hommes lettrés se figuraient la Terre carrée. « Pour nous, disait entre autres Gervais de Tilbury, nous plaçons le monde carré au milieu des mers. »

— Nous verrons du reste, ajouta l'astronome, combien cette figure singulière a régné dans la cosmographie chrétienne du moyen âge, en compagnie du paradis terrestre, du ciel empyrée, du purgatoire et de l'enfer.

Cosmas justifie son système en déclarant que, d'après les doctrines des Pères de l'Église et des commentateurs de la Bible, la Terre a la forme du tabernacle de Moïse élevé dans le désert. Il rappelle que le tabernacle avait la forme d'une grande caisse plus longue que large, et il conclut de là que telle doit être la forme de l'univers, et que la Terre est, selon lui, *de la forme d'une table ayant une longueur double de sa largeur.*

Selon Pluche, les Orientaux donnaient à la Terre « le nom de *Tebel*, d'où nous est venu celui de table, parce qu'en effet c'était jadis un préjugé universel que la Terre était une surface plane, terminée par un abîme d'eau. » Cette étymologie est vraisemblable et curieuse; mais Pluche n'a point dit dans quelle langue ce mot se trouve.

Ainsi, au delà de cet océan était une autre Terre touchant aux murs du Ciel; c'est dans cette terre que l'homme aurait été créé, et cette île au delà de l'Océan ressemble assez à l'Atlantide des anciens. Cette philosophie était celle de tous les peuples de l'Orient. Selon les Indiens, la montagne de Someirah est au milieu de la Terre, et le Soleil, lorsqu'il paraît se coucher, se cache derrière cette montagne.

Les Mahométans et les Orientaux, en général, disent que la Terre
est environnée d'une haute montagne (ce sont les murs de Cosmas),
derrière laquelle les astres vont se cacher.

— Voilà donc ce fameux système de Cosmas! s'écria le navigateur, sur lequel six siècles ont calqué leurs cartes cosmographiques.

— Il est assurément fort complet, repartit le professeur, et prélude avantageusement à celui de la Somme de saint Thomas.

— Dans tout cet édifice, dit à son tour la marquise, tout est prévu,
le paradis terrestre, le paradis céleste, l'enfer.... Si l'ensemble est si
singulier, les détails doivent l'être encore davantage.

— Il serait curieux, dit le navigateur, de voir le texte et même les
dessins de Cosmas, pour pouvoir saisir exactement sa pensée.

— Ce serait facile, répliqua l'historien, si l'ouvrage de mon excellent et vieil ami Édouard Charton était à la bibliothèque du château.

— Les *Voyageurs anciens et modernes?* fit le comte. Mais je le crois
bien, qu'ils sont ici. Penseriez-vous qu'à Flamanville nous restions
indifférents au mouvement littéraire et scientifique?

— Au contraire! répondit l'historien, car depuis le commencement
de nos causeries tous les livres que nous avons eu besoin de consulter se sont trouvés ici.

— Exactement comme dans un roman ou dans une pièce de théâtre! interrompit le député; si bien qu'on croirait presque que c'est
fait exprès ...

— Et que le château de Flamanville a été prédestiné à servir
de mise en scène pour vos savants et « célestes » entretiens,
messieurs, ajouta la marquise. J'en suis pour ma part très-flattée.
Le souvenir de ces réunions restera en lettres d'or dans nos ar-
chives.

— Et Cosmas? s'écria l'astronome.

— Voici le livre, répliqua le comte; et c'est une bonne traduction:

« Topographie chrétienne de l'univers, prouvée par des démonstrations tirées de l'Écriture divine, et dont il n'est pas permis aux
chrétiens de révoquer la vérité en doute. » Tel est le titre.

— Ah! voyons un peu ces fameuses démonstrations, reprit l'astronome.... L'auteur s'exprime ainsi dès les premières pages : « De toutes parts de vives attaques sont dirigées contre l'Église ; quelques hommes même qui se parent du nom de chrétiens, prétendent, au mépris de la sainte Écriture, et avec les philosophes païens, que le ciel est sphérique, trompés sans doute par les éclipses de Lune et de Soleil.

« Je vais leur démontrer que ni le Ciel ni la Terre ne sont sphériques. Et ce ne sont point de vaines hypothèses inventées par moi,

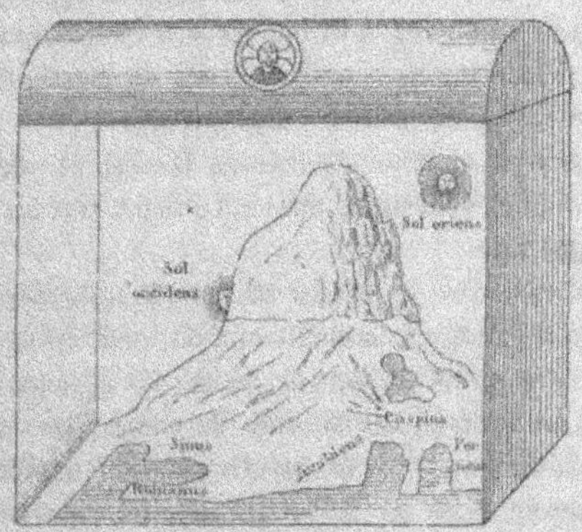


La forme de la Terre et de l'Univers dans le système de Cosmas
(sixième siècle).

mais bien le résultat de l'observation du tabernacle de Moïse fait par l'ordre de Dieu pour représenter le monde, du tabernacle *image de l'univers*, comme l'appelle le Nouveau Testament de l'univers originairement unique en réalité, mais séparé en deux par le firmament. Et comme dans le tabernacle intérieur et extérieur, il y a dans le monde une région basse et une région élevée : celle-là est l'enfer ; celle-ci le monde futur, où Notre-Seigneur Jésus-Christ, après sa résurrection, monta le premier, et où les justes monteront après lui. Depuis Adam jusqu'à Moïse, depuis Moïse jusqu'à Jean, depuis Jean, tous les apôtres et les évangélistes, tous, dis-je, d'une même voix, ont parlé de ces deux régions; aucun n'a supposé qu'avant ou après il en existât une troisième, mais tous, guidés par le Saint-Esprit, ont déclaré qu'il n'en existait bien que deux. C'est pourquoi, suivant pas à pas les saintes Écritures, j'ai figuré l'univers, puis ces lieux d'où sortirent les Israélites, cette montagne où ils reçurent la loi écrite, ce tabernacle divin, et enfin la Terre promise où ils établirent leur demeure, jusqu'au jour où le Désiré des nations prédit par les prophètes arriva et leur enseigna cette seconde région qui les attendait, région qu'après sa venue il nous a montrée à tous, et dans laquelle, à son second avénement, il appellera tous les justes, en leur disant : *Venez, les bénis de mon Père, recevez le royaume qui vous est préparé depuis le commencement du monde.* Gloire à lui dans tous les siècles des siècles! Ainsi soit-il. »

Voilà l'entrée en matière. Maintenant Cosmas va pérorer contre ceux qui veulent être chrétiens, mais qui croient, avec les païens, que le Ciel est sphérique

« Ceux qui se fient à la science du monde prétendent expliquer l'univers par la raison; ils accueillent avec des éclats de rire les récits de l'Écriture qu'ils traitent de fables; ils appellent Moïse, les prophètes et les apôtres, des faiseurs de contes; ils veulent expliquer la forme du monde par des calculs géométriques d'astronomie, qu'ils enveloppent dans de belles phrases, ou par les éclipses de Lune et de Soleil, se trompant ainsi eux-mêmes et entraînant les autres dans leur erreur!

« Eh! les étoiles, que font-elles là, attachées à votre prétendue voûte? Pourquoi toutes ces étoiles immobiles qui accompagnent Mars, la plus basse des constellations (?), dites-vous, sont-elles toutes égales et semblables? Pourquoi, de même, celles qui accompagnent Jupiter (?). Le ciel même n'a pas toujours la même teinte; pourquoi, par exemple, cette teinte lactée, si c'est toujours la même surface qu'atteint notre vue? Je pense qu'après cela il est évident pour tous que le Ciel est formé de divers éléments, et que personne ne pourra prouver le contraire. Que si donc le Ciel n'est pas composé d'un seul élément jouissant par lui-même du mouvement circulaire, mais de quatre éléments distincts, il ne peut avoir un mouvement de rotation : car, ou bien il ira de haut en bas si la gravité l'emporte, ou bien de bas en haut si l'élément contraire est plus fort, ou bien il restera fixe si aucun élément ne l'emporte sur l'autre : *c'est là un raisonnement parfaitement clair*. Or, qui prétend avoir jamais vu le Ciel s'élever ou s'abaisser? Reste donc à dire qu'il est immobile.

Il ajoute : « Et comment accorder ce qu'ils disent, que le Ciel a un mouvement circulaire, s'ils supposent qu'il n'existe rien autre chose que le Ciel? Car rien ne peut se mouvoir dans l'un des quatre éléments : la terre, l'eau, l'air ou le feu; et il faut, ou bien que le corps en mouvement passe du fini dans l'infini, ou bien qu'il tourne sans cesse à la même place. » Le raisonnement se continue indéfiniment dans un galimatias métaphysique où Aristote lui-même ne verrait goutte. L'original cosmographe ajoute ensuite que le Ciel et la Terre sont immobiles et que les astres se meuvent conduits par des anges.

Viennent ensuite les curieuses objections que voici : « Lorsque vous faites de la Terre le centre autour duquel roule l'univers, votre hypothèse tombe d'elle-même, puisque vous placez la Terre à la fois au milieu et au bas, car il ne peut arriver en même temps qu'une même chose soit au centre et au bas, le centre étant le milieu du haut et du bas. Pourquoi donc persister à soutenir de pareilles absurdités contre les textes des Écritures? »

L'auteur déclare que c'est ridicule, car « si nous passons aux antipodes, si les pieds d'un homme sont opposés aux pieds d'un de ses semblables, que ce soit dans la terre, dans l'eau, dans l'air, dans le feu, ou dans tout autre corps, comment tous deux peuvent-ils rester debout, et comment l'un ou l'autre peut-il vivre avec la tête en bas? Et quand il vient à pleuvoir, comment dire que la pluie tombe sur les deux! Elle tombe bien sur l'un, mais sur l'autre ne monte-t-elle pas plutôt? Comment ne pas rire de pareilles folies? »

Voici donc les éléments du système du monde :

« Dieu, en créant la Terre, ne l'appuya *sur rien*. La Terre est *donc* soutenue par la vertu de Dieu, le Créateur de toutes choses, *portant tout*, dit l'Apôtre, *par un mot de sa puissance*. Si au-dessous de la Terre et en dehors d'elle existait quelque chose, elle tomberait *naturellement :* aussi Dieu la posa comme base de l'univers et lui or-

*donna* de se soutenir par sa propre gravité. Dieu donc, ayant créé la Terre, réunit l'extrémité du Ciel à l'extrémité de la Terre, appuyant les parties inférieures du Ciel de quatre côtés et le disposant en voûte au-dessus de la Terre, dans toute sa longueur, puis, dans la largeur de la Terre, il établit le Ciel comme un mur qui s'élèverait du haut en bas, formant ainsi une sorte de maison partout fermée, ou une longue chambre voûtée ; car, dit le prophète Isaïe, *il a disposé le Ciel en forme de voûte* ; et Job parle ainsi de la jonction du Ciel à la Terre : *Il a baissé le Ciel vers la Terre, puis a étendu celle-ci comme de la chaux*

Dessin de Cosmas, montrant la base des murs qui s'élèvent de chaque côté du Ciel ; le firmament transparent, le réservoir des eaux supérieures et la voûte de l'empyrée (sixième siècle).

*et l'a soudée comme une pierre carrée.* Comment appliquer ces paroles à une sphère ?

Moïse, parlant du TABERNACLE, *qui est l'image de la Terre*, dit que sa longueur était de deux coudées et sa largeur d'une seule. « Nous dirons donc, avec le prophète Isaïe, que la forme du ciel qui embrasse l'univers est celle d'une voûte ; avec Job, que le ciel fut joint à la Terre, et, avec Moïse, que la Terre est plus longue que large. Le second jour, Dieu fit un second ciel, celui que nous voyons, pareil en apparence, mais non en réalité, au premier. Ce second ciel est placé au milieu de l'espace qui sépare la Terre du premier ciel, et il l'étendit comme un second toit dans la largeur de la Terre, partageant les eaux en deux parties, les unes au-dessus, les autres au-dessous du firmament, sur la Terre; et ainsi d'une seule maison il en fit deux : une supérieure, l'autre inférieure.

« L'Écriture parle souvent de ce second ciel ; c'est d'abord Moïse : *Et Dieu appela le ciel firmament*; puis David : *Tu couvres d'eau la partie supérieure*; et encore : « Les cieux racontent la gloire de Dieu, et le « firmament annonce les ouvrages de ses mains; » commençant par parler de deux, puis s'arrêtant seulement au second, et de même en beaucoup d'autres pages. »

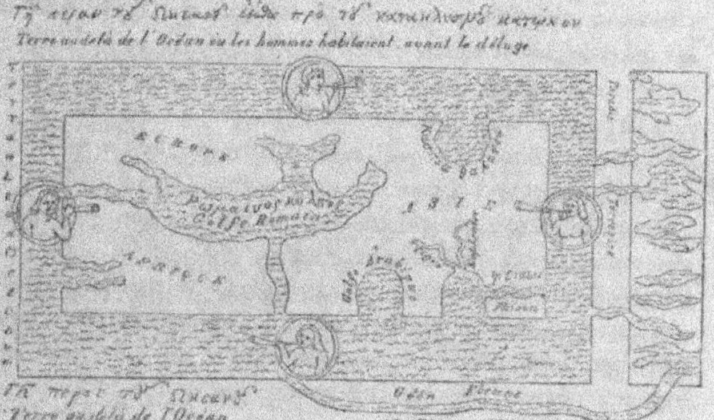

Carte de la Terre, d'après Cosmas et des cosmographes du sixième siècle.

L'auteur explique, comme déjà nous l'avons remarqué, que la race d'Adam habitait la terre orientale avant le déluge, et que les hommes, au temps de Noé, ayant miraculeusement traversé l'Océan dans l'arche, arrivèrent dans la Perse, où l'arche de Noé s'arrêta sur le mont Ararat. Or, « dans cette arche étaient Noé, ses trois fils et leurs femmes, ce qui formait quatre couples : trois paires d'animaux domestiques et une seule d'animaux sauvages. Alors les trois fils de Noé, étant descendus sur la terre que nous habitons, se partagèrent le monde. »

« Tous les astres ont été créés pour régler les jours et les nuits, les mois et les années, et se meuvent, non point par le mouvement même du Ciel, mais par l'action de certaines vertus divines ou de certains lampadophores. Dieu a créé les anges pour le servir, et il a donné charge à ceux-ci de mouvoir l'air, à ceux-là le Soleil, à d'autres la Lune, à d'autres les étoiles, à d'autres enfin il a ordonné d'amonceler les nuages et de préparer la pluie. »

— Cette curieuse idée d'assigner des anges au gouvernement des choses n'est pas rare à cette époque, remarqua le pasteur. Plusieurs auteurs déclarent que chaque pays de la Terre est placé sous la protection et le gouvernement d'un ange particulier.

Les docteurs chrétiens, partisans de l'opinion de saint Hilaire et de Théodore, supposaient : les uns, que les anges portaient les astres sur leurs épaules, comme l'*omophore* des manichéens (Beausobre, *Histoire du Manichéisme*, II, 374); les autres, qu'ils les roulaient devant eux ou qu'ils les traînaient à leur suite.

Le jésuite Riccioli, d'ailleurs savant astronome, admet lui-même que chaque ange qui pousse une étoile a grand soin d'observer ce que font les autres, afin que les distances relatives entre les astres restent toujours ce qu'elles doivent être.

L'abbé Trithème (*De septem secundeis*) donne la succession exacte de sept anges ou esprits des planètes, qui, les uns après les autres, et chacun pendant trois cent cinquante-quatre ans, ont gouverné les mouvements célestes depuis la création jusqu'à l'an 1522.

— Cosmas suppose encore, reprit l'astronome, que l'idée de la sphéricité de la Terre et du Ciel vient de ce qu'après le déluge, lorsque les hommes entreprirent de construire une tour, en examinant les astres de cette immense hauteur, ils furent amenés à croire, par erreur, que le Ciel était sphérique. Et comme la ville où ils élevaient leur tour était dans le pays des Babyloniens, cette opinion de la sphère fut d'abord répandue parmi les Chaldéens; ceux-ci, passant en Égypte, la communiquèrent aux Égyptiens, et des Grecs Pythagore, Platon et Eudoxe de Cnide, étant venus en Égypte, embrassèrent avidement cette erreur et la propagèrent en tous lieux.

Tel est, messieurs, le système de Cosmas Indicopleustès.

— L'ardeur de ces prétendues réfutations prouve, sans doute, remarqua le navigateur, qu'au sixième siècle, quelques hommes instruits et sensés, conservant le dépôt des progrès accomplis par le génie grec, disciples de l'école d'Alexandrie, défendaient les travaux d'Hipparque et de Ptolémée; mais il est manifeste que le plus grand nombre des contemporains s'en tenaient aux vieilles traditions indiennes et homériques, plus faciles à comprendre, plus accessibles au témoignage trompeur des sens, et quelque peu renouvelées par leur combinaison avec des interprétations étranges de passages bibliques. A ne considérer donc que l'opinion générale ou vulgaire, la science cosmographique du sixième siècle, telle que la représentait Cosmas, bien loin d'avancer, reculait; elle retournait, en effet, au passé le plus obscur; mais les vérités acquises, pour être condamnées à demeurer quelque temps voilées, n'étaient point perdues, et elles devaient reparaître plus tard avec un plus vif éclat.

— Quelque souvenir de cette opinion sur la forme de la Terre paraît s'être perpétué en Égypte jusqu'à nos jours, répliqua le pasteur. Dans l'année 1830, un guide arabe, nommé Bechara, loué au Caire, entreprit d'expliquer à MM. Dauzatz et Taylor comment Dieu avait créé la Terre carrée et couverte de pierres. Ensuite, ajouta-t-il, Dieu descendit avec les anges, se plaça sur la cime du mont Sinaï, qui est le centre du monde, traça un grand cercle dont la circonférence touchait aux quatre côtés du carré, et il ordonna à ses anges de jeter toutes les pierres dans les angles qui correspondaient aux quatre points cardinaux. Les anges obéirent, et quand le cercle fut déblayé, il le donna aux Arabes qui sont ses enfants bien-aimés; puis il appela les quatre angles la France, l'Italie, l'Angleterre et la Russie.

— A ce système du carré, reprit l'astronome, il faut ajouter celui qui régna parallèlement, celui de l'*œuf*. Il est du fameux Bède le Vénérable, un des hommes les plus éclairés de son temps, élevé dans la célèbre académie d'Armagh, d'où sortirent les Alfred et les Alcuin. Avant-hier nous avons vu son système planétaire. Voici maintenant son système terrestre.

« La Terre, dit-il, est un élément placé au milieu du monde; elle est au milieu de celui-ci comme le jaune est dans l'œuf; autour d'elle se trouve l'eau, comme autour du jaune d'œuf se trouve le blanc; autour de l'eau se trouve l'air, comme autour du blanc de l'œuf se trouve la membrane qui le contient, et tout cela est entouré par le feu de la même manière que la coquille. La Terre se trouve ainsi placée au milieu du monde, recevant sur soi tous les poids; et quoique, par sa nature, elle soit froide et sèche dans ses diverses parties, elle acquiert accidentellement différentes qualités: *car la portion qui est exposée à l'action torride de l'air est brûlée par le Soleil et est inhabitable;* ses deux extrémités sont froides et inhabi-

La Terre ovale des scoliastes de Bède le Vénérable.

tables, mais la portion qui se trouve placée sur la zone tempérée de l'air est habitable. »

« ….L'océan environnant, avec ses flots, les côtés de la Terre presque à la hauteur de l'horizon, la partage en deux, dont nous habitons la partie supérieure, et nos antipodes l'inférieure; cependant *ni aucun de nous ne peut aller chez eux, ni aucun d'eux ne peut arriver à nous.* »

— Quelque singulier que soit ce système du monde, ajouta l'historien, on voit néanmoins que son auteur croyait à la possibilité et à l'existence des antipodes.

— Ce qui est l'indice d'un fort raisonnement pour l'époque, fit remarquer le capitaine, attendu que, grâce à l'idée commune sur *le haut* et sur *le bas* dans l'univers, la plupart des savants anciens traitaient d'absurde ce sentiment.

— Le système dont je viens de parler, reprit l'astronome, a été accueilli et représenté par un certain nombre de cartographes du moyen âge qui figurent la Terre dans leurs mappemondes sous la forme d'un œuf.

Ce système avait aussi pris naissance dans l'antiquité, chez les Grecs. Les connaissances qu'ils acquirent en Perse et l'observation du ciel donnèrent origine à ces idées. On présumait que la

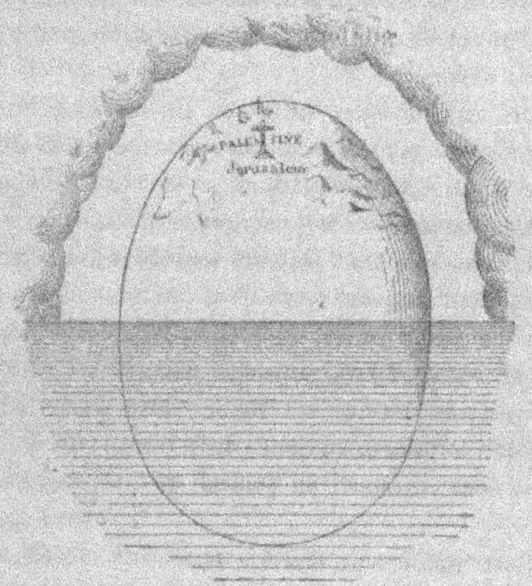

La Terre de certains géographes chrétiens et arabes du onzième siècle.

Terre habitable était oblongue et *ovale*, entourée d'un immense océan.

Édrisi, le géographe arabe du onzième siècle, soutenait, comme quelques auteurs anciens, que la moitié de la Terre était plongée dans l'eau, et quelques dessinateurs de mappemondes ont reproduit cette théorie de leurs représentations graphiques. Ainsi l'*œuf*, soit couché, soit droit, a joui du privilège de représenter la forme de la Terre pendant près de mille ans.

Dans le système d'Édrisi, la Terre est représentée comme un globe, dont la régularité n'est interrompue que par les montagnes et les vallées de la surface. Il adopte le système des anciens qui supposaient, comme nous l'avons montré déjà, une zone torride inhabitée; selon lui, le monde connu ne forme qu'un seul hémisphère composé moitié d'eau, et la plus grande partie de cette eau appartient à l'océan environnant, au milieu duquel la Terre flotte comme un œuf dans un bassin.

Cependant, en même temps règne le carré; ainsi, le cosmographe Gervais, entre autres, figurait le monde *de forme carrée*, et plusieurs dessinateurs ont gardé cette forme, tandis que d'autres en conservent seulement un souvenir.

Le tracé des mappemondes du moyen âge est entièrement arbitraire et sans aucun rapport nécessaire avec la figure réelle de la Terre, ou avec les cercles de latitude et de longitude. Les limites du monde connu avaient été fort reculées depuis le temps d'Homère, mais la terre habitable était toujours regardée comme une île immense qu'entourait un grand océan.

— Et dans ce grand cercle, au beau milieu, Jérusalem, ajouta le capitaine de frégate. Je n'ai jamais été plus étonné, je crois, qu'en consultant quelques-unes de ces vieilles cartes à Cherbourg, et en voyant toujours Jérusalem au centre de la Terre plate.

— Mais on nous enseignait en pension qu'il en était ainsi, dit la marquise.

— Nous avons vu hier soir, reprit le navigateur, que les peuples de l'antiquité, dont les connaissances géographiques étaient très-limitées, regardaient tous leur pays comme se trouvant au centre du monde.

— C'est par cette raison, dit l'historien, que les Juifs, et puis les cosmographes chrétiens, placèrent constamment *Jérusalem* au centre du monde; les cartographes, qui y puisaient leurs renseignements pour leurs représentations graphiques, perpétuèrent cette naïve erreur.

Le peuple qui a gardé le plus longtemps cette illusion, c'est certainement le peuple chinois, qui, de tout temps, s'est cru au centre du monde, et dessina les autres peuples comme des satellites rangés autour de lui.

— Et il s'appelle encore aujourd'hui l'empire du Milieu, interrompit le député.

— Mais revenons à notre exposé de la cosmographie des premiers siècles chrétiens, reprit l'historien. Nous venons déjà de voir le monde comparé à un œuf, et Jérusalem au milieu du disque terrestre. Ce n'est qu'un commencement. Feuilletons un peu ces antiques parchemins.

Le célèbre *Raban Maur*, de Mayence, composa au neuvième siècle un traité qu'il intitula *de Universo*, en vingt-deux livres. C'est une espèce d'encyclopédie, où il donne une connaissance abrégée de toutes les sciences. D'après son système cosmographique, la *Terre a la forme d'une roue, elle est placée au milieu de l'univers*, et elle est entourée par l'océan.

Du côté du nord, ses connaissances s'arrêtent au Caucase. Là il y a des montagnes d'or, mais on ne peut pas y pénétrer à cause des dragons et des griffons, et des hommes monstrueux qui y habitent. Il place aussi Jérusalem au centre de la Terre. Le traité d'Honoré d'Autun, intitulé *Imago mundi*, et plusieurs autres du même genre, représentent : 1° le paradis terrestre, placé à l'extrémité la plus orientale de la Terre, dans un endroit inaccessible aux hommes; 2° les quatre fleuves qui avaient leurs sources dans le paradis ; 3° *la zone torride inhabitée*; 4° les îles fantastiques, sans oublier l'Atlantide, transformée sous le nom d'*Antillia*.

— Il me semble que j'ai plusieurs de ces cartes au château, fit la marquise. Il faudra les faire chercher en rentrant et nous les examinerons demain.

— Non-seulement leur aspect est insolite pour nous autres modernes, dit l'historien, mais on y voit clairement encore quelle peur nos pères avaient des limites mystérieuses de la Terre, et de quels êtres fabuleux ils les peuplaient. Je compte vous en offrir demain soir une excellente preuve.

Fables sur fables ! continua t-il, et affirmations sur affirmations !

Le paradis terrestre fournirait à lui seul un volume. Mais continuons.

Dans un commentaire manuscrit de l'Apocalypse, qui est à la bibliothèque de Turin, on trouve une carte encore plus curieuse, qu'on a rapportée au dixième siècle, mais qui est peut-être du huitième. Elle représente la Terre comme un planisphère circulaire. Les quatre côtés de la Terre sont, chacun, accompagnés de la figure d'un vent à cheval sur un soufflet d'où il fait sortir de l'air, ainsi que d'une conque qu'il tient à la bouche. En haut, ou à l'orient, sont Adam et Ève, avec le serpent. A leur droite, est l'Asie, avec deux montagnes très-élevées, la Cappadoce et le Caucase. Il en sort le fleuve *Eusis*, et la mer dans laquelle il se jette forme un bras de l'Océan qui entoure la Terre : ce bras se joint à la Méditerranée et sépare l'Europe de l'Asie.

Au dixième siècle, je remarque deux mappemondes fort curieu-

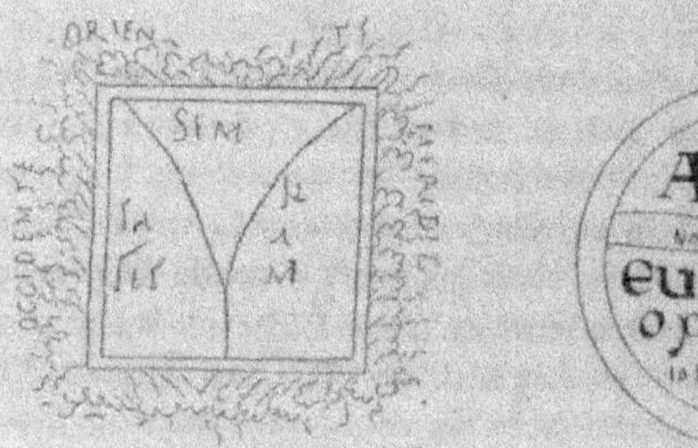

Deux cartes de la Terre du dixième siècle.

ses, l'une carrée, l'autre ronde. La première est partagée en trois triangles : celui de l'est, ou l'Asie, est marqué du nom de *Sem*; celui du nord, où l'Europe, de celui de *Japhet*; celui du sud, ou l'Afrique, de celui de *Cham*. La seconde est partagée également entre les trois fils de Noé; l'Océan l'environne, la Méditerranée forme le montant d'une croix d'eau qui partage le monde adamique.

— A ces représentations cosmographiques, dit le pasteur, s'ajoutaient des opinions diverses sur la physique du globe. Ainsi Albert le Grand, lorsqu'il parle de l'hémisphère inférieur, dit : « L'hémisphère inférieur, antipode au nôtre, n'est pas tout à fait aquatique, et il est en partie habité; et si les hommes de ces régions éloignées ne parviennent pas jusqu'à nous, *c'est à cause des vastes*

*mers interposées;* peut-être quelque pouvoir magnétique y retient-i
les hommes comme l'aimant retient le fer. »

Dans le traité intitulé : *de Moribus Brachmanorum,* qu'on attribue
à saint Ambroise, un recteur de Thèbes raconte ses prétendus
voyages dans l'Inde, et en parlant de l'île de Taprobane ou de Ceylan
Il dit : « Ici on trouve la pierre appelée *magnes* (aimant), qu'on dit
attirer par sa force la nature du fer. Par conséquent, si un navire
qui a des clous de fer s'en approche, il y est retenu et ne peut plus
aller en autre lieu. »

— Je continue ma revue cosmographique, reprit l'historien.

Omons, auteur d'un poëme géographique intitulé : *Image du
Monde,* composé en 1265, auteur qu'on a surnommé le Lucréce du
treizième siècle, n'était pas plus avancé que les cosmographes dont
nous venons de parler et nous les rappelle. La partie cosmographique de son poëme est puisée dans le système de Pythagore et de
Bède le Vénérable. Il soutient que la Terre est enveloppée du ciel,
ainsi que le jaune de l'œuf l'est du blanc; qu'elle se trouve placée
au milieu du Ciel comme le point l'est au centre d'un cercle. Et il
imagine l'harmonie des sphéres célestes, comme Pythagore.

Omons supposait encore que, de son temps, le paradis terrestre
existait à l'orient avec son arbre de vie, ses quatre fleuves et son
ange à épée flamboyante. Il paraît confondre l'Hécla avec le purgatoire de saint Patrice, et il met celui-ci en Islande, disant qu'il brûle
sans cesse. Les volcans ne sont, selon ses connaissances de la physique du globe que des *soupiraux* et des bouches de l'enfer. Quant à
celui-ci, il le place, comme les autres cosmographes, au centre de la
Terre.

Un autre auteur que nous ne devons pas oublier, Nicéphore Blem-
myde, moine qui vécut dans ce même siècle, composa trois ouvrages
cosmographiques, entre autres celui : *du Ciel et de la Terre, du Soleil
et de la Lune, des Astres, du Temps et des Jours.* D'après son système,
la Terre est plane, et il adopte aussi la théorie homérique de
l'Océan environnant le monde, et celle des sept climats.

*Nicolas d'Oresme,* célèbre cosmographe du quatorzième siècle, n'é-
tait pas plus avancé que ceux que je viens d'énumérer, quoique la
célébrité de ses connaissances mathématiques ait appelé sur lui l'at-

tention du roi Jean, qui le donna pour précepteur à son fils Charles V.
Ce cosmographe composa, entre autres ouvrages, un Traité de la
Sphère, que j'ai vu à la Bibliothèque (n° 7065). Il réfute la théorie de
l'Antichthone parce qu'elle était contre la foi de Jésus-Christ. « Et
dient (disent) que illec sont antipodes, c'est-à-dire, gens qui ont leurs
pieds contre nos et pour ce qu'ils sont à l'opposite partie de la Terre,
aussi comme s'ils fussent subz nous et nous subz eulx. Ceste opinion
n'est pas à tenir et n'est pas bien concordable à notre foi, car la loy
de Jésus-Christ a esté preschié par toute la terre habitable, et, selon
cette opinion, telles gens n'en auraient oncques ouij parler ne ne
pourraient estre subgés à l'Église de Rome. Pour ce reprenne saint
Augustin ceste erreur, lib. XVI. *de Civitate Dei.* »

Une mappemonde, de Nicolas d'Oresme, dressée vers l'année 1377,
représente la Terre de forme ronde. Une partie seulement de l'hémisphère supérieur est censée habitée, l'hémisphère inférieur est
plongé dans la mer ou couvert par l'eau. Il nous semble reconnaître
ici un mélange d'idées différentes qui ont exercé leur influence sur
le dessinateur, savoir : des idées religieuses puisées au psaume
CXXXVI, dans lequel il est dit que Dieu fonda la Terre sur *l'eau*, et
des idées grecques empruntées à l'école de Thalès, ainsi qu'aux
théories des géographes arabes, dont Nicolas d'Oresme connaissait
déjà les ouvrages. En effet, nous avons vu qu'Edrisi soutenait que
*la moitié de la Terre était plongée dans la mer*, et Aboulféda, que *la Terre
du midi était couverte par les eaux*. La Terre se trouve placée au centre de l'univers. Celui-ci est figuré par le ciel peint en bleu et
darsemé d'étoiles d'or.

Leonardo Dati, qui composa aussi dans ce siècle un poëme géographique intitulé : *Della Spera*, n'était pas plus avancé que ses devanciers. Un planisphère colorié montre la Terre au centre de l'u-
nivers ; puis l'océan homérique ou environnant ; ensuite l'air, puis
les cercles des planètes d'après le système de Ptolémée ; et dans une
autre représentation du même genre, on voit figurer l'enfer au
centre de la Terre. Il en donne même le diamètre ! « Suo diametro
e septe millia miglia. »

Ce qui prouve aussi qu'il ne connaissait pas la moitié du globe,
c'est sa démonstration de la Terre, disant qu'elle a la forme d'un T

en dedans d'un O. Cette comparaison est donnée du reste dans plusieurs mappemondes du moyen âge, où le parallèle moyen se trouve par le 36ᵉ degré de latitude nord, c'est-à-dire au détroit de Gibraltar : la Méditerranée y est ainsi placée de manière à deviser la Terre en deux parties égales.

Jusqu'aux grandes découvertes du quinzième siècle, les cartographes n'ont fait, pendant cette longue période historique, que reproduire dans leurs mappemondes et dans leurs représentations graphiques les systèmes des géographes de l'antiquité, depuis Homère et Hécatée jusqu'à Æthicus, en mélant les théories des anciens avec les systèmes cosmographiques des Pères de l'Église, et celles-ci avec les traditions mythologiques des Grecs et les légendes du moyen âge.

Jean de Beauveau, évèque d'Angers sous Louis XI, s'exprime d'une manière assez naïve pour me permettre encore une citation :

« La Terre *est située et assise au milieu du firmament* comme le centre ou ung point est au milieu d'ung cercle. De toute la quantité de terre dessus dicte, il n'y a habitable que la quarte partie ; la Terre est divisée en quatre parts, ainsi une pomme divisée par le milieu en quatre parties de long et travers : soit prinse la quarte partie de ceste pomme, et soit pelée ou mondée, et la pellure soit estendue sur aucune chose plane ou au meillieu de la main : au semblable se peut dire toute la terre habitable i de laquelle la moitié est appelée Orient et l'autre Occident. »

— Ceci nous rappelle Strabon, fit l'astronome.

Les Arabes adoptèrent non-seulement les idées des anciens, mais aussi les bases fondamentales des systèmes cosmographiques des Grecs. Et, en effet, quelques auteurs arabes, d'après *Bakouy*, regardèrent la Terre comme une surface unie ou comme une table ; d'autres comme une boule dont la moitié est coupée ; d'autres comme une boule entière qui tourne ; d'autres la supposaient creuse intérieurement. D'autres encore allaient jusqu'à dire qu'il y a plusieurs soleils et plusieurs lunes pour chaque partie de la Terre.

— Ainsi, pour nous résumer, continua l'historien, nous trouvons dans ces premiers siècles de notre ère les systèmes fondamentaux que voici : Terre plate circulaire aux racines infinies, sur laquelle le ciel est posé comme un dôme; Terre sans forme bien déterminée, aux limites mystérieuses, environnée d'eaux infranchissables; Terre ovale enveloppée de sphères comme le jaune de l'œuf dans sa coquille; Terre ovale dont l'hémisphère supérieur surnage sur l'océan universel; enfin Terre carrée aux confins de laquelle de gigantesques talus soutiennent la voûte céleste.

A quoi il faut ajouter l'habitation théologique, dont le système physique du monde n'était que la charpente.

— La place du ciel spirituel était toute trouvée, fit le député; mais celle de l'enfer a dû changer?

— L'enfer, répliqua le pasteur, n'a jamais été omis par ceux qui se sont donné la mission de représenter entièrement le système du monde. Dans celui de la Terre sphérique, il est situé au centre, comme on nous l'a appris.

— Mais ce n'est pas une invention chrétienne, s'écria le professeur de philosophie, et les païens ne l'ont pas plus oubliée que les disciples de la croix.

— Sans doute, répondit le pasteur, mais l'enfer n'était pas chez eux à l'état de dogme.

— Comment? Mais comme chez les premiers chrétiens, répliqua le professeur de philosophie. Connaissez-vous la vision de Thespésius?

— La vision de Thespésius? qu'est-ce?

— Eh bien! je suis d'avis qu'elle sera à sa place ici, après le monde de Cosmas. Nous ne pouvons faire l'histoire du Ciel sans parler un peu des Champs-Élysées et des enfers.

— Mais ce sera sans doute un assez long voyage? dit la marquise. Je ne doute pas de son intérêt, et je veux bien vous y accompagner moi-même; mais je demande un bon quart d'heure de repos : le temps de prendre le thé et quelques gâteaux de viatique.


— Ainsi nous allons maintenant descendre aux enfers avec Plutarque et Thespésius, dit le professeur de philosophie.

Ce Thespésius nous raconte vraiment des choses de l'autre monde. Étant tombé d'un endroit assez élevé, la tête la première, il n'eut point de blessure grave, mais seulement une contusion qui le fit s'évanouir. On le crut mort; mais trois jours après, comme on se préparait à l'enterrer, il revint à lui. Il reprit en peu de jours ses esprits et ses forces, et il se fit dans sa vie le changement le plus merveilleux.

Il disait qu'au moment où il perdit connaissance il se trouva dans le même état qu'un pilote qu'on aurait précipité au fond de la mer; qu'ensuite, s'étant peu à peu relevé, il lui sembla qu'il respirait parfaitement, et que ne voyant plus que des yeux de l'âme, il portait ses regards sur tout ce qui l'environnait. Il ne vit plus aucun des objets qu'il avait coutume de voir, mais des astres d'une prodigieuse grandeur et séparés entre eux par des intervalles immenses. Ils jetaient une lumière éblouissante et d'une couleur admirable; son âme, portée sur cet océan lumineux comme un vaisseau sur une mer calme, voguait légèrement et se portait partout avec rapidité. Passant sous silence une foule de choses qu'il avait vues, il racontait que les âmes des morts, prenant la forme de bulles de feu, s'élevaient au travers de l'air qui leur ouvrait un passage; qu'ensuite ces bulles, venant à crever sans bruit, les âmes en sortaient sous une forme humaine d'un volume peu considérable et avec des mouvements différents. Les unes, s'élançant avec une étonnante légèreté, montaient en ligne droite; les autres, tournant en rond comme des sabots qu'on fouette, montaient et descendaient tour à tour d'un mouvement confus et irrégulier, et n'avançaient que par des efforts longs et pénibles. Il vit dans ce nombre l'âme d'un de ses parents qu'il eut de la peine à reconnaître, parce qu'il était mort dans son enfance. Mais elle s'approcha et lui dit : « Bonjour, Thespésius. » Surpris de s'entendre nommer ainsi, il dit à cette âme qu'il s'appelait Aridée et non Thespésius. « C'était autrefois votre nom, reprit-elle; mais à l'avenir vous porterez celui de Thespésius, car vous n'êtes pas mort; seulement la partie intelligente de votre âme est venue ici par une volonté particulière des dieux, ses autres facultés sont restées unies à votre corps comme une ancre qui le retient. La preuve que je vous en donne, c'est que les âmes des morts ne font point d'ombre et que leurs yeux sont sans mouvement. »

— Le Dante a reproduit cette image mille ans plus tard, fit remarquer l'historien.

— Thespésius raconte son voyage dans l'autre monde, et décrit en détail les châtiments imposés aux âmes coupables. Ce récit n'intéresse pas directement notre sujet. Plus loin, traversant une région lumineuse, il entendit, en passant, la voix aiguë d'une femme qui parlait en vers, et prédisait, entre autres choses, le temps auquel Thespésius devait mourir. Le génie lui dit que c'était la voix de la sibylle, qui, tournant dans l'orbite de la Lune, annonçait l'avenir. Thespésius eût bien voulu en entendre davantage; mais, repoussé par un tourbillon rapide, il ne put saisir que bien peu de chose de ses prédictions.

Là il remarqua plusieurs lacs parallèles et remplis, l'un d'un or en fusion et tout bouillant, un autre, d'un plomb plus froid que la glace, le troisième, d'un fer très-rude. La garde en était confiée à des génies qui, armés de tenailles semblables à celles des forgerons, plongeaient dans ces lacs et en retiraient tour à tour les âmes de ceux que l'avarice et une insatiable cupidité avaient conduits au crime; après qu'elles avaient été plongées dans le lac d'or, où l'ardeur du feu les rougissait et les rendait transparentes, on les jetait dans le lac de plomb. Là, gelées par le froid et devenues aussi dures que la grêle, elles étaient transportées dans le lac de fer, où elles contractaient une noirceur horrible. Rompues alors et brisées à cause de leur dureté, elles changeaient de forme, passaient de nouveau dans le lac d'or et souffraient, dans ces divers états, des douleurs inexprimables.

Il vit en dernier lieu les âmes de ceux qui devaient retourner à la vie, et qu'on forçait avec violence de prendre les formes de toutes sortes d'animaux. Dans ce nombre, il aperçut l'âme de Néron qui avait déjà souffert de longs tourments, et était attachée avec des clous rougis au feu. Les ouvriers la saisissaient pour lui donner la forme d'une vipère, sous laquelle il devait vivre, après avoir dévoré le sein qui l'aurait porté.

— Cet enfer n'était pas au centre de la Terre, répliqua le député, mais bien dans les espaces imaginaires.

— C'est que le lieu de l'enfer, répondit le professeur, n'a jamais été exactement déterminé. Les anciens étaient aussi divisés sur ce point que les modernes. Dans les poésies d'Homère, l'enfer se présenté sous deux formes diverses : ainsi, d'après l'*Iliade*, c'est un vaste souterrain ; d'après l'*Odyssée*, c'est une contrée éloignée et mystérieuse, placée aux extrémités de la terre, au delà de l'océan, dans le pays des Cimmériens

La description que donne Homère de l'enfer prouve qu'à son époque les Grecs concevaient ce lieu comme une copie du monde terrestre, mais une copie qui prit, dès l'origine des civilisations, un caractère spécial. Selon les philosophes, l'enfer était également éloigné de tous les lieux de la terre. Cicéron, pour marquer qu'il importe peu de mourir en un lieu plutôt qu'un autre, dit : « En quelque lieu que l'on meure, on a autant de chemin à faire pour aller en enfer. »

Les poëtes fixèrent des lieux comme étant l'entrée du sombre empire, tels que le fleuve Léthé du côté des Scythes ; en Épire la caverne Achérusia ; la Bouche de Pluton, près de Laodicée ; la caverne du Ténare auprès de Lacédémone.

— Parmi les nombreuses cartes dont la description a fait le sujet principal de cette causerie, dit l'historien, je remarque dans la mappemonde du *Polychronicon* de Ranulphus Uygden, du Musée britannique, l'indication singulière que voici : « L'île de Sicile fut autrefois une partie de l'Italie. Là est le mont Etna, *contenant l'enfer et le purgatoire* ; et elle a Scylla et Charybde, deux gouffres. »

— Ulysse, pour descendre aux enfers, alla par l'océan aux pays Cimmériens, reprit le professeur. Énée y pénétra par l'antre du lac Averne. Xénophon dit qu'Hercule y arriva par la péninsule Aréchusiade. À Hermione, il y avait un chemin fort court pour s'y rendre, et c'est pour cela que les habitants du pays ne mettaient pas dans la bouche du mort la pièce du passage pour Caron.

— Les récits des voyageurs, dit le capitaine, ont dû fort influencer sur les descriptions de ces régions mystérieuses. Ainsi, les Phéniciens qui, passant les colonnes d'Hercule, allaient chercher l'étain de Thulé et l'ambre de la Baltique, racontaient qu'à l'extrémité du monde étaient des *îles Fortunées*, séjour d'un printemps éternel, et plus loin des régions hyperboréennes où régnait une éternelle nuit. Sur ces récits mal compris et sans doute confusément faits, l'imagination du peuple composa les Champs-Élysées, lieux de délices, placés dans un monde inférieur, ayant leur ciel, leur soleil, leurs astres; et le Tartare, lieux de ténèbres et de désolation.

— D'autre part, dit l'astronome, ces fictions ont pu naître aussi, en Égypte, de diverses interprétations astronomiques, telles que celles du passage du Soleil sous l'horizon, des signes du Zodiaque, de la Voie lactée, du renouvellement des saisons, etc.

Et du reste, il n'est pas nécessaire de chercher aussi loin l'explication de Caron et de la barque, du Styx et du passage, puisque les Égyptiens avaient coutume d'envoyer leurs morts dans une île, sous la conduite d'un pilote.

— Quoi qu'il en soit, reprit le professeur, je voulais simplement rappeler que les païens comme les chrétiens placèrent l'Enfer au sein du globe terrestre; et que les poètes, même les philosophes grecs et romains, tracèrent une carte très-détaillée des régions souterraines, carte circonstanciée. En énumérant les fleuves, ils indiquent la situation des lacs, des bois, des montagnes où les Furies fouettent éternellement les méchants condamnés aux supplices sans fin. On trouve dans leurs poèmes l'histoire de quelques célèbres damnés et les particularités de leurs souffrances : Sisyphe roule éternellement son rocher; Tantale ne peut se désaltérer au milieu du fleuve où il est plongé; Ixion n'a pas un instant de repos sur sa roue; les Danaïdes ne peuvent parvenir à remplir leurs tonneaux.

Et pourtant, d'après les mêmes poètes et philosophes, ceux qui enduraient ces tourments n'avaient pas de corps, ils n'étaient que des ombres impalpables, mais animées. Le Dante partage sur ce point l'idée déjà exprimée par Virgile, et Scarron, comme on sait, s'en amuse sous Louis XIV :

> Là, je vis l'ombre d'un coche
> Qui de l'ombre d'une brosse
> Frottait l'ombre d'un carrosse.

J'ajouterai encore qu'au surplus le mot d'*Enfer* signifie simplement lieux inférieurs. On pourrait même tracer les rapports qui relient les croyances chrétiennes aux antérieures en se souvenant de Josèphe. D'après cet historien (*De Bello judaico*, liv. II, chap. xii), les *Esséniens* (secte dont Jésus faisait partie) pensaient que » les âmes des justes vont au delà de l'océan, dans un lieu de repos et de délices où elles ne sont troublées par aucune incommodité, aucun dérangement des saisons. Celles des méchants, au contraire, sont reléguées dans des lieux exposés à toutes les injures de l'air, où elles souffrent des tourments éternels. Les Esséniens, ajoute le même auteur, ont sur les tourments à peu près les mêmes idées que les poëtes grecs nous donnent de leur Tartare et du royaume de Pluton. La plupart des sectes gnostiques ne considèrent au contraire l'enfer que comme un lieu purgatoire où l'âme est purifiée par le feu. »

— Les premiers chrétiens ont perpétué ces croyances, dit l'historien.

— Parce qu'elles sont vraies et indispensables à la notion de la justice placée dans la conscience humaine, répliqua le pasteur.

— Oui, sans doute, si l'on se borne à la doctrine de l'indestructibilité des âmes et de leur progrès éternel par la transmigration, dit l'astronome.

— Mais, fit la marquise, à propos du ciel, d'enfer et de purgatoire, je m'étonne comment vous ne nous parliez pas du Dante.

— Je comptais précisément vous en entretenir ce soir, répliqua le professeur de philosophie, car, tout récemment, j'ai eu l'occasion de relire ce chef-d'œuvre, dans la magnifique édition de notre célèbre ami Gustave Doré.

— C'est une admirable épopée! fit le pasteur.

— Et l'on peut y trouver de curieuses révélations, ajouta l'historien.

— Même pour l'histoire de l'astronomie, répliqua l'astronome.

— Et sans oublier la politique ! s'écria le député, car il y a encore aujourd'hui des Guelfes et des Gibelins, et Machiavel n'est pas mort.

— En effet, dit le professeur, la *Divine Comédie* est toute une épopée. C'est un tableau qui a résumé le moyen âge avant qu'il s'enfonçât dans les abîmes des temps écoulés. Quelque chose de lugubre enveloppe la fantastique apparition. Il y a là des cris désolés, des pleurs, d'indicibles mélancolies, et la joie même est pleine de tristesse; on croirait assister à un lamentable service de pompes funèbres, entendre autour d'un cercueil les litanies des morts dans une vieille cathédrale en deuil. Et toutefois un souffle de vie, dit Lamennais, le souffle qui doit renouveler sous une forme plus parfaite ce qui s'éteint, passe sous les voûtes et traverse les nefs de l'immense édifice, où l'on sent un secret tressaillement. Ce poème est à la fois une tombe et un berceau : la tombe magnifique d'un monde qui s'en va, le berceau d'un monde près d'éclore ; un portique entre deux temples, le temple du passé et le temple de l'avenir. Le passé y dépose ses croyances, ses idées, sa science, comme les Égyptiens déposaient leurs rois et leurs dieux symboliques dans les sépulcres de Thèbes et de Memphis. L'avenir y apporte ses aspirations, ses germes enveloppés dans les langes d'une langue naissante et d'une splendide poésie : enfant mystérieux qui puise à deux mamelles le lait dont ses lèvres s'abreuvent, la tradition sacrée, la fiction profane, Moïse et saint Paul, Homère et Virgile. Le regard tourné vers la Grèce et Rome annonce les littérateurs et les philosophes indépendants, en même temps que la soif de lumière, l'ardent désir de pénétrer le secret de l'univers, présagent Galilée. La nuit est encore sur la terre, mais les lueurs de l'aube commencent à poindre à l'horizon.

La théologie du Dante, strictement orthodoxe, comme on l'a qualifiée, c'est celle de saint Thomas et des autres docteurs.

La philosophie naturelle, à proprement parler, n'existait pas encore. En astronomie, Ptolémée régnait exclusivement, et, dans l'explication des phénomènes célestes, nul ne songeait ni n'eût osé songer à s'écarter de son système traditionnellement consacré.

Mais à l'astronomie se reliait tout un ordre d'idées à la fois philosophiques et théologiques, dont l'ensemble constituait ce qu'aujourd'hui on appellerait la physique du monde, la science de la vie dans tous les êtres, de leur organisation, des causes desquelles dépendent les aptitudes, les inclinations et, en partie, les actes de l'homme, ses destinées individuelles, et les événements mêmes de l'histoire.

Voici cet univers théologique, astronomique et terrestre. Tout émane de Dieu, de la trine unité de son être ; il a tout créé, et la création embrasse deux ordres d'êtres : les êtres immatériels, les êtres corporels.

Les purs esprits composent les neuf chœurs de la hiérarchie céleste. Comme autant de cercles concentriques, ils sont rangés autour du Point immobile, de l'Être un, dans un ordre que détermine leur perfection relative : les séraphins d'abord, puis les chérubins, et les autres jusqu'aux simples anges. Ceux du premier cercle reçoivent immédiatement, du Point immobile, et la lumière et la vertu qu'ils communiquent à ceux du second; et ainsi de cercle en cercle, comme des miroirs se renvoient l'un à l'autre les rayons affaiblis par chaque réflexion, d'un point lumineux. Les neuf chœurs, emportés par l'Amour, tournent sans cesse autour de leur centre en des cercles de plus en plus larges, à mesure qu'ils s'en éloignent davantage, et c'est par eux que le mouvement et l'influx divin sont transmis à la création matérielle.

Celle-ci a au-dessus d'elle l'Empyrée, *le ciel de la pure lumière*. Au-dessous est le Premier mobile, *le plus grand corps du ciel*, comme l'appelle Dante, parce qu'il enveloppe tous les autres cercles et termine le monde matériel. Puis vient le ciel des étoiles fixes, puis en continuant de descendre : les cieux de Saturne, de Jupiter, de Mars, du Soleil, de Vénus, de Mercure, de la Lune, et enfin, au point le plus bas, la Terre, dont le noyau compacte et solide est entouré des sphères de l'eau, de l'air et du feu.

Comme les chœurs angéliques tournent autour du Point immobile, les neuf cercles matériels tournent autour d'un point fixe, mus par des purs esprits.

Descendons maintenant dans la géographie intérieure de la Terre.

Au dedans de la Terre s'ouvre un vaste cône dont les affreuses spirales, demeures des réprouvés, viennent aboutir au centre où la divine Justice retient, enfoncé jusqu'à la poitrine dans la glace, le chef des anges rebelles, *l'Empereur du Royaume douloureux*. Tel est l'enfer que Dante décrit suivant une donnée généralement admise au moyen âge.

La forme de l'enfer ressemble assez à celle d'un entonnoir ou d'un cône renversé. Tous les cercles en sont concentriques et vont toujours en diminuant; ils sont au nombre de neuf principaux. Virgile aussi admet neuf divisions : trois fois trois, nombre sacré par excellence. Le septième, le huitième et le neuvième cercle se subdivisent en plusieurs régions, et l'espace qui se trouve depuis la porte de l'enfer jusqu'au fleuve Achéron, endroit où commence réellement le séjour des damnés, se partage en deux parties. Dante, guidé par Virgile, traverse tous ces cercles.

C'est en 1300 que le poëte, « au milieu du chemin de la vie, » âgé de trente-cinq ans, parcourut en esprit les trois royaumes des morts. Perdu dans une forêt obscure, sauvage et âpre, il arrive au pied d'une colline qu'il s'efforce de gravir. Mais trois animaux, une panthère, un lion, une louve maigre et affamée, lui ferment le passage; et déjà il redescendait *là où le Soleil se tait*, dans les ténèbres du fond de la vallée, lorsqu'à lui se présente une ombre. Cette forme humaine, de qui un long silence avait éteint la voix, c'est Virgile, qu'envoie pour le secourir et pour le guider une dame céleste, Béatrix, objet de son amour, à la fois être réel et idéalité mystique.

Virgile et Dante arrivent à la porte de l'enfer; ils lisent l'inscription terrible placée sur cette porte; ils entrent et trouvent d'abord les âmes malheureuses qui vécurent sans vertus et sans vices. Ils parviennent aux bords de l'Achéron et voient Caron qui, dans sa barque, passe les âmes à l'autre rive; le Dante est surpris par un profond sommeil. Il se réveille au-delà du fleuve, et il descend dans les *Limbes* qui sont le premier cercle de l'enfer; il y trouve les âmes de ceux qui sont morts sans avoir reçu le baptême et celles des indifférents.

On descend ensuite dans le second cercle, où trône Minos, juge des enfers; c'est là que sont punis les luxurieux. Le poëte y rencontre Françoise de Rimini et Paul, son ami. Il recouvre l'usage complet de ses sens, et parcourt le troisième cercle où sont punis les gourmands. Dans le quatrième, il trouve Plutus, qui en est le gardien; c'est là que sont tourmentés les prodigues et les avares. Dans le cinquième sont punis ceux qui se sont livrés à la colère. Le Dante et Virgile voient venir une barque conduite par Phlégias; ils y montent, traversent un fleuve, et arrivent ainsi au pied des murailles en fer rouge brûlant de la ville infernale de *Dité*; les démons qui en gardent les portes leur en refusent l'entrée, mais un ange fait ouvrir, et les deux voyageurs aperçoivent les hérétiques qui sont renfermés dans des tombes entourées de flammes.

Les voyageurs infernaux visitent ensuite les cercles de la violence, de la fraude et de l'usure, où ils rencontrent une rivière de
sang gardée par une troupe de centaures; tout à coup ils voient

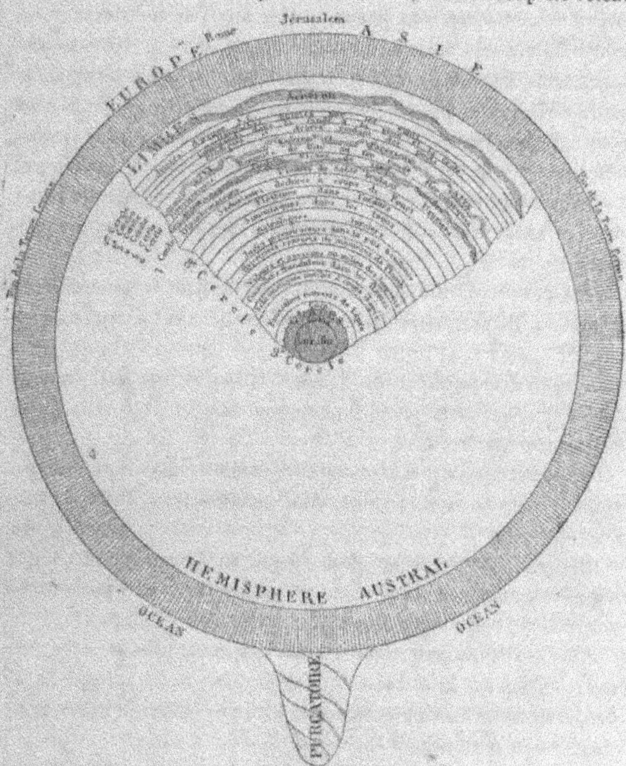

Coupe de la Terre dans le système ptolémaïque christianisé,
montrant l'intérieur et les divisions de l'Enfer.

venir à eux Géryon qui figure la Fraude; et cette bête les prend en
croupe pour les porter à travers l'espace infernal.

Le huitième cercle se subdivise en dix vallées, comprenant : les
flatteurs; les simoniaques; les astrologues; les sorciers; les faux
juges; les hypocrites, qui marchent revêtus de lourdes chappes de

plomb; les voleurs, éternellement piqués par des serpents venimeux; les hérésiarques; les charlatans et les faussaires.

Enfin les poëtes descendent dans le neuvième cercle, partagé en quatre enceintes, où sont punies quatre sortes de traîtrises; ici on trouve l'admirable épisode du comte Ugolin. Dans la dernière enceinte, dite *Enceinte de Judas*, Lucifer est enchaîné C'est là le centre de la Terre, au delà duquel le Dante, entendant le bruit d'un petit ruisseau, remonte dans l'autre hémisphère, à la surface duquel se trouve, ceinte par l'Océan austral, la montagne du Purgatoire.

— Voilà donc le fameux enfer du moyen âge! fit le député. Il y a eu, si je ne me trompe, plusieurs voyages extatiques en cette mystérieuse région.

— Entre autres celui de sainte Thérèse, répliqua le pasteur. On en a donné non-seulement la géographie, mais encore l'étendue.

Ce n'était pas difficile du moment où on le supposait contenu dans l'intérieur de la Terre. Il ne pouvait excéder trois mille lieues de large au maximum.

Dexelius a calculé que le nombre des damnés sera de cent millions, et que l'enfer ne mesure qu'un mille germanique en carré de chaque côté.

Et Cyrano de Bergerac disait même en forme burlesque que c'étaient les damnés qui faisaient tourner la Terre, en s'accrochant à leur plafond comme des écureuils et en voulant s'enfuir.

— Voici, fit le comte, un livre que j'ai remarqué ces jours derniers, imprimé à Amsterdam en 1757. Il est du pasteur anglais Swinden, docteur en théologie, et a pour titre : *Recherche sur la nature du feu de l'enfer et du lieu où il est situé.*

— Je connais ce Traité, répliqua le pasteur. Il place l'Enfer *dans le Soleil.* Selon lui, les chrétiens des premiers siècles ne l'avaient placé sous la Terre que par une fausse interprétation de la descente de Jésus aux enfers le soir du crucifiement et par une fausse idée cosmographique. Il essaye de démontrer : 1° que le globe terrestre est trop petit même pour contenir tous les anges qui sont tombés du ciel à la bataille des anges; 2° que le feu de l'enfer est réel, et que le globe fermé ne pourrait pas l'alimenter longtemps; 3° que le So-

## XV

LA LÉGENDE D'OWEN. — UNE DESCENTE AU PURGATOIRE.

(P. 343.)

leil offre à la fois toute la place nécessaire, un feu bien conduit, et une situation opposée au *Ciel*, puisque l'empyrée est autour du système du Monde et le Soleil au centre.

— Mais nous voilà suffisamment renseignés sur l'histoire cosmographique de l'enfer, dit la marquise. N'a-t-on pas aussi voyagé en purgatoire — à part le poëme du Dante ?

— Le voyage en purgatoire qui a eu le plus de succès, répondit l'historien, c'est certainement la célèbre légende irlandaise de saint Patrice. Elle révèle tout le sombre caractère de l'époque qui l'a engendrée, et pendant plusieurs siècles le purgatoire de saint Patrice à été admis comme authentique.

— Eh bien ! je proposerais volontiers de clore notre soirée par cette légende, fit le député.

— Elle préparera du reste assez bien notre soirée de demain sur le moyen âge, répliqua l'astronome.

— Si la croyance au Purgatoire de saint Patrice fut en honneur jusqu'au temps de Colomb, elle remontait quatre cents ans plus loin, et elle précéda de près d'un siècle la composition du Dante, dit l'historien.

Ce *Purgatoire*, dont on peut voir l'entrée dans plus d'un manuscrit, était situé en Irlande, dans une des îles du lac de Derg. Un chevalier nommé Owen résolut de le visiter pour pénitence. Suivons la chronique.

D'abord il fait faire ses obsèques comme s'il était trépassé, puis il s'avance hardiment dans cette fosse profonde : il marche animé d'espoir et il entre dans les demi-ténèbres ; il marche encore, et ce crépuscule funèbre l'abandonne ; « et quant fust allé moult longuement en cette obscurité, si lui vint une petite clairté, aussi comme seroit le poinct du jour. » Il est arrivé dans la maison « bastie par moult artifice » : péristyle imposant d'un lieu de douleur et d'espérance, édifice merveilleux, semblable cependant « à un cloistre à moignes, » où il n'y a point de clarté, « se non comme il y a en ce monde ès jours d'hiver vers les vespres. »

Le chevalier est dans une formidable attente…. Soudain il entend un bruit terrible, comme si l'univers « se feust esmeu, car il lui sembla certainement que si tous les gens et toutes les bestes de ce monde fussent ensemble et criassent chacun son cry, et toutes ensemble à une voix, ils ne feissent une greigneur noise. »

Alors commencent les épreuves, alors commencent les discours infernaux ; les démons hurlent de joie et de fureur autour du chevalier : « Meschant malheureux, disent les uns, tu es venu cy pour souffrir. — Fuis, disent les autres, parce que tu nous a bien servy au temps passé ; si tu veux croire notre conseil et tu t'en veuille aller arrière au monde, nous te ferons grant bonté et grant courtoisie. »

Owen est jeté dans une terre noire et ténébreuse, où les démons rampent comme de hideux serpents : un vent mystérieux, que l'on entend à peine, glisse sur cette fange, et il semble au chevalier qu'il en est percé comme du fer d'une lance. Bientôt les démons l'enlèvent : ils le mènent tout droit vers l'orient, où le soleil se lève, comme s'ils allaient vers les lieux où finit l'univers. « Or, quand ils eurent tant longuement cheminé çà et là par diverses contrées, si le menèrent en plein champ, moult long et moult plain de douleurs et de chestivetés ; il ne pouvoit voir nullement la fin de ce champ tant estoit long ; là avoit hommes et femmes de divers âges, qui se gisoient tout nus trestous étendus à terre le ventre dessous, qui avoient des clous ardents fichiés parmi les mains et parmi les piés ; et y avoit un grant dragon tout ardans, qui se seoit sur eulx et leur fichoit les dens dedans la chair et sembloit qu'ils les voulsissent mangier ; de là grant angoisse que eulx souffroient : ils mordoient la terre telle deure estoit, et aulcune fois ils crioient, moult pieusement : Mercy ! mercy ! mais là n'y avoit qui pitié en eust ni mercy, car les diables couroient entr'eulx et par dessus eulx qui les battoient moult cruellement. »

Les diables mènent le chevalier vers une maison de supplice, si large, si longue, qu'il ne peut en voir la fin. Cette maison, c'est la maison des bains semblables aux bains d'enfer, et les âmes baignées d'ignominie y sont amoncelées dans de larges cuves. « Or, estoit-il ainsi, que chacune de ces fosses estoit toute pleine de divers métaux tous bouillans, et là se plongeoient et baignoient moult gens de divers âges, dont les uns si estoient plongés par dessus les têtes, les autres estoient jusques aux sourcils, les autres estoient jusques aux yeux, les autres jusques à la bouche. Or, est la vérité que trestous ces gens ensemble, si crioient à haulte voix et pleuroient moult angoisseusement. »

À peine ce lieu terrible est-il franchi, à peine le chevalier a-t-il dépassé dans son mystérieux voyage cette colonne de feu qui s'élève dans les ténèbres comme un phare, et qui luit si tristement entre l'espérance et le désespoir éternel, qu'un vaste et magnifique spectacle se déroule dans l'immensité souterraine.

Cette région lumineuse et parfumée, où l'on aperçoit tant d'archevêques, d'évêques, de moines de tous les ordres, c'est le paradis terrestre; où l'homme ne sut pas demeurer; on l'annonce au chevalier, il ne peut en goûter longtemps les rapides délices; c'est un séjour de transition, entre le purgatoire et le séjour du ciel, comme les lieux de ténèbres qu'il vient de traverser ont été creusés par la pensée du créateur entre le monde et l'enfer.

Malgré nos joies, disent les âmes, « nous nous en irons de cy »; puis ils le menèrent dans une montagne; « si luy dirent qu'il regardast, et adonc ils lui demandèrent de quelle couleur le ciel lui sembloit de là où ils estoient, et il leur répondit qu'il estoit de couleur d'or ardant comme est dans la fournaise, et adonc lui ce dirent : « que tu vois c'est l'entrée du ciel et la porte du paradis. »


L'historien parlait encore, que de larges gouttes tombaient traçant des cercles ondulés sur le bassin et sur l'eau noire du fossé. Le ciel s'était assombri de plus en plus, et c'est à peine si l'on eût eu alors une clarté suffisante pour lire. Le comte et les « dames du lac » nous avaient rejoints.

— Le ciel n'est pas de couleur d'or ardent, fit le député en offrant son bras à la marquise, et je crois que nous ferons bien d'imiter le chevalier de saint Patrice à sa sortie du purgatoire, c'est-à-dire de rentrer au château.

# DOUZIÈME SOIRÉE

## LE MONDE DU MOYEN AGE

De l'an mil à la découverte de l'Amérique et à la connaissance du vrai système du monde. — Le Paradis terrestre. Surnaturalisme et hagiographie. Légendes et mystères. — Un monde fantastique. — Nouvelle création de l'univers par la théologie et le mysticisme. — Les voyageurs et les géographes. — Singulières cartes géographiques et cosmographiques. — Mappemondes des manuscrits enluminés. — Tendances mystiques et récits imaginaires des navigateurs et des pèlerins. — Œuvres de Christophe Colomb.

L'intempérie de cette journée nous ayant engagés à passer cette douzième soirée au grand salon du château, la marquise, qui n'avait pas oublié de faire chercher les cartes anciennes dont elle s'était souvenue la veille, en avait trouvé plusieurs reléguées depuis un temps immémorial dans une armoire de l'orangerie. On retrouva précisément de curieux vélins antiques représentant en miniature le monde du moyen âge, ainsi que les atlas spéciaux de Santarem et de Jomar.

Sur ces cartes caractéristiques, le paradis terrestre, dessiné et peint avec ses arbres verdoyants et ses fruits d'or à l'orient de la Terre plate, attirait tout d'abord les yeux de l'observateur, et l'on ne pouvait se défendre de l'idée que ces croyances sur l'Éden, la rédemption, Jérusalem, les limbes, le purgatoire et l'enfer, ont eu plus d'influence sur les cosmographes pendant plus de mille ans, que les voyages terrestres et les observations astronomiques.

— Restons, si vous le voulez, dans le monde mystérieux qui nous a occupés hier soir, dit la marquise. C'est une grande nouveauté à notre époque, et cela diffère des conversations ordinaires et de la science populaire. Nous étions, je crois, dans le purgatoire quand le ciel nous a fait signe de rentrer au château.

— Et nous sommes naturellement arrivés au paradis terrestre, dont nous avons déjà dit quelque chose hier, mais sur lequel nous n'avons pas encore insisté, répliqua l'historien. Nous allons le reconnaître comme point essentiel sur la plupart des mappemondes si captivantes d'intérêt que nous avons sous les yeux.

— Puisque vous paraissez désireux de savoir ce que l'on a pu dire géographiquement et astronomiquement du Paradis terrestre, repartit le pasteur, je me permettrai de résumer ici le résultat des recherches auxquelles je me suis livré, il y a quelques années, sur ce bizarre sujet. A parler franchement, il serait long d'indiquer toutes les situations géographiques qui ont été assignées à ce lieu mystérieux depuis les temps judaïques jusqu'au dix-septième siècle. Un savant prélat, qui a marqué sa place parmi les écrivains élégants du siècle de Louis XIV, Daniel Huet, évêque d'Avranches, est peut-être celui qui a le mieux éclairé cette question difficile, et il convient lui-même qu'avant de se former une opinion admissible, il s'est vu plus d'une fois sur le point de mettre de côté ce sujet de dissertation (que lui avait donné à traiter l'Académie française).

Son travail est de 1691 : « Rien, dit-il, ne peut mieux faire connaître combien la situation du Paradis terrestre est peu connue, que la diversité des opinions de ceux qui l'ont recherchée. On l'a placé dans le troisième ciel, dans le quatrième, dans le ciel de la Lune, dans la Lune même, sur une montagne voisine du ciel de la Lune, dans la moyenne région de l'air, hors de la Terre, sur la Terre, sous la Terre, dans un lieu caché et éloigné des hommes. On l'a mis sous le pôle arctique, dans la Tartarie, à la place qu'occupe présentement la mer Caspienne. D'autres l'ont reculé à l'extrémité du midi, dans la Terre de Feu. Plusieurs l'ont placé dans le Levant ou sur les bords du Gange, ou dans l'île de Ceylan, faisant même venir le nom des Indes du mot Éden, nom de la province où le Paradis était situé. On l'a mis dans la Chine, et même par-delà le Levant, dans un lieu inhabité; d'autres, dans l'Amérique; d'autres, en Afrique, sous l'équateur; d'autres, à l'Orient équinoxial.

En poursuivant cette épiscopale dissertation, on voit que l'évêque d'Avranches ne tarde pas à faire un choix au milieu de tant d'opinions diverses. Son avis est que la demeure du premier homme était située entre le Tigre et l'Euphrate, en amont de l'endroit où ils se séparent avant de tomber dans le golfe Persique. Et, en basant cette donnée sur les plus vastes lectures, Huet n'hésite pas à dire que, de tous ses devanciers, c'est Calvin qui s'est le plus approché de l'opinion qu'il propose.

Un grand nombre d'auteurs, plus ou moins célèbres, s'étaient donné la mission de rechercher de même les vestiges de cet emplacement intéressant.

Raban Maur (neuvième siècle) assure que le paradis terrestre est à l'extrémité la plus orientale de la Terre. Il décrit l'arbre de vie, et ajoute qu'il ne fait ni froid ni chaud dans ce jardin; d'immenses sources d'eau arrosent toute la forêt; le paradis est ceint par une muraille de feu, et ses quatre fleuves arrosent la Terre.

Jacques de Vitry fait venir le Physon du paradis terrestre. Il décrit aussi ce fortuné jardin, et comme tous les cosmographes du moyen âge, il le place dans la partie la plus orientale du monde, dans un endroit inaccessible et entouré d'une muraille de feu qui s'élève jusqu'au ciel.

Dati place aussi le paradis terrestre dans l'Asie, comme les cosmographes qui le précédèrent, et il fait venir le Nil de l'est.

Stenchus, bibliothécaire du Saint-Siége, qui vivait au seizième siècle, a passé des années sur ce problème, mais n'a rien trouvé.

Le ministre protestant et célèbre orientaliste Bochart a composé un traité sur ce sujet (1650); Thévenot a publié au dix-septième siècle également une carte représentant le pays des Lubiens « où plusieurs grands docteurs (dit-il) placent le paradis terrestre. »

On a encore sur ce sujet, par le P. Hardouin, un *Nouveau traité sur la situation du paradis terrestre* (la Haye 1730).

Une *Notice sur les quatre fleuves du paradis terrestre* a été traduite de l'arménien par saint Martin et publiée dans le tome II de ses *Mémoires sur l'Arménie* (Paris, 1819); cette description paraît avoir une origine grecque. Letronne a trouvé que c'était une traduction de saint Épiphane (cinquième siècle). La notice arménienne est donc postérieure à cette époque. La description du cours du Jéhon (le Nil) est assez curieuse. Le géographe auteur de cette notice place le pays des Amazones auprès de la « terre inconnue » d'où sortent, dit-il, le Tanaïs (le Don), le Pont et l'Hellespont, il ajoute « qu'ils se jettent dans la mer immense qui est la source de toutes les mers et qui *environne les quatre parties du monde.* »

Ce cosmographe ajoute, d'après la même théorie, que les *quatre fleuves du paradis* environnent le monde, *et rentrent de nouveau dans le sein de leur mère, qui est la mer universelle.*

Hervais et Robert de Saint-Marien d'Auxerre enseignaient que le paradis terrestre était sur le côté oriental du *carré* du monde; Alain de l'Isle ou de Lille, qui vécut aussi au treizième siècle, soutenait, dans son *Anticlaudianus*, que la Terre était circulaire, et le jardin adamique à l'est de l'Asie!

Joinville, l'ami de saint Louis, nous donne une idée curieuse de ses idées géographiques, lorsqu'à propos du paradis il assure que les grands fleuves du sud en sortent, et même les épiceries : « Ici (dit-il en parlant du Nil), il convient de parler du fleuve qui passe par le païs d'Égypte et vient du paradis terrestre.... Quand celui fleuve entre en Égypte, il y a gens tous experts et accoutumés, comme vous diriez les pêcheurs des rivières de ce pays-ci, qui, au soir, jettent leur reyz au fleuve et rivières, et, au matin, souvent y trouvent et prennent les épiceries qu'on vent en ces parties de par deçà (dans l'Europe) bien chièrement et au pois, comme canelle, gingembre, rubarbe, girofle, lignum et aloes, et plusieurs bonnes chouses, Et dit-on païs, que ces *chouses-là viennent du paradis terrestre*, et que le vent les abat des bonnes arbres qui sont en paradis terrestre.... »

En parlant de la Tartarie, Joinville ajoute : « Et leur didrent les Tartarins, qui entre celle roche et autres roches qui étoit vers *la fin du monde*, estoient enclos les peuples de Gog et Magog, qui devoient venir en la fin du monde, avecques l'Ante-Christ. »

Mais c'est dans les cartes du moyen âge qu'il faut voir ces détails!

Fra Mauro, cosmographe religieux du quinzième siècle, en donne, à l'orient d'une carte du monde, une représentation qui nous mon-

tre qu'à cette époque le « Jardin de délices » était devenu bien stérile. C'est une vaste plaine, dans laquelle on distingue Jéhovah et le
premier couple humain. Un rempart crénelé l'environne. Les quatre fleuves en sortent en se bifurquant. Un ange se tient à la porte
principale, que l'on n'atteint qu'après avoir traversé des montagnes
arides.

La carte cosmographique de Gervais dédiée à l'empereur Othon IV
montre au milieu de sa terre « carrée au milieu des mers » le beau
jardin du paradis terrestre. Adam et Ève paraissent se consulter.

La mappemonde dressée par Andréa Bianco au quinzième siècle

Le Paradis terrestre, selon des cosmographes du quinzième siècle

représente l'Éden, *Adam et Ève* et l'arbre de la vie. On voit à gauche
dans une presqu'île, les peuples réprouvés de Gog et Magog qui
doivent accompagner l'Antechrist à la fin du monde. Alexandre y
est représenté, je ne sais trop pourquoi. La péninsule du paradis
offre un édifice au-dessous duquel on lit : « Ospitius Macarii. » Hos-
pice de Macaire.

Formalconi dit, à ce sujet, que près du paradis habitait un certain
*Macaire*, témoin de tout ce que l'auteur affirme, et, d'après l'indication de la carte de Bianco, sa cellule était aux *portes du paradis.*

Cette légende se rapporte aux pèlerins de Saint-Macaire, tradition
répandue au retour des croisades, de ces trois moines grecs qui en-

treprirent un voyage pour découvrir le point où le ciel et la terre se touchent, savoir l'emplacement du paradis terrestre.

La mappemonde de Rudimentum, vaste compilation publiée à Lubeck en 1475 par le dominicain Brocard, représente le Paradis terrestre environné de murailles; mais il est moins stérile que dans la gravure précédente, comme vous pouvez le voir, car le voici :

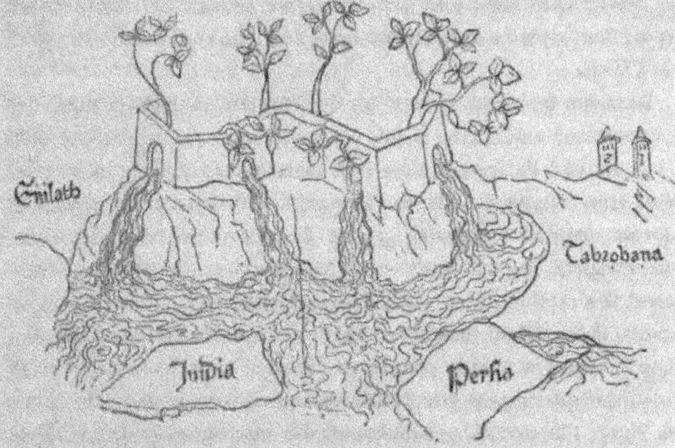


Le Paradis terrestre, selon des cosmographes du quinzième siècle.

En l'année 1503, comme Varthema, l'aventureux Bolonais, se rendait aux grandes Indes en passant par la Palestine et la Syrie, on lui fit voir la maison maudite qu'avait habitée Caïn; ce n'était pas loin du paradis terrestre. Maistre Gilius, le docte naturaliste, qui voyageait pour le compte de François I<sup>er</sup>, eut la même satisfaction. La foi naïve de nos pères admettait sans la moindre hésitation ce genre d'archéologie.

— Et qui croirait, répliqua le navigateur, que Christophe Colomb lui-même espérait trouver le paradis terrestre en allant à la recherche du nouveau monde?

— Oh! la chose serait curieuse, répliqua le professeur.

— Ce fameux paradis terrestre! fit le député.

— Sans doute, reprit le navigateur. Colomb allait sincèrement à la recherche du paradis terrestre. A son quatrième voyage, il croit en découvrir l'un des grands fleuves, il laisse errer ses espérances sur les brises embaumées qui viennent de ces belles forêts dont l'Orénoque est bordé. Ce n'est que l'entrée du céleste séjour; s'il osait, cependant, si une crainte religieuse ne l'arrêtait pas, lui qui a tout risqué au milieu des éléments et des hommes, il parviendrait peut-être aux bornes célestes du monde, et, en marchant encore, ses yeux se baisseraient dans une humilité sainte devant les clartés de ces épées flamboyantes qu'agitaient deux séraphins au-dessus des portes de l'Éden.

Dans son troisième voyage, où il découvrit pour la première fois le continent américain, il fut persuadé, non pas seulement qu'il était arrivé à l'extrémité de l'Asie, mais encore qu'il ne pouvait pas être très-éloigné du paradis terrestre. L'Orénoque lui paraissait devoir être l'un des quatre grands fleuves qui, selon la tradition, descendaient du jardin habité par nos premiers parents. Voici comment il s'explique à ce sujet dans sa lettre aux monarques espagnols, datée d'Haïti (octobre 1498) : « Les saintes Écritures attestent que le Seigneur créa le paradis et y plaça l'arbre de la vie, et en fit sortir les quatre plus grands fleuves de l'univers, le Gange de l'Inde, le Tigre, l'Euphrate.... (s'éloignant des montagnes pour former la Mésopotamie et se terminer en Perse), et le Nil qui naît en Éthiopie et va à la mer d'Alexandre. Je ne trouve ni n'ai jamais trouvé dans les livres des Latins ou des Grecs quelque chose d'authentique sur le site de ce paradis terrestre : je ne vois rien de certain non plus dans les mappemondes. Quelques-uns le placèrent là où sont les sources du Nil, en Éthiopie; mais les voyageurs qui ont parcouru ces terres n'ont trouvé, ni dans la douceur du climat, ni dans la hauteur du site vers le ciel, rien qui puisse faire présumer que le paradis ait été là, et que les eaux du déluge aient pu y parvenir pour le couvrir. Plusieurs païens ont disserté pour établir qu'il était dans les îles Fortunées, qui sont les Canaries.... Saint Isidore, Bède et Strabon, saint Ambroise, Scot et tous les théologiens judicieux, affirment d'un commun accord que le paradis est en Orient.... C'est de là que peut venir cette énorme quantité d'eau, bien que leur cours soit extrêmement long; et ces eaux (du paradis) arrivent là où je suis, et y forment un lac. Il y a de grands indices (du voisinage) du paradis terrestre, car le site est entièrement conforme à l'opinion de ces saints et judicieux théologiens.... Le climat est d'une douceur admirable. »

« Je crois que si je passais sous la ligne équinoxiale en arrivant à ce point le plus élevé dont j'ai parlé, je trouverais une température plus douce et de la diversité dans les étoiles et dans les eaux : non pas que je croie pour cela que le point où est la plus grande hauteur soit navigable, qu'il y ait même de l'eau, ni qu'on puisse s'élever jusque-là ; mais parce que je suis convaincu que là est le paradis terrestre, où personne ne peut arriver, excepté par la volonté de Dieu. »

Pour l'illustre navigateur, la Terre avait la forme d'une poire, et sa surface allait en s'élevant jusqu'à la région orientale, marquée par la queue du fruit. C'est là qu'il supposait pouvoir trouver le jardin où d'anciennes traditions imaginaient s'être accomplie la création directe d'un premier couple humain.

On ne saurait penser sans étonnement à tout ce qu'il y avait encore de ténèbres dans la science lorsque ce grand homme parut sur la scène du monde, ni à la rapidité avec laquelle toute cette obscurité et ce vague des idées se dissipèrent presque aussitôt après ses prodigieuses découvertes. A peine un demi-siècle s'était-il écoulé depuis sa mort, que toutes les fables géographiques du moyen âge n'excitaient plus que des sourires d'incrédulité, tandis que de son vivant l'opinion universelle n'était guère plus avancée qu'au temps du fameux chevalier Jean de Mandeville, qui écrivait gravement ces lignes :

« Nul homme mortel ne pourrait aller ni approcher ce paradis. Par terre, nul n'y pourrait aller à cause des bêtes sauvages qui sont aux déserts et à cause des montagnes et des rochers où nul ne pourrait passer, et pour les lieux ténébreux qui y sont nombreux ; et par l'eau, nul n'y pourrait aller non plus ; l'eau coule si raidement, elle vient à de si grandes ondées, que nulle nef ne pourrait naviguer à l'encontre. Et l'eau est si rapide et mène si grand bruit et si grande tempête, que nul ne pourrait ouïr l'autre si haut qu'il pût parler. Et ainsi de grands seigneurs et de grande volonté ont essayé plusieurs fois d'aller par cette rivière vers Paradis, et en grande compagnie. Mais jamais ils ne purent exploiter leur voie. Au contraire, plusieurs moururent de fatigue, en nageant contre les ondes de l'eau. Et plusieurs autres devinrent aveugles; plusieurs devinrent sourds par le bruit de l'eau, et plusieurs furent suffoqués et perdus dans les ondes. Si bien que nul homme mortel ne pourrait approcher, si ce n'est par la spéciale grâce de Dieu. En sorte que de celui je ne sais plus ni dire, ni deviser. Et pour ce je m'en tairai enfin et je m'en retournerai à ce que j'ai vu. »

— C'est ce qu'il avait de mieux à faire ! fit le député.

— Mais, mon cher capitaine, dit le comte, vous paraissez vous imaginer que l'on ne croit plus à la réalité du paradis terrestre; mais hier encore j'ai lu dans l'*Athenæum* de Londres, que le savant et infatigable Livingstone a déclaré tout récemment dans une lettre publique, à sir Rodrigues Murchison, que sa conviction est que le paradis terrestre est situé dans l'une des terres nouvelles découvertes par lui au centre de l'Afrique, aux sources du Nil.

— Comment? le savant voyageur conserve ces idées à notre époque?

— Mais certainement....

— Eh bien ! répliqua le professeur de philosophie, je n'imaginais pas qu'on eût tant travaillé sur le paradis terrestre, pour n'aboutir qu'à ignorer le mystérieux berceau de notre race; je suis fort heureux d'avoir entendu la dissertation de notre valeureux capitaine, parce qu'elle nous a fait revenir à des siècles bien curieux. Mais ne devions-nous pas parler ce soir des cartes cosmographiques du moyen âge? Comment de telles traditions montraient-elles le séjour de la race d'Adam en cette vallée d'épreuves?

— Je me préparais à vous entretenir à mon tour, répondit l'historien, en rassemblant les cartes principales de la géographie du moyen âge.

Nous avons vu hier deux petites mappemondes du dixième siècle et je vous ai parlé (voyez p. 327) d'une carte typique curieuse de la même époque, conservée à la Bibliothèque de Turin. La voici. Comme vous le voyez, l'Océan entoure la Terre; la Méditerranée forme un canal vertical allant jusqu'au milieu de la carte, et se

terminant en une espèce de croix dont la branche de droite est irré-
gulière. Jérusalem est vers le centre, et la France au nord-ouest.
Au sud, il y a un continent situé au delà d'un bras de l'Océan.

Dans une carte conservée au *collége* de Cambridge, Henri, chanoine
de l'église Sainte-Marie de Mayence, adopte la forme du monde d'Hérodote. Les quatre points cardinaux s'y trouvent indiqués et l'orientation
est celle de presque tous les monuments cartographiques du moyen

Mappemonde du dixième siècle, conservée à la Bibliothèque de Turin

âge : l'orient en haut de la carte ; aux quatre points cardinaux sont
quatre anges, un pied posé sur le disque de la terre ; les couleurs de
leurs vêtements sont symboliques. L'ange placé près de l'extrémité de la *Terre boréale* ou du nord de la Scythie signale du doigt les
peuples enfermés dans le rempart de *Gog* et de *Magog*, *gens immun-
da*, comme dit la légende. Dans la main gauche, il tient un dé, pour
indiquer sans doute que là furent enfermés les Juifs qui ont joué

Jésus-Christ aux dés; ses vêtements sont verts, son manteau est rouge ainsi que ses ailes. L'ange placé à gauche du *Paradis* a un manteau vert, des ailes vertes et des vêtements rouges. Dans la main gauche, il tient une espèce de palme, et, de la main droite, il semble, par un signe, indiquer le chemin du paradis terrestre. La position des deux autres anges, placés à l'occident du monde, est différente. Ils semblent occupés à barrer le passage au delà des *colonnes* (c'est-à-dire l'entrée de l'*Océan Atlantique*). Tous les quatre ont des auréoles d'or. L'Océan environnant est peint en vert clair.

Je vous ai aussi parlé tout à l'heure, à propos du paradis terrestre, de la mappemonde d'Andréa Bianco. La voici également. L'Eden est en haut, à l'orient; les quatre fleuves en descendent; Paris est à l'opposé du Paradis. A gauche est le nord, la région du « froid sous l'étoile polaire. »

— Quel curieux aspect offrent ces cartes! s'écria le capitaine. Évidemment ici les théories systématiques des géographes de l'antiquité se trouvent mêlées à celles des Pères de l'Église. Telles cartes placent dans la mer Rouge une légende sur le passage des Hébreux; telle autre place aux extrémités du monde connu le paradis terrestre, et Jérusalem au centre du monde. Les villes y sont figurées souvent par des édifices comme dans la table Théodosienne, mais sans aucun égard pour leurs positions respectives. Chaque ville y est représentée d'ordinaire avec deux tours, mais on reconnaît les principales à un petit mur qui se trouve entre les deux tours, sur lesquelles on a peint plusieurs fenêtres, ou à la grandeur des édifices mêmes. On y voit *Saint-Jacques de Compostelle*, en Galice, et Rome représentées par des édifices considérables; Nazareth, Troie, Antioche, Damas, Babylone et Ninive.

L'historien continua :

La mappemonde de la cathédrale d'Hereford, en Angleterre, dressée par Richard de Haldingham, est un des monuments remarquables de la géographie des derniers siècles du moyen âge, non-seulement par ses nombreuses légendes, mais aussi par sa dimension, car elle a plusieurs mètres carrés de superficie.

En haut de cette carte est représenté le Jugement dernier. Jésus-Christ, les bras élevés, tient dans ses mains un écriteau avec ces mots : « Ecce testimonium meum. » A ses côtés, deux anges portent dans leurs mains les instruments de la passion. Sur la droite, un autre ange embouche la trompette de laquelle sort un écriteau avec cette légende : *Levez si vendres vous par...* Un ange amène par la main un évêque, derrière lequel est un roi suivi d'autres personnages ; il les introduit par une porte formée de deux colonnes et qui paraît servir d'entrée à un édifice.

La Vierge est agenouillée aux pieds de son fils. Derrière elle est

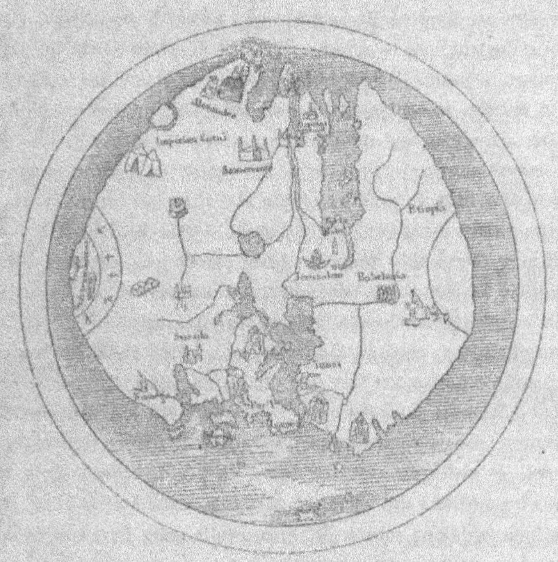

Mappemonde d'Andréa Bianco.

une femme aussi à genoux et qui tient une couronne qu'elle semble prête à poser sur la tête de la mère du Christ ; enfin, à côté de cette sainte femme, un ange agenouillé semble appuyer l'intercession maternelle. La Vierge découvre son sein, et prononce les paroles d'un écriteau que soutient un ange à genoux en face d'elle : *Vei i l' fiz mon piz de deuiz lauele chare preistes — Eles mame lettes dont leit*

*de Virgin qui estes — Syes merci de tous si com nos mesmes deistes —
fi... em... ont servi kaut sauveresse me feistes.*

A gauche, un autre ange, embouchant également la trompette, en fait sortir les paroles suivantes, tracées sur un écriteau : *Leves si alles all fu de enfer estable.* Une porte, dessinée comme celle de l'entrée, représente probablement l'issue par laquelle ceux qui sont condamnés aux peines éternelles doivent sortir. En effet, on voit le diable traînant après lui dans l'enfer une foule d'humains liés à une corde qu'il tient à la main.

La carte proprement dite commence à sa partie supérieure, c'est-à-dire à l'orient, par le paradis terrestre. C'est un cercle, au centre duquel on a dessiné l'arbre de la science du bien et du mal. Adam et Ève sont là, en compagnie du serpent tentateur. Les quatre fleuves légendaires sortent du pied de l'arbre, et on les retrouve plus bas, descendant à travers la carte. En dehors de l'Éden on voit représentée la fuite du premier couple et l'ange qui les chasse. A cet extrême orient est la région des géants à tête bestiale. On y voit aussi la première ville humaine, bâtie par Énoch. Plus bas, on remarque la *Tour de Babel.* Voici, du reste, les détails les plus curieux qui m'ont frappé dans cette vaste et curieuse carte.

Deux hommes, près du fleuve Iaxartes, sont assis sur une colline, occupés à manger, l'un une jambe humaine, l'autre un bras, ce que la légende explique ainsi : « Ici habitent les Essédons, dont la coutume est de chanter aux funérailles de leurs parents; ils déchirent les cadavres avec les dents, et préparent des mets avec ces chairs mêlées à des viandes d'animaux. Selon leur opinion, il est plus honorable aux morts d'être ensevelis dans le corps de leurs proches, que dans celui des vers. »

Plus bas, on remarque les *dragons* et les *pygmées,* toujours à l'orient de l'Asie; et un peu plus loin, au milieu d'un paysage bizarre, le *roi des Cyclopes.*

Cette géographie extraordinaire nous montre dans l'Inde la « mantichora, qui a une triple rangée de dents, la face de l'homme, les yeux glauques, la couleur rouge du sang, le corps du lion et la queue du scorpion; sa voix est un sifflement. »

Au nord de Gange est représenté un homme à une seule jambe

Paradis terrestre.

Tour de Babel.

Essédons.

Dragons.

Pygmées.

Le Monocéros.

La Manticore.

Un Sphinx.    Le roi des Cyclopes.    Blemmye.    Lèvre parasol.    Monocle.

DÉTAILS DE LA MAPPEMONDE DE LA CATHÉDRALE D'HEREFORT.

ombrageant sa tête avec son pied, ce qui est expliqué par la légende :
« Dans l'Inde habitent les *Monocles*, qui n'ont qu'une jambe et vont
cependant d'une prodigieuse vitesse. Lorsqu'ils veulent se défendre
de l'ardeur du soleil, ils se font de l'ombre avec la plante de leur
pied qui est fort grand. »

Les *Blemmyes* ont la bouche et les yeux dans la poitrine. D'autres
ont la bouche et les yeux sur les épaules. Les *Parvini* sont des Éthiopiens qui ont quatre yeux.

A l'est de Syène est un homme assis, couvrant sa tête avec sa
lèvre : « Peuple qui avec sa lèvre proéminente se met le visage à
l'abri du soleil. »

Au-dessus est dessiné un petit soleil avec le mot *Sol*. Ensuite vient
un animal à figure humaine, ayant les pieds d'un cheval, la tête et le
bec d'un oiseau ; il s'appuie sur un bâton : c'est un satyre, nous dit la
légende. Les faunes, à moitié hommes et chevaux. Les cynocéphales,
hommes à tête de chien, et les cynanthropes, chiens à tête humaine.

Le sphinx a les ailes de l'oiseau, l'extrémité du serpent, la tête
de la femme. Il est placé au milieu des Cordillères qui se rattachent
à une grande chaîne de montagnes. On y voit enfin le *Monocéros*, animal terrible et voyez la merveille : « Que l'on expose à ce Monoceros
une jeune fille, celle-ci, lorsque l'animal s'approche, découvre son
sein ; le monstre, oubliant sa férocité, y pose sa tête, et, lorsqu'il
est endormi, on le prend sans défense. »

Près du lac Méotide on voit un homme vêtu à l'orientale, coiffé
d'un bonnet qui se termine en pointe et tenant par la bride un cheval dont le harnais est une peau humaine, ce qui est expliqué ainsi
dans la légende latine : « Ici habitent les Grifes, hommes très-mé-
chants, car entre autres crimes, ils vont jusqu'à se faire, avec la peau
de leurs ennemis, des couvertures et des vêtements pour eux et leurs
chevaux. »

Plus au midi est un grand oiseau, une autruche, selon la légende : « L'autruche a la tête de l'oie, le corps de la grue, les
pieds du veau. Elle mange le fer. »

Non loin des monts Riphées, deux hommes vêtus de longues tu-
niques et coiffés de bonnets ronds sont représentés dans l'attitude
de gens qui combattent : l'un brandit une épée, l'autre une espèce

de massue, et la légende nous dit : « Les coutumes des peuples de la Scythie intérieure ont quelque chose de farouche : ils habitent des cavernes, ils boivent le sang des morts en suçant leurs blessures ; le nombre de ceux qu'ils tuent est un titre ; n'avoir abattu aucun combattant est une honte. »

Près d'un fleuve qui se jette dans la mer Caspienne on lit : « Ce fleuve vient des lieux infernaux ; il entre dans la mer, après être descendu de montagnes couvertes de bois, et c'est là, dit-on, que s'ouvre la bouche de l'enfer. »

Au midi de ce fleuve et au nord de l'*Hyrcanie* est représenté un monstre ayant le corps de l'homme, la tête, la queue et les pieds du taureau : c'est le minotaure. Plus loin, sont les montagnes de l'Arménie, et l'Arche de Noé figurée sur l'un des plateaux. On y remarque aussi un grand tigre au-dessus duquel on lit : .

« Le Tigre, quand il voit que son petit lui a été ravi, poursuit le ravisseur d'une course précipitée ; mais celui-ci, se hâtant sur un cheval rapide, lui jette un miroir et se sauve.... »

On voit ailleurs la femme de Loth changée en statue de sel, le lynx dont la vue traverse les murs, le Léthon (Léthé), fleuve de l'enfer, ainsi nommé parce qu'il verse l'oubli à ceux qui boivent. » Etc., etc.

— Cette carte est sans contredit l'une des plus merveilleuses qui existent dans le monde entier ! fit le député.

— Et je vous l'ai décrite tout au long, reprit l'historien, parce qu'elle nous offre le type de toutes les autres.

— Oui ; l'impression la plus profonde qu'elle produit en nous, répliqua le professeur de philosophie, c'est de savoir qu'elle représente l'état des esprits à cette époque ténébreuse. Dieu ! comment pouvait-on vivre en un tel temps ?

— On n'y vivait pas, dit l'astronome, on y mourait de tristesse.

— A propos, fit la marquise, vous nous avez parlé du paradis céleste et du paradis terrestre, monsieur l'astronome ; mais vous ne nous avez pas dit d'où vient ce mot, vous qui faisiez l'autre soir tant d'étymologies.

— Du vieux persan, répondit-il, sans aucun doute à mon avis. Dans le sens de jardin de plaisance ou simplement de *jardin*, ce mot est passé vraisemblablement du persan dans l'hébreu *Pardès*, dans l'arabe *Firdaus*, dans le syriarque *Perdiso*, dans l'arménien *Partés*. On a voulu faire descendre le mot persan du sanscrit *pradésa* ou *paradésa*, cercle, contrée, région étrangère. Cette étymologie peut sembler satisfaisante quant à la forme des mots, mais elle l'est moins pour le sens.

— Et *Éden?*

— Éden, racine hébraïque, veut dire *délices.*

— Ce paradis, où ce jardin de délices, dit le capitaine de frégate, est toujours situé au sommet de ces cartes du moyen âge et marque l'orient. C'est du reste de là que vient le mot *orienter.* Aujourd'hui, c'est le nord qui est en haut. Pourquoi avait-on alors ce système d'orientation?

— On obéissait à des idées religieuses, répondit le pasteur. Les allégories qu'on remarque dans certaines cartes ne laissent pas de doute à cet égard. On voit dans plusieurs mappemondes du douzième siècle le Soleil placé en haut de la carte et éclairant toute la Terre, idée qui a été sans doute inspirée au cartographe par ce passage de la Genèse : *Et dixit Deus : fiant luminaria in firmamento cœli ut luceant super terram*, et par le psaume 103, au sujet du lieu du lever du Soleil : *Ortus est sol, et congregati sunt.*

Cette méthode d'orientation était l'expression des croyances religieuses qui se rattachent à la création du monde, et dont voici les principales : 1° Les cosmographes pensaient que le *Paradis terrestre* était signalé par les traditions sacrées comme situé aux extrémités orientales du continent habitable; 2° suivant un usage consacré, les églises chrétiennes sont bâties dans la direction ouest vers est, et la chaire à prêcher est tournée au sud; 3° l'*Asie* était le premier des continents, selon la loi divine; elle avait été le berceau du christianisme et de Jésus-Christ; 4° enfin, suivant une idée à la fois mystique et réelle, c'est de l'Orient qu'est venue la lumière qui a éclairé le reste du monde.

Tel est le fond des idées générales qui présidèrent à l'ordonnance de ces mappemondes, images réduites du domaine donné par Dieu au genre humain. Les cartographes suivaient sans préoccupation scientifique une habitude de leur temps, ils tournaient en esprit et comme à leur insu leur œuvre vers la divinité.

— Durant cette époque, repartit l'historien, les hommes sont si absorbés dans le mysticisme religieux et l'esclavage politique, qu'à travers ce brouillard ils ne voient plus la terre. Dans le cloître, si après avoir disputé sur la Trinité on jette un regard vers notre monde obscur, on croit tantôt à Ptolémée et tantôt à Cosmas; on emprunte un mensonge à Élien et une illusion à Aristote; puis, tout retombe dans une fatale indifférence; bientôt l'homme du cloître n'apprendra plus même à lire les livres les plus simples de la religion, et il se croira dans une vaste tombe dont la trompette du jugement aura seule le pouvoir de briser la pierre.

Quel singulier temps! Tout se déforme, tout s'altère. Nous l'avons vu l'autre soir en parlant des constellations, et aussi à propos du système du monde. La réalité est éclipsée par la fiction, même sur la terre. Ainsi, l'histoire naturelle du huitième, du neuvième et du dixième siècle se réfugie chez les peintres bien plus que chez les savants; maîtres du monde temporel, tandis que les autres le sont du monde spirituel, ces pieux dessinateurs de manuscrits arrangent, corrigent, refont la nature!

Lorsque l'art byzantin, eut abandonné l'Europe, et que l'art chrétien se fut complètement formulé, on ne donna plus les images des animaux et des plantes qu'avec une prodigieuse altération; on en fit des espèces d'êtres fantastiques : l'aigle se transforme en la figure de la bannière germanique; le lion est devenu un être symbolique, etc. Voyez les animaux et les fleurs du *blason* et des *enluminures*.

Et les relations de voyage!

Savez-vous au douzième siècle, comment l'on se rend en Chine? le rabbin Benjamin de Tudèle va nous le dire; quoique lui-même n'ait pas fait le voyage, ses autorités sont certaines, et vous serez satisfaits de son récit. « Pour aller aux extrémités de l'Orient, il faut quarante jours sur mer. Quelques-uns assurent que cette mer est un détroit sujet à de violentes tempêtes que la planète Orion y excite avec tant de furie, qu'il est impossible à aucun navigateur de les surmonter.... Les vaisseaux y demeurent si longtemps, que les hommes, ayant consommé leurs vivres, finissent par y périr. » Eh bien! voici comment les marins qui hantent ces mers échappent aux tempêtes et à la faim : ils embarquent des outres hermétiquement fermées; il les gonflent de vent et, dans cet état, elles prennent la forme de l'animal dont la peau va servir de nacelle. Au moment du péril, quand il n'y a plus nul espoir de salut, chaque aventureux matelot entre avec sa bonne épée dans cette embarcation. Jouet des flots qui l'emportent en mugissant, elle serait peut-être bientôt submergée; mais les aigles, les terribles griffons qui planent incessamment au-dessus des vagues agitées, s'élancent sur cette proie que leur envoie la tempête, ils saisissent de leur serre puissante la nacelle du voyageur, bête égarée de quelque troupeau; ils l'enlèvent parmi les nuées, pour la déposer dans quelque vallée solitaire ou sur quelque montagne escarpée : c'est alors que le hardi matelot fait usage de son épée, et qu'il échappe à une mort certaine en abattant l'aigle terrible qui se préparait à le dévorer.

— Ces terreurs relatives aux mystérieuses limites de la terre, dit le professeur, nous rappellent Quinte-Curce. Cet historien rapporte que les Macédoniens qui accompagnèrent Alexandre le Grand en Asie, représentèrent à ce prince, lorsqu'ils entrèrent dans le pays des Oxydraques et des Maliens, qu'ils se croyaient au terme de toutes leurs épreuves; et lorsqu'ils virent qu'une nouvelle guerre leur restait à commencer contre les nations belliqueuses de l'Inde, ils furent frappés d'une crainte panique et firent entendre des cris séditieux contre le roi. On les poussait contre des peuplades indomptées, et leur sang allait couler pour ouvrir à leur roi une route vers l'Océan; entraînés par delà le cours des astres et du Soleil, ils allaient se perdre dans des pays dont la nature avait dérobé la vue aux yeux des humains; *des brouillards, des ténèbres et une mer enveloppée dans une nuit perpétuelle;* des abîmes remplis de monstres effrayants; des eaux immobiles qui attestaient l'épuisement de la nature mourante. Sénèque dit aussi, en parlant de l'Océan : *Oceanus navigari non potest. Confusa lux, alta caligine et interceptus tenebris dies.*

— Les laborieux docteurs du quatorzième siècle, reprit l'historien, nous dépeignent amplement et naïvement leur doctrine cosmographique. Représentons-nous avec notre savant bibliophile M. Ferdinand Denis, représentons-nous un docteur de cette époque, bien postérieure déjà à Abailard. Il est chargé d'expliquer à ses nombreux et dévots auditeurs le monde tel qu'il est sorti de la pensée de Moïse.

et il faut avant tout faire concorder les révélations de la religion
avec les vérités de la science : s'il est encore un peu incertain que le
monde soit un globe, comme l'ont dit les stoïciens, ou un cylindre,
comme le pensait Anaximène, ou un tambour, ainsi que c'était
l'opinion de Leucippe, ou un vaste palet creusé par le milieu, comme
l'avait annoncé Démocrite; s'il conserve avec Lactance de grands
doutes sur les antipodes et sur la grandeur de la Terre, dont une
lettre écrite de l'enfer par Dionysidore n'évaluait le demi-diamètre
qu'à quarante mille stades; il n'en a aucun sur la disposition des
cieux, sur la manière dont sont rangés les chœurs d'anges, et sur
ce que font les séraphins. Avant donc d'expliquer à ses flots d'auditeurs ce qui se passe dans ce monde sublunaire, il dira ce qui se
passe dans les cieux; et d'abord il fera voir à quelques-uns, dans
une naïve *pourtraicture*, comment Dieu le Père nage dans un ciel de
flammes, qu'épurent, du frémissement de leurs ailes, les archanges
et les séraphins. Il dira l'harmonieux mouvement des célestes phalanges, et les évolutions mystérieuses des intelligences entourant
l'Éternel de leurs grands cercles colorés. Il n'hésitera pas un
moment quand il faudra établir d'une manière positive comment
sera fixée pour l'éternité la céleste hiérarchie. A voir comme il
parle clairement, avec méthode, des trônes et des vertus, des
archanges et des dominations, il semble qu'il ait été plus d'une fois
ébloui du reflet de leur nimbe doré, de l'azur brillant de leurs ailes,
de leurs auréoles empourprées. Les célestes concerts, il les a en-
tendus, et vous diriez, à l'extase de ses regards, que les sons divins en résonnent encore sur la terre. Il démêle dans les chœurs
la psaltérion, la saquebute, les sons éclatants du cornet redoublé,
les sons plus doux du frestel, les retentissements de la naquaire,
les voix prolongées de la vielle à roue.

Quand on arrive à la situation de la Terre dans le Ciel, notre vieux
Scolastique nous enseigne que : La Terre, selon Aristote, est tant également pesée en soy-même, qu'elle est tout au moyen lieu du monde, où
elle est suspendue et tellement tenue, qu'elle ne se peut aulcunement
mouvoir n'en haut, n'en bas, comme est escript au Psaultier de David. »

Nous n'en finirions pas, du reste, mes chers amis, si nous voulions passer en revue tous les témoignages de cette cosmographie.

Les indications les plus singulières y sont inscrites, comme nous l'avons déjà vu. Le passage que je viens de vous citer est extrait d'un manuscrit de la Bibliothèque nationale (*Secrets naturiens*). Il y a aussi une mappemonde du quinzième siècle, appartenant au musée du cardinal Borgia, sur laquelle on lit entre autres légendes :

« Babylone, première monarchie du monde  Babel où prirent naissance soixante-douze langues.

« Le mont d'Arménie, sur lequel est l'arche de Noé.

« Le Phénix, oiseau unique et le plus beau de l'univers, se brûle dans un feu d'aromates et renaît de sa cendre au bout de trois jours.

« Ici des femmes velues, très-féroces et abominables. »

Tenez ! voici encore l'un des plus curieux documents géographiques de cette époque. C'est la mappemonde des *Grandes Chroniques de Saint-Denis*, qui est du quatorzième siècle, et nous en conserve les idées. Les capitales sont représentées par des édifices. La Méditerranée est un canal vertical qui va des colonnes d'Hercule à Jérusalem ; la mer Caspienne y communique au nord et la mer Rouge au sud-est par le Nil...

— L'aspect de ces vieux ouvrages est toujours plein d'intérêt, fit remarquer l'astronome. Tantôt ce sont de risibles figures de vents à joues gonflées ; tantôt ces légers enfants d'Éole sont assis sur des outres qui versent leurs furieux fluides ; ailleurs, ce sont des saints, des anges, Adam et Ève, ou d'autres personnes qui ornent les contours de la carte ; dans l'intérieur sont répandus à profusion des animaux, des arbres, des populations, des monuments, des tentes, des drapeaux, des monarques assis sur leur trône : idée qui serait ingénieuse sans doute, et qui donnerait utilement au lecteur la connaissance des richesses locales, de l'ethnographie, des formes de l'architecture et du gouvernement, si ces dessins n'étaient pas, hélas ! bien enfantins pour la plupart, et n'offraient des êtres fantastiques plutôt que des êtres réels.

La langue offre à peu près les mêmes bizarreries que les dessins : aucune régularité dans l'orthographe des noms, qui sur une même carte sont écrits de dix façons différentes ; c'est un mélange hétérogène de latin barbare, de roman ou vieux français, de catalan, d'italien, de castillan, de portugais !!!

— Il ne faudrait pas supposer ou faire supposer, répliqua le pasteur, que c'est au christianisme que ces erreurs sont dues. C'est à l'époque, non éclairée par la véritable science d'observation, et non pas à la religion que nous devons attribuer cet état de choses. La preuve, c'est que d'autres religions en étaient également là. Dubeux a exposé, par exemple, dans la vieille chronique arabe de Tabari, un système arabe sur la fondation solide de la Terre, digne

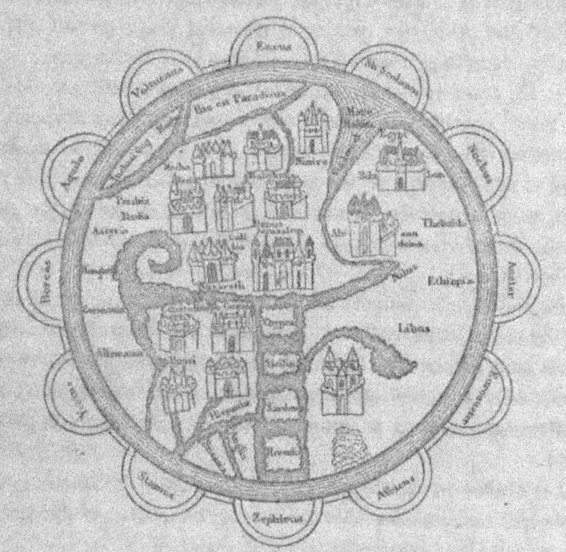

Mappemonde des Grandes Chroniques de Saint-Denis (quatorzième siècle).

des précédents. « Le prophète dit : le Dieu puissant et incomparable a créé la montagne de Kâf tout autour de la terre; on la nomme le pieu de la Terre, comme il est dit dans le Coran : « Les montagnes « sont des pieux. » Ce monde est au milieu de la montagne de Kâf, et il y est comme le doigt est au milieu de l'anneau. Cette montagne est couleur d'émeraude et bleue; aucun homme ne peut y arriver, parce qu'il faudrait pour cela passer quatre mois dans les ténèbres. Il n'y a dans cette montagne ni Soleil, ni Lune, ni étoiles, et elle est tellement bleue, que la couleur azurée que tu vois au ciel vient de l'éclat de la montagne de Kâf qui se réfléchit sur le ciel, et il paraît de cette couleur. Si cela n'était pas ainsi, le ciel ne serait pas bleu. Toutes les montagnes que tu vois dans le monde tiennent à la montagne de Kâf; si elle n'existait pas, toute la Terre tremblerait sans cesse, et les créatures ne pourraient pas vivre à sa surface. »

— Sans contredit, répliqua l'historien, ce n'est pas au christianisme que l'on doit ces erreurs, et nul ne songerait à les lui imputer, si quelques prosélytes trop zélés n'avaient voulu et ne voulaient encore défendre plusieurs d'entre elles au nom des Écritures.

— Un autre auteur arabe, reprit le pasteur, Benakaty, écrivait en 1317 : « Sachez que la Terre a la forme d'un globe suspendu au milieu du ciel, elle est divisée par les deux grands cercles du méridien et de l'équateur qui se coupent à angles droits en quatre parties, celles du nord-ouest, nord-est, sud-ouest et sud-est. *La partie habitée de la Terre se trouve dans l'hémisphère septentrional, dont la moitié est habitée.* »

On voit donc les auteurs arabes soutenir encore au quatorzième siècle que la partie habitée de la Terre se trouvait renfermée seulement dans la moitié de l'hémisphère septentrional. *Ibn-Wardy*, qui vécut dans le même siècle, adopte aussi la théorie de l'Océan environnant, dont on ne connaît, dit-il, ni l'étendue ni la profondeur.

Les Arabes connaissaient encore si peu l'Océan, qu'il ajoute « que cette mer renferme des villes habitées par des génies, et que dans un de ses coins est le trône d'*Iblis*, ou du diable. »

Selon ce géographe, la montagne de Kâf environne toute la Terre et les mers. Le ciel est appuyé dessus comme une tente.

Mais l'auteur arabe ajoute à cette théorie, qu'une vaste mer, qu'il appelle *Bahr-al-Mohith*, est répandue sur les bords intérieurs de cette montagne et environne toute la Terre.

— Nous sommes arrivés peu à peu, dit le capitaine, à l'époque des voyages de recherches, au temps de Marco Polo et de ses émules.

Or j'ai remarqué que cet illustre voyageur de la fin du moyen âge (quatorzième siècle), que l'on peut appeler le précurseur de Colomb, avait conservé dans ses écrits toutes les traditions, et les soude singulièrement à ses voyages. Il n'a pas vu le paradis terrestre, mais il a aperçu l'arche de Noé arrêtée au sommet de l'Ararat. Sa mappemonde, dont voici un des- sin conservé à la Bibliothèque de Stockholm, est ovale et représente deux continents. Dans le nôtre, les seules mers indiquées sont la Méditerranée et le Pont-Euxin. On voit l'Asie à l'est, l'Europe au nord, et l'Afrique lui faisant pendant. L'autre continent ima- giné au delà de l'équateur non marqué est l'antichthone des an- ciens. Qu'était-ce que ce conti- nent?

— Dans le siècle même des gran- des découvertes maritimes, ajouta l'historien, les souvenirs de l'an-

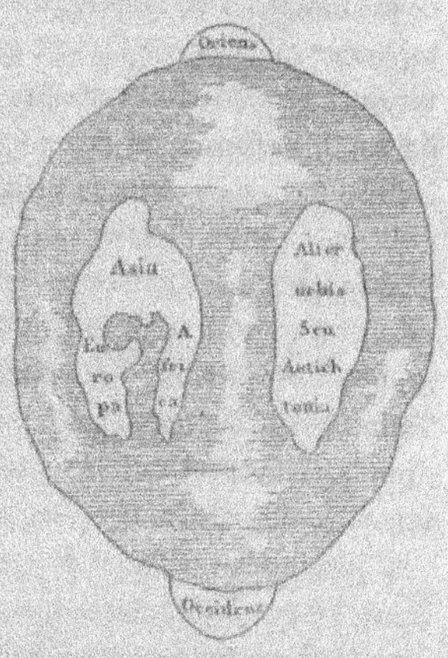


Mappemonde de Marco Polo.

tiquité dominaient tellement l'esprit des géographes et des carto- graphes, que dans une mappemonde gravée sur une médaille du quinzième siècle, règne de Charles VI, on trouve encore une réminiscence de la *Terrevoilée*, la *Méropide*, décrite par Théo- pompe. Cette médaille est à la Bibliothèque de Paris, et en voici une photographie. Vous remarquez que le continent austral des anciens y est dési- gné sous le nom de *Brumæ*.

Mais la fin du quinzième siècle affirme décidément l'au- rore de la libre science. Les éminents écrivains de cette illustre époque soupçonnent

Mappemonde gravée sur une médaille.

l'influence que devaient exercer sur le développement de l'huma- nité les faits qui remplirent ces laborieuses années. « Chaque jour, écrit Pierre Martire d'Anghiera, dans ses lettres datées des années 1493 et 1494, nous apporte des merveilles nouvelles d'un nouveau monde de ces antipodes de l'ouest qu'a découvertes *un certain Génois* (Christophorus quidam, vir Ligur), envoyé dans ces parages par nos souverains, Ferdinand et Isabelle. » Le pape Léon X lisait les *Oceanica* de cet historien à sa sœur et à ses cardinaux, et prolongeait la lecture fort avant dans la nuit. Anghiera écrivait encore : « Je ne quitterais plus volontiers l'Espagne aujourd'hui, parce que je suis ici à la source des nouvelles qui nous arrivent des pays récemment découverts, et que je puis espérer, en me faisant l'historien de si grands événements, de recommander mon nom à la postérité. » Telle était l'idée qu'on se faisait déjà au temps de Colomb, de ces grandes tentatives qui se conserveront toujours brillantes dans la mémoire des siècles les plus reculés.

L'imagination surexcitée poussait aux grandes entreprises, et d'autre part, la hardiesse que l'on déployait, soit dans le bon, soit dans le mauvais succès, agissait elle-même sur l'imagination et l'enflammait plus vivement. Ainsi, dans ce temps merveilleux de la *conquista*, temps d'efforts et de violence, où tous les esprits étaient possédés du vertige des découvertes sur terre et sur mer, certaines circonstances se réunissaient, qui, malgré l'absence de toute liberté politique, favorisaient le développement des caractères individuels, et aidaient, chez quelques hommes supérieurs, à l'accomplissement de ces grandes pensées dont la source est dans les profondeurs de l'âme.

Il ne s'agissait pas seulement d'un hémisphère; près des deux tiers du globe formaient encore un monde nouveau et inexploré, un monde qui jusque là avait échappé aux regards, aussi complétement que l'autre côté de la Lune qui ne se tourne jamais vers nous.

Christophe Colomb écrivait à la reine Isabelle, le 17 juillet 1503 : « La Terre n'est pas immense; elle est beaucoup moins grande que le vulgaire ne se l'imagine. » Il se formait sur la Terre une idée supérieure à celle de ses contemporains. Cependant bien des préjugés inhérents aux âges que nous venons de parcourir pesaient encore sur son esprit. Ainsi, à propos de la terre d'Ophir qu'il avait l'espérance d'atteindre, il dit dans Navarrète : « L'or d'Ophir a une vertu souveraine dont on ne saurait donner l'idée. Celui qui en est possesseur peut faire ce qu'il veut dans ce monde; il est en état de faire passer les âmes du Purgatoire dans le Paradis. »

— Mais n'avons-nous pas vu, répliqua l'astronome, que ce grand esprit ne croyait pas la Terre ronde, et lui supposait *la forme d'une poire?*

— L'illustre navigateur, répondit l'historien, a pu prendre cette idée dans la compilation de Jean de Beauvais, faite en 1479; et d'ailleurs il l'avait certainement reçue de quelque Traité de cosmographie antérieur, car cette supposition avait été faite et admise, et l'on en voit des représentations dans les figures qui accompagnent les Traités de ce genre composés au treizième siècle, sous le titre d'*Image du Monde*. Ces comparaisons bizarres relativement à la forme de la Terre remontent même au delà du septième siècle. On lit dans plusieurs manuscrits cosmographiques datant de cette époque, *que la Terre est de la forme d'un cône ou d'une toupie;* de sorte que sa surface va, selon ce système, en s'élevant du midi au nord. A la partie septentrionale est le sommet du cône, et derrière ce sommet le Soleil se cache pendant la nuit.

La réception solennelle de l'amiral à Barcelone date du mois d'avril 1493; et dès le mois de mai de la même année fut signée, par le pape Alexandre VI, la bulle célèbre qui fixait, pour toute la durée des temps, la ligne de démarcation entre les possessions espagnoles et portugaises, à la distance de cent milles à l'ouest des Açores.

Et à propos de la découverte de l'Amérique, ajouta l'historien, je ne puis m'empêcher de remarquer ici l'un des exemples les plus curieux de cette éternelle vérité : que les plus grandes choses naissent souvent des plus petites.

— *A minimis maxima prodeunt*, interrompit le député.

— Dans le procès de 1514, qui s'éleva entre les héritiers de Colomb et Pinzon, continua l'historien, celui-ci prétendait que la découverte lui appartenait à lui seul, attendu que Colomb n'avait fait que suivre ses conseils pour atteindre les Açores et l'île Guanahami. Pinzon avait dit à l'illustre amiral lui-même que cette route lui était tracée par une inspiration intérieure, une révélation. Or la vérité est que cette révélation « était due à une nuée de perroquets qui, volant le soir vers le sud-ouest, avaient été supposés, par Pinzon, se diriger vers une côte invisible pour passer la nuit dans les buissons. » Jamais vol d'oiseaux n'eut de plus graves conséquences, dirai-je avec Humboldt. Celui-ci décida des premières colonies qui s'établirent dans le nouveau continent et de la distribution des races. Si Colomb, résistant au conseil de Martin Alonzo Pinzon eût continué à naviguer vers l'ouest, il n'eût pas manqué d'être porté par le Gulf-Stream vers les Florides et peut-être jusqu'à la Virginie, circonstance dont la portée est incalculable, puisque les États-Unis auraient reçu une population espagnole et catholique, au lieu de la population anglaise et protestante qui en prit possession beaucoup plus tard.

— L'histoire est remplie de détails non moins curieux, fit remarquer le député. Ainsi l'apparition subite d'une souris obligea Fabius Maximus d'abdiquer la dictature, et pour la même cause, le consul Flaminius renonça au commandement de la cavalerie.

— Voyez pourtant, fit la marquise, quelle influence eût exercée la présence d'un chat sur ces deux épisodes de la république romaine.

— La grande époque des découvertes dans l'espace, dit le capitaine, fournit matière à de nombreux emblèmes héraldiques, tels que celui de Sébastien Cano, qui représentait le globe du monde avec cette légende : *Primus circumdedisti me*. Les armoiries données à Colomb dès le mois de mai 1493, pour l'illustrer aux yeux de la postérité (para sublimarlo), se composaient de la première carte de l'Amérique et d'une rangée d'îles dans un golfe. Charles-Quint donna en armoiries à Diego, de Ordaz, pour avoir gravi le volcan d'Orizaba, l'image de ce pic, et à l'historien Oviedo, qui avait passé trente-quatre ans sans interruption (1513-1547) dans l'Amérique tropicale, les quatre belles étoiles de la Croix du Sud.

Les temps de la *Conquista*, dit l'astronome, la fin du quinzième siècle et le commencement du seizième, sont marqués par une réunion prodigieuse de grands événements accomplis dans la vie politique et morale des nations européennes. Le système du monde avait été trouvé par Copernic, bien qu'il n'ait été divulgué que plus tard, dans l'année même où mourut Christophe Colomb, quatorze ans après la découverte du Nouveau-Monde.

Au siècle des grandes découvertes accomplies sur la surface de notre planète, succède immédiatement la prise de possession par le télescope d'une partie considérable du domaine céleste. L'application d'un instrument qui a la puissance de pénétrer l'espace, je pourrais dire la création d'un organe nouveau, évoque tout un monde d'idées inconnues. Une ère brillante s'ouvre à partir de ce moment, pour l'astronomie et les mathématiques. C'est le grand siècle, si harmonieux dans son ensemble, le siècle de Képler, de Galilée et de Bacon, de Tycho, de Descartes et de Huygens, de Fermat, de Newton et de Leibnitz. Les services de tels hommes sont si généralement connus, qu'il suffit de les nommer pour faire ressortir la part brillante qu'ils ont prise à l'agrandissement des vues sur le monde.

La connaissance de la forme et de la grandeur de la Terre, et celle de son rang dans l'univers, peut être résumée dans les phases suivantes, au milieu desquelles le mystique moyen âge est complètement éclipsé.

On arrive, plusieurs siècles avant notre ère, à penser que la Terre est sphérique et isolée, d'abord parce que les vaisseaux disparaissent par le bas en s'éloignant et que la mer s'élève visiblement au lieu de rester plate, ensuite parce qu'en voyageant on voit de nouvelles constellations, enfin parce que l'ombre de la Terre est ronde pendant les éclipses de lune.

Le premier essai de la mesure de la Terre a été fait par Ératosthène deux cent quarante-six ans avant notre ère, et il a été fondé sur le raisonnement suivant : le Soleil éclaire le fond des puits à Syène, au solstice d'été ; le même jour, au lieu d'être vertical sur la tête des habitants d'Alexandrie, il est à 7 degrés 1/4 du zénith ; 7° 1/4, c'est la cinquantième partie de la circonférence entière ; la distance des deux villes est de cinq mille stades : donc la Terre a cinquante fois cinq mille stades de circonférence.

Un siècle avant notre ère, Posidonius est arrivé à un résultat analogue en remarquant que l'étoile Canopus rasait l'horizon de Rhodes lorsqu'elle s'élevait de 7 degrés 12 au-dessus de celui d'Alexandrie.

Ces mesures, ingénieuses mais grossières, ont été suivies au lui tième siècle de celles du calife arabe Almamoun, qui ne les modifia pas sensiblement.

Après Christophe Colomb, tous les doutes sur la sphéricité de la Terre cessent. Le premier, Magellan, fait le tour du monde en 1520, étant parti par l'ouest et revenu par l'ouest.

— Non pas lui-même, dit le navigateur, car il fut tué aux Philippines en 1521; mais son navire, parti en 1519, revient en 1522, conduit par son lieutenant, Sébastien Cano.

— En 1528, le médecin français Fernel mesure le premier directement un arc du méridien, par un singulier et bien simple procédé. Il compta le nombre de tours que firent les roues de sa voiture en allant de Paris à Amiens, et sur les 57 070 toises qu'il trouva, il ne se trompa que de quatre toises sur la réalité, déterminée depuis par des mesures infiniment plus précises.

L'astronome Picard reprit la mesure, sous Louis XIV, par la triangulation. Cette mesure fut continuée, d'Amiens à Dunkerque par Lahire, et de Paris jusqu'à Perpignan par Cassini II. Mais il faut arriver aux années 1735-1745 pour avoir la connaissance exacte de la forme de la Terre, déterminée par les académiciens français envoyés d'une part en Laponie et d'autre part au Pérou. On sait que le système métrique a été fixé sur une base spéciale, mesurée par ordre de l'Assemblée nationale de la République française, par les astronomes Méchain et Delambre.

Cette connaissance exacte de la Terre et du Ciel, qui fait la grandeur du monde moderne, est due aux progrès rapides de l'astronomie, tant mathématique que physique, et à l'établissement des observatoires chez tous les peuples européens. L'Académie des sciences de Paris, l'abbé Picard et Auzout surtout, donnèrent le signal en préparant la fondation de l'Observatoire de Paris. Il y a deux siècles, en 1667, Colbert en soumit le projet à Louis XIV, et en quatre ans ce colossal monument fut élevé. L'Observatoire d'Angleterre fut établi en 1676, celui de Berlin en 1710, celui de Pétersbourg en 1725, etc. Le ciel est constamment épié, scruté par les astronomes des divers pays, et aucune année ne se passe maintenant sans être marquée par des découvertes, souvent importantes.

Pour moi, je ne puis m'empêcher d'admirer que l'homme soit par-

## XVI

FONDATION DE L'OBSERVATOIRE DE PARIS EN 1667, DÉCIDÉE PAR COLBERT
ET LOUIS XIV. (P. 374.)

venu à se rendre si exactement compte de la forme, de la grosseur, du poids et de la situation du globe terrestre, que vraiment aujourd'hui nous pouvons nous vanter de le tenir en quelque sorte dans nos mains, bien mieux que Charlemagne ne tenait la boule symbolique du gouvernement du monde. Quel contraste entre les essais informes des premiers historiens de la nature et nos affirmations modernes! Quel progrès depuis seulement deux mille ans! Et c'est par ces tâtonnements successifs que l'homme est parvenu à connaître la vérité. Nous devons tout au travail. La vraie révélation de la nature est celle que nous formons nous-mêmes par nos persévérants efforts. Nous savons maintenant que la Terre est sphérique, aplatie aux pôles d'un 300ᵉ, aux trois quarts couverte par l'eau, et enveloppée de toutes parts d'un léger duvet atmosphérique d'une quinzaine de lieues d'épaisseur. La distance du centre de la Terre à la surface est de 6366 kilomètres. Son volume, ajouterai-je pour compléter ces éléments, son volume est de mille millions de kilomètres cubes; sa surface de 510 millions de kilomètres carrés, son diamètre de 3000 lieues. Son poids est de 5875 sextillions de kilogrammes. Ainsi, grâce aux mesures audacieuses de son habitant, nous le connaissons, ce globe, comme si nous l'avions sculpté nous-mêmes. Que dis-je? nous le possédons, et sur les ailes de la vapeur, autre invention humaine, nous pouvons en faire le tour complet en moins de trois mois....

— En moins de trois mois? fit la marquise.

— En 80 jours. On va maintenant de Paris à New-York en 11 jours; de là à San-Francisco en 7 jours, — de là à Yoko-Hama en 21 jours, — à Hong-Kong en 6, — à Calcuta en 12, — à Bombay en 3, — au Caire en 14, — et du Caire on revient à Paris en 6 jours!... Bientôt on aura des trains de plaisir de Paris à Pékin ou à Moscou!

Quand nous posséderons la navigation aérienne, nous ferons le tour du monde en huit jours.... Eh! l'Europe s'entretient désormais à voix basse avec l'Amérique, à l'aide d'un agent qui ne demande pas un clin d'œil pour porter notre pensée à travers cet Océan tout entier, dont la seule image faisait trembler nos ancêtres!

# TREIZIÈME SOIRÉE



## LA SUPERSTITION DES NOMBRES; LES COMÈTES
## ET LES ÉCLIPSES DANS L'HISTOIRE

La superstition des nombres et des signes célestes. — Du rôle des éclipses dans l'histoire ancienne. — Influence des comètes sur les grands événements historiques. — Erreurs et préjugés. — De certains nombres célèbres — Sciences occultes. — Astrologues, alchimistes, sorciers; sciences divinatoires. — Observation d'une éclipse.

— C'est aujourd'hui notre *treizième* soirée, fit l'astronome; nous étions *treize* à table tout à l'heure, et nous sommes encore tous *treize* assis sur cette terrasse! De plus, c'est aujourd'hui le *treize* septembre, et pour compléter la situation, un *vendredi!...*

— Tout cela n'a rien de gai! interrompit la femme du capitaine, et je regrette que mon père soit précisément arrivé ce soir pour faire le treizième.

— Comment, madame, répliqua le député, est-ce que vous auriez foi à l'influence du nombre treize?

— On ne se refait pas, répondit-elle. Ma mère était ainsi. C'est sans doute insensé, mais que voulez-vous?

— Et pour comble de malheur, reprit en riant l'astronome, la conduite de notre sujet nous amène à parler précisément ce soir des superstitions, des préjugés et des vaines terreurs causées par les signes célestes.

— Voilà, j'espère, une série de coïncidences qui paraissent réunies exprès pour nous.

— Et il y en a encore une autre bien plus curieuse, ajouta encore l'astronome.

— Laquelle?

— Nous devions parler ce soir des éclipses. Eh bien....

— Eh bien!

— Il y a justement ce soir une éclipse de lune.

— Oh! quelle chance, s'écria avec naïveté la fille du capitaine. quelle heure?

— L'entrée de la Lune dans l'ombre de l'atmosphère terrestre, c'est-à-dire dans la *pénombre*, commencera à dix heures moins sept minutes à Paris, c'est-à-dire à dix heures moins vingt ici. L'entrée dans l'*ombre* de la Terre aura lieu à onze heures moins huit minutes ici, le milieu de l'ellipse sera à minuit un quart.

— Alors nous avons le temps de causer d'ici là, fit la marquise. Mais quelle coïncidence! Le ciel est décidément avec nous.

— Cela tombe admirablement, s'écria le professeur de philosophie. Mais voyez, ajouta-t-il, ces belles étoiles. Je crois, certes, qu'elles semblent scintiller avec plus de feux encore qu'elles n'ont coutume d'en verser sur nos têtes. Là, à gauche, dans le ciel occidental, brillent le Bouvier, Hercule, la Couronne; à notre zénith, le Cygne et la blanche étoile de la Lyre étincellent; l'Aigle franchit le méridien; en face de nous, les constellations circompolaires veillent autour de la muette étoile du pôle. Ce sont les astres mélancoliques de septembre qui prédominent ce soir.

— Ne trouvez-vous pas, dit sur un ton confidentiel la femme du capitaine au pasteur, ne trouvez-vous pas qu'en de telles heures, sous un ciel comme celui-ci, à côté de l'Océan aux mouvements éternels, on sent la supériorité de la pensée sur cette nature immense mais inconsciente d'elle-même? Est-ce que nos âmes ne sont pas ici les reines de cette création? Est-ce que ce n'est pas pour l'homme que Dieu a préparé ces rivages, ces solitudes, ces spectacles? Il y a des sensations qui ne se démontrent pas par le raisonnement. Ainsi, pour moi, je me sens vivre ici avec sérénité, et je sens que cette nature est en rapport avec moi par quelque lien invisible.

— C'est la réflexion qui bien souvent me domine moi-même, répondit le ministre. Nos âmes sont reliées à l'éternel principe par des forces inconnues. Cette terre a été préparée pour l'homme. Le ciel nous voit et nous parle. Il s'agit de savoir l'interpréter.

— Prenons garde! répliqua l'astronome, ne nous faisons pas plus grands que nous ne sommes. Sans doute des forces inconnues régissent nos pensées; mais il est si facile de tomber dans les erreurs de l'astrologie, que je crois plus prudent d'être fort réservé en ces conjectures.

— L'astrologie! fit le député. Il y a longtemps que j'aspire à en connaître un peu l'histoire. Ce doit être un coup d'œil fort instructif que de revoir le singulier chapitre des illusions de l'humanité. J'avais précisément l'intention d'amener un soir la conversation sur l'influence historique des signes célestes. Ce ne sera pas, sans doute, le point de vue le moins intéressant de notre histoire du ciel.

— Il sera certainement fort curieux pour nous tous, répondit l'astronome, de causer un peu de l'influence des phénomènes astronomiques sur l'imagination humaine. Nous entreprendrons l'astrologie proprement dite dans notre prochaine soirée. Bornons-nous aujourd'hui à feuilleter d'une main curieuse les annales de l'histoire; nous y reconnaîtrons par-ci par-là les traces des signes célestes. Comètes, éclipses, météores, étoiles nouvelles ont joué un rôle non inactif sur les destinées des empires. Les hommes se sont toujours cru le centre de l'Univers et le but des manifestations du Créateur dans la nature!

— Les *éclipses*, repartit le député, jouent un rôle naturel dans toutes les affaires d'État et se manifestent périodiquement dans la comédie politique. La diplomatie ne vit même, pour ainsi dire, que d'éclipses. La franche lumière est tout à fait étrangère à ce monde-là.

— Monsieur l'interrupteur de la gauche, s'écria la marquise, vous ouvrez toujours le champ aux digressions. Revenons, s'il vous plaît, aux vraies éclipses de soleil et de lune.

— Oh! ajouta le capitaine de frégate, l'histoire des éclipses nous offrirait un beau choix des opinions insensées des hommes! Les anciens secouraient la lune dans les éclipses par un bruit confus de toute sorte d'instruments : ce qui se pratique encore aujourd'hui en Perse et même en certaines provinces de Chine, où l'on s'imagine que la Lune combat alors contre un grand dragon, et que le bruit lui fait lâcher prise et le met en fuite. Dans les Indes orientales on croit que quand le soleil et la lune s'éclipsent, c'est qu'un certain dragon aux griffes noires les étend sur ces astres, dont il veut se saisir; et nos astronomes français et anglais, qui y sont allés récemment pour observer une éclipse, ont vu leurs domestiques indigènes, au lieu de les aider en ces moments si précieux, se jeter à l'eau religieusement, convaincus que c'est une situation très-délicate et très-propre à obtenir du soleil et de la lune qu'ils se défendent bien contre le dragon. En Amérique, on était persuadé que le soleil et la lune étaient fâchés quand ils s'éclipsaient; et Dieu sait tout ce qu'on faisait pour se raccommoder avec eux. Mais les Grecs qui étaient si raffinés, n'ont-ils pas cru longtemps que la lune était ensorcelée, et que des magiciennes la faisaient descendre du ciel, pour jeter sur les herbes une certaine écume malfaisante?

— Ce que vous venez de dire du prétendu *dragon*, interrompit l'historien, me fait souvenir que cette superstition doit être née de l'usage ancien de donner aux nœuds de la lune où arrivent les éclipses, les noms de tête et de queue du dragon. Ainsi souvent de simples mots, de simples figures amenèrent avec le temps les plus singulières croyances.

— L'histoire ancienne, ajouta l'astronome, est remplie de faits relatifs à l'influence des éclipses sur les hommes en général — et sur les généraux d'armée en particulier.

— Pourquoi sur les généraux? répliqua l'une des jeunes filles.

— Parce que les hommes se battent depuis la création, et que les fastes de l'histoire ne se composent presque que de guerres.

— On se battait même avant la création de l'homme, dit le pasteur, puisque les anges se livraient déjà dans le ciel de terribles batailles!

— Ainsi, reprit l'astronome, une éclipse de Lune commença par causer la mort du général Nicias. Arrivée dans une circonstance critique, elle remplit de frayeur ce chef athénien et toute son armée. La suite de cette terreur fut que Nicias et la flotte différèrent leur départ, que l'armée des Athéniens fut taillée en pièces, et que Nicias perdit la liberté et la vie. Plutarque raconte que l'on connaissait bien la cause des éclipses de Soleil par l'interposition de la Lune, mais qu'on ne pouvait comprendre par l'opposition de quel corps la Lune perdait sa lumière.

Nous avons déjà parlé, dans notre troisième soirée, de la fameuse éclipse annoncée par Thalès et rapportée par Hérodote. Tous les chefs qui furent surpris par ce phénomène n'en eurent pas une pareille peur que Nicias ou Cyaxare. Plusieurs en apprécièrent exactement la cause. Qu'est-ce en effet qu'une éclipse par rapport à la Terre? l'interposition de la Lune qui nous dérobe la lumière du Soleil. Or on rapporte que Périclès, prêt à faire partir sa flotte pour une grande expédition, se voyant arrêté par un semblable phénomène, étendit son manteau devant les yeux du pilote, que l'épouvante empêchait de manœuvrer, et lui demanda s'il pensait que ce fût là un signe de malheur. Sur la réponse négative du pilote : «Quel malheur peut donc te présager le corps qui te cache le Soleil, lui dit-il, puisqu'il n'a d'autre propriété que d'être plus grand que mon manteau ? »

Agathocle ne se montra pas moins habile. Débarqué en Afrique, où malgré toutes ses belles paroles il ne pouvait rassurer ses soldats, qu'une éclipse de Soleil avait épouvantés, ce chef changea de tactique, et, feignant de comprendre le prodige : « Je conviens, camarades, leur dit-il, que si l'éclipse eût été aperçue avant notre embarquement, nous serions dans une situation bien critique; mais nous ne l'avons vue qu'après notre départ, et comme elle signifie toujours un changement de l'état présent des choses, il en résulte que nos affaires, très-mauvaises en Sicile, vont s'améliorer, tandis que nous ruinerons indubitablement celles des Carthaginois, jusqu'alors très-florissantes. »

Christophe Colomb, réduit à la famine par les indigènes qui le tenaient prisonnier avec ses compagnons, et connaissant l'approche d'une éclipse, les menaça de les réduire aux plus grands malheurs, et de les priver de la lumière de la Lune, s'ils ne lui envoyaient immédiatement des provisions. Ils méprisèrent d'abord ses menaces, mais aussitôt qu'ils virent la Lune disparaître, ils accoururent avec des vivres en abondance, en implorant le pardon du vainqueur. C'était le 1er mars 1504. Cette date a été contrôlée par la science moderne avec les tables de la Lune que mon savant maître et ami Ch. Delaunay vient de construire. La même éclipse a

## XVII

CHRISTOPHE COLOMB ET L'ÉCLIPSE.

(p. 380.)

été observée à Ulm par Stoffler, et à Nurenberg par Bernard Walther. Elle commença à la Jamaïque vers 6 heures du soir. Toutes les circonstances indiquées par le calcul rétrospectif s'accordent parfaitement avec la description donnée par Colomb.

Annibal ne partageait pas non plus les superstitions de son temps; on raconte qu'ayant conseillé à Prusias de livrer bataille aux Romains, le roi de Bithynie ne le voulut point faire, alléguant que les entrailles des victimes s'y opposaient. « Ainsi, lui dit le conquérant carthaginois, vous préférez l'avis d'un foie de mouton à celui d'un vieux général !... »

Les éclipses, les comètes et même les planètes ont joué tour à tour les plus singuliers rôles. D'après Sénèque, la tradition astrologique des Chaldéens annonçait qu'un déluge universel serait causé par la conjonction de toutes les planètes dans le signe du Capricorne, et qu'un embrasement général aurait lieu sur la Terre au moment de leur conjonction dans le Cancer. « L'embrasement général du monde, s'écriaient encore les astrologues, arrivera lorsque les astres dominateurs du ciel, pénétrés d'une qualité chaude et sèche, se rencontreront dans une triplicité ignée. »

Partout et à toutes les époques, l'homme a pensé qu'une providence protectrice, veillant incessamment sur lui, cherchait à l'avertir des destinées qui l'attendent : de là les bons et mauvais *présages* tirés de l'apparition de certains corps célestes, de divers météores ou même de la rencontre fortuite de quelques objets inanimés ou de certains animaux. C'est ainsi que chez presque tous les peuples sauvages, ou demi-civilisés, les éclipses, l'apparition des comètes ont excité la terreur. Il y a des milliers de présages bien moins importants, et qui ont une aussi grande influence sur certains individus. L'Indien de l'Amérique du Nord mourant de faim dans sa misérable cabane ne sortira pas pour aller à la chasse s'il a remarqué quelques présages dans l'atmosphère. Il ne faut pas s'étonner de cette superstition grossière de l'homme inculte, quand une salière renversée, une glace brisée, une fourchette et un couteau placés en croix, le nombre treize dans une réunion de convives, etc., sont regardés journellement chez nous comme accidents de funeste augure.

— Les moindres événements, dit le professeur, étaient réputés surnaturels pendant les siècles d'ignorance. Ainsi, je lisais encore ce matin un vieux bouquin, *Antiquités d'Orléans*, dans lequel l'auteur rapporte qu'en 1462 la Loire fut glacée au mois de juin : ce que cet auteur attribue à un miracle. Louis XI ayant voulu (dit-il) faire enlever la bienheureuse Françoise d'Amboise, veuve de Pierre, duc de Bretagne, pour la marier au duc de Savoie, cette duchesse, qui avait fait vœu de chasteté, obtint par ses prières que la rivière se glaçât et qu'on ne pût faire aucun usage des barques qui avaient été préparées !

L'emploi des sortiléges et de la divination se rattachait d'ailleurs à tout un ensemble de croyances. Les comètes, les éclipses étaient tenues presque par tout le monde pour des présages de calamités ou de grandes révolutions, opinion qui fut aussi celle de plusieurs Pères de l'Église. On prenait les météores pour des signes de la colère divine. On voit par saint Maxime de Turin que les chrétiens admettaient de son temps qu'il était nécessaire de faire du bruit pendant les éclipses, pour empêcher les magiciens de nuire à l'astre, superstition toute païenne. On s'imaginait apercevoir dans l'air les armées célestes, les voir venir prêter aux hommes un appui miraculeux. On continuait de tenir les ouragans et les tempêtes pour l'ouvrage des esprits mauvais dont la rage se déchaînait contre la terre. Saint Thomas d'Aquin, le grand théologien du treizième siècle, accepte cette opinion, tout comme il admet la réalité des sortiléges.

— Les sortiléges me font souvenir, dit l'historien, de la tradition des habitants des Philippines dont parle Bailly, d'une ancienne querelle de la Lune avec le Soleil. La Lune, frappée dans le combat, accoucha de la Terre, qui se brisa en morceaux en tombant ! Les habitants de l'Hindoustan ont une autre tradition, rapportant que les montagnes se révoltèrent autrefois contre les dieux ; alors elles volèrent en l'air, cachèrent le soleil, écrasèrent les villes. Un dieu accourut pour leur faire la guerre ; il parvint à leur couper les ailes : elles furent précipitées de toutes parts, et la terre ébranlée en fut couverte. On trouve dans ces traditions les idées et les fables de la guerre des géants, qui, selon les Grecs, lancèrent des montagnes contre le ciel.

LÉGENDES ET VISIONS AU MOYEN AGE.
(P. 382.)

— A propos de sauvages, répliqua le député, j'ai vu gravement rapporté dans les œuvres du P. Del Rio et de Johnston ce beau trait de stupidité : Quelques paysans anglais (textuel et authentique) ont été pris ouvrant le ventre d'un âne pour en retirer la Lune, parce que cet astre, dont ils avaient vu l'image dans une source d'eau bien claire, avait disparu à leurs yeux, ayant été caché par quelque nuage au moment où l'âne avait été y boire !

— Quoiqu'on soit fort instruit depuis longtemps de la cause des éclipses, j'ajouterai encore d'après Bayle (Pensées sur la comète), reprit l'astronome, que l'éclipse de Soleil qui arriva le 21 août 1564 répandit une si grande consternation dans quelques endroits de la campagne, où l'on avait tenu à ce sujet des discours effrayants, qu'un curé, ne pouvant suffire à confesser tous ses paroissiens, prit le parti de leur dire au prône qu'ils ne se pressassent pas tant et que l'éclipse était remise à huitaine !

— Ah ! pour le coup, s'écria la marquise, voilà le bouquet, et nous pouvons tirer le rideau.

— Ce sont là, messieurs, ajouta l'astronome, les principales éclipses plus ou moins intéressantes au point de vue historique. Je ne puis, à ce propos, m'empêcher de vous communiquer une trouvaille que j'ai faite à la bibliothèque du Château. C'est un vieux traité d'astronomie de l'an 1581, de P. Apian et Gemma Frison, dans lequel j'ai remarqué la figure que voici :

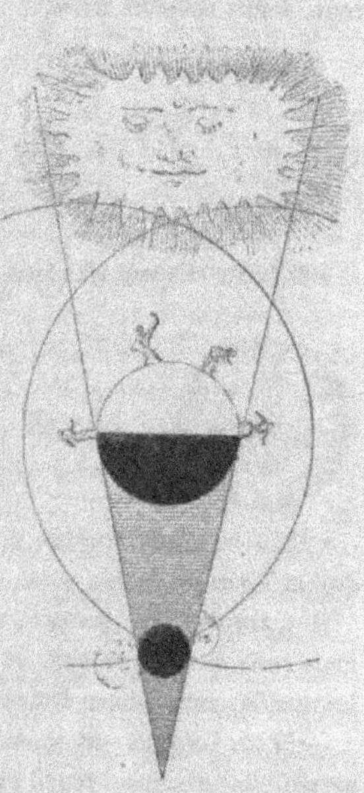

— Dieu ! quelle naïveté ! s'écria le professeur, en prenant le volume. Regardez donc cette figure du Soleil ! et ces bonshommes qui se tiennent en équilibre sur la Terre ! Admirez aussi les trois autres dessins qui accompagnent celui-ci. Ils servent à expli-

quer les raisonnements suivants, pour démontrer que la Terre est
ronde :

« Si la Terre était carrée, son ombre sur la lune serait carrée
aussi.

« Si la Terre était triangulaire, son ombre, pendant l'éclipse de
lune, serait aussi en triangle.

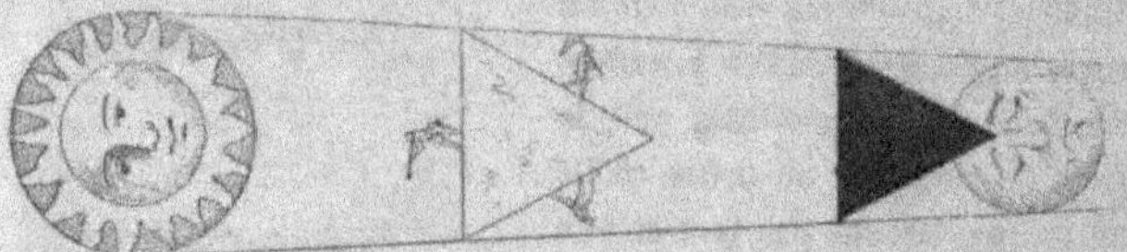

« Si la Terre avait six côtés, son ombre aurait la même figure.

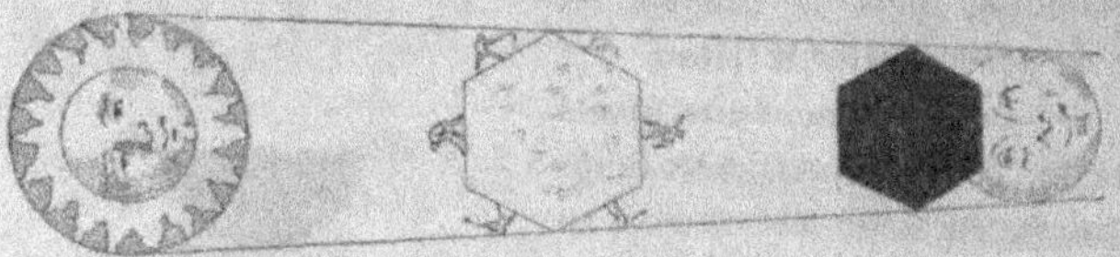

« Puis donc que l'ombre de la Terre est ronde, c'est une preuve
que la Terre est ronde aussi. »

Il y aurait bien quelque chose à objecter à ce raisonnement ;
mais enfin il a sa valeur, et c'était *une des preuves principales* que
les anciens astronomes donnaient de la sphéricité de la Terre.

— Si les Éclipses ont joué un grand rôle dans l'histoire des superstitions humaines, reprit l'astronome, nous allons constater maintenant que les Comètes y sont entrées pour une part plus importante
et plus curieuse encore.

Les anciens partageaient les comètes en différentes classes. La figure, la longueur, l'éclat de la queue étaient ordinairement l'unique

fondement de ces distinctions. Pline distinguait douze espèces de
comètes dont il donne ainsi la description : « Les unes effrayent par
leur crinière couleur de sang; leur chevelure hérissée se lève vers le
ciel. Les barbues laissent descendre en bas leur chevelure en forme
d'une barbe majestueuse. Le javelot semble se lancer comme un
trait, aussi l'effet le plus prompt suit de près son apparition; si la
queue est plus courte et se termine en pointe, on l'appelle épée;
c'est la plus pâle de toutes les comètes : elle a comme l'éclat d'une
épée sans aucun rayon. Le plat ou le disque porte un nom conforme
à sa figure; sa couleur est celle de l'ambre; il naît quelques rayons
de ses bords, mais en petite quantité. Le tonneau a réellement la
figure d'un tonneau que l'on concevrait enfoncé dans une fumée
pénétrée de lumière. La cornue imite la figure d'une corne et la
lampe celle d'un flambeau ardent. La chevaline représente la crinière d'un cheval qu'on agiterait violemment par un mouvement
circulaire ou plutôt cylindrique. Telle comète paraît aussi d'une
singulière blancheur avec une chevelure de couleur argentine; elle
est tellement éclatante qu'on peut à peine la regarder. Il y a des
comètes hérissées; elles ressemblent à des peaux de bêtes gar-
nies de leurs poils, et sont entourées d'une nébulosité. Enfin, l'on
a vu la chevelure d'une comète prendre la forme d'une lance. » Voilà,
j'espère, tout un choix de formes horribles, interrompit le député.

Pingré, ce grand historiographe des comètes, nous apprend
qu'une des premières comètes historiques célèbres est celle qui
apparut sur Rome l'an 43 avant Jésus-Christ, et dans laquelle le
peuple romain salua l'âme de César divinisée. On signale ensuite
celle qui vint jeter ses feux sur le siège de Jérusalem et demeura
toute une année au-dessus de Jérusalem (Josèphe *de Bello Judaico*,
I. VI). Elle était de cette espèce dont vient de parler Pline, « d'une
blancheur tellement éclatante qu'on pouvait à peine la regarder;
ON Y VOYAIT L'IMAGE DE DIEU SOUS UNE FORME HUMAINE. »

Diodore (liv. XV) nous dit que « peu avant la subversion des villes
d'Hélice et de Bura on vit, plusieurs nuits de suite, une lumière
ardente qu'on appela la *poutre enflammée*, » et nous lisons dans l'Aristote que « cette poutre était une vraie comète. » (*Météorologie*, II,
Chap. VI .).

Plutarque, dans sa Vie de Timoléon, dit « qu'un flambeau ardent précéda la flotte de ce général jusqu'à son arrivée en Sicile, et que, sous le consulat de Caïus Serviiius, on vit dans le ciel un bouclier suspendu. »

Les historiens Sazoncène et Socrate nous rapportent à leur tour qu'en 400 une comète en forme d'épée vint briller au-dessus de Constantinople et parut toucher la ville au moment des grands malheurs que lui ménageait la perfidie de Gaïnas.

Même phénomène au-dessus de Rome, avant l'arrivée d'Alaric.

— On voit, fit remarquer l'historien, que les chroniques associèrent toujours un événement terrestre à l'apparition des comètes. Il est probable que les comètes à la suite desquelles aucun événement grave ne s'est produit ont été oubliées.

— D'ailleurs, repartit le député, il est difficile qu'aucun événement n'arrive en quelque lieu dans un certain intervalle d'années, surtout si l'on songe à la fréquence des guerres.

— Vous savez, reprit l'astronome, que l'on avait pendant longtemps annoncé la fin du monde pour l'an 1000. Or, les astronomes enregistrèrent cette année-là la chute d'un énorme bolide flamboyant et l'apparition d'une comète. « Sous le règne de Robert, le 19 des calendes de janvier, ou le 14 décembre, le ciel s'étant obscurci, une espèce de flambeau ardent tomba sur la terre, laissant derrière lui une longue trace de lumière ; son éclat était tel qu'il effraya non-seulement ceux qui étaient dans les camps, mais en même temps ceux qui étaient renfermés dans les maisons. Cette grande ouverture de ciel se refermant insensiblement, on vit la figure d'un dragon dont les pieds étaient bleus et dont la tête semblait croître toujours. Une comète ayant paru en même temps que ce *chasme* ou météore, on les confondit. » Pingré avait raison de charger de ce fait presque tous les historiens, car on le retrouve dans Sigebert (*Chronique*), dans Hermann Corner, dans la *Chronique de Tours*, dans Albert Casin, etc. Ils sont tous unanimes.

Bodin, reprenant une pensée de Démocrite, écrivait que « les comètes sont les âmes des personnages illustres qui, après avoir vécu sur terre pendant une longue suite de siècles, prêtes enfin à périr, sont portées comme dans une espèce de triomphe au ciel\

des étoiles. C'est pour cela que la famine, les maladies épidémiques, les guerres civiles suivent l'apparition des comètes ; les villes, les peuples se trouvent alors privés du secours de ces excellents chefs, qui s'attachaient à apaiser les fureurs intestines. »

Tous les chroniqueurs du moyen âge, du sixième au quatorzième siècle, depuis Grégoire de Tours jusqu'à Guillaume de Nangis, se montrent très-attentifs à consigner les phénomènes célestes ; quels qu'ils soient, ils leur paraissent des choses extraordinaires et surnaturelles ; ils les envisagent comme une manifestation éclatante de la volonté de Dieu ; ces signes sont l'expression de la puissance divine parlant aux yeux des hommes et leur annonçant les événements futurs.

L'une des comètes du moyen âge qui eut le plus grand retentissement est celle qui s'alluma pendant la semaine sainte de l'année 837, et effraya Louis le Débonnaire. Le soir même, il fit venir son astrologue. « Va, lui dit-il, sur la terrasse du palais, et reviens aussitôt me dire ce que tu auras remarqué, car je n'ai point vu cette étoile hier au soir, et tu ne me l'as point montrée ; mais je sais que ce signe est une comète ; il annonce un changement de règne et la mort d'un prince. » Le fils de Charlemagne, ayant consulté son conseil d'évêques, fut convaincu que la comète était un avertissement envoyé du ciel exprès pour lui. Il passa des nuits en prières et donna des richesses aux monastères. Ensuite il fit célébrer un grand nombre de messes, par crainte pour lui-même et par prévoyance pour l'Église confiée à ses soins.

Cette comète était pourtant bien inoffensive ; c'était simplement la comète de Halley, qui est revenue en 1835. Pendant qu'elle effrayait ainsi les Français, les Chinois l'observaient en véritables astronomes.

L'historien de Merlin l'Enchanteur rapporte que peu de jours après les fêtes auxquelles donna lieu l'érection du monument funèbre de Salisbury, un signe parut dans le ciel. C'était une comète d'une grandeur et d'une splendeur incomparables. Elle ressemblait à un dragon, et de sa gueule sortait une langue rouge à deux fourches, dont l'une s'agitait vers le nord, l'autre vers l'orient ! Le peuple était dans l'effroi, chacun se demandant ce que ce signe présageait. Uter, en l'absence du roi Ambroise son frère occupé à poursuivre un des fils de Guortigern, consulta tous les sages de la nation bretonne; mais aucun ne put lui répondre. Alors il songea à Merlin l'Enchanteur et le manda à la cour.

« Que présage cette apparition? » lui demanda le roi.

Merlin se mit à pleurer :

« O fils de la terre bretonne, vous venez de faire une grande perte: le roi est mort! »

Après un moment de silence, il ajouta:

« Mais vous avez encore un roi : hâte-toi, Uter, attaque l'ennemi. Toute l'île te sera soumise, car c'est toi que figure le dragon de feu. Le rayon allant vers la Gaule représente un fils qui doit naître de toi, qui sera grand par ses exploits, et non moins grand par sa puissance. Le rayon allant vers l'Irlande représente une fille dont tu seras le père, et ses fils et ses petits-fils régneront tous sur les Bretons. »

Ces prédictions furent réalisées! Mais il est plus que probable que la légende a été faite après coup.

Les annales astronomiques nous offrent plus tard la comète de 1066, qui a été regardée comme le présage de la conquête du royaume d'Angleterre par Guillaume duc de Normandie.

— Il y a un mois, en venant ici, dit l'historien, je me suis arrêté à Bayeux où j'ai examiné la fameuse tapisserie sur laquelle la reine Mathilde de Flandre a retracé les plus mémorables épisodes de l'expédition d'outre-mer du duc Guillaume son époux. L'un des rectangles de cette longue et naïve tapisserie représente la comète, avec l'inscription *Isti mirantur stellam*, qui prouve que cette étoile fut considérée comme une véritable merveille. On lui doit sans doute la victoire d'Hastings, de sorte que l'un des premiers fleurons de la couronne de la reine d'Angleterre est tiré de la queue de cette comète!

— Cette comète est aussi celle qui porte aujourd'hui le nom de Halley et revient tous les 76 ans, repartit l'astronome.

En 1264, en juillet, apparut une brillante comète qui disparut le jour même de la mort du pape Urbain IV, c'est-à-dire le 3 octobre.

En 1456, au mois de juin, un astre semblable et d'une grandeur extraordinaire, horrible, traînant à sa suite une queue très-longue et brillant d'un vif éclat, jeta l'effroi dans toute la chrétienté. Le pape Calixte III se battait alors contre les Sarrasins. Il montra aux chrétiens que la comète « avait la forme d'une croix » et annonçait un grand événement ; en même temps, Mahomet annonçait aux siens que la comète « ayant la forme d'un yatagan » était une bénédiction du prophète. On dit que le pape reconnaissant ensuite la même forme à la comète l'excommunia. Les chrétiens remportèrent la victoire sous Belgrade. À coup sûr la comète, qui était encore celle de Halley, ne s'en doutait guère.

Les premiers mois de l'année 1472 furent témoins d'une grande comète que la plupart des historiens représentent comme très-horrible et tout à fait effrayante. Belleforest en trace ainsi la description : « Au mois de février 1472, apparut au ciel un présage de la mort du frère de Louis XI, une comète fort hideuse et épouvantable qui lançait ses rayons d'Orient en Occident, donnant de grands effrois aux grands, lesquels n'ignorent point que ces comètes sont les verges menaçantes de Dieu pour estonner ceux qui ont commandement, afin qu'ils se convertissent. »

À cette époque, dit Pingré, « les comètes devinrent les signes les plus efficaces des événements les plus libres et les plus importants. Elles furent chargées d'annoncer les guerres, les séditions, les mouvements intestins des républiques ; elles présagèrent des famines, des pestes, des maladies épidémiques ; il fut défendu aux princes, aux personnes mêmes constituées en dignité, de payer le tribut à la nature sans l'apparition préalable d'une comète, oracle universel ; on ne pouvait plus être surpris par un événement inattendu ; l'avenir se lisait au ciel aussi facilement que le passé dans les histoires. Leur effet dépendait du lieu du ciel où elles brillaient, des pays de la terre qu'elles dominaient directement, des signes du zodiaque qui mesuraient leur longitude, des constellations qu'elles traversaient, de la figure et de la longueur de leurs queues, du lieu où elles s'éteignaient, de mille autres circonstances enfin qu'il était toujours bien plus facile d'indiquer que de distinguer ; d'ailleurs on annonçait d'ordinaire des guerres, des morts de princes ou de quelque grand ministre ; mais il se passait alors peu d'années qui ne fussent marquées par quelque événement semblable. Les dévots astrologues, car il y en avait beaucoup de cette espèce, risquaient moins que les autres. Selon eux, la comète menaçait de tel malheur ; s'il n'arrivait point, les larmes de la pénitence avaient fléchi la colère de Dieu : il avait remis son épée dans le fourreau. Mais on imagina une règle qui mit les astrologues bien au large ; on s'avisa de dire que l'événement annoncé par l'apparition d'une comète pouvait s'étendre à une ou plusieurs périodes de quarante ans, ou même à autant d'années que la comète avait paru de fois ; de sorte qu'une comète qui avait paru six mois pouvait ne produire son effet qu'après 180 ans. »

Les médecins s'étaient aussi emparés des comètes comme de choses à eux appartenantes ; vu leurs qualités pernicieuses et morbifiques, ils déduisaient même de leur aspect des signes physiologiques et pathognomoniques. « La comète avait-elle le teint pâle, sa figure tirait-elle sur le blafard : c'étaient des léthargies, des pleurésies, des péripneumonies ; était-elle haute en couleur, rougeâtre, échauffée : c'étaient des fièvres ardentes, la rougeole, le pourpre et le millet ; était-elle bleue : signe de peste, de gangrène, de scrofules, de vice psorique ; enfin sa couleur approchait-elle de l'or : c'était la jaunisse, le spleen, la mélancolie, l'atrabile, la manie, » etc.

La plus redoutable de toutes les comètes de ce temps fut, d'après Simon Goulart, celle de l'an 1527. « Telle frayeur fut à plusieurs qu'aucuns en moururent, autres tombèrent malades. Elle fut vue de plusieurs milliers d'hommes, paroissant fort longue et de couleur de sang. Au sommet d'icelle fut veue la représentation d'un bras courbe, tenant une grande espée en sa main comme s'il eust voulu frapper. Au haut de la pointe de ceste espée, il y avoit trois estoiles, mais celle qui touchoit la pointe estoit plus luisante que les autres. Aux deux costez des rayons de ceste comète se voyoient force haches, poignards, espées sanglantes, parmi lesquelles on remarquoit grand nombre de testes d'hommes décapitez, ayant les barbes et cheveux hérissez horriblement. » — Et à la suite de cet affreux récit, Goulart s'écrie : « Et qu'a veu l'espace de soixante-trois ans depuis toute l'Europe, sinon les horribles effects en terre de cest horrible présage au ciel ? »

J'ai trouvé à la bibliothèque du Château, ajouta l'astronome, un dessin de cette comète dans un vieux livre intitulé *Histoires prodigieuses*. Tenez! voici ce dessin.

Comète de 1527, d'après le livre des Histoires prodigieuses.

— Je me souviens d'avoir vu une comète bien plus épouvantable, dit le député, dans un petit livre intitulé les *Merveilles célestes*, reproduite d'après Ambroise Paré.

— En effet, répliqua l'un des assistants, et c'est dommage que ce petit livre ne soit pas encore dans les nouveautés de la bibliothèque du Château. La comète d'Ambroise Paré est encore plus curieuse que la précédente.

— Après la comète de 1527, reprit l'astronome, l'histoire nous donne celle de 1556, célèbre par l'abdication de Charles-Quint. Puis nous avons celle de 1577, dont la tête de chouette suivie d'un manteau de lumière vague, aux franges pointues, pouvait en effet jeter l'effroi sur les imaginations ignorantes et craintives. On lit à son propos dans le curieux recueil des *Histoires prodigieuses*: « La comète est un signe infaillible d'un très-pernicieux événement. Toutes et quantes fois qu'on a veu des éclipses de lune, comètes, tremblement de terre, convertissemens d'eaux en sang, ou autres semblables prodiges, on a veu et expérimenté aussi peu de temps après des espouvantables misères, afflictions et effusion de sang humain, massacres, morts de grands monarques, rois, princes et seigneurs, séditions, trahisons, dégâts de terre, éversions d'empires, royaumes et villes ; faim et cherté de vivres, bruslemens et embrasemens de villes, pestes, morts universelles, tant des bestes que des hommes ; brief, toutes sortes de maux et de malheurs dont l'homme se peult adviser. Or doncques il ne faut rien doubter que ces signes et prodiges et advertissent que la fin de ce monde et le terrible et dernier jugement de Dieu s'approche de nous. »

Sous les règnes de Henri IV et Louis XIII, nous avons plusieurs comètes brillantes ; mais on les observe déjà astronomiquement, on les examine, on les discute, et elles commencent à perdre de leur aspect sépulcral, tant grossi par l'imagination des siècles précédents.

— Avec sa haute raison cachée sous les exquises délicatesses de son esprit, dit l'historien, Mme de Sévigné a porté sur l'influence prétendue des comètes un jugement aussi sain qu'élégamment exprimé. « Nous avons ici une comète, écrivait-elle à sa fille, qui est bien étendue ; c'est la plus belle queue qu'il est possible de voir. Tous les grands personnages sont alarmés et croient que le ciel, bien occupé de leur perte, en donne des avertissements par cette comète. On dit que le cardinal Mazarin étant désespéré des médecins, ses courtisans crurent qu'il fallait honorer son agonie d'un prodige, et lui dirent qu'il paraissait une grande comète qui leur faisait peur. Il eut la force de se moquer d'eux, et leur dit plaisamment que la comète lui faisait trop d'honneur. En vérité, on devrait en dire autant que lui, et l'orgueil humain se fait aussi trop d'honneur de croire qu'il y ait de grandes affaires dans les astres quand on doit mourir. »

— Vingt ans plus tard, cependant, les grands de la cour de Louis XIV n'étaient pas tous aussi sages que Mazarin ! dit la marquise. Je vous paraîtrai peut-être, messieurs, un peu trop littéraire, un peu trop *liseuse* pour une femme ; cependant je vous avouerai que je suis en train de relire pour la troisième fois les *Chroniques de l'Œil-de-Bœuf*. Eh bien, j'y ai lu ceci l'autre jour à la date de 1680 : « Toutes les

## XIX

DÉCADENCE DE L'ASTROLOGIE.

lunettes sont braquées depuis trois jours sur le firmament : une comète comme on n'en vit point encore dans les temps modernes occupe jour et nuit nos doctes de l'Académie des sciences. Ils disent que c'est la même qui parut l'année de la mort de César, puis en 531, puis en 1106. La révolution que ces Messieurs appellent une période est, à ce qu'ils assurent, d'environ cinq cent soixante-quinze ans. La terreur est grande par la ville ; les esprits timorés voient dans ceci le signe d'un déluge nouveau, attendu, disent-ils, que l'eau s'annonce toujours par le feu ; ce qui ne me paraîtra une raison démonstrative que si Cassini se donne la peine de me la confirmer. Pendant que les peureux font leur testament et, prévoyant la fin du monde, lèguent leurs biens aux moines, qui se montrent en les acceptant meilleurs physiciens que les testateurs, la cour agite fortement la question de savoir si l'astre errant n'annonce pas la mort de quelque grand personnage, ainsi qu'il annonça, disent-ils, celle du dictateur romain. Quelques courtisans esprits forts se moquaient hier de cette opinion ; le frère de Louis XIV, qui craint apparemment de devenir tout à coup un César, s'est écrié d'un ton fort sec : « Eh, messieurs, vous en parlez à votre aise, vous « autres ; vous n'êtes pas princes ! »

— Il s'agit ici de la comète de 1680, répliqua l'astronome. C'était du reste une fameuse comète. Elle fournit un thème merveilleux à l'imagination de Newton. Cette comète impressionna profondément tous les hommes, catholiques, réformés, turcs, juifs, etc. Elle impressionna, oserai-je dire, jusqu'aux poules !...

— Comment cela?

— Car j'ai trouvé dans les cartons de la Bibliothèque nationale de Paris une estampe de l'époque avec ce titre : *Prodige extraordinaire: comment à Rome une poule pondit un œuf sur lequel était gravée l'image de la comète.* La gravure représente l'œuf en question.... sous différents aspects.

— Ah! pour cela, je n'en crois pas un traître mot, s'écria le beau-père du capitaine.

— Voici pourtant une copie authentique de l'œuf astronomique de cette trop sensible poule, reprit l'astronome, et lisez la petite légende qui l'accompagne :

la veille d'ordonner ces prières, si des académiciens ne lui eussent fait sentir le ridicule de sa démarche.

« 13 mai. — M. de Lalande ne pouvant satisfaire aux questions sans fin que lui suscite son fatal Mémoire, et voulant d'ailleurs prévenir les malheurs réels qu'il occasionne dans plusieurs têtes faibles, va prendre le parti de le faire imprimer et de le rendre aussi clair qu'il sera possible. »

Enfin ce fameux Mémoire paraît. L'astronome friand d'araignées y déclare que des soixante comètes connues, huit pourraient, en approchant trop près de la terre, par exemple à 13000 lieues, occasionner une pression telle que la mer sortirait de son lit et couvrirait une partie du globe; mais qu'il y a toujours une vingtaine d'années à attendre. Cela ne faisait pas l'affaire des amateurs d'émotions; c'était beaucoup trop long pour des provisions, et l'effervescence se calma.

Voltaire ne manqua pas, du fond de sa retraite, de prendre la plume. C'était là une trop belle circonstance, et il publia une longue lettre dont voici un petit extrait :

« Quelques Parisiens, qui ne sont pas philosophes et qui, si on les en croit, n'auront pas le temps de le devenir, m'ont mandé que la fin du monde approchait, et que ce serait infailliblement pour le 20 du mois de mai où nous sommes. Ils attendent, ce jour-là, une comète qui doit prendre notre petit globe à revers et le réduire en poudre impalpable, selon une certaine prédiction de l'Académie des sciences, qui n'a point été faite. Rien n'est plus probable que cet événement; car Jacques Bernouilli, dans son *Traité de la comète*, prédit expressément que la fameuse comète de 1680 reviendrait avec un terrible fracas, le 17 mai 1719. Si Jacques Bernouilli se trompa, ce ne peut être que de cinquante-quatre ans et trois jours. Il est clair que rien n'est plus raisonnable que d'espérer la fin du monde pour le 20 du présent mois de mai 1773, ou dans quelque autre année. Si la chose n'arrive pas, ce qui est différé n'est pas perdu. »

— Ce Voltaire est toujours le même, s'écria le député.

— Voilà, mes enfants, une grande frayeur, dit le beau-père du capitaine. Mais nous-mêmes, en 1811, quand la fameuse comète qui

donna son nom à l'année qui la vit paraître, se fut dessinée dans
l'espace, n'avons-nous pas vu des courtisans s'efforcer d'en faire
hommage à l'empereur comme d'une ressemblance de plus avec César? Ce qu'il y a de certain, c'est que le vin récolté l'année de la
comète fut d'une qualité si supérieure, qu'il a puissamment contribué à son illustration. Cela ne prouve pas du tout, au surplus, que
la comète ait rendu nos vins meilleurs, mais seulement que les comètes n'ont pas la faculté d'empêcher le vin d'être excellent les années où il doit l'être.

— La peur des comètes, reprit l'astronome, est une maladie périodique qui ne manque jamais de revenir dans toutes les circonstances
où l'apparition d'un de ces astres est annoncée avec quelque retentissement. Dans le cas où l'on aurait quelque chose à redouter de
la rencontre d'une comète avec la Terre, il est arrivé de nos jours
une circonstance grave où la peur en pareille matière paraissait justifiée peut-être pour la première fois depuis un grand nombre de
siècles; c'est lors du retour de la petite comète de Biéla en 1832.

En calculant l'époque de la future réapparition du nouvel astre,
Damoiseau trouva que la comète viendrait le 29 octobre 1832, avant
minuit, traverser le plan de l'écliptique, c'est-à-dire le plan dans
lequel la Terre se meut, et le seul endroit où une comète soit susceptible de rencontrer la Terre.

Ces résultats, appuyés de toute l'autorité scientifique désirable,
furent portés par les journaux à la connaissance des populations;
on peut imaginer la sensation profonde qu'ils produisirent. C'en était
fait! la fin des temps était proche.

Mais une question restait à faire, et les journaux ne l'avaient ni
posée ni même prévue. En quel endroit de son immense orbite la
Terre se trouverait-elle le 29 octobre, au moment où la comète
passerait? Arago écrivit dans l'*Annuaire pour* 1832 : « Le passage
de la comète très-près *d'un certain point* de l'orbite terrestre
aura lieu le 29 octobre avant minuit; eh bien! la Terre n'arrivera *au même point* que le 30 novembre au matin, c'est-à-dire *plus
d'un mois après*. On n'a maintenant qu'à se rappeler que la vitesse moyenne de la Terre dans son orbite est de 660 000 lieues par
jour, et un calcul très-simple prouvera que LA COMÈTE DE SIX ANS 3/4,

DU MOINS DANS SON APPARITION EN 1832, SERA TOUJOURS A PLUS DE 20 000 000 DE LIEUES DE LA TERRE. »

Il arriva ainsi qu'il avait été prédit, et la Terre cette fois en fut encore quitte pour la peur.

— Quelque temps après cette fausse annonce de fin du monde, dit le professeur, nous en avons eu une nouvelle pour l'année 1840, à laquelle on se laissa prendre de nouveau. 1840 est arrivé, et passé, et la fin du monde n'est pas venue.

L'humanité est ainsi faite. L'histoire du passé c'est toujours l'histoire du présent. Bien que le niveau général de l'intelligence se soit élevé, il reste encore dans le fond de la société une couche assez intense sur laquelle l'absurde a toujours chance de germer. Aussi longtemps que ce public d'esprits défaillants et de cœurs timorés existera, il se trouvera des hommes pour en abuser, pour le duper et pour le tromper.

— Nous en avons eu encore récemment une nouvelle preuve, repartit l'astronome. Depuis vingt ans nous attendons une grande comète d'environ 300 ans de révolution, qui parut en 1264, et à laquelle on attribua la mort du pape Urbain IV, et qui, de retour en 1556, fit, dit-on, abdiquer l'empereur Charles-Quint. Sa réapparition avait été prédite pour 1848. La révolution de Février est venue sans la comète; l'Empire ne nous l'a pas apportée, et une nouvelle révolution viendra sans doute sans nous la donner.

Quoique ces faits fussent bien établis, il s'est trouvé des hommes qui ont assez compté sur l'ignorance d'une partie de la société pour ne pas craindre de fixer, non pas une année, un mois, une semaine, mais un jour, comme étant celui de la venue de la comète : pour compléter l'effet dramatique de cette apparition, ils ont, suivant l'usage d'autrefois, annoncé que ce jour-là notre globe serait heurté par l'astre et réduit en poussière. D'après ces prédictions, le 13 juin 1857 (remarquez qu'on avait choisi la date du 13) devait être le jour de la fin du monde. Nous nous souvenons tous que malgré tout, sous l'impression de cette annonce, certaines populations des départements étaient véritablement plongées dans l'effroi, et, même à Paris, on ne cessait d'entendre parler de la comète avec terreur[1].

1. N'a-t-on pas vu les mêmes terreurs reparaître en 1872, à propos de la prétendue

— Quelle était l'opinion des anciens sur les comètes ? demanda la marquise.

— Comme vous le pensez, répondit l'astronome, leur opinion ne pouvait être que très-vague. Ainsi Métrodore disait que c'était une réflexion du soleil ; Démocrite, un concours de plusieurs étoiles ; Aristote, une consistance d'exhalaisons sèches et enflammées ; Strabon, la splendeur d'une étoile enveloppée d'un nuage ; Héraclide de Pont, un nuage élevé, qui renvoie beaucoup de lumière ; Épigène, une matière terrestre enflammée et agitée par le vent ; Boëce, une partie de l'air colorée ; Anaxagore, des étincelles tombées du feu élémentaire ; Xénophane, un mouvement et un épaississement de nuages qui s'enflamment ; Descartes, les débris des tourbillons détruits et qui font passer jusqu'à nous des pièces de leur naufrage, etc.

On a attribué aux Chaldéens l'opinion qu'elles sont analogues aux planètes par leur cours régulier et qu'elles s'éloignent de nous lorsqu'elles nous paraissent s'anéantir ; Sénèque partage cette explication, puisqu'il a regardé les comètes comme des globes roulant dans le ciel et qui dans certains temps se montrent et disparaissent, et dont les observations suivies pourront faire connaître quelque jour les mouvements périodiques.

— Et maintenant, répliqua la marquise, qu'en pense-t-on ?

— Nous n'avons pas fait dans ces causeries, répondit l'astronome, la description des corps célestes. Cette description est l'objet spécial des livres d'astronomie, et je l'ai donnée dans d'autres ouvrages. Notre œuvre actuelle est une *histoire* de l'astronomie, un tableau des phases par lesquelles l'esprit humain a passé avant d'arriver à la science moderne, un panorama — plus romantique que classique — des diverses vues qui caractérisent les temps antérieurs au nôtre. Cependant, madame, je serais heureux de répondre à votre question, si nous savions bien exactement ce que sont les comètes.

— Comment, on ne le sait pas ?

— On sait seulement que ce sont des astres d'une extrême té-

prédiction du professeur Plantamour de Genève, qui aurait annoncé une comète pour le 12 août 1872, ce à quoi il n'a jamais même songé. On a tremblé à Paris même ; et en Autriche, des gens ont fait leur testament. — Pour qui ?

nuité, analogues à des atmosphères en mouvement, dont le noyau même est d'une faible densité, et qui circulent autour du soleil suivant des ellipses très-allongées, lorsqu'elles ne décrivent pas même des paraboles ou des hyperboles qui les portent de système en système, de soleils en soleils, d'étoiles en étoiles. Ce sont certainement, dans tous les cas, des voyageurs qui viennent des autres systèmes de l'infini, et circulent dans le nôtre un temps plus ou moins long. Si elles pouvaient parler, elles nous apprendraient bien des choses sur les autres régions de l'univers.

— Et quelle est *la nature* de ces astres singuliers? demanda encore la marquise.

— Madame, répondit l'astronome, au temps de la régence du duc d'Orléans, une dame de la cour, qui était allée visiter l'Observatoire, demandait à Mairan : « Dites-moi, je vous prie, ce que sont les bandes de Jupiter? — Je ne sais pas, répondit incontinent le secrétaire de l'Académie des sciences. — Pourquoi, répliqua la dame curieuse, Saturne est-il la seule planète entourée d'un anneau? — Je ne sais pas » fut encore la réponse de Mairan. La dame impatiente lui dit alors avec une certaine rudesse : « A quoi sert-il donc, monsieur, d'être académicien? — Cela sert, madame, à répliquer : Je ne sais pas. »

— Cependant, ajouta la femme du capitaine, vous pouvez sans doute nous dire si la rencontre d'une comète avec la Terre serait sérieusement à craindre.

— Fort peu assurément, car on a vu en 1770 la comète de Lexell aller heurter les quatre lunes de Jupiter sans les déranger; au contraire, elle y perdit elle-même la vie; et il y a quelques années, le 29 juin 1861, la Terre est restée elle-même sans le savoir plusieurs heures dans la queue d'une comète fort inoffensive.

— Sur certains points, en effet, remarqua le professeur, il vaut mieux avouer notre ignorance que de faire de la demi-science. J'ajouterai cependant à notre infatigable astronome une question à laquelle il pourra répondre et qui doit compléter cet entretien. Quelles sont les dernières comètes importantes apparues, et quelles sont celles qui reviennent périodiquement?

— Les plus intéressantes dont nous puissions nous souvenir,

sont : celle de 1843, qui fut visible même en plein jour ; elle était remarquable par l'éclat de sa tête et la longueur de sa queue (50 degrés et 60 millions de lieues) comme un filet de lumière ; — celle de 1853, visible dans le nord du ciel au mois d'août ; — celle de 1858, désignée du nom de l'astronome de Florence, Donati, qui l'a découverte le 2 juin et fut visible à l'œil nu à partir du 3 septembre : on se souvient que sa queue se partagea en deux bandes lumineuses ; — celle de juin 1860 ; — celle de 1861, qui brilla si magnifiquement tout l'été et dont la queue atteignit 118 degrés (les deux tiers du ciel) ; — celle d'août 1862, et celle d'août 1864.

Des différentes comètes périodiques, celle de Halley est la seule visible à l'œil nu. Six autres ont des périodes de quelques années seulement et reviennent assez souvent. Il ne se passe pas d'année qu'il n'y ait plusieurs comètes dans le champ du télescope des astronomes.

— Messieurs mes nobles hôtes, fit la marquise en se levant, avez-vous oublié que Flamanville vous offre ce soir le spectacle d'une belle éclipse de lune ?

— En effet, s'écria l'astronome, l'éclipse est commencée, et même la Lune est non-seulement entrée dans la pénombre de l'atmosphère terrestre, mais vient encore d'entrer dans l'ombre. Du reste, il est onze heures.

Tous les membres du groupe s'étaient levés instinctivement en voyant l'échancrure commencée par l'ombre de la Terre sur le disque de la Lune. Le comte apporta une longue-vue et une jumelle, et l'on suivit avec curiosité, tantôt à la vue simple, tantôt à l'aide de la lunette, la marche progressive de l'ombre, en notant l'instant d'arrivée sur les grandes taches grises qui sont toujours visibles sur la pleine lune.

De la terrasse du château, où nous étions restés ce treizième soir, la vue était vaste et l'horizon découvert. Le Sagittaire se couchait. Les deux étoiles principales du Capricorne, à gauche desquelles trônait alors le brillant Jupiter, les petites étoiles du Verseau et des Poissons, marquaient le zodiaque au sud, de l'ouest à l'est, où venaient de se lever le Scorpion et Antarès. A l'horizon du sud, devant nous, brillait l'étoile australe de première grandeur Fomalhaut. Dans la région du zénith on voyait Andromède, le Carré de Pégase, le Cygne, son voisin de droite l'Aigle et sa voisine de gauche Cassiopée, étendus tous trois dans la Voie lactée. En se tournant vers le nord, on avait devant soi la Grande-Ourse ; à droite, Aldébaran, les Pléiades ; à gauche, la Couronne, Hercule et la Lyre.

— Ainsi, dit la marquise, ces éclipses qui jadis effrayèrent les mortels sont aujourd'hui calculées et annoncées d'avance à l'heure précise, à une minute, à une seconde près, par les astronomes du Bureau des longitudes.

— Depuis que nous connaissons exactement le plan du mouvement mensuel de la Lune autour de la Terre, et celui de la Terre autour du Soleil, il est facile de préciser par une formule invariable les dates où la pleine lune comme la nouvelle lune arrivent dans le plan de l'écliptique. Alors il y a inévitablement éclipse de lune dans le premier cas, éclipse de soleil dans le second. Si ce n'est pas tout à fait dans le plan et que la différence ne dépasse pas la largeur apparente du Soleil et de la Lune, l'éclipse n'est que partielle.

— Les mêmes éclipses doivent revenir au bout d'un certain temps ? demanda le professeur.

— Oui, si nous ne considérons pas une étendue de plusieurs siècles, repartit l'astronome, car dans ce cas il y a des corrections à apporter à la formule, dépendantes des variations séculaires des mouvements célestes. Le cycle est de dix-huit ans et onze jours. Ainsi, c'est aujourd'hui le 13 septembre 1866 : l'éclipse de ce soir est déjà arrivée il y a dix-huit ans et onze jours, c'est-à-dire le 2 septembre 1849.

— Tiens ! c'est le jour de ma naissance, fit l'une des jeunes filles.

— Dix-huit ans et onze jours auparavant, reprit l'astronome, c'est-a-dire le 23 août 1831, on avait encore eu la même éclipse.

Dans dix-huit ans et onze jours, soit en 1885, le 24 septembre, nous aurons de nouveau celle qui se présente ce soir.

Il en est de même pour le Soleil. Dans ce cycle il y a quarante et une éclipses de soleil et vingt-neuf de lune. Il y a chaque année sept éclipses au plus et deux au moins ; quand il n'y en a que deux, ce sont des éclipses de Soleil. Quoique plus nombreuses en réalité, les éclipses de Soleil sont cependant plus rares pour un lieu déterminé, parce qu'on ne les voit pas de partout, et qu'il n'y a que les pays situés sur le cours de l'ombre de la Lune qui ont le privilége de l'éclipse; tandis que toute la moitié de la Terre qui a la Lune sur son horizon la voit éclipsée quand elle l'est.

— Eh! la Lune sera bientôt à moitié couverte, s'écria la fille du navigateur, qui ne quittait pas sa jumelle.

— Comment se nomme cette partie si brillante et rayonnante que l'on voit au bas de la Lune? demanda le comte.

— Le mont Tycho.

— Et cette grande tache qui paraît former son œil droit? ajouta la femme du capitaine.

— La mer des Pluies.

— Et au-dessous d'elle, il y en a encore une autre plus grande, qui dessinerait la joue droite?

— C'est le Grand océan des Tempêtes.

— Et l'œil gauche? ajouta le député.

— Représente la mer de la Sérénité, répondit encore l'astronome.

— Et la joue gauche? dit encore la jeune fille.

— Mademoiselle, c'est la mer de la Tranquillité.

. . . . . . . . . . . . . . . . . . . . . . . . . . . . . .

Nous discutions encore sur l'éclipse, arrivée en son milieu après minuit, lorsqu'on vint nous annoncer qu'un petit souper de collation était servi. Nous rentrâmes au château, et la conversation astronomique, loin de s'éteindre sous l'action du vin de Chypre parfumé, se prolongea fort avant dans la nuit; en effet, nous vîmes même la sortie de l'ombre, vers deux heures du matin. Il était écrit qu'une partie de la nuit serait consacrée au culte des sciences et des arts, car nous étions depuis longtemps rentrés dans nos appartements, lorsque nous entendîmes l'une des dames du château chanter au piano la douce romance du *Lac* de Lamartine, à laquelle une autre voix répondit encore par la belle strophe de *la Nuit* de Félicien David.

# QUATORZIÈME SOIRÉE

### GRANDEUR ET DÉCADENCE DE L'ASTROLOGIE

Les causes de l'astrologie et ses effets. Correspondance entre les événements de la nature terrestre et les mouvements des astres. Naissance de l'astrologie sous le ciel asiatique. Exagération des remarques primitives. Erreurs et préjugés. Application de l'astrologie à la prédiction des actes humains. — Exemples curieux des prédictions astrologiques de l'antiquité et du moyen âge. De Babylone à Paris et de Thrasylle à Nostradamus. — Influences supposées des planètes et des signes du zodiaque sur le corps humain. Si l'astrologie est tout à fait morte ?

— L'esquisse rapide que nous avons faite hier a développé sous nos yeux les faits caractéristiques qui nous rappellent l'influence des signes célestes sur l'histoire de l'humanité. Ainsi, fit l'astronome, nous avons été conduits par les éclipses, les comètes, les phénomènes divers, à l'explication de l'astrologie, ce système immense qui dans tous les siècles et chez tous les peuples accompagna la science astronomique. L'astrologie mérite à elle seule un chapitre spécial de l'*Histoire du ciel*; l'histoire de sa grandeur et de sa décadence ne sera ni la moins curieuse ni la moins instructive de nos conversations.

— Mais, interrompit le député, l'astrologie est morte. Pourquoi nous entretenir des morts?

— Sans doute, répliqua l'historien, l'astrologie est morte ou à peu près; mais les préjugés humains ne sont pas morts, l'ignorance n'est pas morte; et il y a encore de par le monde plus d'astrologues que d'astronomes.

— D'ailleurs, ajouta le capitaine, toute histoire se compose fatalement d'événements disparus. C'est là le propre de l'histoire. Ce qui reste d'un intérêt toujours actuel, ce sont les causes et les effets de ces événements, c'est-à-dire leur origine et leur fin dans l'esprit de l'homme, éternellement semblable à lui-même malgré le changement de la scène et des costumes.

— Nous allons donc, reprit l'astronome, autant du moins que l'intérêt saura captiver notre attention, nous allons passer en revue les phases de la grande histoire de l'astrologie.

Je vous rappellerai d'abord, madame la marquise, qu'on a distingué dès l'origine deux espèces d'astrologies : l'astrologie naturelle et l'astrologie judiciaire. La première se proposait de prévoir et d'annoncer les changements des saisons, les pluies, les vents, le froid, le chaud, l'abondance, la stérilité, les maladies, etc., au moyen de la connaissance des causes qui agissent sur la terre et sur l'atmosphère. L'autre s'occupait d'objets qui seraient encore plus intéressants pour l'homme. Elle traçait au moment de sa naissance ou à quelque moment que ce soit de sa vie, la ligne que chacun de nous doit parcourir suivant sa destinée. Elle prétendait déterminer notre caractère, nos passions, la fortune, les malheurs, les périls réservés à chaque mortel.

Nous n'avons pas à nous occuper ici de l'astrologie naturelle, qui est une véritable science d'observation et ne mérite pas le nom d'astrologie. Elle est plutôt digne d'être appelée le calendrier météorologique des cultivateurs. Moins citadins que leurs descendants du dix-neuvième siècle, les anciens avaient reconnu la correspondance existante entre les phénomènes célestes et les vicissitudes des saisons; ils observaient assidûment ces phénomènes pour découvrir les retours des mêmes intempéries; fondés sur la connaissance du mouvement des corps célestes, ils ont été jusqu'à enchaîner ces retours dans différentes périodes relatives aux différents aspects des astres.

Mais ces rapprochements ne tardèrent pas à être dénaturés. On regarda les constellations d'automne, par exemple Orion et les Hiades, comme des astres pluvieux, parce que les pluies arrivaient dans le temps où ces étoiles se levaient. Les Égyptiens qui observaient le matin, appelèrent Sirius ardent, parce que son apparition

du matin était suivie des grandes chaleurs de l'été. Il en fut de
même à l'égard des autres étoiles. Bientôt on les regarda comme la
cause des pluies et de la chaleur, quoiqu'elles n'en fussent que les
témoins bien éloignés.

— Ce serait donc de Sirius, étoile de la canicule, interrompit la
femme du capitaine, que viendraient les jours caniculaires?

— Cette dénomination, répondit l'astronome, provient du lever
matinal de Sirius, qui arrivait au milieu de juillet vers le commencement de notre ère, qui n'arrive plus maintenant qu'au milieu du
mois d'août, et qui arrivant il y a 4000 ans, vers le 20 juin, annonçait la crue du Nil en Égypte. On continue d'appeler encore aujour-
d'hui jours caniculaires la période du 22 juillet au 23 août.

La croyance à l'influence météorologique des astres est une des causes de l'astrologie judiciaire. Celle-ci a soumis l'homme comme l'atmosphère au pouvoir des étoiles ; elle a fait dépendre de leurs influences les orages des passions, les maux et les biens de la vie aussi
bien que les variations des saisons. En effet, il paraissait tout
simple de dire: ce sont les étoiles, les astres en général qui amènent
les vents, les pluies et les orages ; leurs influences mêlées à l'action des rayons du soleil modifient le froid ou la chaleur ; la ferti-
lité des campagnes, la santé ou les maladies dépendent de ces
influences bienfaisantes ou nuisibles ; il ne croît pas un brin d'herbe
que tous les astres n'aient contribué à son accroissement ; l'homme
ne respire que les émanations qui, échappées de ces astres, remplissent l'atmosphère ; l'homme ainsi que la nature entière leur
est donc assujetti : ces astres doivent donc influer sur sa volonté,
sur ses passions ; sur les biens et les maux semés dans sa carrière ;
en un mot, diriger sa vie.

Dès qu'on eut établi que le lever d'une étoile ou d'une planète,
son aspect à l'égard des autres planètes annonçait aux hommes une
certaine destinée, il fut naturel de croire que les configurations plus
rares signifiaient des événements extraordinaires, qui concernaient
les grands empires, les nations, les villes. Enfin, puisque les erreurs
s'enchaînent comme les vérités, il a été naturel de penser que des
configurations plus rares encore, telles que la réunion de toutes les
planètes en conjonction avec la même étoile, qui ne se renouvelle

qu'après des milliers de siècles lorsque les nations se sont renouvelées une infinité de fois, lorsque les ruines des empires se sont
succédé, ne pouvaient regarder que la terre qui avait servi de
théâtre à tous ces changements. On a joint à cette idée superstitieuse
le souvenir des déluges et la tradition que le monde devait périr
par le feu, et l'on a annoncé un déluge universel quand les planètes
se réuniraient dans le signe des Poissons, un embrasement général
quand cette conjonction arriverait dans le signe du Lion.

— Mais, s'écria la marquise, comment a-t-on pu concevoir que les
émanations des astres, affaiblies par le long trajet qu'elles auraient
à faire, pussent conserver assez d'énergie pour produire de si grands
effets? Certaines influences étant supposées vraies, les astres placés
au méridien, c'est-à-dire dans le cas de leur plus grande puissance,
produiraient ces mêmes effets pendant un certain intervalle de temps.
Combien d'enfants, nés dans la même heure, auraient donc le même
caractère et la même destinée. Mais en outre, l'homme ne dépend
pas seulement du moment de sa naissance : ne fallait-il pas nécessairement tenir compte de ses aptitudes, de ses passions, et des circonstances diverses au milieu desquelles il peut être placé?

— Les plus faibles racines, répliqua l'astronome, suffisent à l'erreur. Si nous voulions retracer l'histoire de cet immense système,
nous pourrions constater de suite qu'il a régné pendant des périodes séculaires sur les gouvernants et sur les gouvernés.

Son origine, comme celle de la sphère, est certainement dans la
haute Asie.

Là, le ciel étoilé, toujours pur et splendide, appela de bonne heure
l'observation et frappa l'imagination. Déjà nous l'avons vu : les Assyriens saluaient dans les astres autant de divinités douées d'influences bienfaisantes ou malfaisantes. L'adoration des corps célestes fut
la première religion des populations pastorales descendues des montagnes du Kurdistan dans les plaines de Babylone. Les Chaldéens
finirent par constituer une caste sacerdotale et savante consacrée à
l'observation du ciel, les temples devinrent de véritables observatoires : telle était la célèbre tour de Babylone, monument consacré
aux sept planètes et dont le souvenir a été perpétué par une des plus
anciennes traditions que nous ait conservées la Genèse.

Une longue suite d'observations mirent les Chaldéens en possession d'une astronomie théologique, reposant sur une théorie plus ou
moins chimérique de l'influence des corps célestes appliquée aux
événements et aux individus. Diodore de Sicile a relaté, vers le
commencement de notre ère, les détails les plus circonstanciés qui
nous soient parvenus sur les prêtres chaldéens.

A la tête des dieux, les Assyriens plaçaient le Soleil et la Lune dont
ils avaient noté le cours et les positions journalières dans les constellations du zodiaque, demeures mensuelles de l'astre du jour.
Les douze signes étaient régis par autant de dieux qui se trouvaient
avoir de la sorte les mois correspondants sous leur influence. Chacun de ces mois se subdivisait en trois parties : ce qui faisait en tout
trente-six subdivisions, auxquelles présidaient autant d'étoiles nommées *dieux conseillers*. La moitié de ces dieux avait sous son inspection les choses qui se passent au-dessus de la terre et l'autre
celles qui se passent au-dessous. Le Soleil, la Lune et les cinq planètes occupaient le rang le plus élevé dans la hiérarchie divine et
portaient le nom de *dieux interprètes*. Entre ces planètes, Saturne
ou *Bel l'ancien*, regardé comme l'astre le plus élevé, comme la
planète la plus distante de nous, était entouré de la plus grande
vénération ; c'était l'interprète par excellence, le révélateur. Chacune des autres planètes avait son nom particulier. Les unes, telles
que *Bel* (Jupiter), *Merodacz* (Mars), *Nebo* (Mercure), étaient regardées
comme mâles ; les autres, telles que *Sin* (la lune) et *Mylitta* ou *Baul-
this* (Vénus), comme femelles ; et de leur position relative par rapport aux constellations zodiacales, appelées aussi *seigneurs* ou maîtres
des *dieux*, les Chaldéens tiraient sur la destinée des hommes, nés
sous telle ou telle conjonction céleste, des prédictions que les Grecs
nommèrent ensuite horoscopes.

Les Chaldéens supposaient aussi des relations entre chacune des
planètes et les phénomènes météorologiques, opinion en partie fondée sur des coïncidences fortuites ou fréquentes qu'ils avaient pu
observer. Au temps d'Alexandre leur crédit était considérable, et
le roi de Macédoine, par superstition ou par politique, les voulut
consulter.

Il est probable que les prêtres de Babylone, qui rapportaient aux influences sidérales toutes les propriétés naturelles, imaginaient entre les planètes et les métaux dont l'éclat respectif avait avec la teinte de leur lumière une certaine analogie, des relations mystérieuses. L'or correspondait au Soleil, l'argent à la Lune, le plomb à Saturne, le fer à Mars, l'étain à Jupiter, le mercure garde encore maintenant le nom de sa planète. Il n'y a pas plus de deux siècles que l'on a cessé de désigner les métaux par le signe de leurs planètes respectives. L'alchimie, mère de la chimie, était une sœur intimement liée avec l'astrologie, mère de l'astronomie.

— La civilisation égyptienne remontait à une époque non moins reculée que celle de Babylone, ajouta l'historien, et il est juste de confirmer les idées précédentes par les documents qu'elle nous offre. Observateurs non moins soigneux que les astrologues babyloniens, des météores et des révolutions atmosphériques, ils savaient prédire certains phénomènes et se donnaient pour les avoir produits.

Diodore de Sicile nous dit que les prêtres égyptiens indiquaient assez ordinairement les années de stérilité et d'abondance, les contagions, les tremblements de terre, les inondations, les comètes. La connaissance des phénomènes célestes faisait, en Égypte comme en Chaldée, partie intégrante de la théologie. Les Égyptiens avaient des collèges de prêtres spécialement attachés à l'étude des astres, et où Pythagore, Platon, Eudoxe avaient été s'instruire.

La religion était d'ailleurs en Égypte toute remplie de symboles se rapportant au soleil et à la lune. Chaque mois, chaque décade, chaque jour était consacré à un dieu particulier. Ces dieux, au nombre de trente, ont été désignés dans l'astronomie alexandrine sous le nom de *décans* (δέκανοι) ou dieux décadaires. Les fêtes étaient marquées par le retour périodique de certains phénomènes astronomiques, et les levers héliaques auxquels se rattachaient certaines idées mythologiques étaient notés avec une grande attention. On trouve encore aujourd'hui la preuve de cette vieille science sacerdotale dans les zodiaques sculptés au plafond de quelques temples et dans des inscriptions hiéroglyphiques des phénomènes célestes.

D'après les Égyptiens, auxquels n'avait pas plus échappé qu'aux Grecs l'influence des changements atmosphériques sur nos organes, les différents astres avaient une action spéciale sur chaque partie du corps. Dans les rituels funéraires que l'on déposait au fond des cercueils, il est fait constamment allusion à cette doctrine. Chaque membre du mort est placé sous la protection d'un dieu particulier. Les divinités se partagent pour ainsi dire la dépouille du défunt. La tête appartient au dieu Ra ou Soleil, le nez et les lèvres à Anubis, et ainsi de suite. Pour établir le thème généthliaque de quelqu'un, on combinait la théorie de ces influences avec l'état du ciel au moment de sa naissance. Il semble même que dans la doctrine égyptienne, une étoile particulière indiquât la venue au monde de chaque homme, opinion qui était aussi celle des Mages et à laquelle il est fait allusion dans l'Évangile.

En Égypte, comme en Perse et en Chaldée, la science de la nature était une doctrine sacrée dont la magie et l'astrologie ne constituaient que des branches, et où les phénomènes de l'univers se trouvaient rattachés par un lien étroit aux divinités et aux génies dont on le croyait rempli. Il en fut de même dans les religions primitives de la Grèce.

Les femmes de la Thessalie avaient surtout une grande réputation dans l'art des enchantements. Tous les poëtes répètent à l'envi qu'elles pouvaient, par leurs chants magiques, *faire descendre la Lune*. Ménandre, dans sa comédie intitulée la *Thessalienne*, représente les cérémonies mystérieuses à l'aide desquelles ces sorcières forçaient la Lune à abandonner le ciel, prodige qui devint même si bien le type par excellence de tout enchantement, que Nonnus nous le donne comme opéré par les brahmanes. Il y avait de plus en Grèce un culte qui était à lui seul une véritable magie, c'était celui d'Hécate, aux rayons mystérieux, la patronne des sorcières.

Lucien de Samosate — s'il est vrai que le traité sur l'astrologie soit bien de lui — justifie dans les termes suivants sa croyance à l'influence des astres: « Les astres, dit-il, suivent leur orbite dans le ciel; mais, indépendamment de leur mouvement, ils agissent sur ce qui se passe ici-bas. Voudriez-vous qu'un cheval au galop, que des oiseaux et des hommes en s'agitant, fissent sauter des pierres ou voler des brins de paille par le vent de leur course, et que la rotation des astres ne produisît aucun effet? Le moindre feu nous envoie ses émanations, et cependant ce n'est pas pour nous qu'il brûle, et il se soucie fort peu de nous échauffer; pourquoi ne recevrions-nous aucune émanation des étoiles? L'astrologie, il est vrai, ne peut rendre bon ce qui est mauvais; elle ne change rien au cours des événements, mais elle rend service à ceux qui la cultivent en leur annonçant le bonheur à venir; elle leur procure une joie anticipée en même temps qu'elle les rend plus forts contre le mal. L'infortune, en effet, ne les surprendra pas; la prévision la rend plus facile et plus légère. Telle est ma façon de penser sur l'astrologie. »

Lorsque Octave vint au monde, un sénateur versé dans l'astrologie, Nigidius Figulus, prédit la glorieuse destinée du futur empereur. Livie étant enceinte de Tibère, interrogea un autre astrologue, Scribius, sur le sort réservé à son enfant; sa réponse fut, dit-on, aussi perspicace.

— Ce fut surtout auprès des femmes que les Chaldéens trouvèrent crédit, fit le député. Le beau sexe était alors fort curieux. Voici ce qu'en disait Juvénal : « Tout ce que leur prédit un astrologue leur semble émaner du temple de Jupiter. Évite la rencontre de celle qui feuillette sans cesse des éphémérides; qui est si forte en astrologie qu'elle ne consulte plus et que déjà elle est consultée; de celle qui sur l'inspection des astres refuse d'accompagner son époux à l'armée ou dans sa terre natale. Veut-elle seulement se faire porter à un mille, l'heure du départ est prise dans son livre d'astrologie. L'œil lui démange-t-il pour se l'être frotté, point de remède avant d'avoir parcouru son grimoire; malade au lit, elle ne prendra de nourriture qu'aux heures fixées dans son *Pétosiris*. Les femmes de condition médiocre, continue Juvénal, font le tour du cirque avant de consulter la destinée; après quoi elles livrent au devin leurs mains et leur visage. »

— Le satirique latin, ajouta le professeur, nous dit encore que « les plus opulentes faisaient venir à grands frais de l'Inde et de la Phrygie des augures versés dans la connaissance des influences sidérales. »

La demeure de Poppée, l'épouse de Néron, était toujours pleine d'astrologues. Ce fut l'un des devins attachés à sa maison, Ptolémée, qui prédit à Othon son élévation à l'empire, lors de l'expédition d'Espagne, où il l'avait accompagné.

— Rien n'est plus curieux, dit l'historien, que de revoir l'histoire de l'astrologie dans l'empire romain. J'en ai relevé les principaux faits, et les plus édifiants dans le savant ouvrage de M. Maury.

Octave, en compagnie d'Agrippa, consulta un jour l'astrologue Théagène. Le futur époux de Julie, plus crédule ou plus curieux que le neveu de César, fit tirer le premier son horoscope. Théagène lui annonça d'étonnantes prospérités. Octave, jaloux d'un si heureux destin, craignit que la réponse ne fût pour lui moins favorable, et au lieu de suivre l'exemple de son compagnon, il refusa d'abord de dire le jour de sa naissance. Mais, la curiosité l'emportant, il se décida à répondre. Il n'eut pas plutôt révélé la date demandée, que l'astrologue se précipita à ses pieds et l'adora comme le futur maître de l'empire. Octave fut transporté de joie; à partir de ce moment il crut fermement à l'astrologie. Pour rappeler l'heureuse influence du signe zodiacal sous lequel il était né, il voulut que des médailles frappées sous son règne en représentassent l'image.

Les maîtres de l'empire croyaient à la divination astrologique, mais ils voulaient s'en réserver à eux seuls les avantages; ils tenaient à connaître l'avenir, mais ils entendaient que leurs sujets l'ignorassent. Néron ne permettait à personne d'étudier la philosophie, disant que cette étude paraissait une chose vaine et frivole, dont on prenait prétexte pour deviner les choses futures. Il craignait qu'on ne poussât la curiosité jusqu'à vouloir découvrir quand et comment mourrait l'empereur, indiscrètes questions auxquelles les réponses étaient des conspirations et des attentats. C'est ce que redoutaient surtout les chefs de l'État.

Tibère avait été à Rhodes, près d'un devin en renom, s'instruire des règles de l'astrologie. Il avait attaché à sa personne le célèbre astrologue Thrasylle, dont il éprouva la science fatidique par une de ces plaisanteries qui ne viennent qu'à l'esprit d'un tyran.

Quand Tibère consultait un astrologue, il se plaçait dans la partie élevée de son palais, et prenait pour unique confident un affranchi, ignorant et vigoureux, qui amenait par des sentiers difficiles et bordés de précipices celui dont Sa Majesté devait éprouver la science. Au retour, si l'astrologue était soupçonné d'indiscrétion ou de supercherie, l'affranchi le précipitait dans la mer pour ensevelir le secret.

Thrasylle, conduit par les mêmes chemins à travers les précipices, avait frappé l'esprit de Tibère qui l'interrogeait, en lui montrant la souveraine puissance, en lui dévoilant habilement les choses futures. César lui demanda s'il avait tiré son propre horoscope, et de quels signes étaient marqués pour lui-même cette année et ce jour. Thrasylle alors examine la position et la distance des astres ; il hésite d'abord, il pâlit, puis il observe, puis il tremble d'étonnement et de crainte, et enfin il s'écrie « que le moment est périlleux, qu'il touche presque à sa dernière heure. » Tibère alors l'embrasse, le félicite d'avoir échappé au danger en le devinant, et, acceptant toutes ses prédictions comme des oracles, il l'admet au nombre de ses amis intimes.

M. Maury, ajouta l'historien, à qui j'emprunte cette histoire, rapporte aussi que Tibère fit mettre à mort un grand nombre d'hommes accusés d'avoir tiré leur horoscope, pour savoir quels honneurs leur étaient réservés, tandis qu'en secret il prenait lui-même l'horoscope des gens les plus considérables afin de découvrir s'il n'avait point à attendre d'eux des rivaux. Septime Sévère faillit payer de sa tête une de ces curiosités superstitieuses qui conduisait chez les astrologues les ambitieux de son temps. De bonne heure il avait pris foi à leurs prédictions, et les consultait pour des actes importants. Ayant perdu sa femme et cherchant à contracter un second hymen, il tira l'horoscope des filles de bonne maison qui se trouvaient alors à marier. Tous les thèmes généthliaques qu'il établissait par les règles de l'astrologie étaient peu encourageants. Il apprit enfin qu'il existait en Syrie une jeune fille à laquelle les Chaldéens avaient prédit qu'elle aurait un roi pour époux. Sévère n'était encore que légat ; il se hâta de la demander en mariage et l'obtint. Julie était le nom de la femme née sous une si heureuse étoile ; mais était-il bien l'époux couronné que les astres avaient promis à la jeune Syrienne ? Cette réflexion préoccupa plus tard Sévère, et, pour sortir de sa perplexité, il alla en Sicile interroger un astrologue en renom. La chose vint aux oreilles de l'empereur Commode ; qu'on juge de sa colère ! Et la colère de Commode c'était de la rage, de la frénésie. Mais l'événement lui donna bientôt la réponse qu'il était allé chercher en Sicile : Commode mourait étranglé.

La divination qui avait l'empereur pour objet finit par constituer un crime de lèse-majesté. Les rigueurs contre la curiosité indiscrète de l'ambition prirent des proportions plus terribles sous les premiers empereurs chrétiens.

Sous Constance, quantité de personnes qui s'étaient adressées aux oracles furent punies des plus cruels supplices.

Sous Valens, un certain Palladius fut l'agent d'une épouvantable persécution. Chacun se voyait exposé à être dénoncé pour avoir des rapports avec les devins. Des traîtres glissaient secrètement dans les maisons des formules magiques, des charmes, qui devenaient ensuite autant de pièces de conviction. Aussi la frayeur fut telle en Orient, nous dit Ammien-Marcellin, qu'une foule de gens brûlèrent leurs livres, de peur qu'on y trouvât matière à accusation de sortilége et de magie.

Un jour de colère, Vitellius assigna aux astrologues une époque fixe pour sortir de l'Italie. Ceux-ci répondirent par une affiche qui ordonnait insolemment au prince d'avoir à quitter la terre auparavant, et à la fin de l'année Vitellius était mis à mort. — D'autre part, la confiance accordée aux astrologues conduisait à toutes les extrémités. Souvenons-nous qu'après avoir consulté Babylus, Néron fit périr tous ceux dont les prophéties lui annonçaient l'élévation d'Héliogabale. Souvenons-nous de Marc-Aurèle même et de Faustine son épouse. Celle-ci avait été frappée de la beauté d'un gladiateur. Vainement elle combattit longtemps en secret la passion dont elle était consumée : cette passion ne faisait que s'accroître. Faustine finit par en faire l'aveu à son époux, lui demandant un remède qui pût ramener la paix dans son âme bouleversée. La philosophie de Marc-Aurèle n'y pouvait rien ! On se décida à consulter des Chaldéens habiles dans l'art de composer des philtres et des calmants. Le moyen prescrit fut plus simple que celui qu'on était en droit d'attendre de leur science si compliquée : ce fut de couper en morceaux le gladiateur. Ils ajoutèrent que Faustine devait ensuite se frotter du sang de la victime. Le remède fut appliqué ; on immola l'innocent athlète, et l'impératrice ne put dès lors évidemment songer à lui avec grand plaisir.

Les premiers chrétiens se livraient à l'astrologie comme les autres sectes. Les conciles de Laodicée (année 366), d'Arles (314), d'Agde (505), d'Orléans (511), d'Auxerre (570), de Narbonne (589) en condamnèrent la pratique. D'après une tradition du commencement de notre ère, et qui paraît empruntée au mazdéisme, c'étaient les anges rebelles qui avaient enseigné aux hommes l'astrologie et l'usage des charmes.

Sous Constance, le crime de lèse-majesté servait de voile à la persécution. On en accusait une foule de personnes qui continuaient simplement à pratiquer l'ancien culte. On prétendait qu'elles recouraient à des sortiléges contre la vie de l'empereur, en vue d'amener sa chute. On menaçait de peines sévères, on faisait périr dans les tortures ceux qui avaient consulté les oracles, sous prétexte qu'en agissant de la sorte ils avaient des projets criminels. Des trames infinies multipliaient ainsi les accusations; la cruauté des juges aggravait les supplices. Les païens avaient à leur tour à souffrir le martyre qu'ils avaient infligé aux premiers disciples du Christ, ou, pour mieux dire, l'autorité toujours intolérante, qu'elle fût païenne ou chrétienne, se montrait inexorable envers ceux qui ne reconnaissaient pas la religion décrétée.

Libanius et Jamblique furent accusés d'avoir cherché à découvrir le nom du successeur de l'empereur. Jamblique, effrayé, dit-on, des poursuites dont il était l'objet, s'empoisonna. Le seul nom de philosophe devint un titre de proscription. Le philosophe Maxime Diogène, Alypius et son fils Hiéroclès furent condamnés à perdre la vie sous les accusations les plus légères. Nous voyons mettre à mort une vieille qui avait coutume de faire passer les accès de fièvre par des incantations, et un jeune homme qui avait été surpris approchant alternativement ses mains d'un marbre et de sa poitrine, parce qu'il croyait qu'en comptant ainsi sept voyelles, il se guérirait du mal d'estomac.

Théodose prohiba toute espèce de manifestation, tout usage se rattachant au culte païen. Quiconque osera immoler une victime, dit sa loi, ou consulter les entrailles des animaux qu'on vient de tuer, sera regardé comme coupable du crime de lèse-majesté. Le fait d'avoir recouru à un procédé divinatoire suffit pour faire accuser un homme.

Théodose II s'imagina que la continuation des pratiques idolâtriques avait attiré le courroux du ciel, les calamités récentes qui avaient affligé son empire, le dérangement des saisons, la stérilité du sol; il fulmina de terribles menaces, où sa foi et sa colère s'exaltent jusqu'au fanatisme. Voici ce qu'il écrivait à Florentius, préfet du prétoire, en 439, année qui précéda celle de sa mort.

« Pouvons-nous souffrir plus longtemps que les saisons soient bouleversées par l'effet de la colère céleste, à cause de l'atroce perfidie des païens, qui dérange l'équilibre de la nature? Car quelle est la cause qui fait que le printemps n'a plus sa beauté ordinaire, que l'été ne fournit plus de moisson au laborieux cultivateur, que l'hiver, par sa rigueur inaccoutumée, glace le sol et le rend stérile? »

— Ces idées de Théodose existent encore de nos jours, repartit le capitaine, car la moindre variation remarquée dans le cours des saisons est encore attribuée (et souvent officiellement) à une intervention directe de la Providence dans la conduite de l'atmosphère.

— Le fait qui se passait dans le monde chrétien se reproduisait presque avec les mêmes caractères en Asie et dans tous les pays musulmans, dit le pasteur.

Les Juifs, une fois qu'ils eurent abandonné la loi mosaïque pour suivre les prescriptions multipliées et puériles de la mischna, tombèrent dans un monde de superstitions qui laissa rentrer librement les pratiques païennes. Les démons ne furent en réalité, comme les anges, que des personnifications des agents de la nature. Chaque partie de l'univers fut mise sous le gouvernement d'un esprit céleste, ce qui conduisit à en multiplier singulièrement le nombre. On arriva jusqu'à en compter deux cent mille qui présidaient, selon les rabbins, aux herbes dont la terre est couverte, et leur nombre total s'éleva à neuf cent mille; il y en eut pour tous les phénomènes et pour toutes les actions de la vie; chaque planète, chaque étoile, chaque météore obtint le sien.

Les musulmans possèdent encore aujourd'hui des coupes et des miroirs magiques; ces objets représentent les planètes, des thèmes généthliaques, et se rapportent à l'astrologie, car cette science chimérique demeure en honneur chez les Arabes et tous les peuples islamistes. Quoique défendue par le Coran, les sultans ne manquent jamais d'y recourir dans les grandes occasions. Un mélange de croyances païennes et d'idées musulmanes en constitue le fond.

— Au moyen âge, dit l'astronome, l'astrologie prit un tel empire que plusieurs philosophes allèrent jusqu'à considérer la voûte céleste comme un livre où chaque étoile, recevant la valeur d'une des lettres de l'alphabet hébraïque, disait en caractères ineffaçables la destinée de tous les empires. Le livre des *Curiosités inouïes*, de Gaffarel, nous donne la configuration de ces caractères célestes ; on les retrouve aussi dans Cornelius Agrippa. Le moyen âge tira ses idées astrologiques des Arabes et des Juifs. Les Juifs eux-mêmes, à cette époque, puisaient leurs principes à des sources trop altérées, pour que l'on pût y reconnaître la pure transmission des idées antiques. Pour n'en offrir qu'un exemple, Siméon Ben-Jochaï, auquel on attribue le livre fameux du *Zohar*, était, dans leur pensée, parvenu à acquérir une connaissance si prodigieuse des mystères célestes formulés par la disposition des astres, qu'il pouvait lire dans les cieux la loi divine avant qu'elle fût établie, pour ainsi dire, sur le globe terrestre. Durant tout le moyen âge, dès qu'il s'agissait d'éclaircir quelques doutes sur la géographie ou sur l'astronomie, c'était à la science orientale que l'on avait recours, qu'elle vînt des Juifs ou des Arabes. Au treizième siècle, nous savons avec quel empressement Alphonse X s'entourait d'Israélites pour s'aider de leurs conseils dans ses vastes travaux astronomiques et historiques.

Nicole Oresme, à l'époque où le monarque le plus éclairé de l'Europe donnait à du Guesclin un astrologue en titre pour le guider dans ses dispositions stratégiques, fut médecin de Charles V, qui se livrait lui-même à l'astrologie, et fut doté par lui de l'évêché de Lisieux. Il fit un *Traité de la sphère*, dont nous avons parlé l'autre soir. Quelques années plus tard, un homme instruit, l'évêque Pierre d'Ailly, ne craignait point de tirer l'horoscope de Jésus-Christ, en établissant ses calculs sur des règles assez irréfragables selon lui pour que le plus grand événement qui ait marqué l'ère nouvelle fût aussi celui dont la science astrologique pouvait faire moins douter.

Charles V fit venir d'Italie, où cette science était très-cultivée, le père de Christine de Pisan, afin de s'en mieux instruire, et c'est pour réfuter les erreurs accréditées par cette protection royale que

Gerson composa, près d'un demi-siècle plus tard, son *Traité sur les astrologues*. Ce livre n'eut pas plus d'efficacité contre la superstition régnante que celui qui sortit dans la suite de la plume de Pic de la Mirandole. Louise de Savoie, mère de François Ier, fort entichée d'astrologie, voulut faire de Corneille Agrippa son devin ; mais, peu confiant dans un art dont il n'était pas pourtant désabusé, le philosophe n'accepta auprès d'elle que la charge de médecin. Michel Nostradamus trouva auprès de Catherine de Médicis et de Charles IX une confiance que lui refusaient ses compatriotes. Un astrologue italien, Cosimo Ruggieri, avait inspiré à la femme d'Henri II son goût pour la divination par les astres. Cardan, qui savait si bien estimer la magie pour ce qu'elle vaut, admettait l'influence des astres ; Campanella écrivit sur l'astrologie et la magie. Henri Estienne avait tiré des horoscopes.

Les rois n'étaient pas plus sages, naturellement, que les savants.

Mathias Corvin, roi de Hongrie, n'entreprenait rien sans avoir consulté les astrologues. Le duc de Milan, Louis Sforce, le pape Paul se dirigeaient également d'après leurs avis.

— Et le bon roi Louis XI, qui méprisait si cordialement l'humanité, et avait à la fois tant de malice et tant de faiblesse, vous souvenez-vous de son aventure avec son astrologue ?

On prétend que celui-ci avait eu le malheur de prédire la mort d'une dame que cet excellent monarque aimait beaucoup. Le voilà qui fait venir le pauvre prophète, le tance d'importance et lui pose à son tour la question suivante : « Toi qui parais tout connaître, lui dit-il, quand mourras-tu ? » L'astrologue, soupçonnant un piége, lui répondit incontinent : « Sire, trois jours avant Votre Majesté. » La crainte et la superstition l'emportèrent sur le ressentiment, et le roi prit un soin particulier de cet adroit imposteur.

On n'ignore pas à quel point Catherine de Médicis était influencée par les astrologues. Elle en avait un à son hôtel de Soissons, à Paris, qui veillait constamment au sommet d'une tour. Cette tour existe encore aujourd'hui, contre la halle au blé, construite en 1763 sur les terrains de l'hôtel. Elle est surmontée d'une sphère et d'un cadran solaire établi par le chanoine astronome Pingré.

Sous Henri II et Henri III, les dames de la cour appelaient leurs astrologues leurs *barons*. Henri IV ordonna, dit-on, au fameux Larivière, son premier médecin, de tirer l'horoscope du jeune prince qui devait être Louis XIII. Richelieu et Mazarin, que leur caractère semblerait mettre au-dessus d'une telle superstition, Richelieu et Mazarin consultaient Jean Morin en qualité d'astrologue.

Quand Louis XIV vint au monde, cet astrologue se tenait caché dans l'appartement d'Anne d'Autriche, pour tirer l'horoscope du futur monarque. Ce dernier fait nous montre qu'on commençait à avoir honte de la crédulité : c'est que depuis un demi-siècle Sixte V avait rendu contre les astrologues son *motu proprio*, qui eut plus d'effet contre les devins que les ordonnances édictées en 1493, 1560 et 1570.

La première de ces ordonnances, dite Cri du prévôt de Paris, avait été rendue « contre les charmeurs, devineurs, invocateurs de mauvais et damnés esprits, nécromanciens et toutes gens usant de mauvais arts, sciences et sectes prohibées et défendues par notre mère Église. »

— A propos, fit la marquise, qu'était-ce donc, au fond, que le fameux Nostradamus?

— Michel Nostradamus était un médecin de Provence, né à Saint-Remy, en 1503. Il joignit l'astrologie à la médecine et se mit à prédire l'avenir.

Appelé à Paris vers 1556 par Catherine de Médicis, il tenta de rendre la poésie française interprète de ses oracles. Il avait vu se succéder plusieurs éditions de ses fameux quatrains qu'il intitula dès le début : *Quatrains astronomiques*. La vogue de ce petit livre ne se ralentit point durant tout le seizième siècle et continua par delà le suivant. S'il faut en croire plusieurs écrits contemporains, les faiseurs d'almanachs s'emparèrent dès lors du nom de Nostradamus pour en parer leurs vulgaires prophéties, et le médecin de Salon devint populaire et célèbre. Un de ses fils essaya de l'imiter, mais il n'y réussit guère : ayant annoncé que la ville de Pouzin, en Vivarais, alors assiégée par les troupes royales, périrait par les flammes, il y mit lui-même le feu pour avoir raison ; mais il fut surpris et tué.

— Je n'ai jamais rien vu de plus curieux, dit l'historien, que les innombrables essais d'explications et de commentaires sur Nostradamus, essais que l'on ressuscite encore aujourd'hui d'année en année,

Je me souviens, entre autres, que l'un des éditeurs, Guinaud, prétend démontrer que rien n'est plus clair et moins mystérieux que les prédictions de son grand homme. Tout lui paraît si lucide dans Nostradamus, que ceux qui ne veulent point y voir clair font preuve de grossièreté et témoignent de l'aveugle entêtement des modernes. Ainsi, il cite le quatrain suivant, et demande s'il était possible de prédire plus exactement la Saint-Barthélemy.

> Le gros airain qui les heures ordonne,
> Sur le trépas du tyran cassera.
> Pleurs, plaintes et cris, eau, glace, pain ne donne,
> S. V. C. Paix, l'armée passera.

Y voyez-vous quelque chose?

— A peu près aussi clair que dans la diplomatie impériale et royale de l'Europe, fit le député.

— Voici, ajouta l'historien :

D'abord, le gros airain est bien évidemment la petite cloche de l'horloge du palais. L'*airain cassera*, signifie que la cloche ne cassa pas, mais qu'elle aurait pu casser. Dans ces mots *le trépas du tyran*, qui ne voit tout d'abord la mort de l'amiral Coligny, tyran des catholiques, en sa qualité de huguenot? *Les pleurs, les plaintes, les cris* ne nous paraissent pas extrêmement difficiles à prophétiser; quant à ces mots : *eau, glace, pain ne donne*, il faudrait avoir bien de la mauvaise volonté pour ne pas deviner que l'eau, c'est la Seine où furent noyés beaucoup de huguenots; que la glace n'est autre chose que la terreur glaciale qui refroidit tous les cœurs; *pain ne donne* représente en termes exprès la famine, suite ordinaire des grandes catastrophes. Avec un peu de patience, on ne trouvera pas moins lucide la signification des trois initiales S. V. C. Il suffit d'une simple transposition des deux dernières, ce qui nous donne S. C. V. Il est bien évident alors que S représente Philippe II comme Successeur.... de qui, s'il vous plaît?... de Charles-Quint, attendu que C est l'initiale de Charles, et que le V n'est point un V, mais le chiffre romain indiquant le nombre cinq ou quint. Pour ce qui est des trois derniers mots du quatrain : *paix, l'armée passera*, ils s'expliquent d'eux-mêmes : la paix étant rétablie, l'armée passera, parce qu'on n'aura plus besoin d'armée.

— Ah! c'est assez amusant, fit la marquise en riant aux éclats. Voilà, j'espère, une prédiction bien expliquée.

— En voici une autre, ajouta l'historien, qui indique aussi clairement la mort de Henri II.

> Bossu sera élu par le conseil,
> Plus hideux monstre en terre n'aperçu,
> Le coup voulant crèvera l'œil,
> Le traître au roi pour fidèle reçu.

C'est le bossu Montgommery, parce que *mont*, la première syllabe de son nom, est synonyme de bosse; le conseil est la réunion des chevaliers du carrousel; *crèvera l'œil* indiquait l'œil du roi crevé par la lance de Montgommery, et le *traître au roi pour fidèle reçu*, démontrait jusqu'à la dernière évidence que Montgommery avait tué le roi exprès, quoique l'on eût attribué à la maladresse ce qui était l'effet d'une déloyale préméditation.

Ces explications valent bien celles que l'on a données dans mainte et mainte circonstance, au fameux vers de la quatrième églogue de Virgile : *magnus ab integro seclorum nascitur ordo :* un grand ordre naîtra dans le courant des siècles. Des Pères de l'Église y virent la prédiction du christianisme; un jésuite borna la prédiction à l'ordre fondé par saint Ignace de Loyola; sous l'Empire, il y eut encore mieux, s'il est possible : il se trouva un scrutateur des arcanes de l'antiquité qui déclara que le *magnus ordo* de Virgile ne pouvait être attribué à autre chose qu'à la fondation du grand ordre de la Légion d'honneur.

— J'ajouterai encore, fit l'historien, que les adeptes de Nostradamus sont allés jusqu'à mettre sur son compte des prophéties faites après coup.

Ainsi on ne trouve pas dans les premières éditions des centuries la prédiction qui annonce la mort de Cinq-Mars et de de Thou. Le prophète est à son aise comme le sont ceux qui prédisent après l'événement. Il dit :

> Quand bonnet rouge par le mur passera,
> A quarante onces on coupera la tête,
> Et Thou mourra.

Le *bonnet rouge* signifie le cardinal de Richelieu; *le mur* est celui qu'il fit abattre pour se faire transporter malade dans son lit; *quarante onces* forment cinq marcs ou Cinq-Mars, et certes le calembour est joli pour un prophète. Quant à l'appellation de de Thou par son nom, c'était un peu trop montrer le bout de l'oreille !

On avait été jusqu'à tirer l'horoscope des villes d'après la date de leur fondation. Ainsi Luc Gauric publia à Venise, en 1552, ses carrés magiques, dans lesquels on voit la destinée de Constantinople, Rome, Florence, Venise, Ferrare, Milan, etc.

Pendant que l'historien parlait, le comte tira de sa poche un petit in-douze.

« A propos d'astrologie, connaissez-vous cet opuscule ? dit-il à l'orateur.

— 1572 ! s'écria l'astronome, l'année de la fameuse étoile nouvelle Voyons le titre : *Prognostication touchant le mariage du très-honoré et très-aimé Henry, par la grâce de Dieu roi de Navarre, et de très-illustre princesse Marguerite de France, calculée par maistre Bernard Abbatio, docteur médecin et astrologue du très-chrestien roi de France.* Voilà, j'espère, un vrai titre.

Oh ! ajouta-t-il, c'est un très-curieux document, et il nous donnera un digne exemple du style astrologique. Écoutez un peu cette page :

Il s'agit de savoir si le mariage sera bon. Voici ce que raconte maître Abbatio : « Ayant en ma bibliothèque faicte la figure du ciel, j'ay trouué que le seigneur de l'Ascédant estoit joinct au seigneur de la septième maison, qui est pour la femme auec un trine aspect, et reception dont incôtinent ay conclu selon l'opinion de Ptolémée, Haly, Zael, Messahala, et plusieurs autres souuerains astrologues, qu'ilz *s'entraymeront grandement tout le temps de leur vie.* »

— Ils se sont toujours détestés, fit l'historien.

— Je continue, dit l'astronome. « Le serpent, deuant que froier auec la lamproie vomit et laisse son venin, et icelle à son appel sifflât, obéit, et vient vers luy. Quât à la longitude de vie, ay dressé une autre figure et ay trouué que Jupiter et Vénus estoient ioinctz au soleil, avec fortification, et qu'ilz approcheront du siècle. »

— Henri IV est mort avant 60 ans, fit encore remarquer l'historien.

— « Notre bon roy de Nauarre aura de sa femme-Royne tressump-
tueuse et tresuertueuse, plusieurs enfans, attendu qu'après auoir
adressé la figure céleste, j'ay trouué que l'Ascendant et son seigneur, ensemble la lune, le tout estoit ioinct au seigneur de la
cinquième maison, dicte des enfans, lesquels seront assez de nombre, à cause de Jupiter, aussi de Vénus. »

— Ils n'ont pas eu d'enfants, s'écria le député.

— « Jupiter et Vénus, reprit l'astronome en continuant sa lecture, se sont trouués auoir domicile sur les signes aquatiques, et
pour ce que ces deux planètes ont été trouuez concordats au seigneur de l'ascendant, le tout démonstre que les enfans seront justes et bons et qui aymeront bien leurs pères et mères sans point
leur faire aucun dommage, ou bien sans estre cause de leur destruction, comme est notoire de voir du fruict du noyer, lequel faict
batre, rompre et esbrancher son tige, duquel a eu sa naissance. Les
enfans viuront longuement, ilz seront bons chrétiens, et ensemble
le père se rendra si bening et mansuet enuers ceux de nostre religion, qu'enfin sera autant aymé d'vn chascun qu'ait eu encores home
de nostre naissance, et trouue que n'aurons plus de guerre entre
nous François, ce qui fust aduenu n'eust esté le présent mariage.
Dieu nous face la grâce que tandis que serons en cette vie transitoire, ne puissions voir qu'un viuant *Charles IX*. de ce nom, l'à présent roy de France. »

— On ne croirait guère que l'auteur écrivait ces belles paroles
l'année de la Saint-Barthélemy! fit le député.

— Ce savant astrologue, s'écria l'historien, ne paraît pas s'être
douté non plus de la rupture du mariage si naïvement célébré par
lui, ni du mariage de Henri IV avec Marie de Médicis, et encore
moins de Ravaillac.

— Je croyais entendre Rabelais, fit le professeur de philosophie.
Cette lecture me rappelle Shakespeare, qui se moque si finement de
l'astrologie dans le passage suivant de sa pièce du *Roi Lear* :

« Voici une excellente sottise du monde. Quoi! lorsque nous
sommes malades dans la fortune (ce qui vient souvent de notre
mauvaise conduite), nous rendons coupables de nos souffrances le
soleil, la lune et les étoiles, comme si nous étions méchants par né-

cessité, fous par un ordre du ciel; fripons, voleurs et traîtres par une prédominance des astres; buveurs, menteurs et adultères par une obéissance forcée à l'influence d'une planète; et comme si tous nos vices dépendaient d'une impulsion du ciel! Admirable invention d'un libertin de mettre ses penchants déréglés sur le compte d'une étoile! Mon père et ma mère furent unis sous le signe du Dragon, et je naquis sous la Grande Ourse; de sorte que je dois être rude et sans honte. Bah! j'aurais été ce que je suis, si même la plus pure étoile du firmament eût présidé à ma naissance. »

— Voltaire, qui ne fait pas toujours preuve d'une profonde instruction en astronomie, reprit l'astronome, et qui dans le chapitre même auquel j'emprunte ce qui suit, semble ignorer les stations et les rétrogradations planétaires résultant de la combinaison des mouvements de notre globe avec ceux des diverses planètes, Voltaire émet à propos de la vanité de l'astrologie des observations fort judicieuses que nous pouvons rappeler en passant. « Cette erreur est ancienne, dit-il, et cela suffit. Les Égyptiens, les Chaldéens, les Juifs avaient prédit l'avenir; donc on peut aujourd'hui le prédire. On enchantait les serpents; on évoquait des ombres : donc on peut aujourd'hui évoquer des ombres et enchanter des serpents. Il n'y a qu'à savoir bien précisément la formule dont on se servait. Si on ne fait plus de prédictions, ce n'est pas la faute de l'art; c'est ainsi que les alchimistes parlent de la pierre philosophale. » Si nous ne « la trouvons pas aujourd'hui, disent-ils, c'est que nous ne sommes « pas encore assez au fait; mais il est certain qu'elle est dans la « clavicule de Salomon; » et, avec cette belle certitude, plus de deux cents familles se sont ruinées en Allemagne et en France.

« Ne vous étonnez donc point si la terre entière a été la dupe de l'astrologie. Ce pauvre raisonnement : « Il y a de faux prodiges, « donc il y en a de vrais, » n'est ni d'un philosophe ni d'un homme qui ait connu le monde. « Cela est faux et absurde, donc cela sera « cru par la multitude : » voilà une maxime plus vraie.

« Étonnez-vous encore moins que tant d'hommes, d'ailleurs très-élevés au-dessus du vulgaire, tant de princes, tant de papes, qu'on n'aurait pas trompés sur le moindre de leurs intérêts, aient été si ridiculement séduits par cette impertinence de l'astrologie. Ils étaient très-orgueilleux et très-ignorants. Il n'y avait d'étoiles que pour eux : le reste de l'univers était de la canaille dont les étoiles ne se mêlaient pas.

« Le fameux duc de Valstein fut un des plus infatués de cette chimère. Il se disait prince, et par conséquent pensait que le zodiaque avait été formé tout exprès pour lui. Il n'assiégeait une ville, il ne livrait une bataille qu'après avoir tenu son conseil avec le ciel ; mais comme ce grand homme était fort ignorant, il avait établi pour chef de ce conseil un fripon d'Italien nommé Jean-Baptiste Seni, auquel il entretenait un carrosse à six chevaux et donnait la valeur de vingt mille livres de pension. Seni ne put jamais prévoir que Valstein serait assassiné par ordre de son gracieux souverain Ferdinand II, et que lui Seni s'en retournerait à pied en Italie.

« Et si on alléguait qu'un bandit que Sixte-Quint fit pendre était né au même temps que Sixte-Quint, qui de gardeur de cochons devint pape, les astrologues diraient qu'on s'est trompé de quelques secondes, et qu'il est impossible dans les règles que la même étoile donne la tiare et la potence. Ce n'est donc que parce qu'une foule d'expériences a démenti les prédictions que les hommes se sont aperçus à la fin que l'art est illusoire ; mais avant d'être détrompés, ils ont été longtemps crédules.

« Je n'ai pas l'honneur d'être prince, ajoutait à ce propos le grand écrivain, cependant le célèbre comte de Boulainvilliers et un Italien nommé Colonne, qui avait beaucoup de réputation à Paris, me prédirent l'un et l'autre que je mourrais infailliblement à l'âge de trente-deux ans. J'ai eu la malice de les tromper déjà de près de trente années, de quoi je leur demande humblement pardon. »

— J'approuve fort Voltaire d'avoir trompé Boulainvilliers, s'écria le député, et je trouve toute cette histoire astrologique du plus haut intérêt. Mais ce n'est pas seulement l'histoire que je voudrais avoir : ce sont encore les principes même de cette prétendue science.

— J'allais y arriver, répliqua l'astronome. Voici le résumé de cette fameuse doctrine, que Manilius expliquait déjà il y a deux mille ans dans son grand poëme de huit mille vers intitulé *les Astronomiques.*

Sept astres principaux et les douze constellations influent particulièrement sur la destinée humaine et sur les événements. Les sept astres illustres sont : le Soleil, la Lune, Vénus, Jupiter, Mars, Mercure et Saturne.

Le Soleil préside à la tête, la Lune au bras droit, Vénus au bras gauche, Jupiter à l'estomac ; en continuant de descendre, on trouve Mars, puis Mercure qui tient la jambe droite et Saturne la jambe gauche.

Dans les constellations, le Bélier gouverne la tête; le Taureau, le cou; les Gémeaux, les bras et les épaules; l'Écrevisse, la poitrine et le cœur; le Lion, l'estomac; l'abdomen correspond au signe de la Vierge, et les reins à la Balance. Viennent ensuite : le Scorpion; le Sagittaire, gouvernant les cuisses; le Capricorne, gouvernant les genoux; le Verseau, les jambes; et les Poissons, les pieds.

Albert le Grand a assigné aux astres les influences suivantes : Saturne était censé dominer sur la vie, les changements les sciences et les édifices;

Jupiter, sur l'honneur, les souhaits, les richesses et la propreté;

Mars, sur la guerre, les prisons, les mariages et les haines;

Le Soleil, sur l'espérance, le bonheur, le gain et les héritages;

Vénus, sur les amitiés et les amours;

Mercure, sur les maladies, les dettes, le commerce et la crainte;

La Lune, sur les plaies, les songes et les larcins.

Chacun de ces astres présidait à un jour de la semaine, à une couleur, à un métal, etc.

Le Soleil gouvernait le dimanche; la Lune, le lundi; Mars, le mardi; Mercure, le mercredi; Jupiter, le jeudi; Vénus, le vendredi; Saturne, le samedi.

Le Soleil figurait le jaune; la Lune, le blanc; Vénus, le vert; Mars, le rouge; Jupiter, le bleu; Saturne, le noir; Mercure, les couleurs nuancées.

Le Soleil présidait à l'or; la Lune, à l'argent; Vénus, à l'étain; Mars, au fer; Jupiter, à l'airain; Saturne, au plomb; Mercure, au vif-argent.

Le Soleil était censé bienfaisant et favorable; Saturne, triste, mo-

rose et froid; Jupiter, tempéré et bénin; Mars, ardent; Vénus, bienfaisante et féconde; Mercure, inconstant; la Lune, mélancolique.

Dans les constellations, le Bélier, le Lion et le Sagittaire étaient
chauds, secs et ardents. Le Taureau, la Vierge et le Capricorne
étaient lourds, froids et secs; les Gémeaux, la Balance et le Verseau étaient légers, chauds et humides; l'Écrevisse, le Scorpion et
les Poissons étaient humides, mous et froids.

Vous voyez, messieurs, que le ciel était alors intimement mêlé
aux affaires de la Terre; l'astronomie et l'astrologie régnaient en
souveraines absolues sur toutes les sciences. Les tireurs d'horoscopes étaient aussi occupés que les plaideurs en Normandie et les
architectes à Paris. On cite, entre autres, le fameux Thurneisen,
homme vraiment extraordinaire qui vivait dans le siècle dernier à
la cour électorale de Berlin où il était tout à la fois médecin, chi-
miste, tireur d'horoscopes, faiseur d'almanachs, imprimeur et li-
braire. Sa réputation d'astrologue était si étendue, qu'il ne naissait
presque pas d'enfants dans une famille distinguée d'Allemagne, de
Pologne, de Hongrie, de Danemark, même d'Angleterre, sans qu'on
lui envoyât sur-le-champ un exprès qui lui annonçait le moment
précis de la naissance. Il lui arrivait souvent trois et jusqu'à dix
ou douze messages de ce genre à la fois, et il finit par être tellement surchargé de besogne qu'il fut obligé de prendre des associés
et des commis !

La conclusion de cette causerie sur l'histoire sommaire de
l'astrologie, ajouta l'astronome en terminant, c'est que cette prétendue science divinatoire est née : 1° des coïncidences primitivement remarquées entre les aspects célestes et les phénomènes de la
nature, et 2° de la disposition innée de l'homme à se croire le centre
et le mobile de l'univers. L'astrologie est la mère de l'astronomie,
et, comme le disait Képler, qui était obligé de faire des almanachs
et de tirer des horoscopes pour gagner sa vie, elle n'a même pas
toujours nourri convenablement sa fille. Aujourd'hui elle est morte,
et bien morte, devant l'esprit scientifique. L'Astronomie règne seule
et en souveraine absolue.

# QUINZIÈME SOIRÉE

LE TEMPS ET LE CALENDRIER

Les définitions du temps et de l'éternité. — Mesure des événements terrestres. — Différentes espèces de calendrier. — Les années; les mois; les semaines; les jours. Explication du calendrier actuel.

Trois jours après l'entretien précédent, nous nous trouvions réunis tous les dix au coucher du soleil, devant le grand spectacle de la mer, toujours nouveau, toujours captivant, toujours inspirateur. La marquise, la femme du navigateur et sa fille, causaient ensemble, assises devant la tiède muraille du chalet, et discutaient sur un passage de la Légende des siècles qui les avait impressionnées. Le capitaine et le comte arrivaient ensemble du sémaphore en fumant de magnifiques spécimens de la Havane. Le professeur de philosophie et le pasteur étaient tout simplement couchés dans l'herbe. L'historien et le député étaient debout, appuyés sur le bloc de granit, devisant politique. L'astronome, que mettaient souvent en retard son habitude constante de travail intellectuel ou son infatigable goût de recherches, arrivait de la bibliothèque du château, dans laquelle il s'était mis à fureter au dessert.

« Eh bien! mon cher astronome, fit la marquise, avez-vous trouvé? »

Il faut dire, pour expliquer cette entrée en matière, que la conversation du dîner avait principalemnet porté sur la nature du *Temps*. On avait longuement causé, pour, en définitive, n'arriver qu'à un mince résultat. Les uns voulaient que le temps fût une réalité absolue, exactement mesurée par les heures, les jours et les années, aussi connue et aussi incontestable que l'existence de tous les objets qui tombent sous nos sens. Les autres disaient que le temps n'est qu'une affaire de sensation. D'autres ajoutaient même que c'était une illusion de la vie; et le professeur, plus fin, déclarait mieux encore : que la mesure du temps n'est autre chose qu'une hallucination exacte du cerveau éveillé. On avait remis la discussion à la soirée, et l'astronome aurait voulu trouver dans la bibliothèque une définition solide, susceptible d'être adoptée ou discutée.

« Hélas ! chère marquise, répondit-il à l'interpellation, je puis personnellement vous démontrer que le temps n'existe pas en réalité; mais je n'ai pas trouvé grand'chose là-dessus dans nos philosophes. Je viens de voir qu'Emmanuel Kant le définit « une des formes de la sensibilité. » Schelling l'appelle « l'activité pure avec la négation de tout être. » Leibnitz le définit « l'ordre des successions, » comme il définit l'espace l'ordre des coexistences. Newton et Clarke font de l'espace et du temps deux attributs de Dieu....

— Ah! fit le député, qu'est-ce que toutes ces définitions définissent? Que j'aime mieux l'astronomie!

— Eh! comment définissez-vous le temps vous-même, monsieur le député?

— Pour moi, le temps, c'est ce qui tue les monarchies et prépare les républiques.

— Ce n'est pas là une définition. Et vous, monsieur le pasteur?

— C'est le germe de l'éternité.

— Et pour vous, marquise?

— Pour moi, c'est un être tout à fait désagréable, que je n'ai jamais appelé, et qui, tous les soirs, vient se montrer dans ma glace. Pour moi, c'est un indiscret. Voilà ma définition.

— Et la vôtre? commandant.

— *Time is money !* messieurs, c'est mon opinion.

— C'est vrai, dit le comte, et toutefois c'est un sylphe moqueur : plus on le cherche, plus on le perd !

— Ah! mon Dieu! fit le professeur, quel kaléidoscope. Voyons!

ne pouvons-nous donc l'envisager sérieusement, ce fameux problème, et nous former une juste idée de sa valeur?

— Je pense que nous le pouvons, reprit l'astronome, et j'ajouterai même qu'il est nécessaire que nous examinions un instant ensemble cet aspect de l'histoire du ciel; car c'est un complément indispensable à l'unité du panorama astronomique qui a fait jusqu'à présent l'objet de nos causeries.

Il me semble que la connaissance astronomique actuelle de l'univers nous autorise à déclarer que notre temps ni notre espace ne sont pas des réalités, et qu'il n'y a d'absolu dans ce sujet que l'éternité et l'infini.

— Ah! ah! fit le député. En effet, nous donnons le nom de temps à la succession des événements terrestres mesurés par le mouvement de la terre. Ne nous y trompons pas. Si la terre ne tournait pas, nous n'aurions pas de mesure, et par conséquent pas de temps. A l'époque où l'on croyait la terre en repos, où le soleil et tous les astres tournaient autour de nous, ce mouvement apparent était, comme aujourd'hui le mouvement réel de la terre, le mode générateur du temps. Les théologiens eux-mêmes ont dû s'y conformer. Pour Moïse, le temps n'exista qu'à partir du premier jour de la création, lorsqu'il y eut « soir et matin. » Pour les Pères de l'Église, le mouvement diurne cessera à la fin du monde, et « il n'y aura plus de temps. » Mais examinons le fait en lui-même.

Supposons un instant que la terre soit, comme on le croyait jadis, une immense surface plane, et qu'elle soit éclairée par un soleil toujours immobile au zénith, ou par une lumière diffuse invariable. Cette terre est, je suppose, unique dans l'espace et immobile.

Un homme est créé sur cette surface. Je vous demande si le temps existera pour lui?

La lumière qui l'éclaire est immobile. Pas d'ombre, pas de gnomon, pas de cadran solaire; pas de jour ni de nuit, de soir ni de matin; pas d'année; pas de divisions (divisions de quoi?); pas de période que l'on puisse partager en jours, heures, minutes, secondes.

— Mais si, interrompit le navigateur. Sa vie?

— Si cet homme était seul, répliqua l'astronome, il lui importerait peu après sa mort de savoir si sa vie s'est effectuée dans le temps ou dans l'éternité. Mais pour faciliter votre hypothèse, admettons, non pas un homme, mais une société. Vous dites que, en ne supposant pas les individus immortels, on pourrait mesurer la durée de leur existence. Mais comment?

— On pourrait dire, par exemple : la moitié, le quart, les trois quarts de la vie.

— Mais ce ne sont pas là des mesures. En effet. Voici deux planètes dans notre supposition. Sur l'une on vit 1000 ans. Sur l'autre 100. Or, la moitié, le quart de mille ans, ce n'est pas une valeur égale à la moitié, au quart de cent.

— Non, sans doute, mais ce sont là des valeurs relatives.

— Eh bien! c'est justement ce que je veux dire. Ce que nous appelons le temps n'est qu'une appréciation relative. L'absolu, c'est l'éternité.

— De ce que le temps n'existe pas pour l'espace, cela ne prouve pas qu'il n'existe pas pour nous, dit le député. Il n'y a rien dans l'espace; mais il y a bien des choses sur la terre qui existent indubitablement.

— Sans doute, répliqua l'astronome. Mais voici où gît notre erreur. Nous avons l'habitude de croire que la terre est le type de l'univers; que nos impressions terrestres s'appliquent à la nature entière; que notre temps est la mesure de la création et de l'histoire générale du ciel. Combien de personnes instruites croient encore qu'il y a du temps dans l'éternité, et que là mille ans sont présents comme un jour....

— Et les semaines d'indulgence pour les âmes du purgatoire? fit la femme du capitaine. S'il n'y a pas de temps dans le ciel ni dans l'enfer, il y en a un dans le purgatoire. Autrement, les messes et les prières....

— Ah! madame, interrompit le député, vous mêlez le purgatoire aux planètes. Là-dessus, nous ne pourrions jamais nous entendre.

— Quoique je n'admette pas le dogme catholique du purgatoire, dit le pasteur, je pense toutefois que dans l'éternité nos impressions de souffrance ou de joie, d'expiation ou de récompense, seront successives, et nous donneront comme sur la terre l'appréciation du temps.

— C'est-à-dire, fit le capitaine, que si vous vous ennuyez mortellement pendant la durée de vingt-quatre heures, cela vous paraîtra plus long que si vous êtes heureux pendant cent ans.

— Avouons, mes amis, dit l'historien, que tout cela nous est difficile à bien comprendre. Penser qu'en vivant mille années, puis mille autres années, et encore mille autres années.... dix, cent, un million de siècles.... ne serait jamais approcher en rien du terme de l'éternité!... que ces périodes séculaires recommencées et multipliées par elles-mêmes ne feront toujours pas davantage!... que notre âme, force personnelle, est indestructible, et que c'est là la perspective que nous avons devant nous au sortir de cette vie ... C'est tellement effrayant, que c'est à désirer de n'être pas né ...

— L'effroi ne peut venir que de notre insuffisance de conception, dit le professeur. Êtres finis, nous ne pouvons concevoir l'infini. D'ailleurs, sommes-nous effrayés de notre éternité passée? Non. Cependant nous avons la même raison de nous croire éternels dans le passé que dans l'avenir. La seule différence, c'est qu'en progressant, nous devenons de plus en plus *conscients* de nous-mêmes.

— Loin d'être effrayé, dit l'astronome, je suis au contraire satisfait de penser que j'habiterai tour à tour ces mondes merveilleux posés comme autant de points d'interrogation au-dessus de nos têtes. Mais évidemment, je le répète, le temps planétaire n'est rien.

— Nos années sont nos années! s'écria le député, et nos jours sont nos jours!

— Non, mon cher Breton, fit l'astronome. Ne soyez pas obstiné. Nos années ni nos jours ne sont pas des bases. En effet, si la terre tournait deux fois plus vite sur elle-même et autour du soleil, les personnes qui vivent soixante ans n'en vivraient plus que trente, comparativement à la durée actuelle; mais ce serait tout de même soixante révolutions terrestres, et, rigoureusement, soixante années. Si la terre tournait dix fois plus vite, soixante ans seraient rapetissés en six ans; et cependant ce serait toujours soixante ans. Nous vivrions toujours aussi longtemps; il y aurait toujours quatre saisons, 365 jours, 24 heures, 60 minutes, etc. Seulement, tout serait plus rapide; mais ce serait exactement la même chose pour nous, et les autres mouvements célestes apparents subissant une diminution corrélative, nul ne s'apercevrait de la métamorphose.

Du reste, voyez au microscope, sur une feuille, dans une goutte d'eau, tels êtres infiniment petits ne vivant là que cinq minutes. Durant cette période ils ont le temps de naître et de grandir. Enfants, ils deviennen t adolescents, arrivent à l'âge des passions, se marient, ont une fam ille parfois très-nombreuse, qu'ils élèvent et lancent dans le monde. Puis, après l'âge mûr, ils arrivent à la vieillesse, et finissent par mourir. Tout cela en cinq minutes! Leurs impressions, si rapides et si fugaces, sont aussi profondes pour eux que vos plus grandes méditations politiques l'ont été pour vous, mon cher député.

Tout n'est que relatif. En valeur absolue, une vie complète de cent ans n'est pas plus longue qu'une vie complète de cinq minutes. Il en est de même de l'espace. La terre a 3000 lieues de diamètre, et nous avons de 5 à 6 pieds de taille. Or si, par un procédé quelconque, la terre se rapetissait jusqu'à devenir aussi petite qu'une bille, et si les divers éléments du monde subissaient une diminution corrélative, nos montagnes seraient alos comme nos grains de cendre actuels; cet océan ne serait qu'une goutte, et nous, nous serions plus petits que les animalcules microscopiques dont je parlais tout à l'heure. Cependant *il n'y aurait rien de changé pour nous!* Nous aurions toujours nos 5 ou 6 pieds, le mètre serait toujours la dix millionième partie du quart du méridien terrestre, et la France n'aurait pas perdu un pouce de son territoire.

Eh bien! une valeur que l'on peut ainsi renfler et rapetisser à volonté sans changer sa nature n'est pas une valeur mathématique. Donc, en réalité, le temps ni l'espace n'existent pas.

Prenons un autre exemple plus direct. La révolution de la terre autour du soleil nous crée nos années. La rotation autour de l'axe nous crée nos jours. Voilà la base de notre calendrier. Or, au lieu de rester sur le globe, supposons-nous placés dans l'espace par, n'importe où, dans l'espace absolu. Quel temps est-il là?—Nul temps. Nous pouvons rester là dix ans, vingt ans, cent ans, mille ans, nous n'arriverons jamais à l'année prochaine.

— Ainsi, dit l'historien, le temps, selon vous, est créé par le double mouvement de la terre. Sans ces mouvements, il n'existerait pas. Et dans l'espace absolu il n'y a pas de temps?

— Cette vérité me paraît tout à fait évidente, répondit l'astronome.

Notre planète nous fabrique notre temps, à nous, simultanément; Jupiter fabrique à ses habitants des années de douze ans et des jours de moins de dix heures; Saturne, des années de trente ans et des jours de dix heures un quart; Neptune des années de cent soixante-cinq ans; Mercure des années de quatre-vingt-huit jours. Sur d'autres systèmes, il y a plusieurs soleils ensemble, de sorte qu'il est difficile de deviner quelle espèce de temps ils doivent avoir. Toute cette infinie diversité de mesures se fait au sein de l'éternité, seule réelle. L'histoire entière de la terre et de ses générations passe actuellement à travers l'éternité. Mais avant l'existence de la terre et de notre système solaire, il y avait un autre temps, mesuré par d'autres mouvements et pour d'autres êtres. Quand la terre n'existera plus, il y aura peut-être dans la région de l'espace où nous sommes actuellement, un autre temps pour d'autres êtres. Mais ce ne sont pas là des réalités, des fragments de l'éternité. Non. Cent millions de milliards de siècles ou une seconde, c'est de la même longueur réelle dans l'éternité. Au milieu de l'espace nous n'en saurions pas faire la différence.

— Nous devions parler du calendrier ce soir, dit la marquise. Mais comment parler d'une chose qui n'existe pas?

— Chaque planète a son espèce de temps particulière, répliqua 'astronome, et le temps de la terre n'est pas celui des autres mondes ni celui de l'univers, puisqu'en fait l'univers n'a pas de temps. Voilà la distinction qu'il importait d'établir. Maintenant, nous pouvons nous occuper de l'espèce de temps que notre planète nous fabrique pour notre usage personnel ici-bas.

Elle tourne autour du soleil. Un tour entier forme une période qui peut nous servir de mesure relative pour nos affaires terrestres. On l'appelle *année*, c'est-à-dire l'anneau, le cercle.

Un second mouvement, plus court, fait tourner la terre sur elle-même, de sorte que dans ce mouvement, chaque méridien avance vers le soleil, passe directement sous ses rayons, s'en va, approche de l'ombre qui marque l'opposite du soleil, traverse cette ombre, et revient de nouveau vers le soleil. Cette période, nous l'appelons le jour, du mot *giorno*, que les Italiens ont pris du latin *diurnum*, *dies*, lequel vient lui-même du sanscrit *dyaus*, que nous avons vu dans notre troisième soirée.

Voilà donc deux mouvements pouvant servir de mètre pour la durée. Malheureusement ils n'ont pas entre eux de commune mesure.

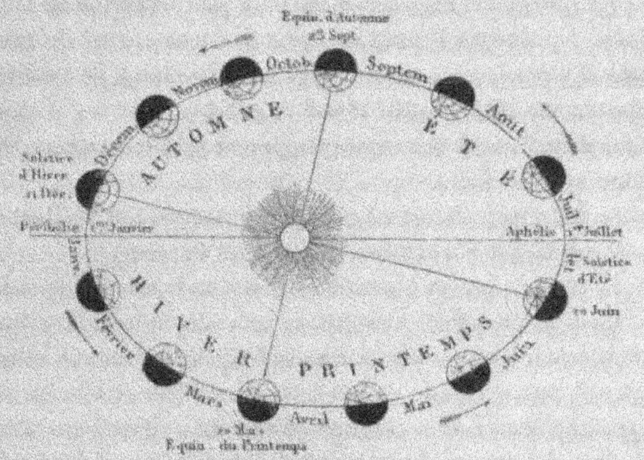

L'année terrestre et les mois.

Ainsi, il n'y a pas un nombre exact de jours dans l'année. Pour revenir au même point de son cours relativement au soleil, la terre emploie 365 jours, plus une fraction...

— 25 centièmes, ou un quart de jour, ou six heures, je crois? dit la fille du capitaine.

— Pas exactement.

— 256 millièmes? dit l'historien.

— Pas exactement.

— 2563 dix-millièmes? ajouta le navigateur.

— Pas encore exactement, répondit l'astronome. Nous pouvons aller aux dix-millionièmes, sans voir la fraction s'arrêter. La révolution sidérale de la terre est, en jours moyens, donnée par le chiffre 365,2563744.

On appelle année sidérale le temps que, par suite de la révolution de la terre, le soleil emploie à accomplir son cours apparent, ou l'intervalle compris entre deux coïncidences successives du centre du soleil avec une même étoile de l'écliptique.

Mais pendant cet intervalle, l'équinoxe, nous l'avons vu, se déplace parmi les étoiles. Cette rétrogradation séculaire fait qu'en un an il est un peu plus à l'est qu'il n'était. Le soleil arrive donc à lui un instant plus tôt : onze minutes environ, ou plus exactement : 0 j. 0141578. En retranchant cette petite quantité de l'année sidérale, nous avons l'année *tropique*, le retour annuel du soleil à chaque équinoxe, celui qui importe aux saisons et au calendrier. C'est donc 365,2422166, 365ʲ 5ʰ 48ᵐ 47ᵉ 8.

Voilà donc l'année. Par conséquent, on ne peut la partager en un nombre exact de jours.

— Ce qui a singulièrement gêné la chronologie ! fit l'historien.

— Cependant il y a 365 jours par an, dit le comte.

— Et 366 aux années bissextiles, remarqua la fille du capitaine.

— C'est justement dans ce partage qu'a toujours été la difficulté, dit l'historien. Ainsi, le plus ancien des calendriers connus, celui des Égyptiens, faisait l'année de 365 jours juste. Elle était donc de six heures trop courte. Il en résultait qu'au bout de quatre ans, l'année recommençait un jour trop tôt; c'est-à-dire que la date d'un solstice ou d'un équinoxe tombait un jour plus loin. Par l'accumulation de ces petites différences, l'effet devenait sensible dans la durée même de la vie d'un homme, puisque au bout d'un siècle cette année recommençait 24 jours avant l'année réelle. Le premier jour de celle-ci se trouvait ainsi parcourir toutes les dates de celle-là, et, au bout de 1460 années réelles, on avait compté 1461 années civiles, et le jour initial des deux années se retrouvait en coïncidence comme dans l'origine.

Comme le jour initial parcourait, en rétrogradant, tous les degrés du zodiaque, le retour des mêmes saisons et des mêmes travaux d'agriculture n'était pas attaché aux mêmes dates : ce qui rendait l'observation des levers d'étoiles fort importante. Le lever héliaque de Sirius annonçait l'époque du débordement prochain du Nil, phénomène d'une si grande utilité pour l'Égypte, qu'il était célébré par des fêtes nationales des plus solennelles.

Dans ce système, la même date courait toute l'année. Les travaux de l'agriculture se rapportent aux divers mois, non pas à cause de leurs noms, mais à cause de leurs températures. Dans le système de l'année égyptienne, on ne pouvait donc pas dire : la moisson se fait dans tel mois, la vendange dans tel autre, puisque tous les mois, dans une certaine période, correspondraient à la température favorable à la moisson, à la vendange, etc.

— Voilà un calendrier qui ne servait pas à grand'chose, dit le professeur; celui des Grecs était plus embrouillé, mais plus utile.

Il était *luni-solaire*, c'est-à-dire qu'il se réglait à la fois sur les révolutions de la lune et sur celles du soleil; voici comment on l'avait établi.

L'année commençait à la nouvelle lune la plus voisine du 20 au 21 juin, époque du solstice d'été; elle était composée en général de 12 mois dont chacun commençait le jour de la nouvelle lune, et qui avaient alternativement 30 et 29 jours. Cette disposition, conforme à l'année lunaire, ne donnait que 354 jours à l'année civile; et comme elle est plus courte que celle du soleil de 10 jours 21 heures, cette différence, en s'ajoutant, produisait à peu près 87 jours au bout de 8 ans, ou 3 mois de 29 jours. Pour amener les années lunaires à concorder avec les solstices, il fallait donc ajouter trois mois intercalaires en 8 ans.

On attribue à Méton la remarque qu'après 19 ans, il s'est écoulé 235 lunaisons et que les nouvelles et pleines lunes reviennent aux mêmes dates. En effet, l'année et la lunaison sont à très-peu près entre elles dans le rapport de 235 à 19. Avec une série de 19 années d'observations lunaires, les phases reviennent périodiquement dans le même ordre, et l'on peut prédire les dates des retours de ces phases. Ce *cycle lunaire* fut adopté de Athéniens l'an 433 avant notre ère, pour régler leur calendrier luni-solaire, et ils en avaient fait graver le calcul en lettres d'or sur les murs du temple de Minerve; c'est de là que vient le nom de *nombre d'or* qu'on donne au numéro qui marque le rang d'une année proposée dans cette période de 19 ans, ramenant les phases aux mêmes dates.

Calippe rendit ce cycle plus exact, en le quadruplant et ôtant un jour; ainsi il le fit de 27759 jours, ou 76 années juliennes, durant lesquelles on a 940 lunaisons.

— Le calendrier romain, dit l'astronome, était encore plus compliqué que le grec, et moins bon. C'est un véritable capharnaüm. Romulus donna à ses sujets un arrangement bizarre auquel nous ne comprenons plus rien. Plus guerrier que savant, ce fondateur de Rome ne faisait l'année que de dix mois, les uns de 20 jours, les autres de 55! Ces durées inégales étaient probablement réglées par les travaux champêtres et les idées religieuses dominantes. Après l'épuisement de ces dix mois on recommençait à compter toujours dans le même ordre. L'année n'avait que 304 jours.

Le premier de ces dix mois s'appelait *mars*, du nom du dieu dont Romulus prétendait descendre. Le nom du deuxième mois (*aprilis*) dérive ou du mot *aperire*, ouvrir, parce que c'est le moment où la terre s'ouvre, ou d'*Aphrodité*, un des noms de Vénus, grand'mère d'Énée. Le troisième mois fut consacré à *Maïa*, mère de Mercure. Le quatrième à *Junon*. Les noms des six autres mois exprimaient simplement leur rang :

Quintilis  Sextilis  September  October  November  December
(cinquième) (sixième) (septième) (huitième) (neuvième) (dixième).

Numa ajouta deux mois aux dix de Romulus; l'un prit le nom de *Januarius*, de *Janus*; le nom de l'autre dérive, ou des sacrifices expiatoires (*februalia*) par lesquels on se purifiait des fautes commises dans le cours de l'année, ou de *Februo*, le dieu des morts, auquel ce dernier mois aurait été consacré. L'année fut alors portée à 355 jours.

Ces mois romains sont devenus les nôtres. Il est donc indispensable de les considérer à leur origine, et de voir comment ils se sont modifiés et complétés.

Chacun d'eux était partagé en sections inégales, séparées par des jours portant les noms de calendes, de nones et d'ides. Les calendes étaient invariablement fixées au premier jour de chaque mois; les nones arrivaient le 5 ou le 7; les ides, le 13 ou le 15.

Les enfants, dit Arago, ayant leur attention principalement fixée sur le prochain jour de congé, sur le dimanche, désignent souvent les jours de la semaine d'après leur distance à cette époque tant désirée. Il n'est pas rare de leur entendre dire : nous sommes à deux, à trois, à quatre jours, etc., du dimanche. Ainsi comptaient les Romains : ils caractérisaient chaque jour par sa distance à la fête suivante du même mois. Immédiatement après les calendes d'un mois quelconque, les dates étaient rapportées aux nones, et l'on disait : sept jours, six jours, cinq jours, etc., avant les nones. Dès le lendemain des nones, on comptait par ides; enfin les jours qui terminaient un mois étaient rapportés de même aux calendes du mois suivant.

L'incroyable bizarrerie de cette manière de compter se complète d'une manière digne d'elle si l'on ajoute que l'avant-veille de chacun de ces jours, qui aurait dû prendre respectivement le nom de deuxième jour avant les nones, avant les ides, avant les calendes, s'appelait en réalité le troisième; le jour qui précédait l'avant-veille prenait le nom de quatrième, et ainsi de suite, avec une erreur constante en plus d'une unité!

Comme il y avait dix jours de moins dans l'année, on sentit bientôt la nécessité de les ajouter. On créa donc un mois supplémentaire que l'on appela *mercédonius*. Ce mois, par une autre bizarrerie, on l'intercalait tout entier entre le 23 et le 24 février. Ainsi après le 23 février venait : le 1er, le 2, le 3, etc., mercédonius; ce n'était qu'après l'épuisement des jours de ce mois supplémentaire qu'on reprenait la série : 24, 25 février, etc.

Enfin, pour combler la mesure, les pontifes chargés du soin de régler ce complexe calendrier, s'en acquittèrent aussi mal que possible; par négligence, ou par un usage arbitraire de leur puissance, ils allongèrent ou accourcirent l'année sans aucune règle d'uniformité. Souvent même ils ne consultaient pour cela que leur commodité, ou les intérêts de leurs amis.

Le désordre que cette licence avait jeté dans le calendrier était allé si loin, que les mois avaient changé de saison, ceux de l'hiver ayant été avancés à l'automne, ceux de l'automne à l'été, etc. Les fêtes étaient célébrées dans des saisons différentes de celles pour lesquelles on les avait instituées; en sorte que celles de Cérès arrivaient lorsque le blé était en herbe, et celles de Bacchus quand les raisins étaient verts. Jules César résolut d'établir l'année solaire suivant la mesure connue de la révolution du Soleil, ou 365 jours et un quart. Il ordonna que chaque quatrième année on ferait l'intercalation d'un jour à la place où l'on faisait arriver le mois mercédonius, c'est-à-dire entre le 23 et le 24 février. Ainsi l'année civile eut 365 jours 1/4.

Le 6me des calendes de mars était dans les années communes le 24 février; on l'appelait *sexto-kalendas*. Comme tous les quatre ans on intercalait un jour entre le 23 et le 24, ce jour additif était appelé un second 6me jour, *bissexto-kalendas*, d'où vient le mot *bissextile*, appliqué aux années de 366 jours.

Mais il fallait rendre aussi les fêtes publiques aux saisons qui devaient les recevoir : César fut obligé d'insérer dans l'année courante — 46 (ou 708 de Rome) deux mois intercalaires, outre le mois mercédonien. On eut donc une année de 15 mois divisés en 445 jours : c'est ce qu'on appela l'*année de confusion*.

César chargea de tous ces soins Sosigène, célèbre astronome d'Alexandrie, qu'il avait amené à Rome dans ce dessein; et sur les mêmes principes, Flavius eut ordre de composer un nouveau calendrier dans lequel il fit entrer toutes les fêtes romaines, en suivant toujours l'ancienne manière de compter par les *calendes*, les *nones* et les *ides*.

Antoine, après la mort de César, fit donner au mois *quintilis*, où Jules César était né, le nom de *Julius*, d'où nous avons fait juillet. On donna le nom d'*Augustus* (août) au mois *sextilis*, parce que l'empereur Auguste avait remporté ses principales victoires pendant ce mois.

— Tibère, Néron, et les autres monstres impériaux, fit le député, avaient essayé de faire donner leur nom aux autres mois. Mais les peuples ont eu ici plus d'honneur que d'habitude et n'ont pas accordé cette flatterie.

— En effet, répliqua le professeur, ces derniers mois s'appellent toujours Septième, Huitième, Neuvième et Dixième, quoiqu'ils n'aient plus cette place depuis Numa Pompilius.

— Et que le christianisme ait presque tout changé au paganisme, dit le pasteur.

— Ce que c'est que l'habitude !

Voici, ajouta l'astronome, le dessin d'un calendrier cubique en marbre blanc trouvé à Pompéi. Chaque mois est couronné par le signe du zodiaque par lequel passait le soleil. Sous le nom du mois est inscrit le nombre de jours qu'il renferme, — la date des nones. — le nombre des heures de jour et le nombre des heures de nuit, — la place du soleil, — la divinité sous la

protection de laquelle le mois était placé, — les travaux d'agriculture qui devaient être faits dans le mois, les fêtes civiles et les cérémonies religieuses. On voit ces inscriptions dans celles du mois de janvier, reproduites à gauche.

La réforme ainsi introduite par Jules César est ordinairement désignée sous le nom de *réforme julienne*. La première année dans laquelle ce calendrier ait été suivi est l'année 44 avant J. C.

Le calendrier julien fut en usage, sans aucune modification, pendant un grand nombre d'années; cependant, la valeur moyenne qui avait été attribuée à l'année civile étant un peu différente de l'année tropique, il finit par en résulter un changement notable dans les dates auxquelles arrivaient, chaque année, les commencements des saisons; en sorte que, si l'on n'y avait pas porté remède, une même saison se serait déplacée peu à peu dans l'année, de manière à commencer successivement dans les différents mois.

Le concile de Nicée, qui se tint en l'an 325 de l'ère chrétienne, adopta une règle fixe pour déterminer chaque année l'époque de la fête de Pâques; cette règle est basée sur ce que l'on croyait que l'équinoxe du printemps arriverait tous les ans le 21 mars, comme cela avait eu lieu l'année même du concile. C'est ce qui aurait existé en effet, si la valeur moyenne de l'année civile du calendrier julien eût été exactement égale à l'année tropique. Mais, tandis que la première est de 365 jours 25, la seconde se compose de 365 jours 242 264 : l'année tropique est donc plus petite que l'année julienne de 0 jours 007 736, ou 11 minutes 8 secondes. Il en résulte que, lorsqu'il s'est écoulé une période de quatre années juliennes, l'équinoxe du printemps, au lieu d'arriver précisément à la même heure que quatre années auparavant, arrive en réalité 44 minutes 34 secondes plus tôt; après une nouvelle période de quatre années, cet équinoxe avance encore de trois quarts d'heure, et ainsi de suite. En sorte que, au bout d'un certain nombre d'années, à partir de l'an 325, l'équinoxe est arrivé le 20 mars, puis plus tard le 19 mars, puis le 18, etc. Cette avance continuelle signalée par les astronomes détermina le pape Grégoire XIII à apporter une nouvelle réforme au calendrier.

C'est en l'an 1582 que la *réforme grégorienne* fut opérée. A cette époque l'équinoxe arrivait déjà le 11 mars au lieu du 21. Pour faire disparaître cette avance de 10 jours que l'équinoxe avait éprouvée et

le ramener à la date primitive du 21 mars, le pape Grégoire XIII
décida que le lendemain du 4 octobre 1582 se nommerait non pas
le 5 octobre, mais le 15 octobre. Ce changement de date ne suffisait
pas pour détruire l'inconvénient qu'avait présenté l'emploi du calendrier julien, il fallait encore apporter une modification à la règle
qui servait à déterminer les longueurs des années civiles successives, afin d'éviter la même erreur pour l'avenir.

Aussi le pape décida-t-il en outre que, dans l'espace de 400 années
consécutives, il n'y aurait que 97 années bissextiles au lieu de 100
qu'il devait y avoir d'après le calendrier julien. Cela faisait 3 jours
retranchés sur 400 ans, et par conséquent la valeur moyenne de
l'année civile se trouvait réduite à 365 jours 2425, ce qui est presque
l'année tropique. L'année grégorienne ainsi obtenue est encore plus
grande de 0 jours 000 236; la date de l'équinoxe du printemps doit
donc encore tendre à avancer peu à peu, en vertu de cet excès; mais
il est aisé de voir que la réforme grégorienne suffira pour un grand
nombre de siècles.

Voici maintenant en quoi consiste la règle d'après laquelle on
intercale les 97 années bissextiles dans l'espace de 400 ans. Dans
le calendrier julien, les années bissextiles se trouvaient être celles
dont les numéros, comptés à partir de l'ère chrétienne, étaient exactement divisibles par le nombre 4. Les années séculaires, telles que
1400, 1500, 1600, étaient donc toutes des années bissextiles. On décida que l'on continuerait à mettre 366 jours dans les années dont
les numéros seraient divisibles par 4; mais que sur quatre années
séculaires il y en aurait trois qui feraient exception à la règle; sur
ces quatre années séculaires, la seule qui dût rester bissextile fut
celle dont le numéro se compose d'un nombre de centaines exactement
divisible par 4; ainsi l'année 1600 a été bissextile; 1700 et 1800
ont été des années communes; 1900 sera également une année commune; 2000 sera bissextile, et ainsi de suite. Par ce moyen, dans
l'espace de 400 ans, trois années qui seraient bissextiles dans le
calendrier julien, deviennent des années ordinaires.

Le calendrier grégorien fut adopté promptement en France et en
Allemagne; plus tard, l'Angleterre l'adopta à son tour. Maintenant,
il est en vigueur chez tous les peuples chrétiens d'Europe, excepté

en Russie, où l'on suit encore le calendrier julien. Il résulte de là
que les dates de la Russie ne s'accordent pas avec les nôtres. En 1582
la différence était de 10 jours ; cette différence se conserva jusqu'à
la fin du dix-septième siècle ; l'année 1700 ayant été bissextile dans
le calendrier julien, la différence des dates fut de 11 jours pendant
tout le dix-huitième siècle ; enfin, par la même raison, elle augmenta
d'un jour en 1800, et elle est actuellement de douze jours.

— J'espère, ma fille, dit en riant le capitaine, qu'après l'attention
que tu viens de porter à l'histoire du calendrier, tu ne te tromperas
plus sur la durée de chaque mois.

— Il y a du reste, repartit le professeur, un moyen extrêmement
simple de s'en souvenir. En fermant la main, et en supposant que la
saillie correspondant
à l'index représente
le mois de janvier,
le creux suivant re-
présente février, la
saillie suivante mars ;

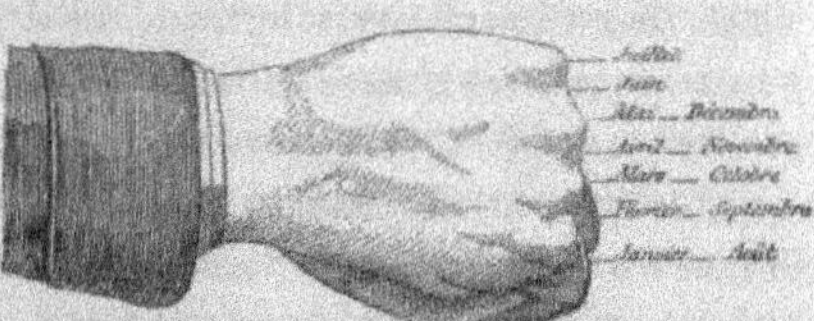


creux : avril ; bosse : mai ; creux : juin ; bosse : juillet ; et en
recommençant : saillie de l'index : août, etc. Les mois longs sont
marqués par les saillies et les courts par les dépressions.

— Comment a-t-on pu déterminer anciennement la longueur de
l'année ? demanda le député.

— Probablement, répondit l'astronome, par l'observation du lever
et du coucher du soleil à certains points de l'horizon. Les premiers
hommes passaient la plus grande partie de leur vie dans les champs.
Vers le temps des équinoxes ils auront pu remarquer un arbre, un
rocher, un monticule derrière lequel ils voyaient pointer le soleil,
à tel jour. Le lendemain, ils auront vu cet astre se coucher ou se
lever assez loin de cet endroit, attendu qu'au temps des équinoxes
la déclinaison du soleil change sensiblement d'un jour à l'autre. Six
mois après, ils auront vu le soleil revenir à ce même point, et au
bout de douze mois, il y sera encore revenu. Cette manière de fixer
l'année est assez exacte et en même temps fort simple. Elle explique comment les hommes ont pu partager assez vite l'année en
quatre parties égales. Elle explique encore comment quelques

peuples ont eu des années de 3 et de 6 mois dont il aurait été difficile de fixer autrement le terme et la durée, et comment plusieurs peuples comptaient leur année d'un solstice à l'autre ; car alternativement les jours croissaient pendant une année, et décroissaient pendant la suivante.

En observant le point de l'horizon où le soleil se trouve le jour de l'équinoxe du printemps, on voit que tous les jours pendant trois mois il se lève plus au nord, jusqu'à un certain terme qu'il ne dépasse pas. Voilà le premier intervalle et le premier quart de l'année. Il revient ensuite sur ses pas jusqu'à l'équinoxe d'automne, où il se lève au même point qu'à l'équinoxe du printemps. C'est le second intervalle. Il passe ce point et s'écarte autant vers le midi qu'il s'était d'abord écarté vers le nord. Voilà le troisième intervalle. Puis revenant vers le nord et retrouvant le point de l'équinoxe du printemps, il finit le quatrième intervalle, et termine l'année.

— La durée du jour, observa encore le député, doit être la mesure la plus anciennement employée sans aucun doute, ainsi que ses subdivisions en heures, minutes et secondes.

— Le mot *jour*, dans son acception la plus générale, s'est toujours appliqué au temps que le soleil paraît employer à faire une révolution entière du firmament. On donne plutôt le nom de journée au temps qui s'écoule entre le lever du soleil et son coucher.

Les Grecs avaient dans l'expression *nyctémère*, c'est-à-dire nuit et jour, le moyen de prévenir les équivoques que notre langue peut comporter. De temps immémorial, le nyctémère a été divisé en vingt-quatre parties ou heures.

Quelques peuples comptaient ces vingt-quatre heures de suite, de une à vingt-quatre. Chez d'autres, on comptait deux périodes consécutives de douze heures chacune. Nous ne parlerons pas de la tentative faite en 1793, de partager la durée du jour en dix heures seulement, dont chacune se composait de cent minutes ; cette division n'a pas été adoptée, et l'on est généralement revenu au jour de vingt-quatre heures.

On a beaucoup varié sur le choix du commencement du jour civil.

Les Juifs, les anciens Athéniens, les Chinois, les Italiens, etc., commençaient le jour au coucher du soleil.

Jusqu'à ces derniers temps, chez les Italiens, on comptait tout d'un trait, vingt-quatre heures entre deux couchers du soleil.

On a cru justifier, dit Arago, cette méthode si défectueuse de régler les montres en disant que, dans un instant quelconque, elle apprenait aux voyageurs de quel nombre d'heures et de minutes de jour ils pouvaient disposer avant que la nuit les atteignît. Le soleil devant toujours se coucher à 24 heures d'une montre italique, si cette montre marque 21 heures, 20 heures, 19 heures, etc., c'est qu'il y a encore 3 heures, 4 heures, 5 heures, etc. de jour proprement dit à courir. Mais de quel poids peut être un pareil avantage, quand on songe à l'inconvénient d'être obligé de toucher sans cesse le temps (*toccare il tempo*), comme on dit de l'autre côté des Alpes? quand on réfléchit que les horloges italiques se concilient difficilement avec une vie méthodique; car les heures des repas, des travaux, du repos, les heures où commencent et finissent les fonctions publiques ne sauraient être fixes dans un pareil système, et changent notablement, suivant les saisons.

Les Babyloniens, les Syriens, les Perses, les Grecs modernes, les habitants des îles Baléares, etc., ont pris pour commencement du jour le lever du soleil. Cependant, parmi les phénomènes astronomiques, il n'en est pas dont l'observation soit sujette à plus d'incertitude, à plus d'erreurs que celle du lever ou du coucher des astres.

Chez les anciens Arabes, suivis en cela par l'auteur de l'*Almageste*, par Ptolémée, le jour commençait à midi. Les astronomes modernes ont adopté cet usage. Le moment de changer de date se trouve alors marqué sans équivoque par un phénomène facile à observer. Les astronomes modernes, ainsi que Ptolémée, comptent 24 heures consécutives entre deux midis.

Enfin, comme pour prouver que toutes les variétés possibles se rencontrent dans les choix abandonnés au libre arbitre des hommes, les Égyptiens, et parmi eux Hipparque, les anciens Romains, les Français, les Anglais, les Espagnols, ont invariablement fixé à minuit le commencement du jour civil. Copernic, parmi les astronomes modernes, suivait cet usage. Remarquons que le commencement du jour astronomique, quand il est réglé sur le midi, est postérieur de 12 heures au commencement du jour civil

— Sait-on d'où viennent les jours de la semaine et quelle est l'origine de leurs noms? demanda le navigateur.

— Parmi les divers auteurs qui ont discuté l'origine de la semaine, répondit l'astronome, les uns ont prétendu qu'une période de sept jours fut en usage chez tous les peuples de l'antiquité. D'autres ont soutenu que les Juifs seuls employèrent la semaine dans ces temps reculés.

La haute antiquité que l'on attribuait à la science indienne venait en aide à l'opinion fort répandue parmi les savants du dix-huitième siècle, que la semaine serait une institution commune à tous les peuples du monde et dont l'origine se perdrait dans la nuit des temps. Bailly, s'appuyant sur le rapport d'Hérodote (livre II), déclare que l'ordre général et si ancien des jours de la semaine est la preuve la plus singulière de son astronomie antédiluvienne. Laplace lui-même, acceptant de confiance ces conjectures, en étendait encore les conséquences; et, dans l'*Exposition du système du monde*, il présente la semaine, dans sa relation avec les sept planètes, *comme le monument peut-être le plus ancien et le plus incontestable des connaissances humaines*.

L'emploi de la semaine, comme période chronologique, a été, sans aucun doute, très-anciennement établi chez les Hébreux, puisqu'on la trouve mentionnée dans les premières pages de la Bible. Mais, contrairement aux assertions de Bailly, l'archéologie et l'érudition moderne n'en ont découvert aucune trace chez les autres peuples anciens de l'Orient et de l'Occident dont les documents originaux ont pu être étudiés.

Les Égyptiens des temps pharaoniques divisaient leurs mois en périodes de dix jours; les Chinois pareillement. La supposition contraire n'a été qu'une induction trop éloignée, que l'on tirait des idées superstitieuses qui se sont attachées là, comme presque partout, au nombre vii. Elles n'entraînent nullement l'usage chronologique d'une période hebdomadaire.

On sait aussi que la semaine n'était pas employée dans les anciens calendriers des Romains, où elle ne s'est introduite que par l'intermédiaire des traditions bibliques, et où elle est devenue d'un usage légal sous les premiers empereurs chrétiens. De là elle s'est propagée avec le calendrier julien chez les populations assujetties à la puissance romaine. Nous trouvons la période des sept jours employée dans des traités astronomiques hindous, mais postérieurs au cinquième siècle. Cette période ne leur appartient donc pas. Max Müller a montré qu'elle ne se trouve dans aucun des écrits de la littérature ancienne ou védique de l'Inde. Là on partage le mois en deux moitiés : la moitié *claire*, de la nouvelle à la pleine lune, et la moitié *obscure*, de la pleine lune à la nouvelle.

Dion Cassius, au troisième siècle, présente la semaine comme universellement répandue de son temps, et toutefois d'une invention assez récente, qu'il attribue aux Égyptiens ; par quoi il veut sans doute désigner les astrologues de l'école d'Alexandrie, alors très-occupés à répandre les spéculations abstraites de Platon et de Pythagore. Car, pour les Égyptiens véritables, nous connaissons aujourd'hui parfaitement les noms ainsi que les attributs qu'ils donnaient aux planètes, et l'on ne trouve rien qui les rallie à la succession des jours, dont chacun avait sa divinité particulière attachée au rang qu'il occupait dans le mois. On pourrait, à la vérité, faire remonter l'invention jusqu'aux Chaldéens. On rencontre dans Tibulle (livre I élégie 3ᵉ) l'indication du samedi comme jour néfaste, étant le jour de Saturne.

Il est incontestable que les noms français de la semaine dérivent des noms des sept planètes. Dans la semaine anglaise, le dimanche est encore désigné sous le nom du Soleil (*Sunday*), le second jour porte le nom de la Lune (*Monday*). Dans la désignation des quatre jours qui suivent, les noms des divinités septentrionales ont pris la place de ceux des divinités grecques ; quant au septième jour, samedi (*Saturday*), jour de Saturne, on est revenu à la mythologie des peuples méridionaux. Les autres langues modernes nous feront faire tout à l'heure les mêmes remarques.

Ces dénominations peuvent tirer leur origine d'une pratique mythologique : celle de consacrer dans un certain ordre les diverses planètes aux vingt-quatre heures de la journée, et d'appeler chaque jour du nom de la planète qui présidait à la première heure.

Nous avons vu que, dans l'ancien système, les planètes, à partir de la circonférence du ciel se succédaient dans l'ordre suivant jusqu'à la Terre centrale : -

Saturne. — Jupiter. — Mars. — Soleil. — Vénus. — Mercure. — Lune.

♄      ♃      ♂      ☉      ♀      ☿      ☾

Si nous supposons les vingt-quatre heures du jour consacrées chacune à une planète, et que, par exemple, la première heure de *samedi* soit consacrée à Saturne, la deuxième le sera à Jupiter, la troisième à Mars, etc., la huitième de nouveau à Saturne, ainsi que la quinzième et la vingt-deuxième. La vingt-troisième sera consacrée à Jupiter, la vingt-quatrième à Mars et la vingt-cinquième au Soleil : c'est la première du jour suivant qui s'appellera jour du *Soleil*.

Partons maintenant du jour du Soleil, et nous trouverons que la 8ᵉ, la 15ᵉ et la 22ᵉ heure lui reviennent. La 23ᵉ sera à Vénus, la 24ᵉ à Mercure, et la 25ᵉ ou la première heure du jour suivant, à la *Lune*.

En faisant la même opération sur toutes les autres planètes, on arriverait définitivement à l'ordre actuel des jours de la semaine :

Samedi, Dimanche, Lundi, Mardi, Mercredi, Jeudi, Vendredi.

♄      ☉      ☾      ♂      ☿      ♃      ♀

Dion Cassius déclare que les dénominations données aux jours de la semaine avaient pour but d'exprimer, sous une forme philosophique, les rapports occultes des parties du temps avec l'ordre des astres qui en règlent la succession; et encore de rattacher, dans une même conception mathématique, les harmonies des mouvements célestes aux intervalles harmoniques des sons musicaux, deux grands sujets des spéculations imaginaires auxquelles se livraient les néopythagoriciens d'Alexandrie. Ce double mystère nous reporte à une seconde origine des noms de la semaine, à l'origine astrologique, qui se révèle par l'inspection de la figure ci-jointe, empruntée à Scaliger (*de Emendatione temporum*).

Divisons le contour d'une circonférence en sept arcs égaux, représentant les parties de l'heptacorde. Aux points de division, plaçons les signes du soleil, de la lune, et des planètes dans leur ordre apparent. Puis, joignons ces points de quatre en quatre, par une suite continue de cordes qui les sépareront par des intervalles de quarte. Alors, attribuant le premier jour à la lune, sui-

vous continûment, à partir de ce point, la série des sept cordes
dans le sens du mouvement indiqué par la flèche : de la Lune, nous

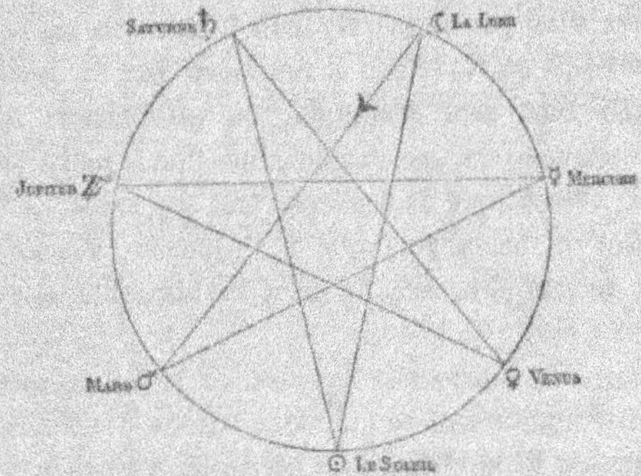


allons à Mars (mardi), de Mars à Mercure (mercredi), de celui-ci à
Jupiter (jeudi), de là à Vénus (vendredi), puis à Saturne (samedi),
puis au Soleil (dimanche), et nous voici revenus à la Lune (lundi).

Tels sont les rapports occultes que la superstition des derniers
philosophes d'Alexandrie avait établis entre les planètes, les jours
de la semaine juive, et les heures du jour. L'Église chrétienne,
trouvant ces dénominations païennes devenues d'un usage public et
général, les accepta en changeant seulement la dénomination du
premier jour *Dies Solis* en *Dies Dominica*, le jour du Seigneur. Mais
les peuples qui les reçurent des Romains avant d'être convertis au
christianisme, les Germains par exemple, y remplacèrent les noms
latins des divinités planétaires, par les noms de leurs dieux, dont
les attributs se trouvaient y correspondre.

— À quelles dates les différents jours de l'année reviennent-ils
aux mêmes jours de la semaine ? demanda la jeune fille.

— Au bout de vingt-huit ans, répondit l'astronome, et c'est ce
qu'on appelle le cycle solaire.

Ce calcul suppose une bissextile tous les quatre ans ; mais si, dans
le nombre des années considérées, il y a une année séculaire non
bissextile, le nombre des jours contenus dans les vingt-huit années
consécutives n'est plus un multiple de 7, et le premier janvier de

l'année suivante, au lieu de revenir au même jour de la semaine que vingt-huit ans auparavant, revient un jour plus tôt. Ainsi, l'année 1861 ayant commencé par un mardi, l'année 1861+28 ou 1889 commencera aussi par un mardi; mais il n'en sera pas de même de l'année 1889+28 ou 1917; elle commencera par un lundi, attendu que l'année 1900 sera commune. On peut encore remarquer, comme renseignements, que chaque année finit le même jour qu'elle commence, attendu que 52 semaines font 364 jours. Le 31 décembre arrivant le même jour que le 1er janvier, l'année suivante commence un jour plus tard. Au cas d'une bissextile, elle avance de deux jours, à partir du 1er mars.

— A propos des jours de la semaine, dit le comte, voici un petit tableau qui complète tout ce que nous venons d'entendre, en nous offrant les noms de ces jours dans les diverses langues.

### JOURS DE LA SEMAINE CHEZ LES DIFFÉRENTS PEUPLES

| Français. | Italien. | Espagnol. | Portugais. | Anglais. | Allemand. |
|---|---|---|---|---|---|
| Dimanche. | Domonica. | Domingo. | Domingo. | Sunday. | Sonntag. |
| Lundi. | Lunedi. | Lûneo. | Secunda feira. | Monday. | Montag. |
| Mardi. | Martedi. | Mârtes. | Terça feira. | Tuesday. | Dienstag. |
| Mercredi. | Mercoledi. | Miércoles. | Quarta feira. | Wednesday. | Mitwoch. |
| Jeudi. | Giovedi. | Juéves. | Quinta feira. | Thursday. | Freitag, |
| Vendredi. | Venerdi. | Viérnes. | Sexta feira. | Friday. | Donnerstag. |
| Samedi. | Sabbato. | Sábado. | Sabbado. | Saturday. | Samstag. |

| Anglo-Saxon | Ancien frison. | | Ancienne langue du Nord | Hollandais. |
|---|---|---|---|---|
| Sonnan-däg. | Souna-dei. | | Sunnu-dagr, *jour du Soleil.* | Zondag. |
| Monan-däg. | Mona-dei | | Mâna-dagr, *jour de la Lune* | Maandag. |
| Tives-däg. | Tys-dei. | | Tyrs-dagr, Tys-dagr, *jour du dieu Tys.* | Dingsdag. |
| Vôdenes-däg. | Werns-dei. | | | Woensdag. |
| Frige-däg. | Thunres-dei. | | Odins-dagr, *jour d'Odin.* | Donderdag. |
| Thunores-däg | Frigen-dei. } | | Thôrs-dagr, *jour de Thor.* | Vrijdag. |
| Sœstres-däg. } | Frei-dei. } | | Fria-dagr, *Freyju-dagr, de Fria.* | Zaturdag. |
| Sœternes-däg } | Sater-dei, *jour de Saturne.* | | Laugur-dagr, *jour du bain.* | |
| | *Ce dernier est le seul nom romain conservé.* | | *C'est le seul des sept noms qui ne soit pas mythologique* | |

| Arabe | | Indien. | | |
|---|---|---|---|---|
| Youm el ahad, | le premier jour. | Souera-varam, | 1er jour de | Vénus. |
| Youm eth tham, | le second — | Sany-varam, | 2e — | Saturne. |
| Youm eth thaleth, | le troisième — | Addita-varam, | 3e — | Soleil. |
| Youm el arbaa, | le quatrième — | Soma-varam, | 4e — | la Lune. |
| Youm el khamis, | le cinquième — | Mangala-varam, | 5e — | Mars. |
| Youm el djoomaa, | le jour d'assemblée. | Bouta-varam, | 6e — | Mercure. |
| Youm el effabt, | le jour du sabbat. | Brahaspati-varam, 7e | — | Jupiter. |

— J'ajouterai maintenant deux mots sur les ères, reprit l'astronome quand on eut examiné le tableau précédent.

A quelle date doit-on commencer de compter les années ? De la création du monde, a-t-on répondu autrefois. Mais il faut avouer que sa détermination est assez difficile, et chez les Juifs mêmes, qui comptent ainsi, il n'y a pas moins de soixante-dix opinions différentes, aussi vaines l'une que l'autre. Entre les diverses versions de la Bible, il y a plusieurs milliers d'années de différence. On a essayé d'y arriver par l'astrologie.

Suivant Bodin, Moïse assure que le premier mois de l'année était anciennement celui qui répond à notre mois de septembre. « Le soleil était donc au signe de la Balance, lorsque le monde a commencé. Le même mois était aussi le premier de l'année chez les Égyptiens, et il est vraisemblable que Dieu ayant créé l'homme et tous les animaux en un âge parfait, leur a aussi donné les fruits mûrs et dans l'automne du pays où le paradis terrestre était situé. » Munster est même allé jusqu'à fixer le jour et l'heure de la création : « Ce fut, dit-il, un dimanche, à neuf heures du matin ! »

Malgré tous ces beaux calculs, on n'a guère pu s'entendre sur l'ère de la création, et l'on a compté de l'origine des organisations politiques, — des olympiades, — de la fondation de Rome, etc. Le mot ÈRE, ÆRA, vient, dit-on, des quatre initiales de la formule AB EXORDIO REGNI AUGUSTI, « du commencement du règne d'Auguste. » Après avoir compté à partir de plusieurs origines différentes, l'Europe chrétienne a reçu pour point de départ la date de la naissance de Jésus-Christ, elle-même controversée du reste. Cette ère règne actuellement dans tous les pays chrétiens.

— Elle n'a pas été en usage, dit le pasteur, dès les origines du christianisme. Les chrétiens ont été, pendant plusieurs siècles, de la plus grande indifférence sur l'année où Jésus-Christ est venu au monde. Ce fut un moine vivant à Rome dans l'obscurité, vers l'an 580, originaire d'un pays si inconnu, qu'on l'a regardé comme Scythe, ce fut le moine Denys, surnommé *Exiguus*, le Petit, qui, le premier, a essayé de trouver, par des calculs chronologiques, l'année de la naissance de Jésus-Christ.

L'ère de Denys le Petit ne fut pas adoptée par ses contemporains. Deux siècles plus tard, Bède le Vénérable exhortait les chrétiens à l'employer ; enfin l'usage en fut ordonné seulement par Charlemagne, en l'an 800.

— Parmi les peuples qui avaient, au moyen âge, adopté l'ère chrétienne, dit l'historien, les uns faisaient commencer l'année en mars, premier mois du calendrier de Romulus ; les autres en janvier, où s'ouvrait l'année de Numa ; d'autres au jour de la naissance du Christ, le 26 décembre ; d'autres encore au 25 mars, jour de l'Incarnation ou de la Conception, etc., etc. En lisant les vieilles chroniques, et si l'on ne veut se perdre dans le chaos de leurs dates, il faut tenir compte de ces différences, ce qui n'est pas toujours facile, et se rappeler qu'il était aussi d'usage quelquefois d'ajouter les années écoulées entre l'Incarnation et la Passion

— La pratique de faire commencer l'année à Pâques, ajouta encore le pasteur, rendait les années inégales à ce point, par exemple, qu'on avait deux mois d'avril presque complets dans une année. Ainsi, par exemple, l'année 1347, qui avait commencé le 1<sup>er</sup> avril, ne s'était terminée qu'à la Pâque suivante, qui tomba le 20 avril. Cette année 1347 avait donc eu : deux 1<sup>er</sup> avril, deux jours nommés 2 avril, deux 3 avril..., deux 19 et deux 20 avril.

— Ce n'est que vers l'an 1500, et en Allemagne, dit l'historien, que l'habitude s'est établie de commencer l'année au 1<sup>er</sup> janvier. Un édit de Charles IX le prescrivit en France en 1563. Le même usage fut adopté en Angleterre pour commencer l'année 1752, et ce changement fit assez de bruit, parce qu'il réduisit de près d'un quart la longueur de l'année 1751. L'année 1751, comme les années précédentes, avait commencé en Angleterre le 25 mars. Elle aurait dû durer jusqu'au 25 mars suivant ; mais dès le 1<sup>er</sup> janvier 1751, on compta 1752 ; l'année 1751 perdit ainsi son mois de janvier, son mois de février tout entiers, et les vingt-quatre premiers jours de mars. Ceci fait comprendre comment lord Chesterfield, le promoteur du bill, faillit devenir victime de la colère du peuple ; pourquoi on le poursuivait partout aux cris répétés de : *Rendez-nous nos trois mois.* Peu de personnes consentaient, même quand tout disait que c'était une simple apparence, à vieillir subitement de trois mois entiers....

Ainsi fut, en définitive, installé le calendrier dont nous nous servons maintenant.

# SEIZIÈME SOIRÉE



LA FIN DU MONDE

Cette soirée devait être la dernière de nos entretiens de Flamanville. Le lendemain, le député et l'historien devaient se remettre en voyage pour Saint-Brieuc, où se préparait un congrès archéologique. Par un singulier tour de conversation, on en était venu pendant le dîner à s'occuper des prédictions relatives à la fin du monde, et la soirée, qui se passa entièrement dans le grand salon du château, continua le même sujet d'entretien. Si nous voulons prendre cette causerie dès son origine, nous pourrions à peu près la rappeler dans les termes suivants.

— Mon cher historien, fit la marquise, vous m'aviez promis de nous offrir le choix des diverses prédictions faites sur la fin du monde?

— Sans remonter au déluge, quoique ce soit peut-être le cas, reprit l'historien, nous pouvons nous reporter aux premiers siècles de l'Église, où la croyance à la fin du monde, dans un délai rapproché, était universellement répandue parmi les chrétiens. L'Apocalypse de saint Jean, les Actes des apôtres semblaient l'annoncer avant la fin de la génération. Puis on s'accorda à l'attendre pour l'an mil. Le moyen âge, ce temps de foi naïve et de crédulité superstitieuse, flotte tout entier sur la crainte de cette terrible catastrophe.

C'est aux approches de cette date redoutée que l'on trouve les plus fréquents et les plus pressants avertissements de cet ordre. Ainsi, par exemple, Bernard de Thuringe, vers 960, commença à annoncer publiquement que le monde allait finir, assurant que Dieu lui en avait fait la révélation. Il prit pour texte de ses prédications ces paroles énigmatiques de l'Apocalypse : « Au bout de mille ans, Satan sortira de sa prison et séduira les peuples qui sont aux quatre coins de la terre. Le livre de la vie sera ouvert ; la mer rendra ses morts ; chacun sera jugé selon ses œuvres par Celui qui est assis sur un grand trône resplendissant, et il y aura un Ciel nouveau et une Terre nouvelle. » Il fixait le jour où l'Annonciation de la Vierge se rencontrerait avec le vendredi saint comme étant la fin du monde. Cette rencontre eut lieu en 992,... et il n'en résulta rien d'extraordinaire.

Pendant le dixième siècle, les chartes royales s'ouvraient par cette formule caractéristique : *La fin du monde approchant....*

En 1186, les astrologues effrayèrent l'Europe en annonçant une conjonction de toutes les planètes. Rigord, écrivain contemporain, dit dans la *Vie de Philippe-Auguste :* « Les astrologues d'Orient, juifs, sarrasins et même chrétiens, envoyèrent par tout l'univers des lettres où ils prédisaient avec assurance, pour le mois de septembre, de grandes tempêtes, tremblements de terre, mortalité sur le hommes, séditions et discordes, révolutions dans les royaumes, destruction de toutes choses. Mais, ajoute-t-il, l'événement ne tarda pas à démentir leurs prédictions. »

Quelques années ensuite, en 1198, on fit encore courir le bruit de la fin du monde, et cette fois ce n'était pas par des phénomènes célestes qu'elle devait arriver : on proclamait la naissance de l'antechrist à Babylone, et par conséquent la destruction du genre humain.

Une liste curieuse à dresser serait celle de toutes les années auxquelles on a fait naître l'antechrist ; on les compterait par centaines, sans parler des dates fixées dans l'avenir, pour l'accomplissement de ce grand événement précurseur du dernier jour du monde.

Au commencement du quatorzième siècle, l'alchimiste Arnault de Villeneuve l'annonça pour 1335. Dans son traité *De sigillis*, il applique l'influence des astres à l'alchimie, et expose les formules mystiques qui doivent conjurer les démons.

Saint Vincent Ferrier, fameux prédicateur espagnol, donne au monde autant d'années de durée qu'il y a de versets dans le Psautier, 2537 environ.

Le seizième siècle est peut-être l'époque où les prédictions sur la destruction du genre humain se sont produites le plus souvent. Voici, par exemple, une annonce enregistrée par Simon Goulart, dans son *Thrésor d'histoires admirables*.

« Le grand commandeur de Malte fit publier, l'an 1532, par toute l'Europe une apparition merveilleuse avenue en Assyrie. Environ le septième jour de mars, une femme nommée Rachiene mit au monde un beau fils qui avait les yeux étincelants et les dents luisantes. Au même instant qu'il naquit, le ciel et la terre furent estrangement esmeus; le soleil apparut luisant à minuit comme en plein midi, et en plein jour devint si ténébreux, que depuis le matin au soir, l'on ne vit goutte en tout ce pays-là. Puis après, il se monstra, mais d'autre figure que de coustume, avec diverses estoiles nouvelles, errantes çà et là au ciel, sur la maison en laquelle nasquit cet enfant, outre quelques autres prodiges, tomba le feu du ciel, qui tua des personnes. Après l'éclipse de soleil, survint une horrible tempête en l'air; puis il tomba des perles du ciel. Le lendemain on vid voler un dragon enflammé par tout ce climat. Une nouvelle montagne plus haute que nulle haute apparut, laquelle se fendit en deux parts, et au milieu d'icelle fut trouvée une colonne où étoit certaine écriture en grec, portant que la *fin du monde approchoit*, puis fut ouye une voix en l'air exhortant chacun à se préparer. »

N'étant pas encore arrivée cette année-là, elle fut ensuite prédite pour 1584, par Leovitius, fameux astrologue. Louis Guyon rapporte « que la frayeur fut grande; que les églises ne pouvaient pas contenir ceux qui y cherchaient un refuge; un grand nombre faisaient leur testament sans réfléchir que c'était une chose inutile si tout le monde devait périr. »

Un des plus fameux mathématiciens de l'Europe, nommé Stoffler, qui florissait au seizième siècle, et qui travailla longtemps à la réforme du calendrier proposée au concile de Constance, prédit un déluge universel pour 1524. Ce déluge devait arriver au mois de février, parce que Saturne, Jupiter et Mars se trouvèrent alors en conjonction dans le signe des Poissons. Tous les peuples de l'Eu-

rope, de l'Asie et de l'Afrique qui entendirent parler de la prédiction furent consternés. On s'attendit au déluge, malgré l'arc-en-
ciel. Plusieurs auteurs contemporains rapportent que les habitants
des provinces maritimes de l'Allemagne s'empressaient de vendre à
vil prix leurs terres à ceux qui avaient le plus d'argent et qui n'é-
taient pas si crédules qu'eux. Chacun se munissait d'un bateau
comme d'une arche. Un docteur de Toulouse, nommé Auriol, fit
faire surtout une grande arche pour lui, sa famille et ses amis
on prit les mêmes précautions dans une grande partie de l'Italie.
Enfin, le mois de février arriva, et il ne tomba pas une goutte d'eau.
Jamais mois ne fut plus sec, et jamais les astrologues ne furent
plus embarrassés. Cependant ils ne furent ni découragés, ni négli-
gés pour cela, et Stoffler lui-même, en compagnie du célèbre Re-
giomontanus, prédit de nouveau pour l'année 1588 la fin du
monde, ou tout au moins d'affreux événements qui devaient bou-
leverser la terre.

Nouvelle prédiction, nouvelle déception ; aucun événement extraordinaire ne signala l'année 1588. L'année 1572, cependant, avait
offert un phénomène étrange, capable de justifier toutes les craintes. Une étoile inconnue s'était allumée subitement dans la constellation de Cassiopée, éclatante de lumière et visible même de jour.
Et des astrologues avaient calculé que c'était l'*étoile des Mages* qui
était de retour et annonçait la dernière venue de Jésus-Christ !

Le dix-septième et le dix-huitième siècle sont remplis de nouvelles prédictions, — très-variées du reste, — sur la fin du
monde....

— Et notre siècle n'a rien à leur envier, fit le député. Ainsi j'ai
un petit ouvrage sur les religions, imprimé en 1826, où le comte
de Sallmard Montfort a parfaitement démontré que le monde n'avait
plus à espérer que dix ans d'existence.

« Le monde, disait-il, se fait vieux, et il serait bientôt temps qu'il
prît fin ; aussi ne crois-je pas que l'époque d'un si terrible événement soit fort éloignée. Jacob, chef des douze tribus d'Israël, et, par
conséquent, chef de l'ancienne Église, naquit l'an du monde 2168,
c'est-à-dire 1836 ans avant Jésus-Christ. L'Église ancienne, figure
de la nouvelle, a donc duré 1836 ans. Au moment où j'écris, nous

sommes en 1826 ; par conséquent, puisque, d'après la parole de Dieu, la nouvelle Église doit durer jusqu'à la fin des siècles, si l'ancienne a vraiment été (comme il n'est pas douteux) le type de la nouvelle, il en résulte clairement que le monde n'a plus qu'environ dix ans à exister. »

— Madame de Krudner, reprit l'historien, cette femme emblématique de la Sainte-Alliance, l'amie de l'empereur Alexandre, elle aussi avait prophétisé la ruine de notre planète ; c'était pour le 13 janvier 1819.

Des années de fin du monde furent encore, on se le rappelle, 1832 et 1840. La première passera à la postérité grâce à la fameuse chanson de Béranger : *Finissons-en, le monde est assez vieux.* — Quant à la seconde, elle a fait pendant longtemps l'objet de l'attente et de la crainte universelles ; elle était marquée d'un signe fatal dans les traditions ; elle était annoncée menaçante et terrible par une foule de prédictions. C'était le 6 *janvier* que le grand dénoûment de la comédie humaine devait avoir lieu. Beaucoup de gens avaient fait leurs préparatifs, s'étaient mis en règle et attendaient de pied ferme la date fatale. Mais nous avons déjà vu la plupart de ces prédictions en parlant des comètes.

— J'ai retrouvé l'autre jour au château, dit le comte, un ouvrage écrit en 1840 par un ecclésiastique, Pierre-Louis, de Paris, dédié au pape Grégoire XVI. C'est un commentaire de l'*Apocalypse* qui fixe la fin des siècles à l'année 1900. Voici par quels exemples il établit cette date.

« L'*Apocalypse* dit que les Gentils occupèrent la cité sainte pendant quarante-deux mois. La cité sainte, c'est Jérusalem, prise par Omar en . . . . . . . . . . . . . . . . . . . . . . . . . . . . . . . 636
quarante-deux mois = 1260 jours, ou, par symbole : années.  1260

Total. . . .  1896

Daniel annonce l'arrivée de l'antechrist 2300 jours après l'établissement d'Artaxerxès sur le trône de Perse, en 400 avant J.-C.  2300 — 400 = 1900.

« Signes avant-coureurs déjà arrivés .

« Un cheval blanc paraît : dans Zacharie les chevaux sont emblèmes des empires. — Celui qui montait ce cheval tenait un arc. — C'est le Corse Napoléon. — Vous entendrez des guerres et des bruits de guerre. — Une couronne lui a été donnée.

« Hénoch et Élie doivent revenir en 1892.

« En 1896 les Israélites rentrent à Jérusalem. »

Enfin, d'après ce nouveau prophète, Jésus-Christ devrait apparaître sur les nues l'an 1900, et le 11 avril !

— La plupart d'entre nous, dit le pasteur, pourraient de la sorte être témoins de ce tragique dénoûment. Je connaissais aussi cette prédiction, à laquelle on pourrait encore en ajouter d'autres qui, comme celle d'Orval, ont en vue les événements politiques, et annoncent que l'empire sera terminé par une république, à laquelle succédera Henri V après la mort du dernier pape. Mais ce n'est pas l'affaire de l'histoire du ciel.

— Si les prédictions de la date de la fin du monde sont des fantaisies, dit la marquise, nous savons néanmoins que la Terre finira un jour ou l'autre. La science fournit-elle une base d'opinion sur la manière dont cette intéressante destinée s'accomplira ?

— Oh ! répondit l'astronome, notre planète n'aura guère que l'embarras du choix pour mourir. Et cet événement n'aura pas l'importance que nous imaginons.

Nul spectacle n'est plus éloquent que celui de l'agrandissement de l'idée de la nature dans l'âme de l'homme par les progrès de l'astronomie. Jadis nous nous croyions le centre de l'univers et le chef-d'œuvre de la création. Les étoiles de l'infini avaient pour destinée le rôle mesquin de briller sur nos têtes pendant les nuits transparentes. Le ciel avait été créé pour la terre. Le séjour éternel des élus était installé sur la voûte azurée supposée solide. Le commencement de la terre était le commencement du monde ; la fin de notre humanité devait être la fin du monde.

En détrônant la terre de son antique royauté, Copernic et Galilée ne se doutaient point de l'immense révolution qu'ils opéraient par cela même dans les consciences, et de la métamorphose absolue que les siècles suivants allaient faire subir aux doctrines les plus vénérées. Au lieu de supposer maintenant que le monde a été créé en six jours, que les étoiles ont été allumées le quatrième, que les espèces animales sont apparues à l'ordre d'une baguette de fée ;

XX

LES DERNIERS JOURS DE LA TERRE

(P. 458.)

que le globe terrestre a été environné de neuf cieux ; que la destinée de l'humanité est le pivot de la construction de l'univers, et
qu'au dernier jour de la terre une résurrection générale amènera,
après la catastrophe du monde entier, l'établissement éternel du
ciel et de l'enfer immobiles ; au lieu de ces croyances enfantines,
nous savons maintenant que la terre est un astre du ciel, que les
planètes sont des terres habitées analogues à la nôtre, que notre
soleil n'est qu'une étoile, qu'il y a des millions de systèmes planétaires dans l'espace, et que notre petit monde n'est qu'une partie
infinitésimale de la création universelle.

Formé depuis des millions de siècles, le globe terrestre poursuit
sa destinée mystérieuse avec l'homme pour souverain, après avoir
vu bien souvent la mer prendre la place de la terre ferme, et des
convulsions modifier la surface entière. Jusqu'à quand portera-t-il
ainsi dans l'immensité les générations humaines ? Combien de fois
les empires succéderont-ils aux empires, les déserts aux civilisations et les civilisations aux déserts ? L'esprit humain a cherché à devancer les temps, comme il avait cherché à rétrograder à
travers les âges, et plusieurs théories se présentent pour expliquer
la fin de notre monde comme son commencement.

Buffon avait calculé que la terre n'aurait mis que 74 832 ans
pour se refroidir à sa température actuelle, et que l'humanité pourrait encore y résider pendant 93 291 ans, avant que la surface soit
assez refroidie pour que la vie fût forcée de s'éteindre. Cette hypothèse n'est plus aujourd'hui qu'une curiosité historique, depuis qu'on
sait que la chaleur intérieure du globe n'a plus aucune influence
à la surface, et que la vie terrestre dépend exclusivement du
soleil.

Une seconde hypothèse, se basant également sur le refroidissement de la terre, suppose que, à l'époque où elle sera glacée, le
sol se fendillera comme celui de la lune, que le dernier reste d'air
et d'eau occupera ces profondeurs, et que les hommes se réfugie-
ront là comme des taupes jusqu'à ce que l'air et l'eau aient entièrement disparu, fixés et solidifiés eux-mêmes. La terre, étant quarante-neuf fois plus grosse que la lune, mettrait quarante-neuf fois
plus de temps à mourir.

Une autre hypothèse, la plus ancienne de toutes, est celle qui suppose que le monde finira par le feu. Elle descend de Zoroastre, des Hébreux et des Pères de l'Église, et n'est pas irréalisable. Il est à peu près certain en effet que la surface du globe sur laquelle nous bâtissons nos cités et nos demeures n'a pas plus de dix lieues d'épaisseur, et qu'à cette mince profondeur, tous les minéraux sont en fusion. On sait d'autre part, par les instruments enregistreurs des observatoires, que cette surface est perpétuellement agitée, et qu'il ne se passe pas trente heures sans qu'un tremblement plus ou moins intense soit accusé. Nous vivons donc sur un mince radeau qui peut sombrer d'un instant à l'autre. Une convulsion d'une minute suffit pour détruire des villes entières, comme on n'en a que trop d'exemples.

Si les volcans, soupapes de sûreté de la chaudière terrestre, étaient bouchés, le globe ne pourrait-il éclater et envoyer dans l'espace les fragments de sa surface morcelée ? Dans tous les cas, une dépression du sol des continents pourrait facilement être suffisante pour amener toute l'eau des mers sur la terre habitée, et soulever d'autre part le sol qui forme actuellement le lit de l'océan. Avec une inondation partielle de cette nature, Paris pourrait facilement se trouver immergé, et les bateaux à vapeur sillonneraient la mer à trois ou quatre cents pieds au-dessus des tours Notre-Dame.

Une quatrième théorie sur la fin de notre monde le fait mourir plus lentement, plus doucement, mais plus sûrement. Elle est ingénieuse. Elle pourrait s'intituler la nivellation générale de la surface terrestre. Par les vents et les pluies, le sommet des montagnes descend constamment dans les vallées, et la terre des continents est lentement emportée dans la mer par les ruisseaux, les rivières et les fleuves. Les irrégularités du sol s'aplanissent, le fond de la mer s'exhausse, et la mer empiète à mesure sur ses rivages.

Eh bien, si les montagnes finissaient par être entièrement usées, s'il n'y avait plus de soulèvements ni de tremblements de terre pour s'opposer à ce travail de nivellation, si enfin le globe arrivait ainsi au niveau parfait d'une sphère, et cela avec 200 mètres d'eau d'épaisseur, — ce serait suffisant pour éteindre la vie de l'humanité, — à moins pourtant qu'elle ne s'installe alors à la surface des eaux ou dans les airs.

Je ne dois point omettre de signaler ici la théorie d'Adhémar sur la périodicité des déluges. Cette théorie consiste à remarquer que les saisons sont d'inégale longueur sur les deux hémisphères. Notre automne et notre hiver durent 179 jours : sur l'hémisphère austral, ils durent 18 jours. Ces 7 jours, ou 166 heures, de différence, agissent chaque année pour refroidir davantage un pôle. Pendant 10 500 ans, les glaces s'accumulent sur un pôle, et dans le même temps se fondent autour de l'autre, ce qui déplace le centre de gravité de la terre.

Or il arriverait un moment où, après le maximum d'élévation de température d'un côté, une débâcle se produirait, ce qui amènerait le retour du centre de gravité au centre de figure, et un déluge immense. Il y aurait 4200 ans que la débâcle du pôle boréal aurait eu lieu ; dans 6300 ans aurait lieu celle de la glacière australe. — Il nous faut attendre cette date pour être sûrs du fait.

Il y a encore d'autres hypothèses curieuses, par exemple, celle qui nous annonce la fin du monde par une comète, non par le choc, car il ne paraît plus guère dangereux, mais par la combinaison chimique d'un gaz délétère d'une queue de quelques millions de lieues avec l'oxygène de notre atmosphère, ce qui, a-t-on dit, pourrait produire un magnifique feu de Bengale dans lequel la vie terrestre tout entière exhalerait son souffle en un clin d'œil.

Nous avons encore la théorie de la chute progressive de la terre dans le soleil par suite de la résistance de l'éther. La comète d'Encke perd en 33 ans un millième de sa vitesse. On voit que c'est par des millions de siècles qu'il faudrait compter pour atteindre l'époque où la terre serait assez proche du soleil pour souffrir de sa chaleur, et encore !

De toutes ces hypothèses, et quoique notre planète n'ait vraiment que l'embarras du choix, aucune peut-être n'amènera sa mort. On peut dire d'elle ce que disait Fontenelle des humains : tout le monde s'embarrasse fort de mourir, mais je vois qu'en définitif tout le monde s'en tire. La vie terrestre est suspendue aux rayons du soleil, et c'est dans la destinée de l'astre radieux que nous devons lire notre propre sentence. Fontenelle aussi l'avait déjà prévu lorsqu'il a écrit les vers suivants :

> Ce n'est pas pourtant que je doute
> Qu'un beau jour qui sera bien noir,
> Le pauvre soleil ne s'encroûte
> En nous disant : Messieurs, bonsoir!
> Cherchez dans la céleste voûte
> Quelque autre qui vous fasse voir :
> Pour moi j'en ai fait mon devoir,
> Et moi-même ne vois plus goutte.
>
> Mais sur notre triste manoir,
> Combien de maux fera pleuvoir
> Cette céleste banqueroute!
> Tout sera pêle-mêle et toute
> Société sera dissoute.
> Bientôt de l'éternel dortoir
> Chacun enfilera la route
> Sans tester et sans laisser d'hoir.

Le soleil est une étoile variable. Déjà des taches, parfois nombreuses, se montrent à sa surface. De siècle en siècle, ces taches deviendront plus fréquentes. Le soleil se refroidit. En emportant la terre et les planètes à travers les déserts glacés de l'espace, il perd lentement sa chaleur et sa lumière.

*Lentement....* En effet, la théorie de la chaleur permet d'affirmer que 350 000 fois plus *lourd* que la terre et 1 400 000 fois plus *gros*, le soleil n'aura pas perdu une valeur sensible de sa chaleur avant un million d'années. Il est actuellement dans sa seconde phase, dans sa période photosphérique.

Néanmoins, le temps viendra où, dans sa troisième phase, sa surface solidifiée ne projettera plus cette lumière et cette chaleur qui sont la vie de la nature. Alors, dans plusieurs millions d'années, il n'entraînera plus avec soi que des planètes désertes d'où la vie et la pensée se seront à jamais exilées.

Il ne sera pas nécessaire que ce nombre prodigieux de siècles s'écoulent pour que la vie disparaisse de notre globe ; aucune des humanités qui doivent succéder à la nôtre n'est appelée à assister le soleil dans ses derniers moments, et à voir ses rayons se perdre dans la nuit. Bien avant ce grand désastre, les derniers débris de l'espèce humaine auront plié bagage vers d'autres destinées : cette suprême transformation se fera graduellement et suivant une marche facile à concevoir.

L'affaiblissement de la chaleur solaire aura pour effet naturel d'augmenter l'étendue des zones glaciales; les mers et les terres de ces parties du globe se refusant à entretenir la vie, celle-ci se rétrécira insensiblement autour des régions équatoriales. L'homme, qui par sa nature et son intelligence, peut braver les plus basses températures, restera le dernier debout sur la nature en deuil, réduit à la plus misérable nourriture. Réunis autour de l'équateur, les derniers enfants de la terre livreront un suprême combat à la mort, et c'est précisément quand les ténèbres approcheront, que le génie humain, fortifié par les acquisitions scientifiques des siècles passés, jettera sa plus vive lumière : ce sera comme le chant du cygne, le dernier éclair du souffle divin sur les débris du monde. Qui pourra jamais décrire les prodiges de cette lutte colossale, où l'humanité terrestre, les deux pieds dans la fosse, comme un puissant supplicié qu'on enterre, essayera de rejeter au loin le couvercle fatal qui devra l'engloutir ?

Enfin la Terre caduque, desséchée, stérile, ne sera plus qu'un immense cimetière. Il en sera de même des autres planètes. Le Soleil sera devenu rouge, puis noir, et le système planétaire ne sera plus qu'un assemblage de boulets noirs tournant autour d'un autre boulet noir. Déjà, bien d'anciens mondes détruits en sont arrivés là. C'est le sort réservé à tous les astres.

Mais tandis que les uns vieillissent et tombent, les autres naissent et grandissent. Et lorsque la vie terrestre sera éteinte, lorsque le dernier homme aura rendu le dernier soupir, l'univers sera aussi peuplé, aussi harmonieux, aussi complet qu'il l'est aujourd'hui. D'autres soleils brilleront, et d'autres terres habitées se balanceront sous les effluves fécondes de leur lumière et de leur chaleur. Car la mort d'une planète n'est qu'un détail insignifiant, et la vie universelle est ÉTERNELLE.

— Telles sont, mes amis, ajouta l'astronome en se levant, les phases probables que notre humanité est condamnée à traverser dans l'avenir. C'est peut-être finir nos soirées par une perspective un peu élégiaque. Mais non : notre Terre, ce n'est pas nous. A cette époque-là, il y aura longtemps que nous n'appartiendrons plus à cette planète, et que, sans doute, nous serons installés sur un autre monde du grand espace.

— Quant à moi, fit le député, j'aime la palingénésie des Chaldéens, qui supposait que le monde se renouvelait tous les trente mille ans, et se retrouvait après cette période exactement tel qu'il était auparavant. Donc, comme nous nous sommes trouvés fort bien à Flamanville, j'espère que nous nous y retrouverons tous après cette vénérable période séculaire, identiquement comme cette année. Ainsi, mes amis, ne nous disons pas adieu, mais au revoir : *Dans trente mille ans !*

FIN.

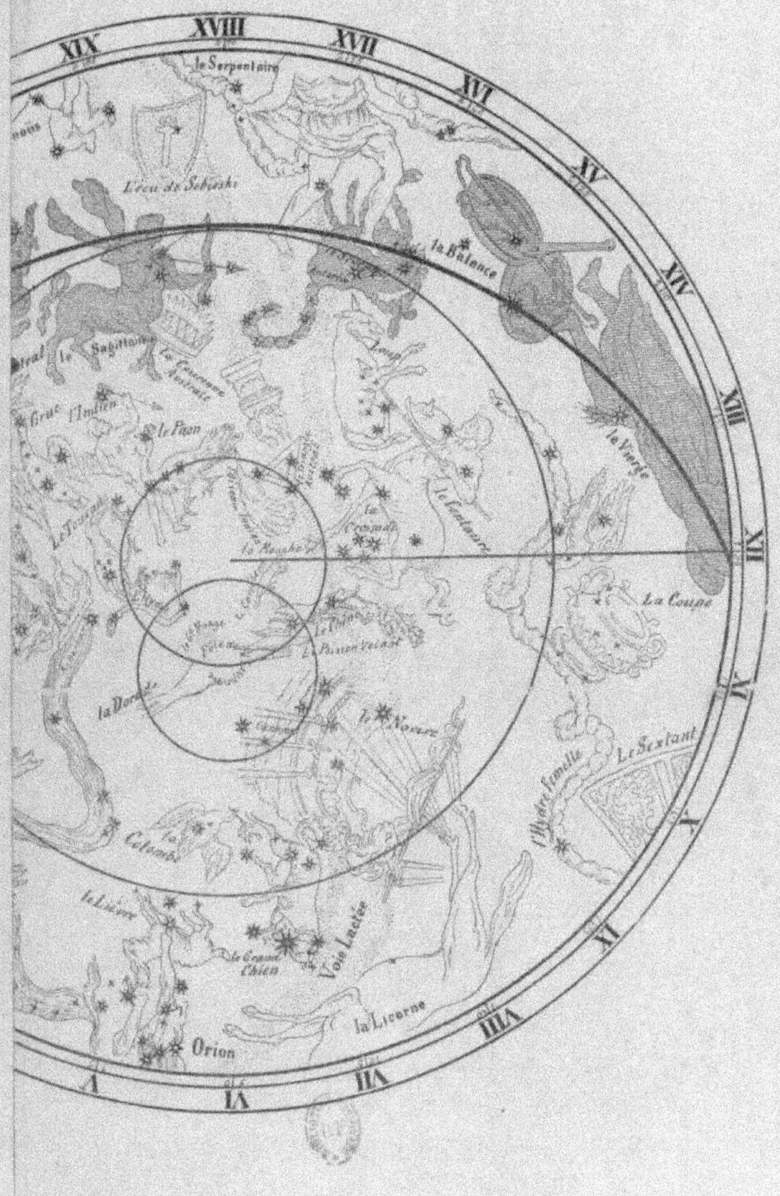
le Serpentaire
l'Écu de Sobieski
la Balance
la Vierge
le Sagittaire
Grue l'Indien
le Paon
la Coupe
le Centaure
le Sextant
la Dorade
le Navire
Colombe
le Lièvre
le Grand Chien
Voie Lactée
la Licorne
Orion
XIX  XVIII  XVII  XVI  XV  XIV  XIII  XII  I  II  III  IV  V  VI  VII  VIII  IX  X  XI

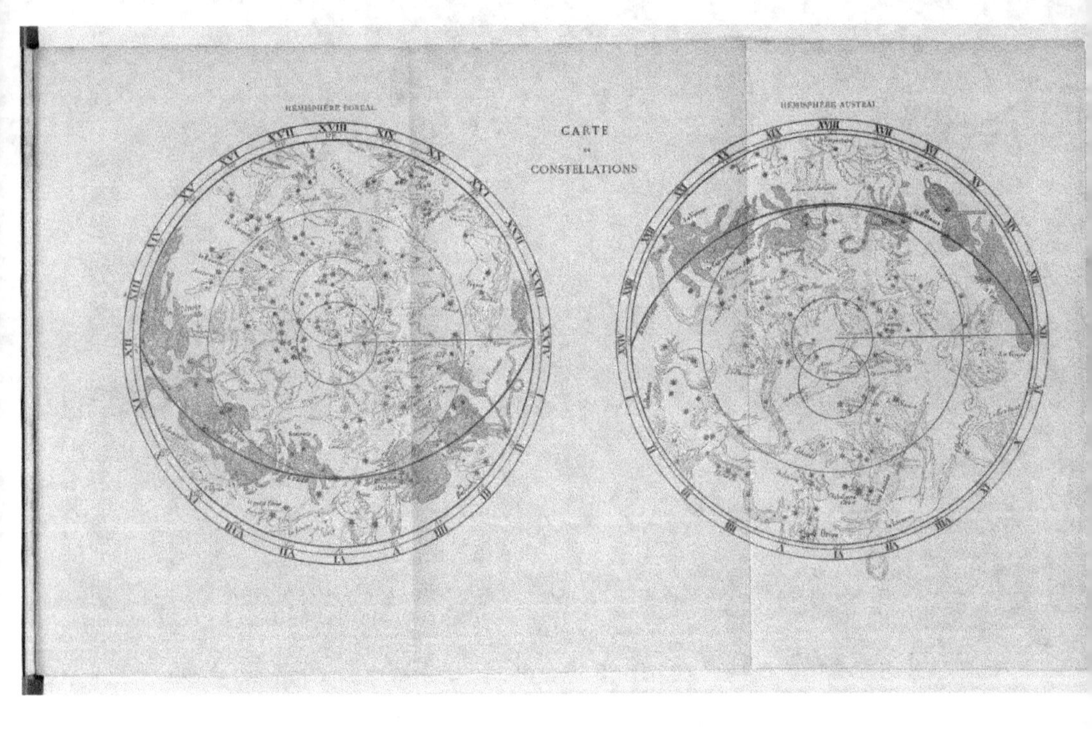
HÉMISPHÈRE BORÉAL
HÉMISPHÈRE AUSTRAL
CARTE
DES
CONSTELLATIONS

# TABLE DES MATIÈRES

# ŒUVRES DE CAMILLE FLAMMARION

## INSCRITES PAR ORDRE DE GRADATION

### POUR L'ENSEIGNEMENT DE L'ASTRONOMIE ET LA PHILOSOPHIE DES SCIENCES

---

**Petite Astronomie descriptive** pour les enfants, adaptée aux besoins de l'Enseignement par C. Delon et ornée de 100 figures. 1 volume in-12............. 1 fr. 25

**Petit Atlas astronomique**, résumant l'Astronomie en dix-huit cartes, tableaux et explications. in-18............................................ 1 fr. 50

**Les Merveilles célestes.** Lectures du soir, pour la jeunesse et les gens du monde, illustrées de 84 gravures et de 3 cartes célestes (25ᵉ mille). 1 vol. in-12. 2 fr. 25

**Vie de Copernic** et histoire de la découverte du système du Monde. 1 vol. in-12, 1 fr. 50

**La Pluralité des Mondes habités**, au point de vue de l'Astronomie, de la Physiologie et de la Philosophie naturelle. 25ᵉ édition. 1 volume in-12 avec figures. 3 fr. 50

**Les Mondes imaginaires et les Mondes réels.** Revue des théories humaines sur les habitants des astres. 15ᵉ édition. 1 volume in-12 avec figures.......... 3 fr. 50

**Les Terres du Ciel.** Description physique, climatologique, géographique des Planètes qui gravitent avec la Terre autour du Soleil et de l'état probable de la vie à leur surface. 1 vol. in-8 illustré de nombreuses gravures, planètes et photographies. 3ᵉ édition ........................................................ 10 fr. »

**Histoire du Ciel.** Histoire populaire de l'Astronomie et des différents systèmes imaginés pour expliquer l'Univers. 3ᵉ édition. 1 vol. grand in-8 illustré. 9 fr. »

**L'Atmosphère.** Description des grands Phénomènes de la Nature. 2ᵉ édition. Un magnifique volume grand in-8, illustré de quinze tableaux en couleur et de 200 gravures........................................................... 20 fr. »

**Récits de l'Infini.** — Lumen. — Histoire d'une Ame. — Histoire d'une Comète. — La Vie universelle et éternelle. 6ᵉ édition. 1 volume in-12.............. 3 fr. 50

**Contemplations Scientifiques.** Nouvelles études de la Nature et exposition des œuvres éminentes de la science contemporaine. 3ᵉ édition. 1 volume in-12. 3 fr. 50

**Dieu dans la Nature**, ou le Spiritualisme et le Matérialisme devant la science moderne. 15ᵉ édition. 1 fort volume in-12 avec le portrait de l'auteur.. 4 fr. »

**Sir Humphry Davy.** — **Les derniers jours d'un Philosophe.** Entretiens sur la Nature, sur l'Humanité, sur l'Ame et sur les Sciences. Ouvrage traduit de l'anglais et annoté. 5ᵉ édition, 1 volume in-12.............................. 3 fr. 50

**Etudes et Lectures sur l'Astronomie.** Ouvrage périodique exposant les Découvertes de l'Astronomie contemporaine, les recherches personnelles de l'auteur, etc. 7 volumes in-12. Le volume....................................... 2 fr. 50

**Atlas Céleste**, contenant plus de 100.000 étoiles des deux hémisphères, comprenant toutes les cartes de l'ancien Atlas de Dien, rectifié et augmenté de cartes nouvelles. 1 volume in-folio de 30 cartes..................................... 45 fr. »



---

Typographie Lahure, rue de Fleurus, 9, à Paris.